- Aufgaben in drei Anforderungsbereichen: üben, anwenden und vernetzen lassen

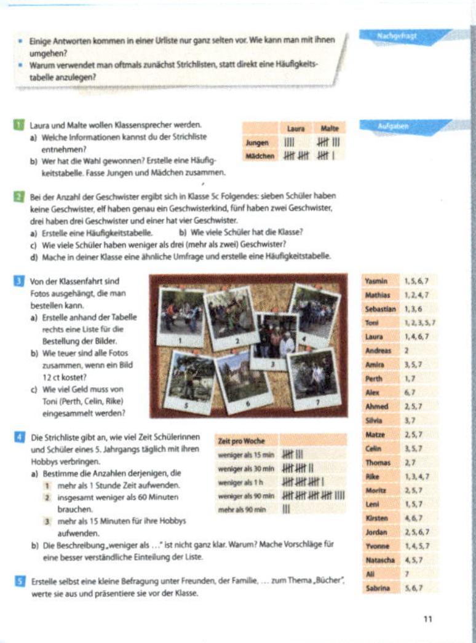

Rundreise

- Erkunden und entdecken lassen
- alternative Einstiege gestalten

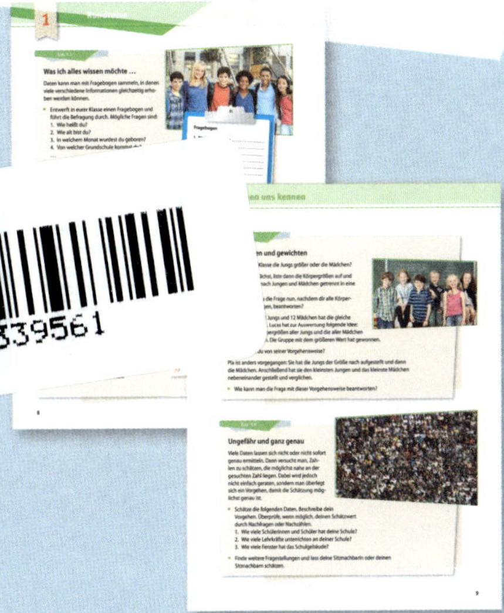

Horizonte und Tiefgang

- Prozessbezogene Kompetenzen schulen
- Leitperspektiven verankern
- Bei „Tiefgang" drei Anforderungsbereiche (✎, ✎✎, ✎✎✎)

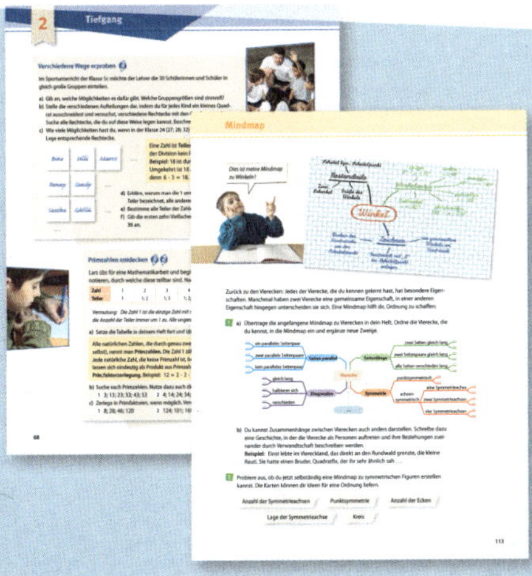

Am Ziel!

- Kompetenzzuwachs erlebbar machen und sichern
- Lösungen im Anhang

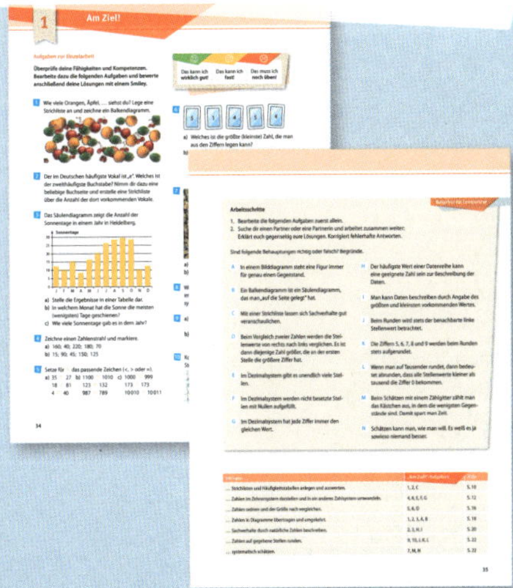

Die Seiten 214 bis 219 enthalten das Grundwissen früherer Jahrgangsstufen.

mathe.delta 5

Mathematik für das Gymnasium

Baden-Württemberg

C.C.Buchner

mathe.delta
Baden-Württemberg
Herausgegeben von Axel Goy und Michael Kleine

mathe.delta 5 – Baden-Württemberg
Bearbeitet von Alexander Franz, Axel Goy, Michael Kleine, Stephan Wölbert und Almut Zwölfer

Zu diesem Lehrwerk sind erhältlich:
- Arbeitsheft 5 (BN 61015)
- Lehrermaterial 5 (BN 61025)

Weitere Materialien finden Sie unter www.ccbuchner.de.

Dieser Titel ist auch als digitale Ausgabe unter www.ccbuchner.de erhältlich.

2. Auflage, 1. Druck 2016
Alle Drucke dieser Auflage sind, weil untereinander unverändert, nebeneinander benutzbar.

Dieses Werk folgt der reformierten Rechtschreibung und Zeichensetzung. Ausnahmen bilden Texte, bei denen künstlerische, philologische oder lizenzrechtliche Gründe einer Änderung entgegenstehen.

An keiner Stelle im Schülerbuch dürfen Eintragungen vorgenommen werden.

Layout und Satz: tiff.any GmbH, Berlin
Illustrationen: Jacqueline Urban, Berlin
Umschlag: HOCHVIER GmbH & Co. KG, Bamberg
Druck und Bindung: creo Druck & Medienservice GmbH, Bamberg

www.ccbuchner.de

ISBN 978-3-661-**61005**-4

1 Natürliche Zahlen

2 Rechnen mit natürlichen Zahlen

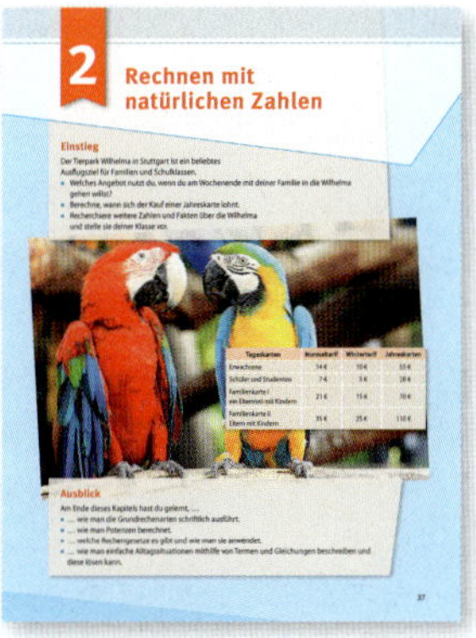

3 Geometrische Grundbegriffe

4 Messen von Größen

5 Umfang und Flächeninhalt ebener Figuren

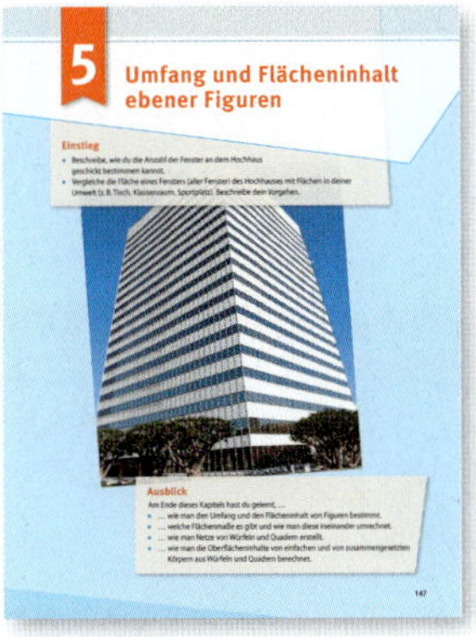

6 Ganze Zahlen

Aufgabe	Ich kann schon …	Grundwissen
1, 2	… Zahlen vergleichen und ordnen.	S. 214
3	… Zahlen am Zahlenstrahl einzeichnen und ablesen.	S. 214
4, 5	… Daten und Informationen in Tabellen sammeln sowie aus Tabellen entnehmen und ordnen.	S. 219

1 a) Ordne die folgenden Zahlen der Größe nach.
Beginne dabei mit der kleinsten Zahl: 141; 27; 5; 1001; 38; 434; 9
b) Wie viele dreistellige Zahlen gibt es?
c) Wie viele ungerade dreistellige Zahlen gibt es?
d) Wie heißt die größte (kleinste) fünfstellige Zahl?

2 Die Abbildung gibt die Einwohnerzahl und die Fläche verschiedener Städte in Deutschland an.
a) Informiere dich, wo die Städte liegen.
b) Ordne die Städte nach der Einwohnerzahl (Flächengröße).
c) Wie viele Einwohner hat dein Wohnort (Kreis, Bundesland)? Vergleiche mit benachbarten Orten.

Berlin
Einwohner:
3 420 786
Fläche:
892 km²

Frankfurt a. M.
Einwohner:
659 201
Fläche:
248 km²

Leipzig
Einwohner:
511 252
Fläche:
297 km²

Erfurt
Einwohner:
203 333
Fläche:
269 km²

Bielefeld
Einwohner:
324 912
Fläche:
258 km²

Stuttgart
Einwohner:
597 176
Fläche:
207 km²

3 Auf dem Zahlenstrahl sind einige Stellen rot markiert.

a) Schreibe die zugehörigen Zahlen auf.
b) Welche Zahl liegt genau in der Mitte zwischen C und D?

4 Im Folgenden sind die Ergebnisse der letzten Klassenarbeit der 5a angegeben:
3; 3; 2; 1; 2; 4; 5; 2; 3; 1; 5; 1; 4; 3; 3; 3; 2; 4; 2; 3; 3; 4; 2.

Note	1	2	3	4	5	6
Anzahl						

a) Übertrage die Tabelle in dein Heft und trage die Noten in die Tabelle ein, indem du jeweils zählst, wie oft jede Note vorkommt.
b) Welche Note wurde am häufigsten geschrieben?
c) Wie viele Kinder haben die Klassenarbeit mitgeschrieben?
d) Wie viele Kinder erhielten in der Klassenarbeit eine Note, die entweder 3 oder besser war?

5 Die Schülerinnen und Schüler der 5c haben in ihrer Klasse die Lieblingssportarten ermittelt.
a) Wie viele Nennungen gab es insgesamt?
b) Entspricht die Gesamtzahl der Striche automatisch der Klassengröße? Begründe deine Antwort.
c) Ordne die Sportarten nach ihrer Beliebtheit. Überlege, wie man die Reihenfolge der Beliebtheit veranschaulichen könnte.

Fußball	𝍸 |||
Volleyball	|
Reiten	𝍸
Schwimmen	||||
Tischtennis	||
Skifahren	𝍸 |

1 Natürliche Zahlen

Einstieg

- In welchen Situationen braucht man Zahlen? Finde Beispiele.
- Wo sind dir heute Morgen schon Zahlen begegnet?
- Du bist nun in einer neuen Schule und einer völlig neuen Klasse.
  Was würdest du gerne von deinen Mitschülern wissen?
  Welche Informationen lassen sich mithilfe von Zahlen erfragen?
  Beschreibe Möglichkeiten, Ergebnisse einer Umfrage zu veranschaulichen.

Ausblick

Am Ende dieses Kapitels hast du gelernt, …

- … wie man Zahlen der Größe nach ordnet.
- … wie man Daten oder Zahlen aus Tabellen in Diagramme überträgt und umgekehrt.
- … wie man Kenngrößen aus Zahlenreihen bestimmt und diese interpretiert.
- … wie man Anzahlen schätzt und sinnvoll rundet.
- … wie man Zahlen aus dem Dezimalsystem in ein anderes Zahlensystem umwandelt und umgekehrt.

Kap. 1.1

Was ich alles wissen möchte …

Daten kann man mit Fragebogen sammeln, in denen viele verschiedene Informationen gleichzeitig erhoben werden können.

- Entwerft in eurer Klasse einen Fragebogen und führt die Befragung durch. Mögliche Fragen sind:
  1. Wie heißt du?
  2. Wie alt bist du?
  3. In welchem Monat wurdest du geboren?
  4. Von welcher Grundschule kommst du?

  …
- Überlegt euch Möglichkeiten, wie ihr die Daten übersichtlich in Tabellen und Diagrammen auswerten könnt.

Fragebogen

1. Name: ……………………………
2. Alter: ……………………………
3. Geburtsmonat: ……………………
4. Grundschule: ……………………
5. Lieblingsfach: ……………………
6. Lieblingsfarbe: …………………
7. Schulweg:
   ○ zu Fuß ○ Bus ○ Rad
   ○ Auto ○ Sonstiges
8. Haustiere: ………………………
9. …

Kap. 1.4

Mit dem Fahrrad unterwegs

Die Klasse 5a untersucht, wie viele Schülerinnen und Schüler mit und wie viele ohne Helm Fahrrad fahren.
Die Ergebnisse wurden in dem Kasten festgehalten.

- Begründe, warum die abgebildete Darstellung der Daten eher ungünstig ist.
- Erstelle eine Tabelle zu den abgebildeten Daten, in der du die verschiedenen Möglichkeiten auflistest und pro Nennung einen Strich machst.
- Wie sieht es in deiner Klasse aus? Wie viele deiner Mitschülerinnen und Mitschüler fahren mit Helm, wie viele ohne? Mache eine Umfrage und halte das Ergebnis in geeigneter Form fest.
- In Zeitungen werden Daten oft in Diagrammen dargestellt. Recherchiere, welche Möglichkeiten es dazu gibt. Versuche, deine Daten in einem Diagramm deiner Wahl darzustellen.

JH	JH	JO	JH	MH	MO	MH	MO	MH	JH
JH	JH	JH	MH	MH	JO	JH	JH	JH	MH
MO	MH	MH	JO	MH	JH	JH	JH	JH	JH

MH: Mädchen mit Helm
JH: Junge mit Helm
MO: Mädchen ohne Helm
JO: Junge ohne Helm

Kap. 1.5

Vergleichen und gewichten

Sind in deiner Klasse die Jungen größer oder die Mädchen?

- Schätze zunächst, liste dann die Körpergrößen auf und schreibe sie nach Jungen und Mädchen getrennt in eine Tabelle.
- Wie kannst du die Frage nun, nachdem dir alle Körpergrößen vorliegen, beantworten?

Eine Klasse mit 13 Jungs und 12 Mädchen hat die gleiche Umfrage gemacht. Lucas hat zur Auswertung folgende Idee: Er rechnet die Körpergrößen aller Jungs und die aller Mädchen jeweils zusammen. Die Gruppe mit dem größeren Wert hat gewonnen.

- Was hältst du von seiner Vorgehensweise?

Pia ist anders vorgegangen: Sie hat die Jungs der Größe nach aufgestellt und dann die Mädchen. Anschließend hat sie den kleinsten Jungen und das kleinste Mädchen nebeneinander gestellt und verglichen. Danach hat sie dies mit dem zweitkleinsten Mädchen und dem zweitkleinsten Jungen getan usw.

- Wie kann man die Frage mit dieser Vorgehensweise beantworten?

Kap. 1.6

Ungefähr und ganz genau

Viele Daten lassen sich nicht oder nicht sofort genau ermitteln. Dann versucht man, Zahlen zu schätzen, die möglichst nahe an der gesuchten Zahl liegen. Dabei wird jedoch nicht einfach geraten, sondern man überlegt sich ein Vorgehen, damit die Schätzung möglichst genau ist.

- Schätze die folgenden Daten. Beschreibe dein Vorgehen. Überprüfe, wenn möglich, deinen Schätzwert durch Nachfragen oder Nachzählen.
  1. Wie viele Schülerinnen und Schüler hat deine Schule?
  2. Wie viele Lehrkräfte unterrichten an deiner Schule?
  3. Wie viele Fenster hat das Schulgebäude?
- Finde weitere Fragestellungen und lass deine Nachbarin oder deinen Nachbarn schätzen.

Entdecken

Mädchen mögen Pferde, Jungen mögen Hunde. Jungen spielen gerne Fußball, Mädchen mit Puppen. Stimmt das?

- Welche weiteren Vorurteile kennst du über Jungen und Mädchen?
- Führe in deiner Klasse eine Befragung durch und untersuche, ob sich die Vorurteile bestätigen. Stelle die Ergebnisse übersichtlich dar.

Verstehen

Im Alltag sammeln wir Zahlenangaben (der Mathematiker sagt: **erheben** wir **Daten**), um mehr Informationen über einen Sachverhalt zu bekommen. Oft handelt es sich dabei um **natürliche Zahlen** 0, 1, 2, 3, … Für die Menge der natürlichen Zahlen schreibt man auch $\mathbb{N}$.

Die Ergebnisse einer Umfrage können zunächst noch völlig unsortiert sein. Dieses bezeichnet man als Urliste.

Name	Alter	Lieblingstier	Lieblingssport	Geschwister
Sabine	11	Pferd	Reiten	2
Marina	12	Hamster	Trampolin	0
Peter	11	Hund	Fußball	1

Eine bessere Übersicht liefern **Strichlisten**; das sind Tabellen, in denen man mit Strichen erfasst, wie oft etwas vorkommt.

Lieblingstier	Anzahl
Pferd	IIII
Hamster	II
Hund	卌 III

Die Anzahl der Striche gibt die Häufigkeit an, mit der die untersuchten Informationen vorkommen. Schreibt man anstatt der Striche die Anzahl als Zahlen, erhält man eine **Häufigkeitstabelle**.

Lieblingstier	Anzahl
Pferd	4
Hamster	2
Hund	8

Beispiel

Bernhard und Blanca haben ihre Mitschülerinnen und Mitschüler befragt und eine Strichliste angelegt: „Welches Obst soll der Schulkiosk anbieten?" Jeder hatte eine Stimme.

Klasse	6a	6b	6c
nur Äpfel	卌 卌 II	卌 III	卌 卌 I
Äpfel und Bananen	卌 I	卌 卌	卌 III
nur Bananen	卌 III	卌 IIII	卌 I

a) Welche Informationen kannst du aus der Tabelle ablesen?
b) Wie hätte man die Umfrage gestalten müssen, um den Einkauf gut planen zu können?

Lösung:

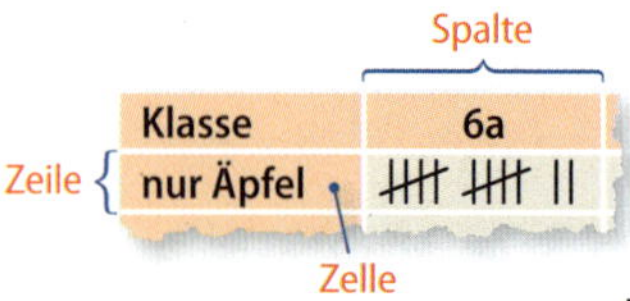

a) Man kann in jeder Spalte ablesen, wie viele Schülerinnen und Schüler jeder Klasse ihre Stimme abgegeben haben: 6a: 26; 6b: 27; 6c: 25. Die Anzahl der Striche gibt an, dass insgesamt 78 Schülerinnen und Schüler teilgenommen haben. In jeder Zeile kann man ablesen, wie viele sich für die jeweilige Auswahl gemeldet haben, z. B. „nur Äpfel": 31 ($12 + 8 + 11 = 31$). In jeder Zelle kann man die Entscheidungen pro Klasse erkennen.
b) Man sollte die Anzahl der Äpfel und Bananen erfassen, die jeder kaufen würde. Dann hätten die Zeilen „Äpfel" und „Bananen" gereicht, um eine Kaufentscheidung zu erkennen.

Nachgefragt

- Einige Antworten kommen in einer Urliste nur ganz selten vor. Wie kann man mit ihnen umgehen?
- Warum verwendet man oftmals zunächst Strichlisten, statt direkt eine Häufigkeitstabelle anzulegen?

Aufgaben

1 Laura und Malte wollen Klassensprecher werden.

a) Welche Informationen kannst du der Strichliste entnehmen?

b) Wer hat die Wahl gewonnen? Erstelle eine Häufigkeitstabelle. Fasse Jungen und Mädchen zusammen.

	Laura	Malte
Jungen	||||	𝍸 |||
Mädchen	𝍸 𝍸	𝍸 |

2 Bei der Anzahl der Geschwister ergibt sich in Klasse 5c Folgendes: sieben Schüler haben keine Geschwister, elf haben genau ein Geschwisterkind, fünf haben zwei Geschwister, drei haben drei Geschwister und einer hat vier Geschwister.

a) Erstelle eine Häufigkeitstabelle.
b) Wie viele Schüler hat die Klasse?

c) Wie viele Schüler haben weniger als drei (mehr als zwei) Geschwister?

d) Mache in deiner Klasse eine ähnliche Umfrage und erstelle eine Häufigkeitstabelle.

3 Von der Klassenfahrt sind Fotos ausgehängt, die man bestellen kann.

a) Erstelle anhand der Tabelle rechts eine Liste für die Bestellung der Bilder.

b) Wie teuer sind alle Fotos zusammen, wenn ein Bild 12 ct kostet?

c) Wie viel Geld muss von Toni (Perth, Celin, Rike) eingesammelt werden?

Yasmin	1, 5, 6, 7
Mathias	1, 2, 4, 7
Sebastian	1, 3, 6
Toni	1, 2, 3, 5, 7
Laura	1, 4, 6, 7
Andreas	2
Amira	3, 5, 7
Perth	1, 7
Alex	6, 7
Ahmed	2, 5, 7
Silvia	3, 7
Matze	2, 5, 7
Celin	3, 5, 7
Thomas	2, 7
Rike	1, 3, 4, 7
Moritz	2, 5, 7
Leni	1, 5, 7
Kirsten	4, 6, 7
Jordan	2, 5, 6, 7
Yvonne	1, 4, 5, 7
Natascha	4, 5, 7
Ali	7
Sabrina	5, 6, 7

4 Die Strichliste gibt an, wie viel Zeit Schülerinnen und Schüler eines 5. Jahrgangs täglich mit ihren Hobbys verbringen.

a) Bestimme die Anzahlen derjenigen, die
1 mehr als 1 Stunde Zeit aufwenden.
2 insgesamt weniger als 60 Minuten brauchen.
3 mehr als 15 Minuten für ihre Hobbys aufwenden.

b) Die Beschreibung „weniger als …" ist nicht ganz klar. Warum? Mache Vorschläge für eine besser verständliche Einteilung der Liste.

Zeit pro Woche	
weniger als 15 min	𝍸 |||
weniger als 30 min	𝍸 𝍸 ||
weniger als 1 h	𝍸 𝍸 𝍸 |
weniger als 90 min	𝍸 𝍸 𝍸 𝍸 ||||
mehr als 90 min	|||

5 Erstelle selbst eine kleine Befragung unter Freunden, der Familie, … zum Thema „Bücher", werte sie aus und präsentiere sie vor der Klasse.

Entdecken

„Hohe Hausnummer" ist ein Würfelspiel für mehrere Spieler. Ihr braucht dazu pro Gruppe einen Würfel und je Spieler ein Blatt mit sechs vorgegebenen Ziffernfeldern.

- Spielregel: Jeder Spieler würfelt. Die gewürfelte Augenzahl trägt er in ein Feld seiner Wahl ein. Gewonnen hat, wer nach sechs Würfen die größte (Variante: kleinste) Zahl („Hausnummer") hat.
- Formuliert Regeln, in welches Feld man welche Zahl am besten einträgt.

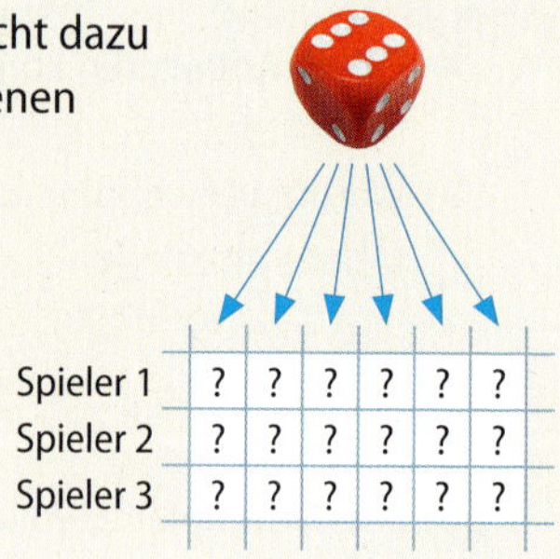

Verstehen

Alle Zahlen lassen sich in unserem Zahlensystem mit den Ziffern 0, 1, 2, 3, 4, 5, 6, 7, 8, 9 darstellen.

Stellenwerttafel

Billionen			Milliarden			Millionen			tausend					
·10	·10	·10	·10	·10	·10	·10	·10	·10	·10	·10	·10	·10	·10	·10
H	Z	E	H	Z	E	H	Z	E	H	Z	E	H	Z	E
1	5	0	3	0	5	5	7	0	0	1	6	1	0	5
einhundertfünzig Billionen			dreihundertfünf Milliarden			fünfhundertsiebzig Millionen			sechzehntausend			einhundertfünf		

Ziffer Ziffer
37
Zahl

decem (lat.): zehn

In unserem Zahlensystem hängt der Wert einer **Ziffer** von ihrer Stelle ab. Beispielsweise hat die Ziffer 5 je nachdem, an welcher Stelle sie innerhalb einer Zahl steht, einen unterschiedlichen Wert. Man spricht deshalb von einem **Stellenwertsystem**.

Unser Zahlensystem mit seinen zehn Ziffern heißt **Dezimalsystem** (**Zehnersystem**).
Die Stellenwerte vervielfachen sich von rechts nach links mit der Zahl 10.
Nach jeweils drei Schritten (Vervielfachen mit 1000) erhält man einen Stellenwert mit eigenem Namen: Tausend, Millionen, Milliarden, Billionen, Billiarden, Trillionen, …

Beispiel

Trage die Zahl in eine Stellenwerttafel ein.
a) dreitausendsechsundsiebzig
b) vierundachtzigtausenddreihundertzweiundzwanzig
c) zwei Milliarden dreihundertelf Millionen achthundertelftausendvierhundert

Lösung:

Zur besseren Lesbarkeit kann man große Zahlen in Dreierpäckchen gliedern:
2 311 811 400
oder 2.311.811.400
statt 2311811400

	Milliarden			Millionen			tausend						
	H	Z	E	H	Z	E	H	Z	E	H	Z	E	
a)									3	0	7	6	3076
b)								8	4	3	2	2	84 322
c)			2	3	1	1	8	1	1	4	0	0	2 311 811 400

Nachgefragt

- Welchen Wert hat die Ziffer 6, wenn sie bei einer Zahl an der 4. (7., 12.) Stelle von hinten steht?
- Wie kann man entscheiden, welche von zwei natürlichen Zahlen mit gleich vielen Ziffern die größere ist? Beschreibe.
- Wie kann man die Ziffern 8, 5, 1, 1 so anordnen, dass eine Zahl größer als 1200, aber kleiner als 1800 entsteht? Beschreibe.

Aufgaben

1 Zeichne eine Stellenwerttafel bis Billionen in dein Heft und trage die Zahlen ein.

a) sechzehn Millionen
b) dreihundertvierundvierzig Millionen
c) sieben Millionen
d) zwölf Millionen dreihunderttausend
e) 7 Milliarden 7 Millionen 7 Tausend
f) acht Billionen elf Millionen viertausend
g) neunhundertachtundzwanzig Milliarden dreiundfünfzig Millionen fünfhundertzweitausendneunhundertneunundneunzig

Zahlen unter einer Million werden in Worten klein und zusammen geschrieben, Zahlwörter ab einer Million schreibt man getrennt.

2

19 000 | 39 860 | 130 912 | 675 123 841 | 1 000 222 000 333

5760 | 4 000 000 | 999 333 444 | 49 700 000 009 | 123 800 112

a) Schreibe die angegebenen Zahlen in Worten.
b) Ordne alle Zahlen der Größe nach, beginne mit der kleinsten.

3 **a)** Warum sind bei Formularen die Geldbeträge oft auch in Worten angegeben?
b) Schreibe als Zahl.

1 achtundsechzigtausend
2 zwölf Millionen dreihunderttausend
3 dreizehn Billionen siebenhundert Milliarden
4 vier Milliarden fünfhundert Millionen

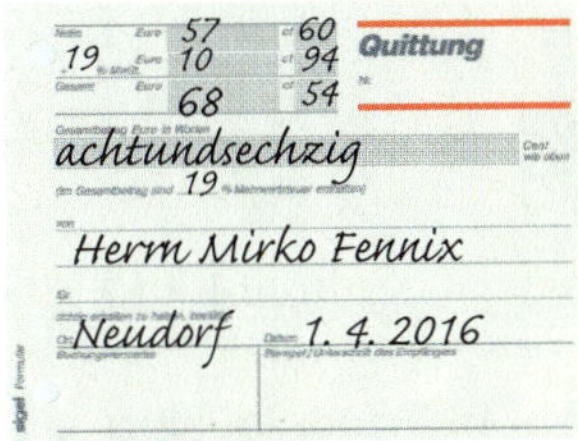
Quittung
19 | 57 | 60
10 | 94
68 | 54
achtundsechzig
19
Herrn Mirko Fennix
Neudorf 1. 4. 2016

4 Gliedere die Zahl in Dreierpäckchen und lies sie laut vor.
Beispiel: 29876513 = 29 876 513 („29 Millionen 876 Tausend 513")

a) 65398 231966 415263 300300 1100111 34434334
b) 50550550 12345678 123456789 535781246 2190000358
c) 1234567890 44444444444 99000040000050 10101010101010101

5 Manche Internetseiten zeigen, wie oft die Seite bisher aufgerufen wurde (siehe Abbildung.

a) Welche Zahl wurde dem vorherigen Besucher angezeigt?
b) Welche Zahl wird dem nachfolgenden Besucher angezeigt?
c) Wie viele Besucher kann der Zähler dieser Seite höchstens anzeigen?
d) Wie müsste man den Zähler verändern, damit er noch weiter zählen kann?

Sie sind Besucher
2947195
auf dieser Website.

6 Wie heißt die Zahl?

a) 94 787 689
b) 4 004 214
c) 9 000 000 000
d) 101 010 101 010
e) 65 383 968
f) 123 800 112
g) 1 000 222 000 333
h) 12 345 678 910

Die Vorsilbe „Mega-“ bedeutet z. B. „eine Million mal“, also das Millionenfache.

7 In Zeitungen und im Internet findet man bei Zahlenangaben häufig folgende Vorsilben:

Name	Anzahl der Nullen	Vorsilbe
Zehn	1	Deka
Hundert	2	Hekto
Tausend	3	Kilo
Million	6	Mega

Name	Anzahl der Nullen	Vorsilbe
Milliarde	9	Giga
Billion	12	Tera
Billiarde	15	Peta
…	…	…

a) Suche nach Werbung für Computer. Übersetze die Zahlenangaben in unser Zehnersystem und vergleiche die Leistungen verschiedener Computer.

b) Suche in Zeitungen, Büchern, im Internet, … nach großen Zahlen. Stelle die Zahlen deinen Mitschülerinnen und Mitschülern vor. Wer findet die größte Zahl?

8 Übertrage in dein Heft und schreibe anstelle des Kästchens entweder „ist größer als“ oder „ist kleiner als“.

a) 5126 ☐ 5128
13 700 ☐ 13 007
1357 ☐ 7531

b) 45 008 ☐ 45 080
24 256 ☐ 24 526
99 999 ☐ 100 000

c) 220 202 ☐ 202 220
4 405 817 ☐ 467 125
9 887 765 ☐ 9 888 775

9 Auch größere Zahlen lassen sich am Zahlenstrahl eintragen. Lies die markierten Zahlen ab.

a)

b)
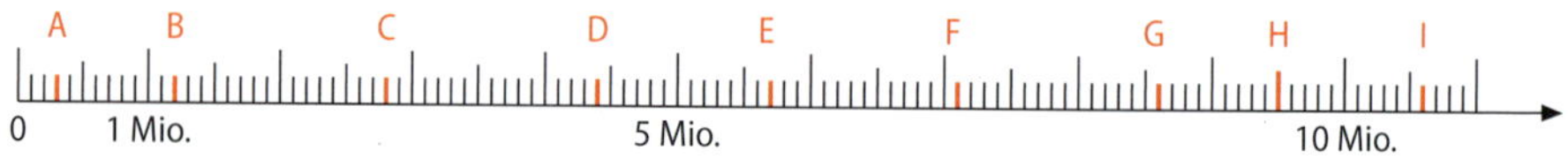

10 **a)** Lies auf einem Ausschnitt des Zahlenstrahls die markierten Zahlen ab.

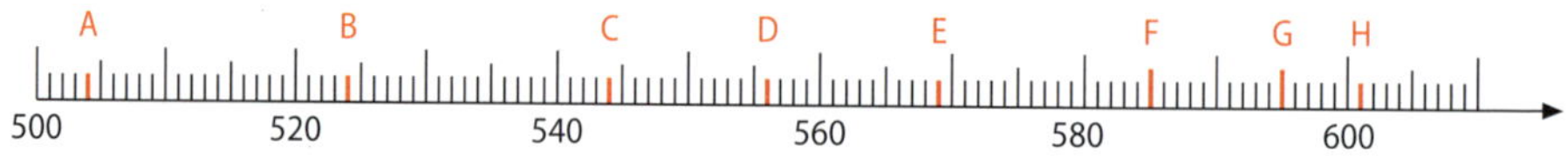

b) Trage die Zahlen auf einem Zahlenstrahl in deinem Heft ein.

1 812; 834; 850; 865; 878; 898 **2** 1550; 1570; 1605; 1635; 1655; 1670

11 Die Tabelle enthält Daten der acht Planeten unseres Sonnensystems.

Planet	Abstand zur Sonne	Durchmesser
Erde	149 600 000 km	12 736 km
Jupiter	777 920 000 km	142 643 km
Uranus	2 872 320 000 km	51 100 km
Merkur	57 895 200 km	4878 km
Mars	227 392 000 km	6763 km
Venus	108 160 800 km	12 099 km
Neptun	4 502 960 000 km	49 670 km
Saturn	1 428 680 000 km	119 973 km

a) Ordne die Planeten nach ihrem Abstand zur Sonne (nach ihrem Durchmesser).

b) Stelle die Durchmesser der Planeten auf einem geeigneten Zahlenstrahl dar.

12 Das Dezimalsystem ist nicht das einzige Zahlensystem. Der Computer arbeitet mit dem sogenannten Zweiersystem, weil er nur zwei Ziffern bzw. Zustände verarbeiten kann: Strom fließt (1) und Strom fließt nicht (0).

Das **Zweiersystem** (auch **Dual-** oder **Binärsystem**) ist das Stellenwertsystem mit der Basis 2, in dem sich die Stellenwerte jeweils von rechts nach links verdoppeln. Es ergeben sich die Stellenwerte 1, 2, 4, 8, …

Sechzehner	Achter	Vierer	Zweier	Einer
·2	·2	·2	·2	·2
16	8	4	2	1
	1	1	0	1

$1 \cdot 8 + 1 \cdot 4 + 0 \cdot 2 + 1 \cdot 1$

= **1** **1** **0** **1**

lies: eins-eins-null-eins

Die Dualzahl 1101_2 entspricht also im Dezimalsystem der Zahl 13.
Damit man weiß, in welchem Stellenwertsystem eine Zahl dargestellt ist, schreibt man hinter die letzte Ziffer die **Zahl des Stellenwertsystems**, z. B. 1101_2, 13_{10}.
Umgekehrt kann man auch Zahlen aus dem Dezimalsystem ins Dualsystem umwandeln.
Zum Beispiel entspricht die Zahl 43 aus dem Dezimalsystem der Dualzahl 101011_2, weil $43 = 1 \cdot 32 + 0 \cdot 16 + 1 \cdot 8 + 0 \cdot 4 + 1 \cdot 2 + 1 \cdot 1$

Im Dezimalsystem lässt man die kleine Ziffer für das Stellenwertsystem weg: $13_{10} = 13$.

a) Wandle ins Dezimalsystem um.
  1 1001_2; 1010_2; 100001_2; 101010_2 **2** 111000_2; 1000011_2; 1110100_2; 111111_2
b) Wandle ins Binärsystem um. Erkläre dein Vorgehen.
  1 6; 10; 20; 30; 36; 48; 50; 70 **2** 15; 17; 23; 41; 63; 65; 79; 95
c) Wie erkennt man im Binärsystem, ob eine Zahl ungerade oder gerade ist?
d) Welche Zahlen werden im Binär- und im Dezimalsystem gleich geschrieben?

Geschichte

Mathematik im alten Rom

Das römische Zahlsystem ist ein additives Zahlsystem, bei dem jedes verwendete Zeichen einen festen Wert hat.

Zeichen	I	V	X	L	C	D	M
Wert	1	5	10	50	100	500	1000

Heute sind folgende Regeln üblich, um römische Zahlen zu notieren:

1. Die Zeichen werden von links nach rechts mit absteigendem Wert notiert und dann addiert, z. B. CXV = 100 + 10 + 5 = 115.
2. Es dürfen I, X und C höchstens dreimal; V, L und D nur einmal vorkommen.
3. Steht ein kleineres Zeichen vor einem größeren, wird subtrahiert, z. B. CM = 1000 − 100 = 900. In dieser umgekehrten Reihenfolge gibt es nur folgende Differenzen: IV = 4; IX = 9; XL = 40; XC = 90; CD = 400; CM = 900.

- Schreibe im Dezimalsystem.
  a) MCDLXXXIV b) MDCLXXVIII c) MCMXII d) MCMXCVIII e) MMXIX
- Übersetze in römische Schreibweise.
  a) 723 b) 1935 c) 1984 d) 2144 e) 2399

Entdecken

Die Schüler der Klasse 5a spielen am liebsten das „Dinosaurier-Quartett".

- Welche Karte hättest du am liebsten? Begründe.
- Welche Möglichkeiten gibt es, die Karten zu ordnen?

Verstehen

Wenn wir Gegenstände vergleichen, spielt die Reihenfolge oft eine wichtige Rolle. Ob das besser ist, was größer, länger oder schneller ist, hängt von der Sichtweise des Betrachters ab .

Die Spitze des Zeichens „<" bzw. „>" zeigt immer auf die kleinere Zahl.

Natürliche Zahlen kann man ihrer Größe nach **ordnen** und am **Zahlenstrahl** in **gleichen Abständen** aufreihen.

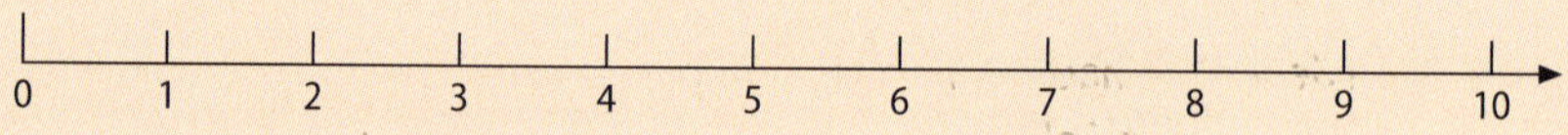

3 ist kleiner als 5 — 10 ist größer als 5

Man schreibt dies so: $3 < 5$ — $10 > 5$

Je größer eine Zahl ist, desto weiter rechts liegt sie auf dem Zahlenstrahl.
Bei den natürlichen Zahlen gibt es zu jeder Zahl eine um 1 größere Zahl, den **Nachfolger**; ebenso gibt es zu jeder natürlichen Zahl (außer der 0) eine um 1 kleinere Zahl, den **Vorgänger**.

Beispiele

I. Auf dem Zahlenstrahl sind einige Stellen rot markiert. Welche Zahlen sind dies?

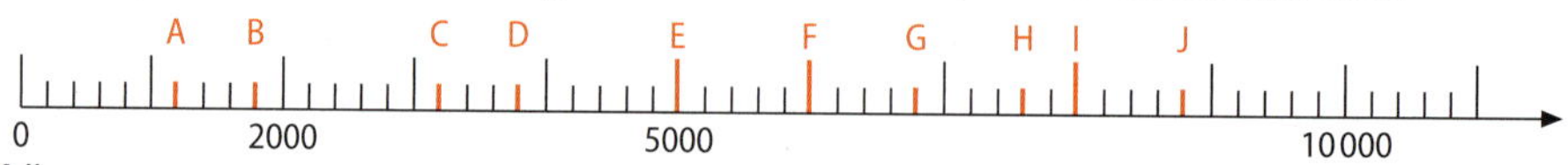

Lösung:
A: 1200; B: 1800; C: 3200; D: 3800; E: 5000; F: 6000; G: 6800; H: 7600; I: 8000; J: 8800

II. Markiere die Zahlen auf dem Zahlenstrahl und ordne sie der Größe nach.
a) 40 000 **b)** 350 000 **c)** 530 000 **d)** 200 000

Lösung:

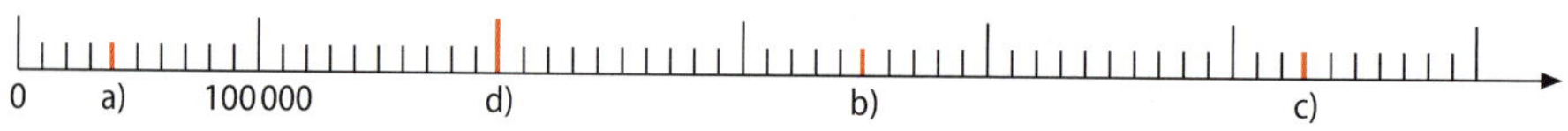

$40\,000 < 200\,000 < 350\,000 < 530\,000$

Nachgefragt

- Wie viele natürliche Zahlen gibt es?
- Welches ist die kleinste (größte) natürliche Zahl?
- Jede natürliche Zahl hat genau zwei Nachbarzahlen. Stimmt das?

Aufgaben

1 Lies die markierten Zahlen ab. Nenne Gemeinsamkeiten und Unterschiede der beiden Zahlenstrahlen.

a)

b)

2 Zeichne einen Zahlenstrahl und markiere die folgenden Zahlen.

Überlege dir eine geeignete Einteilung des Zahlenstrahls.

a) 15; 2; 9; 10; 8; 6; 12; 3 **b)** 30; 110; 45; 75; 15; 60; 90
c) 150; 500; 250; 400; 550 **d)** 2000; 10 000; 7000; 6500; 8000

3 Übertrage in dein Heft und setze für □ das passende Zeichen (<, > oder =) ein.

a)	b)	c)	d)
27 □ 17	130 □ 103	899 □ 989	0 □ 432
38 □ 83	250 □ 150	678 □ 673	313 □ 331
101 □ 101	581 □ 518	1234 □ 1243	99 999 □ 10 000

4 Ordne die Zahlen der Größe nach. Bei richtiger Anordnung ergibt sich ein Lösungswort.

a) Beginne mit der kleinsten Zahl.
1. 122 (S); 24 (W); 83 (S); 506 (N); 42 (I); 371 (E)
2. 777 (T); 767 (C); 677 (A); 666 (M); 776 (H)
3. 2233 (S); 2332 (H); 3322 (U); 2333 (L); 3232 (A); 2323 (C)

b) Beginne mit der größten Zahl.
1. 997 (T); 49 (E); 6450 (M); 530 (H); 1350 (A)
2. 9090 (E); 9900 (U); 9990 (Z); 9099 (B); 9009 (R); 9909 (A)

5 Tom ist so groß wie Arne. Ben ist kleiner als Malte. Tom ist aber größer als Malte. Dafür ist Arne kleiner als Vincent.

a) Wie heißt der Junge mit der roten Schleife?
b) Wie heißt der Junge in der Mitte?

6 Übertrage in dein Heft und setze für die Platzhalter □ und ○ natürliche Zahlen ein. Findest du mehrere Möglichkeiten?

a) 48 < □ < 57 **b)** 9 < □ < ○ < 14 **c)** 108 > ○ > 96 **d)** □ < 4 < ○ = 9

7 Gregor war heute vor Laura in der Schule. Lucas ist nie der Letzte; heute kam Laura nach ihm. Sophie war nicht die Erste, kam aber noch vor Laura. In welcher Reihenfolge können die Kinder eingetroffen sein? Lucas beginnt mit einer Tabelle.

1.	2.	3.	…
Gregor	Sophie	…	
Gregor	…		
…			

Entdecken

Bei einer Umfrage am Heinrich-Böll-Gymnasium wurden alle 102 Fünftklässler befragt, was sie sich am liebsten zum Mittagessen in der Mensa wünschen. Das Ergebnis wurde in nebenstehender Häufigkeitstabelle festgehalten.

Pizza	18
Spaghetti	22
Salat	16
Gemüseauflauf	14
Pommes	24
Sonstiges	8

- Zahlen kann man auf verschiedene Arten in Diagrammen darstellen. Finde in Zeitungen und im Internet unterschiedliche Möglichkeiten.
- Finde Vorteile, die ein Diagramm gegenüber einer Strichliste oder Häufigkeitstabelle besitzt.

Verstehen

Viele Dinge in unserer Umwelt lassen sich abzählen und durch Zahlen beschreiben. Diagramme können helfen, einen Überblick zu bekommen.

Es gibt verschiedene Möglichkeiten, Daten in Diagrammen zu veranschaulichen.
Beispiel: Lieblingsgerichte der Fünftklässler am Heinrich-Böll-Gymnasium

Säulendiagramm

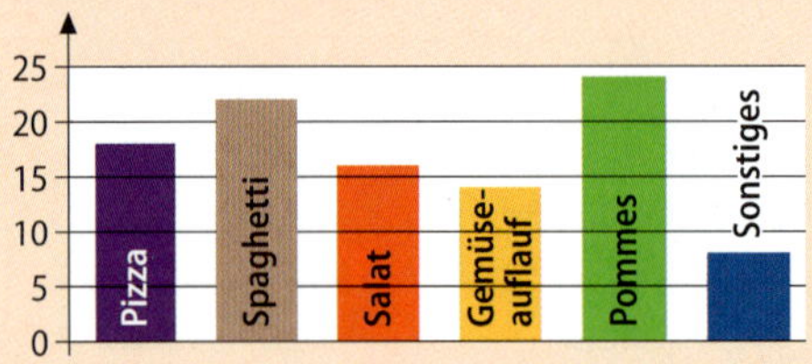

Balkendiagramm

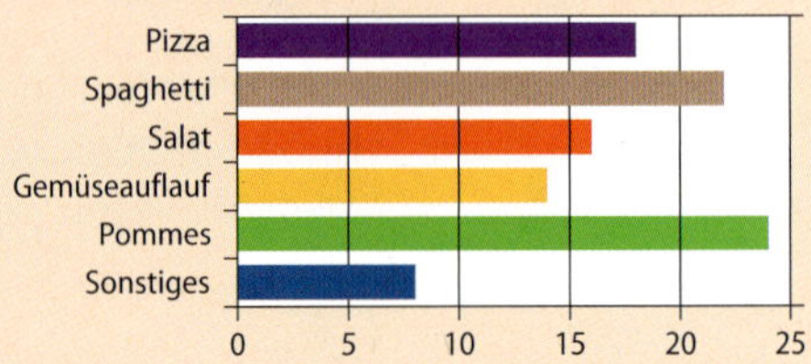

Bilddiagramm (ein Teller steht für zwei Angaben)

Beispiel

Die Tabelle zeigt, wie viel monatliches Taschengeld je nach Alter empfohlen wird (Stand 2014):

Alter	6–7 J.	8–9 J.	10–11 J.	12–13 J.	14–15 J.	16–17 J.
€	3	4	6	10	15	20

So fertigst du ein Säulendiagramm an:
1. *Zeichne einen senkrechten und einen waagerechten Zahlenstrahl bzw. eine Linie.*
2. *Trage an der senkrechten Linie ab, wie oft die Daten vorkommen; schreibe an die waagerechte Linie, was erfasst werden soll.*

Lösung:

Bilddiagramm

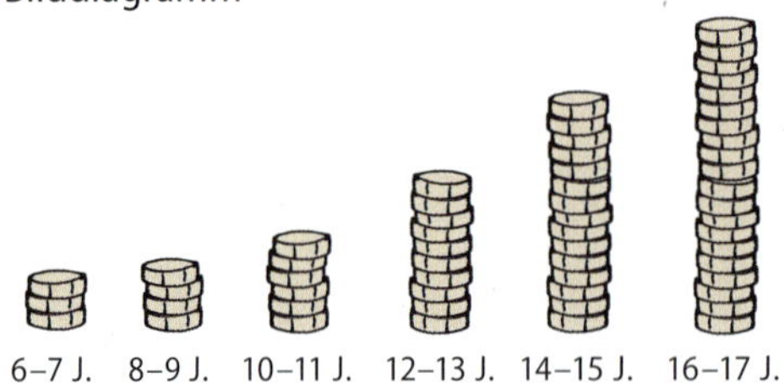

Säulendiagramm

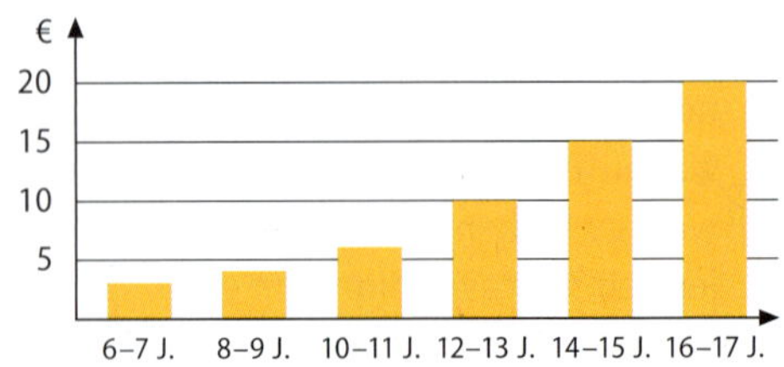

- Finde Gemeinsamkeiten und Unterschiede zwischen den Diagrammarten.
- Welche Diagrammart findest du am besten? Begründe.

Nachgefragt

Aufgaben

1 Das Bilddiagramm zeigt die Anzahl der Flugbewegungen (Starts und Landungen) am Stuttgarter Flughafen. Ein Flugzeug steht für 30 000 Flugbewegungen.

a) Gib die Anzahl der Flugbewegungen in den einzelnen Jahren in einer Häufigkeitstabelle an.

b) Im Jahr 2015 gab es rund 150 000 Flugbewegungen. Übertrage das Bilddiagramm in dein Heft und ergänze es.

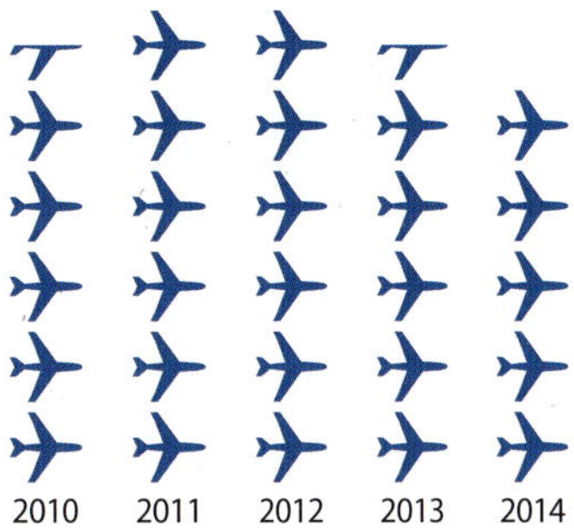

2 Die Tabelle gibt die Geburtsmonate der Schülerinnen und Schüler einer 5. Klasse an.

Monat	1	2	3	4	5	6	7	8	9	10	11	12
Geburtstage	4	?	3	4	1	1	2	6	1	3	0	4

a) In die Klasse gehen insgesamt 31 Kinder. Erstelle ein Säulendiagramm. Bestimme dazu zunächst die Anzahl der Kinder, die im Februar Geburtstag haben.

b) Erstelle eine Tabelle für deine Klasse und zeichne ein entsprechendes Diagramm.

3 Im Gymnasium wurde eine Befragung durchgeführt. Jedes Kind durfte sein liebstes Haustier nennen. Max hat dazu folgende Tabelle erstellt:

Hunde	Fische	Hamster	Hasen	Vögel	Katzen
95	23	28	18	46	72

Wie viele Schülerinnen und Schüler wurden befragt? Erstelle ein Säulendiagramm, das dir schnell einen Überblick über das Befragungsergebnis verschafft.

4 Das Balkendiagramm zeigt die Einwohnerzahlen einiger der größten Städte der Welt (Stand: 2014).

a) Ermittle aus dem Diagramm die Einwohnerzahlen.

b) Vergleiche mit den Einwohnerzahlen, die du im Internet recherchiert hast. Erkläre Unterschiede.

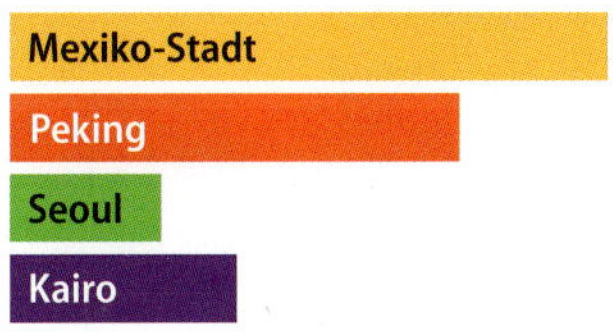

1 cm steht für fünf Millionen Menschen.

5 Die Auswertung einer Umfrage in der Klasse 5a ergibt die abgebildeten Diagramme.

a) Welche Information kannst du jedem Diagramm entnehmen?

b) Stelle die Ergebnisse der Befragung jeweils in einer Tabelle dar.

c) Wie viele Schülerinnen und Schüler wurden insgesamt befragt?

d) Welches Diagramm kannst du in ein Bilddiagramm umsetzen, welches nicht so gut? Begründe und fertige ein Bilddiagramm an.

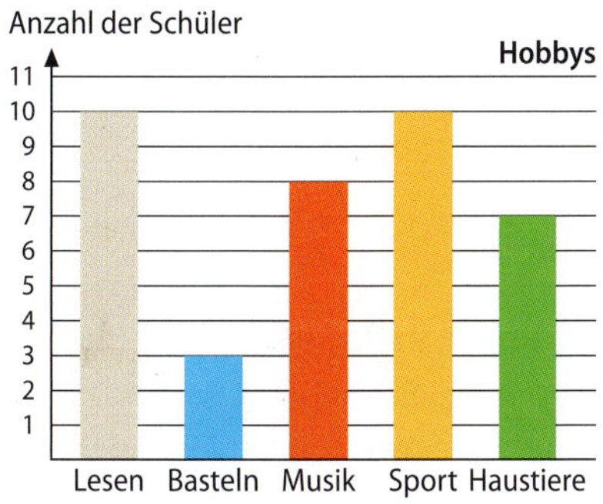

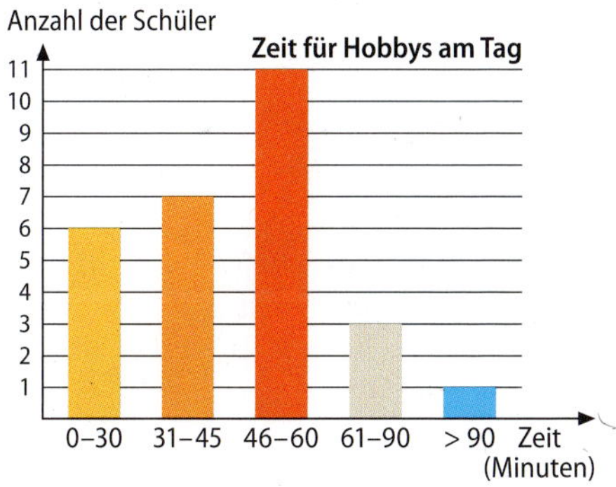

Entdecken

Empfehlung nach DIN 58142:
Das Gewicht eines Schulranzens sollte höchstens ein Zehntel des Körpergewichts betragen.

- Wird die DIN-Empfehlung in eurer Klasse eingehalten? Überprüft dies, indem ihr zu Hause sowohl euch selbst als auch eure Schulranzen wiegt. Legt dann in der Klasse eine Tabelle an.
- Hat der leichteste Schüler den leichtesten, hat der schwerste den schwersten Schulranzen?
  Tipp: Das Sortieren der Daten erleichtert die Antwort.
- Wie schwer ist eine „typische" Tasche in eurer Klasse?

Verstehen

Natürliche Zahlen kann man nutzen, um Daten zu beschreiben. Dabei geben die natürlichen Zahlen typische Werte einer Datenreihe an.

*Den größten Wert nennt man auch **Maximum**, den kleinsten **Minimum**.*

Es gibt verschiedene Möglichkeiten, um mit Zahlen eine **Datenreihe zu beschreiben**.
Beispiele:
- Der größte oder kleinste Wert einer Datenreihe kann von Bedeutung sein.
- Der Wert in einer Datenreihe, der am häufigsten vorkommt, kann von Interesse sein.

Oftmals ist es von Vorteil, sich durch eine Häufigkeitstabelle oder das Ordnen der Daten zunächst einen Überblick zu verschaffen.

Beispiele

I. In einer Klassenarbeit gab es die angegebenen Noten.
a) Erstelle eine Häufigkeitstabelle.
b) Beschreibe, welche Note am häufigsten vorkommt.
c) Welches war die beste (schlechteste) Note.

3; 2; 4; 2; 1; 2; 2; 3; 4; 2; 3; 5; 3; 2; 1; 3; 4; 5; 3; 2; 1; 2; 3; 2; 4; 4; 3; 3

Lösung:

a)

Note	1	2	3	4	5	6
Anzahl	3	9	9	5	2	0

b) Die Noten 2 und 3 kommen mit 9 mal am häufigsten vor.
c) Die Note 1 war die beste, die Note 5 die schlechteste Note, die vorkam.

II. Beim Basketball-Training werden Freiwürfe geübt. Jeder Spieler hat 5 Versuche. Auf dem Block hat sich der Trainer die Anzahl der getroffenen Körbe notiert.
a) Ordne die Daten der Größe nach.
b) Finde Möglichkeiten die Datenreihe durch natürliche Zahlen zu beschreiben.

3; 2; 2; 3; 1; 4; 2; 4; 1; 0; 4; 2; 3; 2; 1

Lösung:
a) *0; 1; 1; 1; 2; 2; 2; 2; 2; 3; 3; 3; 4; 4; 4*
b) Möglichkeiten:
- Am meisten haben die Spieler 2 Körbe getroffen.
- Die besten Spieler haben 4 Körbe geworfen, der schlechteste keinen Korb.
- Ein typischer Spieler „in der Mitte der Datenreihe" hat 2 Körbe geworfen.
- …

- Beschreibe, warum der häufigste Wert in einer Datenreihe von Interesse sein kann.
- Finde Gründe, warum es vorteilhaft sein kann, eine Datenreihe zunächst zu ordnen.

Nachgefragt

Aufgaben

1

1 *12; 15; 13; 17; 18; 14; 13; 12; 10; 14; 15; 15; 12; 13; 16; 17; 10*

2 *27; 18; 26; 25; 25; 18; 21; 22; 20; 17; 24; 25*

3 *6; 7; 7; 10; 6; 8; 7; 7; 6; 8; 8; 9; 9; 8; 6*

4 *1000; 2000; 1000; 1500; 3500; 7000; 0; 3000*

a) Ordne die Daten der Größe nach.
b) Finde Möglichkeiten, die Datenreihe durch natürliche Zahlen zu beschreiben.
c) Zeichne je ein Säulendiagramm, das den Sachverhalt wiedergibt.

2 In den 5. Klassen an einem Gymnasium wurde eine Umfrage zum Thema „Raubtiere" durchgeführt. Dabei durfte jeder Schüler höchstens zwei Raubtiere nennen.
Beschreibe für jede Klasse und für alle Schüler der 5. Klassen,
a) welches Tier am häufigsten (seltensten) genannt wurde.
b) den Unterschied zwischen der häufigsten und der seltensten Nennung.

Raubtier	5a	5b	5c
Tiger	17	24	10
Löwe	20	13	21
Leopard	2	3	4
Marder	1	4	1

3 Mateo würfelt 50-mal. Die Eins kommt zwölfmal, die Zwei siebenmal, die Drei neunmal, die Vier und die Fünf jeweils sechsmal und Sechs zehnmal.
a) Erstelle eine Häufigkeitstabelle und ein geeignetes Diagramm zu dem Würfelversuch.
b) Beschreibe den Würfelversuch von Mateo durch typische Zahlen.

4 Die Schülerinnen und Schüler der Klasse 5c durften das neue Erfrischungsgetränk „BanaMilk" testen und mit Schulnoten bewerten. Es gab folgende Ergebnisse:
1; 3; 4; 2; 5; 3; 2; 4; 3; 1; 5; 2; 3; 4; 2; 3; 5; 5; 3; 2; 1; 2; 3; 4; 4; 3; 3; 2
a) Wie viele Schülerinnen und Schüler hat die Klasse 5c?
b) Welche Schulnote wurde am häufigsten vergeben?
c) Zeichne ein geeignetes Diagramm zu dem Sachverhalt.

5 Um den Erfolg eines Kinofilms in der Altersgruppe der 20- bis 40-Jährigen zu untersuchen, werden 50 Besucher nach ihrem Alter gefragt. Das Diagramm zeigt deren Altersverteilung.

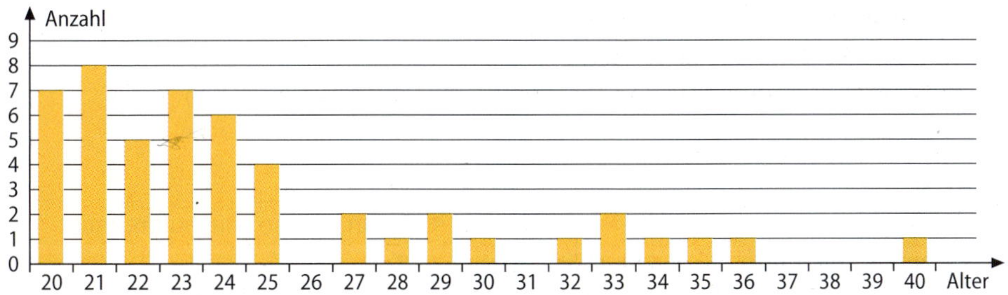

a) Beschreibe, welche Zuschauer sich besonders für den Film interessiert haben.
b) Finde Möglichkeiten, um den Erfolg des Films mit Zahlen zu beschreiben. Begründe.

1.6 Natürliche Zahlen schätzen und runden

Entdecken

Eine Laborantin beobachtet unter einem Mikroskop Bakterien. Sie möchte möglichst genau wissen, wie viele es sind. Als Hilfe nutzt sie ein „Zählgitter".

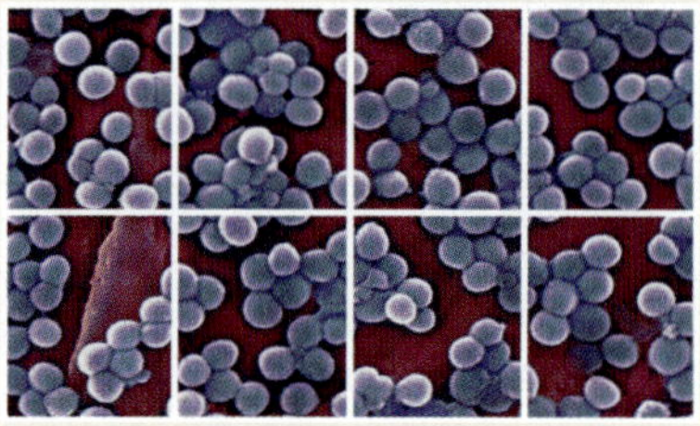

- Beschreibe, wie man geschickt die Anzahl der Bakterien mit einem solchen Gitter bestimmen kann.
- Schätze möglichst genau, wie viele Bakterien auf dem Bild zu sehen sind.

Verstehen

Oftmals lassen sich Anzahlen nicht genau bestimmen. In vielen Fällen ist der genaue Wert auch gar nicht so wichtig, häufig reicht die Angabe eines Näherungswerts aus.

Beim **Schätzen** sucht man eine Zahl, die möglichst nahe am tatsächlichen Wert liegt. Als Hilfsmittel kann man z. B. Zählgitter oder Vergleichsgrößen aus dem Alltag einsetzen.

Beim **Runden** bestimmt man eine annähernd gleich große Zahl. Dazu betrachtet man den **benachbarten kleineren Stellenwert**:
- Bei den Ziffern **0, 1, 2, 3, 4** wird **abgerundet**,
- bei den Ziffern **5, 6, 7, 8, 9** wird **aufgerundet**.

Beispiele

1 Aufrunden (hier auf Zehner):

2 Abrunden (hier auf Hunderter):

Beispiele

I. Schätze die Anzahl der Kugeln auf dem Bild. Beschreibe dein Vorgehen.

Lösung:
Das Bild wird in mehrere gleich große Felder zerlegt. In einem Feld zählt man die Anzahl der Kugeln. Diese Anzahl wird mit der Anzahl der Felder multipliziert.
In einem Gitterfeld sind etwa 35 Kugeln. In zwölf Feldern sind dann schätzungsweise 420 Kugeln abgebildet.

II. Runde die Zahl 567 185 auf die angegebene Stelle. Erkläre dein Vorgehen.

a) Zehner **b)** Tausender **c)** Zehntausender

Zeichen: ≈ (sprich: „ungefähr", „rund")

Lösung:

a) auf Zehner: 567 185 ≈ 567 190
Auf die Rundungsstelle folgt eine 5, also wird aufgerundet.

b) auf Tausender: 567 185 ≈ 567 000
Auf die Rundungsstelle folgt eine 1, also wird abgerundet.

c) auf Zehntausender: 567 185 ≈ 570 000
Auf die Rundungsstelle folgt eine 7, also wird aufgerundet.

Nachgefragt

- Wie heißt die kleinste, wie heißt die größte Zahl, die beim Runden auf Hunderter die Zahl 1300 (2000) ergibt?
- Beschreibe den Unterschied zwischen schätzen, raten und runden.
- Runde die Zahl 9999 auf Zehner (Hunderter, Tausender). Was fällt dir auf?

Aufgaben

1 **a)** Runde auf Tausender (auf Zehntausender).

1 24 605; 55 440; 18 711; 79 936; 61 458 2 84 848; 55 014; 219 972; 12 959

b) Runde auf Millionen (auf Hunderttausender).

1 8 563 906; 20 482 531; 707 473 989 2 99 599 999; 113 022 333; 1739

2 Die Tabelle zeigt die zehn häufigsten Familiennamen in Deutschland. Runde auf Tausender und ordne nach der Häufigkeit. Stelle das Ergebnis in einem Balkendiagramm dar.

Becker	74 009	**Schmidt**	190 584
Fischer	97 658	**Schneider**	115 749
Hoffmann	71 440	**Schulz**	73 736
Meyer	83 586	**Wagner**	79 732
Müller	256 003	**Weber**	86 061

3 Diese Steinfigur des Pharaos Ramses II steht im großen Felsentempel bei Abu Simbel. Schau einmal im Atlas nach, wo das ist. Was schätzt du, wie groß ist die Figur? Erkläre, wie du zu deinem Ergebnis gekommen bist.

4 Leider schleichen sich beim Runden auch Fehler ein. Erkläre jeweils, welcher Fehler gemacht wurde, und korrigiere ihn.

a) 24 356 ≈ 24 300 *f* b) 482 715 ≈ 490 000 *f*
c) 889 ≈ 880 *f* d) 1498 ≈ 2000 *f*
e) 4 501 000 ≈ 10 000 000 *f* f) 571 316 ≈ 571 310 *f*

5 **a)** Schätze die Anzahl der Vögel, Zuschauer, Äpfel bzw. Mauersteine auf den Fotos. Beschreibe dein Vorgehen.

1

2

3

4

Lege ein geeignetes Raster über die Bilder.

b) Man kann die Bilder in a) zum Schätzen in unterschiedlich große Rechtecke aufteilen. Welche Vor- und welche Nachteile bringt das mit sich?

6 a) Bei welchen Angaben sollte man lieber nicht runden? Begründe deine Antwort. Telefonnummer; Einwohnerzahl von Tübingen; Entfernung zwischen Friedrichshafen und Ulm; Postleitzahl von Mannheim; Höhe des Feldbergs; Schuhgröße
b) Suche weitere Beispiele, bei denen Zahlen nicht gerundet werden dürfen.
c) Wovon hängt es ab, ob man eine Zahl gerundet oder genau angibt?

7 a) Gib drei Zahlen an, die beim Runden auf Hunderter die Zahl 2500 ergeben.
b) Wie viele Zahlen gibt es, die beim Runden auf Hunderter auf die Zahl 2500 aufgerundet (abgerundet) werden?

8 a) Paul und Sara bekommen jeweils rund 15 € Taschengeld. Heißt das, sie bekommen gleich viel? Wie groß kann der Unterschied höchstens sein?
b) Beim letzten Fußballländerspiel waren rund 70 000 Zuschauer im Stadion. Wie viele Zuschauer waren es mindestens, wie viele höchstens?

9 a) Übertrage die Angaben in dein Heft und gib jeweils alle Ziffern an, die du für □ einsetzen kannst, damit die Rundung stimmt.

1	2	3
589□ ≈ 5890	4□45 ≈ 5000	48□ ≈ 490
6□41 ≈ 7000	2□2 ≈ 200	25□2 ≈ 2600
34□94 ≈ 35 000	348□4 ≈ 34 900	3□894 ≈ 30 000

b) Warum gibt es bei jeder Aufgabe in a) gleich viele Lösungen?

10 In Deutschland kommen auf 100 Einwohner durchschnittlich 66 Autos und genauso viele Fernsehgeräte, 82 Fahrräder und 104 Handys. Für 100 000 Einwohner gibt es durchschnittlich 27 Apotheken.
a) Wie viele Autos, Fernseher, … gibt es in deinem Wohnort (in deiner Kreisstadt, in Freiburg, in München, in Deutschland)?
b) Suche Gründe dafür, dass die in a) geschätzten Anzahlen nicht den tatsächlichen Werten entsprechen.
c) Zeichne ein Diagramm, das den Sachverhalt gut widerspiegelt.

11 Der Eiffelturm in Paris ist etwa 300 m hoch. Finde die Beschriftung der Achse heraus und gib die ungefähre Höhe der anderen Bauwerke an.

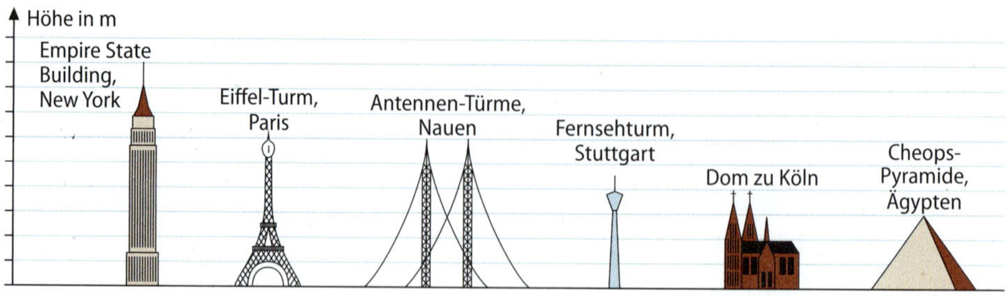

12 Lies die Zeitungsmeldung nebenan.
a) Auf welche Stelle wurde hier gerundet?
b) Stelle die Anzahl der Hunde, Katzen und Vögel in einem Bilddiagramm dar.

Katzen weiterhin vorne
7 800 000 Katzen leben in Deutschland. Damit stehen sie vor Hunden, von denen es „nur" 5 300 000 gibt. Ein deutliches Minus gab es dagegen bei den Ziervögeln: Hier flattern noch 3 800 000 durch deutsche Wohnzimmer.

Natürliche Zahlen

Seite 10

Die Zahlen 0, 1, 2, 3, 4, …, mit denen man etwas abzählen kann oder die eine Anzahl beschreiben, nennt man **natürliche Zahlen**. Beim Zählen verwendet man oft **Strichlisten** oder **Häufigkeitstabellen**.

<table>
<tr><td>Anna</td><td>||||</td></tr>
<tr><td>Nikos</td><td>|||</td></tr>
<tr><td>Lisa</td><td>𝍸 |</td></tr>
</table>

Name	Anzahl
Anna	4
Nikos	3
Lisa	6

Zehnersystem

Seite 12

In unserem Zahlensystem hängt der Wert einer **Ziffer** von ihrer Stellung ab.
Unser Zahlensystem ist ein **Dezimalsystem** (**Zehnersystem**), bei dem sich der Stellenwert von rechts nach links mit der Zahl 10 vervielfacht.

Millionen			tausend					
· 10	· 10	· 10	· 10	· 10	· 10	· 10	· 10	· 10
H	Z	E	H	Z	E	H	Z	E
5	7	0	0	1	6	1	0	5
fünfhundert-siebzig Millionen			sechzehn-tausend			einhundertfünf		

Natürliche Zahlen ordnen

Seite 16

Natürliche Zahlen kann man ihrer Größe nach **ordnen** und am **Zahlenstrahl in gleichen Abständen** aufreihen. Je größer die Zahl ist, desto weiter rechts liegt sie am Zahlenstrahl.

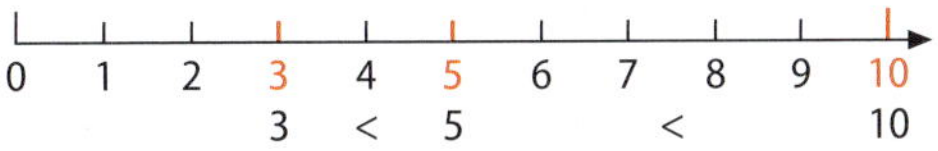

3 ist kleiner als 5; 5 ist kleiner als 10.

Natürliche Zahlen darstellen

Seite 18

Diagramme dienen der Veranschaulichung und dem Vergleich von Zahlen. Wichtige Diagramme sind das **Säulendiagramm**, das **Balkendiagramm** und das **Bilddiagramm**.

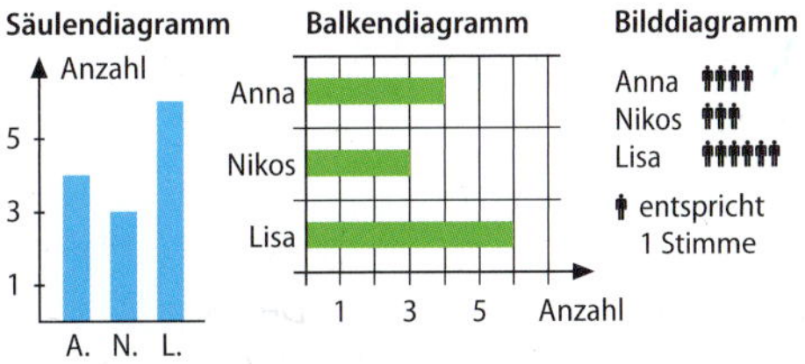

Mit natürlichen Zahlen beschreiben

Seite 20

Es gibt verschiedene Möglichkeiten, um mit natürlichen Zahlen eine **Datenreihe zu beschreiben**, z. B. der größte (kleinste) Wert einer Datenreihe oder ein Wert, der am häufigsten vorkommt.

Treffer beim Korbwurf im Basketball.
0; 1; 1; 1; 2; 2; 2; 2; 2; 3; 3; 3; 4; 4; 4

- Am meisten haben die Spieler 2 Körbe getroffen.
- Die besten Spieler haben 4 Körbe geworfen, der schlechteste keinen Korb.

Runden natürlicher Zahlen

Seite 22

Beim Runden auf einen Stellenwert betrachtet man den **benachbarten kleineren Stellenwert** genauer:
Bei den Ziffern **0, 1, 2, 3, 4** wird **abgerundet**, bei den Ziffern **5, 6, 7, 8, 9** wird **aufgerundet**.

Aufrunden (hier auf Zehner): 238 ≈ 240

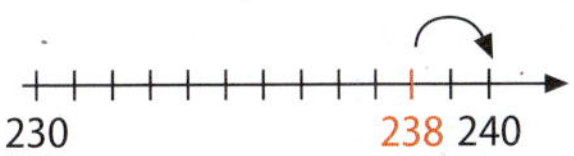

Abrunden (hier auf Hunderter): 238 ≈ 200

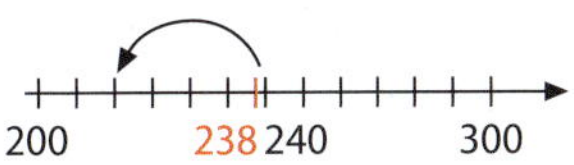

Schätzen von Anzahlen

Seite 22

Oft muss man eine Anzahl **schätzen**.
Dazu kann man z. B. Zählgitter oder Vergleichsgrößen aus dem Alltag nutzen.

1 Auf unterschiedlichen Wegen

1 In einer Umfrage wurden Kinder nach ihren Lesegewohnheiten befragt.

Name	Alter	Wie viele Stunden liest du etwa pro Woche?	Wie viele Bücher hast du?	Was liest du am liebsten?
Marco	10	1 h	7	Comics
Romina	11	3 h	18	Pferdebücher, Zeitschriften
Mesut	11	4 h	13	Comics, Abenteuerbücher
Janine	10	1 h	20	Tiergeschichten
Felix	11	6 h	27	Fantasygeschichten, Comics
Saskia	12	2 h	9	Comics, Tiergeschichten

a) Wie viele Kinder …
   1 sind 11 Jahre alt?
   2 lesen gerne Comics?
   3 in der Umfrage sind Jungen?
b) Wie viele Bücher haben alle befragten Kinder zusammen?

a) Wie viele Kinder …
   1 sind älter als 10 Jahre?
   2 haben mehr als 10 Bücher?
   3 mit 11 Jahren lesen gerne Comics?
b) Welche Mädchen lesen mindestens 2 Stunden pro Woche und haben mehr als 10 Bücher?

2 **a)** Trage die Zahlen in eine Stellenwerttafel ein.
b) Wie viele Nullen haben die Zahlen jeweils?

- dreitausendfünfhundertvierzig
- sechs Millionen vierhundertzwanzigtausend
- neunzehn Milliarden zweihundertdrei Millionen neunhunderttausendacht

- vierhunderttausendachtundzwanzig
- siebzig Milliarden dreihundertacht Millionen zweihunderttausendzwanzig
- neunhundertsieben Milliarden fünfundneunzig

3 Lies so genau wie möglich ab, welche Zahlen jeweils auf dem Zahlenstrahl rot markiert wurden.

a) b)
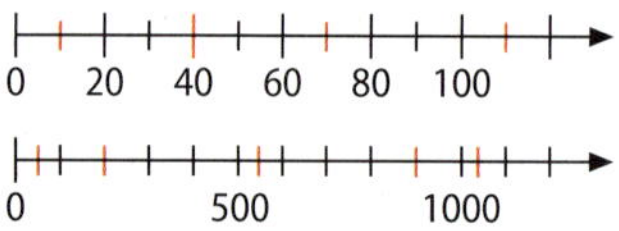

a) b)
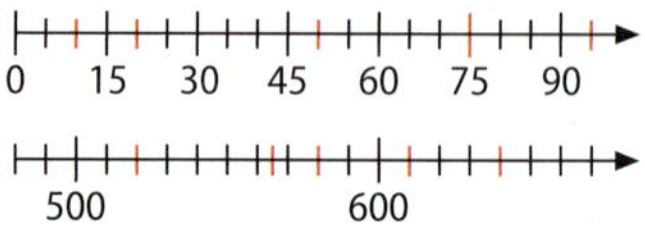

4 Das Bilddiagramm zeigt, wie viele Fahrzeuge in einer Stunde über eine Kreuzung fuhren.
Ein Bild steht für 15 gezählte Fahrzeuge.

a) Bestimme jeweils, wie viele Fahrzeuge gezählt wurden.
b) Wie viele Fahrzeuge wurden insgesamt während der Zeit gezählt?
c) Stelle den Sachverhalt in einem Balkendiagramm dar.

a) Bestimme jeweils, wie viele Fahrzeuge gezählt wurden.
b) Begründe, warum man anhand der Zählung nicht die Anzahl der Fahrzeuge an einem Tag bestimmen kann.
c) Erstelle ein Säulendiagramm.

5 Leandra macht ein Gedächtnistraining, bei dem sie sich fünfzehnmal hintereinander jeweils innerhalb von fünf Minuten möglichst viele von 36 (jedes Mal neuen) Wörtern in der richtigen Reihenfolge einzuprägen versucht. Sie hält das Ergebnis in einer Tabelle fest.

Anzahl der in der richtigen Reihenfolge behaltenen Wörter														
14	16	21	18	23	20	27	29	36	25	24	26	31	27	21

a) Gib die größte und die kleinste Anzahl der von Leandra richtig behaltenen Wörter an.
b) Hat Leandra ihre Merkfähigkeit im Laufe des Trainings verbessert? Begründe anhand der Daten.

a) Finde verschiedene Möglichkeiten, um die Leistungen von Leandra anhand typischer Zahlen zu beschreiben.
b) Hat Leandra ihre Merkfähigkeit im Laufe des Trainings verbessert? Begründe anhand der Daten.

6 In verschiedenen Untersuchungen wird die Anzahl der Kinder von Familien festgehalten. Die Tabelle zeigt die Datenreihen an.

Untersuchung 1	0; 0; 0; 0; 1; 2; 3; 4; 5
Untersuchung 2	0; 0; 0; 0; 1; 1; 2; 3; 4; 5
Untersuchung 3	0; 0; 0; 0; 1; 2; 3; 4; 8
Untersuchung 4	0; 0; 0; 0; 2; 3; 4; 4; 5

a) Bestimme für jede Untersuchung die größte (kleinste) Anzahl der Kinder sowie den häufigsten Wert.
b) Was kannst du auf der Grundlage aller vier Untersuchungen über die Kinderzahl in Familien sagen?

a) Beschreibe die Datenreihe anhand typischer Zahlenwerte und veranschauliche die Daten in einem geeigneten Diagramm.
b) Beschreibe, worin sich die Untersuchungen unterscheiden.

7 Runde auf die angegebene Stelle und vergleiche die gerundeten Zahlen.

427 374 →
- auf Zehner
- auf Hunderter
- auf Tausender
- auf Zehntausender
- auf Hunderttausender

748 922 542 →
- auf Hunderter
- auf Tausender
- auf Zehntausender
- auf Hunderttausender
- auf hundert Millionen

8 Schätze die folgenden Anzahlen. Beschreibe dein Vorgehen.

a) Wie viele Stühle stehen in deiner Schule?
b) Wie viele Einwohner hat dein Heimatort?
c) Wie viele Tore schießt der VfB Stuttgart insgesamt in einer Saison in der Bundesliga?

a) Wie alt sind alle Schüler deiner Schule zusammen?
b) Wie viele Blätter hat ein Baum?
c) Wie viele Tore werden in einer Saison in der Fußball-Bundesliga insgesamt geschossen?

1 Kreuz und quer

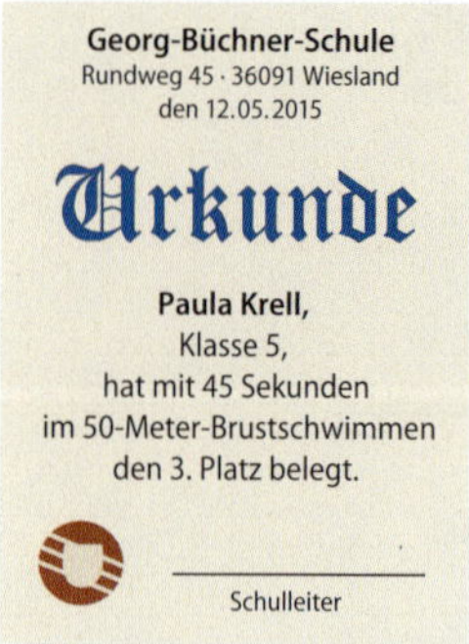
Georg-Büchner-Schule
Rundweg 45 · 36091 Wiesland
den 12.05.2015

Urkunde

Paula Krell,
Klasse 5,
hat mit 45 Sekunden
im 50-Meter-Brustschwimmen
den 3. Platz belegt.

Schulleiter

1 Natürliche Zahlen können unterschiedliche Informationen angeben.

a) Welche Bedeutung haben die einzelnen Zahlen in der abgebildeten Urkunde?

b) Finde andere Beispiele für unterschiedliche Bedeutungen von Zahlen.

2 Wie viele vierstellige Zahlen gibt es, die

a) eine 0 als Einer haben, **b)** eine 0 als Zehner,

c) eine 0 als Hunderter, **d)** eine 0 als Tausender haben?

3 Kilian schreibt die Zahlen von 1 bis 100 auf. Wie viele Nullen (Einsen) schreibt er?

4 Eva hat sich die Geburtstage ihrer Freundinnen und Freunde notiert.
Bringe die Liste in eine sinnvolle Reihenfolge.

Julian	7.3.	Marlon	17.3.
Laura	4.12.	Denise	6.2.
Malte	28.2.	Minh	1.6.
Aisha	25.5.	Malin	17.7.

5 Stelle dir die abgebildeten Zahlenkarten her. Lege mit den Karten

a) eine möglichst große (kleine) Zahl.

b) eine möglichst kleine gerade (ungerade) Zahl.

c) eine Zahl, die möglichst nahe bei 800 Billionen liegt.

d) möglichst kleine (große) achtstellige Zahlen.

6 Ein Internet-Lexikon gibt die Länge (in km) von einigen großen Flüssen der Erde an:

Nil	6852	**Mississippi**	6051	**Kongo**	4374
Amazonas	6448	**Mekong**	4500	**Euphrat**	3380

a) Weißt du, wo diese Flüsse liegen? Suche sie auf einer Weltkarte.

b) Runde die Flusslängen sinnvoll und veranschauliche sie in einem Balkendiagramm. Wähle die Einheit sinnvoll.

7 Schätze die Anzahl der Schafe bzw. Mandeln auf den Bildern. Beschreibe dein Vorgehen.

a)

b)

8 **a)** Runde die Uhrzeiten auf eine halbe Stunde (viertel Stunde, 10 Minuten) genau.

1	8.09 Uhr	8.19 Uhr	8.29 Uhr	8.39 Uhr	8.49 Uhr
2	11.00 Uhr	11.10 Uhr	11.20 Uhr	11.30 Uhr	11.40 Uhr
3	18.01 Uhr	19.11 Uhr	20.21 Uhr	20.31 Uhr	22.41 Uhr

b) Finde Situationen, in denen solches Runden sinnvoll ist.

9 Antonia und Lisa haben ihre Klassenkameradinnen nach deren Haustiere befragt und das Ergebnis in einem Balkendiagramm dargestellt.

a) Schreibe in einer Tabelle auf, wie viele Kinder welches Haustier besitzen.

b) Welche Haustiere sind am beliebtesten? Sortiere der Reihenfolge nach.

c) Wie viele Kinder besitzen kein Tier?

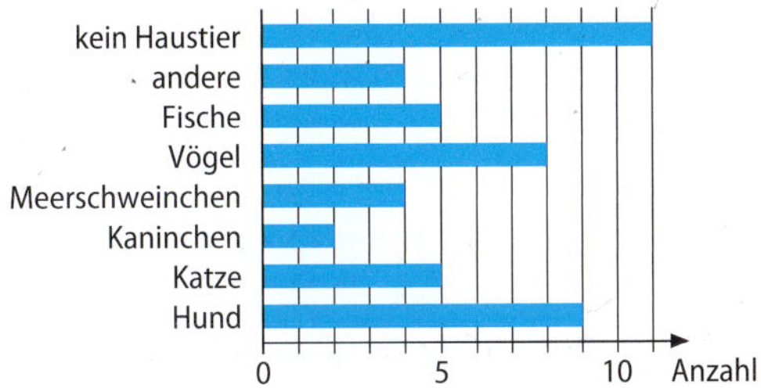

10 **a)** Beschreibe den Inhalt des Diagramms mit eigenen Worten.

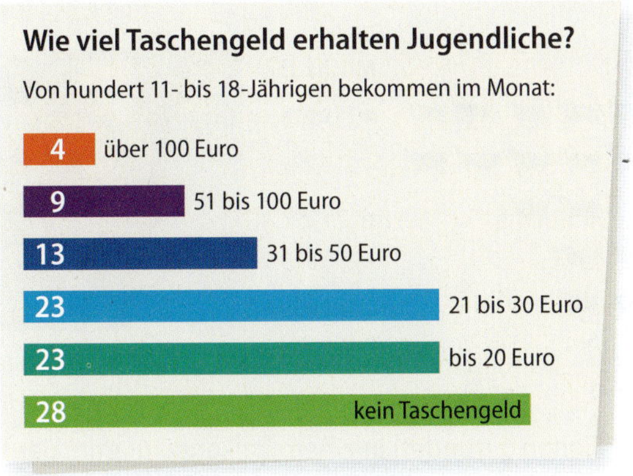

b) Macht diese Umfrage in eurer Klasse und stellt das Ergebnis in einem Diagramm dar. Was meint ihr: Ist es gut, wenn jemand mehr als 100 € Taschengeld im Monat bekommt?

11 **a)** Ordne die Höhenangaben den entsprechenden Bergen zu:
Säntis – Zugspitze – Nebelhorn – Feldberg – Watzmann
1493 m – 2490 m – 2224 m – 2713 m – 2963 m.

Informiere dich im Internet.

b) Runde die Höhenangaben sinnvoll und zeichne ein Säulendiagramm.

12 Das Bilddiagramm zeigt das monatliche Passagieraufkommen am Flughafen Frankfurt. Ein Mensch steht dabei für 500 000 Passagiere.

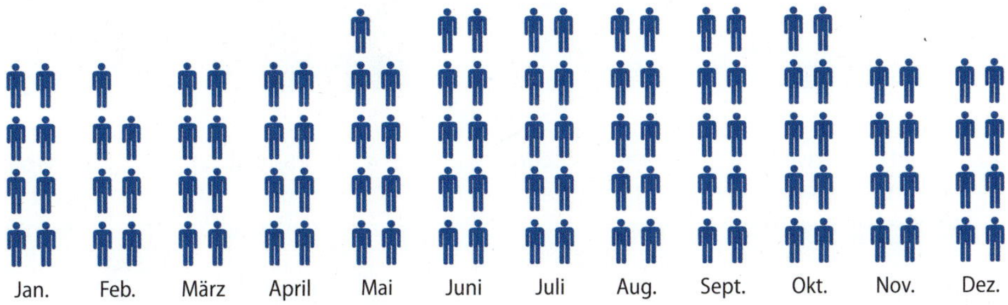

a) Gib die Passagierzahlen für die einzelnen Monate in einer Tabelle an.

b) Gib für jeden Monat den Zahlenbereich an, in dem die tatsächlichen Passagierzahlen liegen können.

c) Ist ein Bilddiagramm deiner Meinung nach geeignet für diesen Sachverhalt oder hättest du eine andere Darstellung gewählt? Begründe deine Antwort.

13 In Deutschland gibt es heute über 50 Kanäle, auf denen Schiffe durch das Land fahren. In der Tabelle sind ein paar wichtige aufgelistet.

Kanal	Länge
Dortmund-Ems-Kanal	265 km
Main-Donau-Kanal	171 km
Mittellandkanal	326 km
Nord-Ostsee-Kanal	99 km
Oder-Spree-Kanal	88 km
Rhein-Herne-Kanal	46 km

a) Informiere dich im Atlas, Internet, …, wo diese Kanäle verlaufen und welche Städte entlang ihrer Strecken liegen.

b) Ordne die Kanäle der Länge nach.

c) Runde die Längenangaben geeignet und stelle sie in einem passenden Diagramm dar.

d) Suche nach drei weiteren Kanälen im Atlas, Internet, … und ergänze dein Diagramm aus c).

14

Land		Milchkühe
Deutschland		4 235 916
Frankreich		4 019 289
Polen		2 751 667
Großbritannien (UK)		2 206 373
Italien		2 079 909

a) Für wie viele Milchkühe steht ein Kuhbild im Diagramm? Erkläre, wie du auf dein Ergebnis kommst.

b) Stelle den Sachverhalt (auf Millionen gerundet) in einem Balkendiagramm dar.

c) Schätze, wie lang eine Reihe wäre, wenn sich alle Milchkühe aus Deutschland hintereinander aufstellen. Wie kommst du auf deine Schätzung?

15 a) Finde die zugehörigen Jahreszahlen heraus und ordne sie nach ihrer zeitlichen Reihenfolge.

Entdeckung Amerikas

Rattenfänger von Hameln

Lutherbibel

Erste Eisenbahn in England

Erster Mensch betritt den Mond

Französische Revolution

Kartoffel kommt nach Europa

Till Eulenspiegel stirbt

b) Gib diese Jahreszahlen in römischen Zahlzeichen an.

16 Lies zunächst den Zeitungsartikel „Fernsehen spielt eine wichtige Rolle“ und bearbeite dann die folgenden Teilaufgaben.

a) Stelle die Umfrageergebnisse aus dem Zeitungsartikel graphisch dar.

b) Gib an, welche der folgenden Aussagen du aus der Umfrage herleiten kannst und welche nicht. Begründe jeweils deine Antwort.

1 Jugendliche sehen mehr als 20 Stunden pro Woche fern.

2 Fast die Hälfte aller Jugendlichen sieht weniger als 10 Stunden in der Woche fern.

3 Die meisten Jugendlichen sehen höchstens eine Stunde pro Tag fern.

4 Jugendliche verbringen mehr Zeit mit Fernsehen als mit ihren Hausaufgaben.

> **Fernsehen spielt eine wichtige Rolle**
> Tübingen. Nach den gestern vorgelegten Forschungsergebnissen verbringen immer mehr Jugendliche ihre Zeit vor dem Fernseher. 181 der insgesamt 1000 Jugendlichen gaben an, pro Woche zwischen 21 und 30 Stunden fernzusehen. 119 schätzen, dass Sie mehr als 30 Stunden vor dem Fernseher verbringen. Der Anteil der Kinder, die weniger als 10 Stunden fernsehen, beträgt nur noch 453. Zwischen 11 und 20 Stunden verbringen …

17 In der fünften Jahrgangsstufe eines Gymnasiums sind insgesamt 120 Kinder, davon 72 Mädchen. 45 der Mädchen haben (ein oder mehrere) Geschwister; 18 der Jungen haben keine Geschwister.

a) Übertrage die Tabelle in dein Heft und ergänze die fehlenden Werte.

	Anzahl Mädchen	Anzahl Jungen	Anzahl gesamt
… mit Geschwister(n)	45		
… ohne Geschwister		18	
… insgesamt	72		120

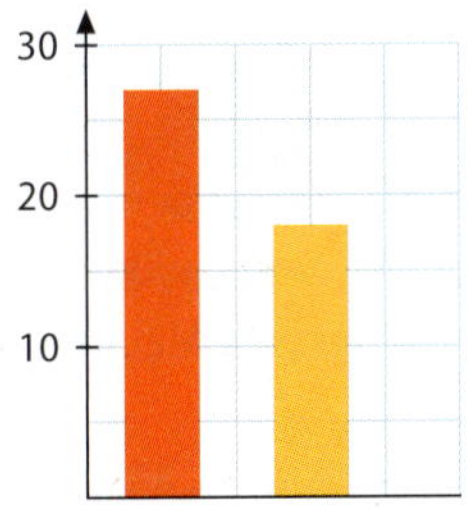

b) Erläutere das Säulendiagramm unter Verwendung der Ergebnisse von a).

18 a) Dir stehen 10 Streichhölzer zur Verfügung. Welche Zahlen kannst du damit legen, wenn du immer alle Streichhölzer nimmst?

b) Was ist die größte Zahl, die man mit 16 Streichhölzern legen kann?

c) Was ist die kleinste Zahl, die man mit 20 Streichhölzern legen kann?

Für die Darstellung der „1“ brauchst du zwei Streichhölzer.

19 Gesucht ist die Anzahl der roten Kugeln auf dem Bild. Paul und Henry verwenden jeweils eine andere Rasterung, um die Anzahl abschätzen zu können.

Pauls Rasterung: Er zählt die Kugeln im linken oberen Feld.

Henrys Rasterung: Er zählt die Kugeln im rechten unteren Feld.

a) Auf welche Anzahlen kommen Paul und Henry jeweils?

b) Diskutiere mit deinem Nachbarn, welche der beiden Rasterungen und Abschätzungen du besser findest. Überlege auch, wie du die Schätzung verbessern kannst.

Schritt 1: Tabellen erstellen

Nach dem Start eines Tabellenprogramms kann eine **Tabelle** bearbeitet werden. Diese besteht aus **Spalten**, die mit Buchstaben bezeichnet werden, und **Zeilen**, die durchnummeriert sind. Durch die Angabe eines Buchstaben und einer Zahl lässt sich jede **Zelle**, so nennt man ein Kästchen der Tabelle, genau bezeichnen: Man spricht von der „Adresse" einer Zelle (z. B. B3). Der Inhalt einer Zelle, der in der Befehlszeile erscheint, wird durch eine Eingabe, die ein Text, eine Zahl oder eine Formel sein kann, festgelegt.

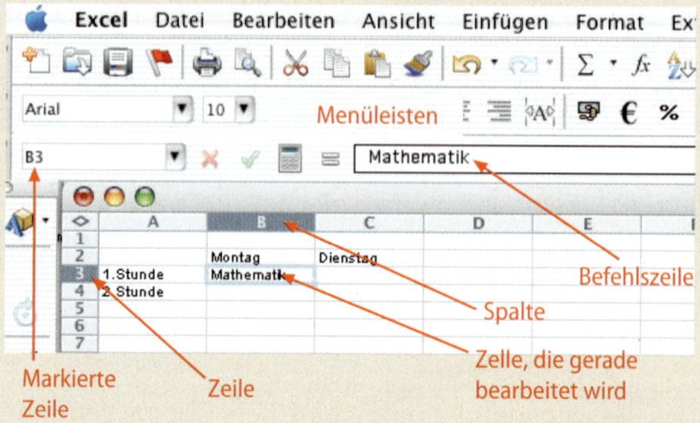

a) Erstelle deinen Stundenplan auf einem Tabellenblatt.
b) Gestalte deinen Stundenplan, indem du Schriftart, Schriftgröße, Farben und Ausrichtung wählst. Du brauchst dazu die abgebildeten Schaltflächen.

Schritt 2: Zellen markieren

Mehrere Zellen werden markiert, indem man bei gedrückter linker Maustaste den gewünschten Bereich überstreicht und anschließend die Maustaste loslässt.

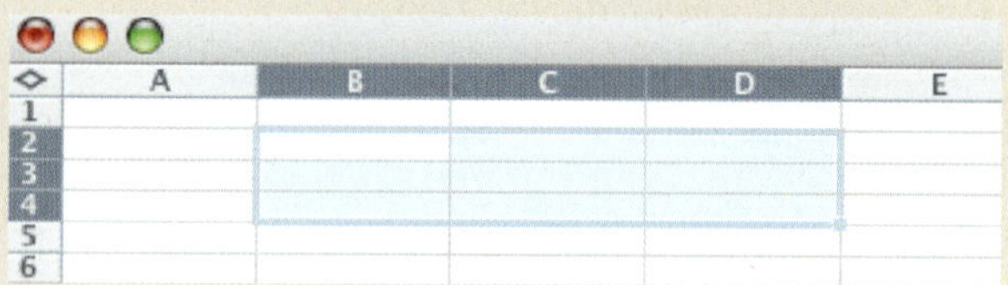

a) Welche Zellen sind hier markiert?

b) Markiere die Zellen G4, G5, G6, H4, H5, H6.

Schritt 3: Zahlen berechnen und ordnen

Eine Runde auf dem Sportplatz ist 400 m lang. Beim 800-m-Lauf ergaben sich die folgenden Zeiten in Sekunden.

Um Zahlen aus Zellen zu **berechnen**, trägt man nach dem Markieren der Zelle die entsprechende **Formel** in die Ergebniszelle ein. Dabei beginnt man mit einem **Gleichheitszeichen** und verwendet die Adresse der Zelle (z. B. B3). Die Eingabe wird mit der Enter-Taste abgeschlossen.

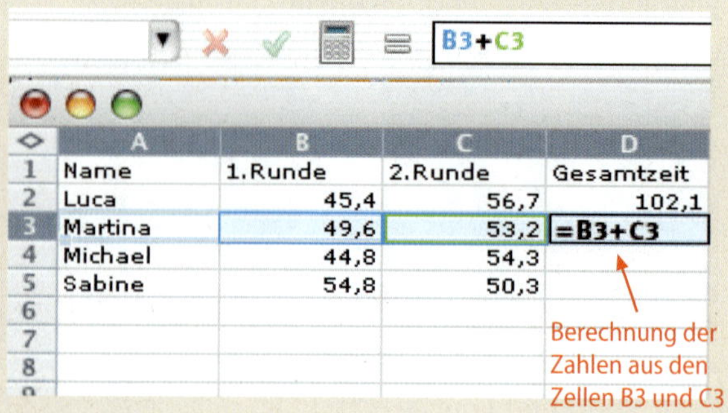

a) Übertrage die Tabelle in dein Programm und vervollständige sie.
b) Verändere Lucas Zeiten für die 1. Runde. Was stellst du fest?

Zum **Ordnen** wird der **Bereich markiert**, den man ordnen möchte (hier von Zelle A2 bis D5). Anschließend wählt man aus der Menüleiste **„Daten"** die Möglichkeit **„Sortieren"** aus. Es öffnet sich ein **Menüfenster**, in dem man die entsprechende Spalte aussucht.

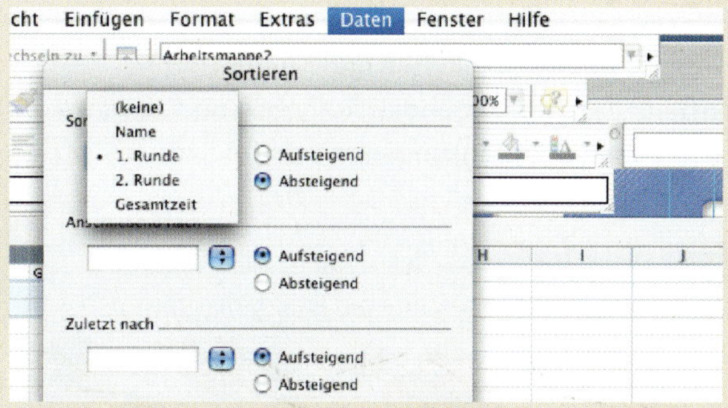

c) Ordne die Ergebnisse nach der schnellsten 1. Runde (2. Runde, Gesamtzeit).

Schritt 4: Diagramme erstellen

Bei der Wahl zum Schülersprecher gibt es folgende Ergebnisse (Stimmen):
Marion 32, Martin 31, Klaus 55, Kati 54, Jussuf 46, Inga 19, Peter 45, Anke 35.

a) Erstelle auf einem Tabellenblatt eine Liste und ordne die Anzahl der Stimmen der Größe nach. Wer ist Schülersprecher oder Schülersprecherin?
b) Wie viele Schüler haben insgesamt abgestimmt? Berechne mit dem Programm.

Um ein **Diagramm** zu erstellen, **markiert** man zunächst den notwendigen Bereich. Anschließend wählt man aus der Menüleiste das Symbol für den **Diagramm-Assistenten** .
Es erscheint ein Fenster, aus dem man den **Diagrammtyp** (z. B. Säulendiagramm) und den Untertyp wählt. Eine Vorschau kann man bei gedrückter linker Maustaste bei **„Schaltfläche drücken für Beispiel"** sehen. Ein Klick auf **„Fertig stellen"** führt zum Diagramm. Möchte man das Diagramm stärker verändern, kann man zunächst auf **„Weiter"** klicken und dann beispielsweise den Titel des Diagramms oder die Einteilung der Achsen gezielt wählen.

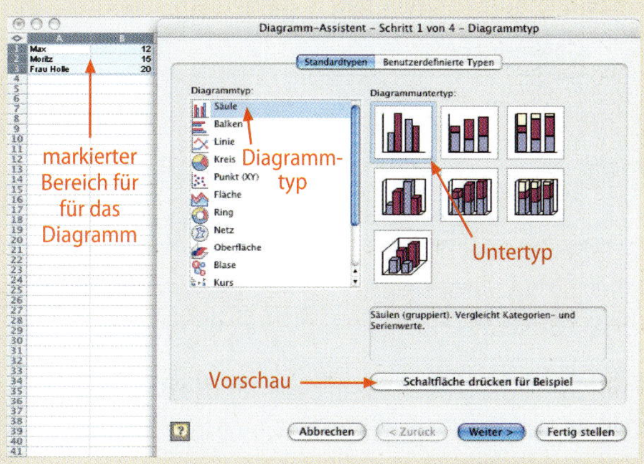

c) Veranschauliche die Ergebnisse in einem Säulendiagramm.

An der folgenden Aufgabe kannst du überprüfen, ob du verstanden hast, wie man Daten mit dem Computer darstellt.

1 In Deutschland verbraucht eine Person im Durchschnitt die angebebenen Wassermengen pro Tag.
a) Erstelle eine Liste des Wasserverbrauchs und sortiere sie nach der Größe.
b) Stelle den Sachverhalt in einem geeigneten Diagramm dar.
c) Überlege dir, wie man im Haushalt Wasser einsparen kann.

Körperpflege	7 ℓ	Toilette	4 ℓ
Baden, duschen	39 ℓ	Geschirrspüler	8 ℓ
Wäsche waschen	15 ℓ	Garten	5 ℓ
Trinken, kochen	3 ℓ	Putzen, Sonstiges	10 ℓ

1 Am Ziel!

Aufgaben zur Einzelarbeit

Überprüfe deine Fähigkeiten und Kompetenzen. Bearbeite dazu die folgenden Aufgaben und bewerte anschließend deine Lösungen mit einem Smiley.

Das kann ich **wirklich gut!**	Das kann ich **fast!**	Das muss ich **noch üben!**

1 Wie viele Orangen, Äpfel, … siehst du? Lege eine Strichliste an und zeichne ein Balkendiagramm.

2 Der im Deutschen häufigste Vokal ist „e". Welches ist der zweithäufigste Buchstabe? Nimm dir dazu eine beliebige Buchseite und erstelle eine Strichliste über die Anzahl der dort vorkommenden Vokale.

3 Das Säulendiagramm zeigt die Anzahl der Sonnentage in einem Jahr in Heidelberg.

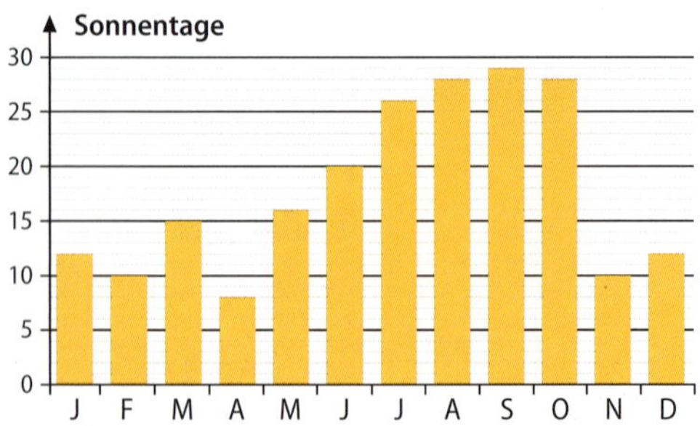

a) Stelle die Ergebnisse in einer Tabelle dar.
b) In welchem Monat hat die Sonne die meisten (wenigsten) Tage geschienen?
c) Wie viele Sonnentage gab es in dem Jahr?

4 Zeichne einen Zahlenstrahl und markiere.
a) 160; 40; 220; 180; 70
b) 15; 90; 45; 150; 125

5 Setze für □ das passende Zeichen (<, > oder =).

a)	b)	c)
35 □ 27	1100 □ 1010	1000 □ 999
18 □ 81	123 □ 132	173 □ 173
4 □ 40	987 □ 789	10 010 □ 10 011

6

a) Welches ist die größte (kleinste) Zahl, die man aus den Ziffern legen kann?
b) Wie viele unterschiedliche Zahlen kann man aus den Ziffern 1, 4, 5 und 5 legen? Ordne die Zahlen der Größe nach und beginne mit der kleinsten.

7

a) Schätze die Anzahl der Bienen auf dem Bild.
b) Beschreibe deine Vorgehensweise.

8 Wie heißt die kleinste (größte) dreistellige Zahl im Dezimalsystem? Wandle sie in ein anderes Zahlsystem um.

9 a) Runde auf Tausender (Zehner).
135 726; 7814; 379 511; 835; 19
b) Runde auf Millionen (Zehntausender).
12 657 912; 4 390 000; 176 981 517 123

10 Korrigiere die Fehler beim Runden. Auf welche Stelle gerundet werden sollte, steht in Klammern.

a) 12 450 ≈ 12 500 (auf Tausender) f
b) 374 900 ≈ 380 000 (auf Zehntausender) f
c) 9098 ≈ 9080 (auf Zehner) f
d) 1499 ≈ 2000 (auf Hunderter) f

Aufgaben für Lernpartner

Arbeitsschritte

1. Bearbeite die folgenden Aufgaben zuerst allein.
2. Suche dir einen Partner oder eine Partnerin und arbeitet zusammen weiter: Erklärt euch gegenseitig eure Lösungen. Korrigiert fehlerhafte Antworten.

Sind folgende Behauptungen richtig oder falsch? Begründe.

A In einem Bilddiagramm steht eine Figur immer für genau einen Gegenstand.

B Ein Balkendiagramm ist ein Säulendiagramm, das man „auf die Seite gelegt" hat.

C Mit einer Strichliste lassen sich Sachverhalte gut veranschaulichen.

D Beim Vergleich zweier Zahlen werden die Stellenwerte von rechts nach links verglichen. Es ist dann diejenige Zahl größer, die an der ersten Stelle die größere Ziffer hat.

E Im Dezimalsystem gibt es unendlich viele Stellen.

F Im Dezimalsystem werden nicht besetzte Stellen mit Nullen aufgefüllt.

G Im Dezimalsystem hat jede Ziffer immer den gleichen Wert.

H Der häufigste Wert einer Datenreihe kann eine geeignete Zahl sein zur Beschreibung der Daten.

I Man kann Daten beschreiben durch Angabe des größten und kleinsten vorkommenden Wertes.

J Beim Runden wird stets der benachbarte linke Stellenwert betrachtet.

K Die Ziffern 5, 6, 7, 8 und 9 werden beim Runden stets aufgerundet.

L Wenn man auf Tausender rundet, dann bedeutet abrunden, dass alle Stellenwerte kleiner als tausend die Ziffer 0 bekommen.

M Beim Schätzen mit einem Zählgitter zählt man das Kästchen aus, in dem die wenigsten Gegenstände sind. Damit spart man Zeit.

N Schätzen kann man, wie man will. Es weiß es ja sowieso niemand besser.

Ich kann …	„Am Ziel!"-Aufgaben	Hilfe
… Strichlisten und Häufigkeitstabellen anlegen und auswerten.	1, 2, C	S. 10
… Zahlen im Zehnersystem darstellen und in ein anderes Zahlsystem umwandeln.	4, 8, E, F, G	S. 12
… Zahlen ordnen und der Größe nach vergleichen.	5, 6, D	S. 16
… Zahlen in Diagramme übertragen und umgekehrt.	1, 2, 3, A, B	S. 18
… Sachverhalte durch natürliche Zahlen beschreiben.	2, 3, H, I	S. 20
… Zahlen auf gegebene Stellen runden.	9, 10, J, K, L	S. 22
… systematisch schätzen.	7, M, N	S. 22

Aufgabe	Ich kann schon …	Grundwissen
1, 2	… im Kopf addieren, subtrahieren, multiplizieren und dividieren.	S. 214
3, 4	… zwei Zahlen schriftlich addieren und subtrahieren.	S. 215
5	… die Grundrechenarten bei Alltagsproblemen anwenden.	S. 218

1 Berechne im Kopf.

a) $63 + 31$ **b)** $93 + 31$ **c)** $96 + 35$ **d)** $132 + 48 + 13$
e) $96 - 64$ **f)** $129 - 79$ **g)** $133 - 79$ **h)** $18 + 53 - 12$
i) $3 \cdot 13$ **j)** $14 \cdot 3$ **k)** $18 \cdot 0$ **l)** $7 \cdot 17$
m) $27 : 3$ **n)** $25 : 25$ **o)** $120 : 20$ **p)** $52 : 0$

2 Setze die Zahlenreihe um fünf Zahlen fort. Beschreibe die passende Regel.

a) 1; 4; 7; 10; 13; … **b)** 10; 5; 11; 6; 12; 7; … **c)** 7; 14; 28; 56; 102; …
d) 2; 5; 10; 17; 26; … **e)** 2; 4; 3; 6; 5; 10; 9; … **f)** 1; 10; 2; 20; 4; 40; 8; …

3 Berechne schriftlich und mache danach die Probe.

a) $132 + 267$ **b)** $218 + 466$ **c)** $329 + 45 + 26$ **d)** $423 + 19 + 117$
e) $555 - 222$ **f)** $555 - 226$ **g)** $555 - 299$ **h)** $555 - 117 - 243$

4 Übertrage die Tabellen in dein Heft und berechne die fehlenden Werte.

a)

+	87	152	417
203			
169			
524			

b)

+	112	356	297
443			
	352		
		181	

c)

·	7		10
13			
21		0	
	196		

5 Lena braucht für die Schule zehn Hefte. Sie informiert sich in zwei Schreibwarenläden über die Angebote.

Angebot 1

Top-Angebot
Nur heute bis 15 Uhr!
3 Hefte kosten 1,80 €
1 Heft kostet 90 ct

Angebot 2

Super Sparpreis
Solange der Vorrat reicht!
4 Hefte kosten 2,60 €
1 Heft kostet 80 ct

a) Für welches der beiden Angebote soll Lena sich entscheiden?
b) Kann Lena Geld sparen, wenn sie bereit ist, in beiden Schreibwarenläden Hefte zu kaufen?

2 Rechnen mit natürlichen Zahlen

Einstieg

Der Tierpark Wilhelma in Stuttgart ist ein beliebtes Ausflugsziel für Familien und Schulklassen.

- Welches Angebot nutzt du, wenn du am Wochenende mit deiner Familie in die Wilhelma gehen willst?
- Berechne, wann sich der Kauf einer Jahreskarte lohnt.
- Recherchiere weitere Zahlen und Fakten über die Wilhelma und stelle sie deiner Klasse vor.

Tageskarten	Normaltarif	Wintertarif	Jahreskarten
Erwachsene	14 €	10 €	55 €
Schüler und Studenten	7 €	5 €	28 €
Familienkarte I ein Elternteil mit Kindern	21 €	15 €	70 €
Familienkarte II Eltern mit Kindern	35 €	25 €	110 €

Ausblick

Am Ende dieses Kapitels hast du gelernt, …

- … wie man die Grundrechenarten schriftlich ausführt.
- … wie man Potenzen berechnet.
- … welche Rechengesetze es gibt und wie man sie anwendet.
- … wie man einfache Alltagssituationen mithilfe von Termen und Gleichungen beschreiben und diese lösen kann.

Kap. 2.1 und 2.2

Magische Zahlen

Zahlenquadrate, deren Spalten, Zeilen und Diagonalen den gleichen Summenwert haben, nennt man magische Quadrate. Dieser gemeinsame Wert ist die sogenannte magische Zahl. Eines der berühmtesten magischen Quadrate stammt von Albrecht Dürer aus dem Jahr 1514. Es befindet sich auf seinem Gemälde „Melencolia I".

6		8
	5	
2		

- Bestimme die magische Zahl im abgebildeten magischen Quadrat von Dürer.
- Übertrage das links abgebildete magische Quadrat in dein Heft und ergänze die fehlenden Ziffern.
- Begründe: Magische Quadrate, in denen jede der Ziffern 1, 2, 3, …, 8, 9 genau einmal vorkommt, haben als magische Zahl stets die 15.

Kap.2.4

Wachsende Zahlen

Als ein König sein Schloss errichten ließ, suchte er sich verschiedene Arbeiter dafür. Für den Bau seiner Brücke zum Tor fand er Schlaubibus. Dieser machte dem König ein Angebot:

„Ich schaffe es, die Brücke in 14 Tagen zu bauen. Dafür möchte ich am ersten Tag zwei Taler haben, am zweiten Tag vier Taler, am dritten acht usw."

Der König stimmte zu.

- Erstelle eine Tabelle, die die Anzahl der Taler pro Tag angibt.
- Berechne, wie viele Taler Schlaubibus insgesamt bekommt.

Kap. 2.5

Rätselhafte Zahlen

Hier sind einige Zahlen verloren gegangen.

- Ersetze die Symbole durch Zahlen. Dasselbe Symbol steht jeweils für die gleiche Zahl.

Kap. 2.7

„Reiche" Zahlen

Folgende Frage wurde in einer Quizshow gestellt:

Wie viel ergibt zweimal zwei plus zwei durch zwei minus zwei?

A: eins B: zwei
C: drei D: vier

- Führt eine Abstimmung in der Klasse durch.
- Beschreibe, wie es zu verschiedenen Antworten kommt.
- Entwirf eigene Quizaufgaben in dieser Art.

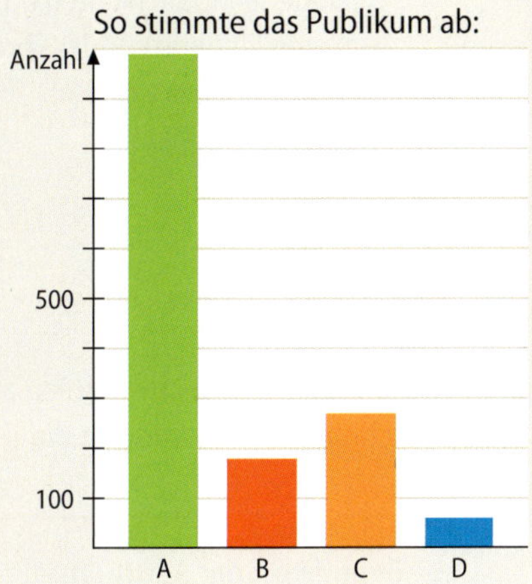

Kap. 2.8

„Alte" Zahlen

- Bestimme das Alter. Beschreibe dein Vorgehen.

Entdecken

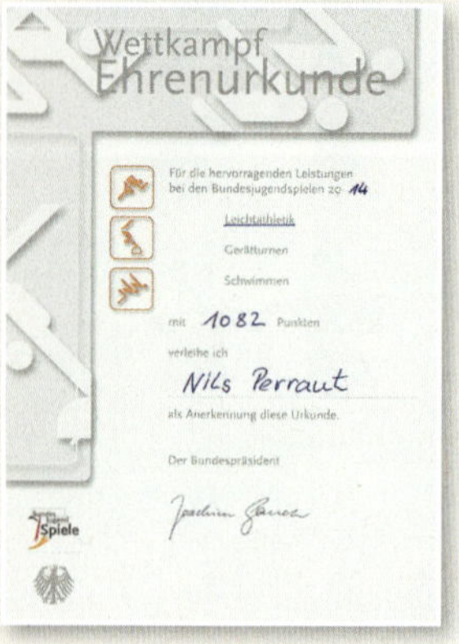

Die Tabelle zeigt einen Ausschnitt aus der Punktwertung bei den Bundesjugendspielen in der Leichtathletik.
Martina ist zehn Jahre alt, Markus ist neun Jahre alt. Sie sind beide die 50 m in 9,8 s gelaufen und 2,90 m weit gesprungen.

- Wie weit muss Martina (Markus) den Ball mindestens werfen, um eine Ehrenurkunde zu bekommen?
- Wie sieht es bei dir aus? Gib verschiedene Möglichkeiten an, um eine Siegerurkunde (Ehrenurkunde) zu bekommen.

	Jungen		
Alter	**9**	**10**	**11**
Siegerurkunde	525	600	675
Ehrenurkunde	675	775	875

	Mädchen		
Alter	**9**	**10**	**11**
Siegerurkunde	550	625	700
Ehrenurkunde	725	825	900

Jungen						Mädchen					
50-m-Lauf		**Weitspr.**		**Schlagball**		**50-m-Lauf**		**Weitspr.**		**Schlagball**	
s	**Pkt.**	**m**	**Pkt.**	**m**	**Pkt.**	**s**	**Pkt.**	**m**	**Pkt.**	**m**	**Pkt.**
11,2	84	2,90	251	19	142	11,2	109	2,70	263	19	267
11,0	95	2,95	258	20	152	11,0	121	2,75	271	20	280
10,8	107	3,00	265	21	162	10,8	133	2,80	278	21	293
10,6	119	3,05	271	22	172	10,6	146	2,85	285	22	305
10,4	132	3,10	278	23	181	10,4	159	2,90	292	23	317
10,2	145	3,15	284	24	191	10,2	173	2,95	299	24	329
10,0	158	3,20	291	25	200	10,0	187	3,00	306	25	341
9,8	172	3,25	297	26	209	9,8	202	3,05	313	26	352
9,6	187	3,30	303	27	218	9,6	217	3,10	320	27	363
9,4	202	3,35	310	28	227	9,4	233	3,15	327	28	374
9,2	218	3,40	316	29	235	9,2	250	3,20	333	29	385
9,0	235	3,45	322	30	243	9,0	267	3,25	340	30	395
8,8	252	3,50	328	31	252	8,8	285	3,30	347	31	406

Verstehen

Die Rechenart, bei der Zahlen zusammengezählt (addiert) werden, heißt **Addition**. Die Gegenrechnung zur Addition ist die **Subtraktion**, bei der man etwas abzieht.

Addition ⇄ Subtraktion

Begriffe bei der **Addition**:

56 + 28 = 84
1. Summand, 2. Summand — Summe

Begriffe bei der **Subtraktion**:

11 − 4 = 7
Minuend, Subtrahend — Differenz

Merke „M vor S"

Addition und Subtraktion sind **Umkehrungen** voneinander: 133 $\xrightarrow{+26}$ 159, 159 $\xrightarrow{-26}$ 133

56 + 28, 11 − 4, … nennt man auch einen **Rechenausdruck**.

Beispiele

I. Schreibe als Rechenausdruck und berechne. Mache die Probe durch die Gegenrechnung.

a) die Summe von 416 und 85 **b)** die Differenz von 367 und 45

Lösung:

a) 416 + 85 = 501
Probe: 501 − 85 = 416

b) 367 − 45 = 322
Probe: 322 + 45 = 367

II. Bestimme die gesuchte Zahl. ☐ − 62 = 35

Lösung:

Umkehrung: 35 + 62 = 97 Probe: 97 − 62 = 35

Nachgefragt

- „Vermehre", „erhöhe", „vermindere": Finde weitere Worte, die für „addieren" und „subtrahieren" stehen, und ordne sie jeweils zu.
- Überprüfe die folgenden Aussagen:
  „Die Summe zweier gerader Zahlen ist eine gerade Zahl."
  „Die Summe zweier ungerader Zahlen ist eine ungerade Zahl."

Aufgaben

1 Berechne im Kopf.

a) 45 + 31
98 − 36
93 + 31

b) 93 + 56
54 − 29
129 − 79

c) 87 + 76
112 − 78
208 − 35

d) 53 + 18 + 29
76 − 23 − 24
200 + 76 + 16

2 Berechne. Mache die Probe durch die Gegenrechnung.

a) 132 + 256 **b)** 171 + 229 **c)** 207 + 295 **d)** 846 + 333
e) 211 − 189 **f)** 1843 − 455 **g)** 9999 − 999 **h)** 9009 + 99
i) 10101+ 11111 **j)** 16321 − 16321 **k)** 10000 − 9999 **l)** 828 + 282

Lösungen zu 2:
0; 1; 22; 388; 400; 502; 1110; 1179; 1388; 9000; 9108; 21212

3 Schreibe als Rechenausdruck und berechne.

a) Die Summanden heißen 48 und 532.
b) Addiere 25, 69 und 35.
c) Der Minuend heißt 362, der Subtrahend 247.
d) Subtrahiere 385 von 836.
e) Erhöhe den Summanden zweihundertzweiundvierzig um dreihundertsechsundachtzig.
f) Subtrahiere eintausendelf von eintausendeinhunderteins.

4 Übertrage die Trauben in dein Heft.

a) Berechne die Summe.
b) Bilde die Differenz.

Der Wert einer Traube bei b) ergibt sich aus der Differenz (von links nach rechts) der beiden Trauben, die darüber liegen.

5 Bestimme die fehlende Zahl.

a) ☐ − 35 = 187 **b)** ☐ + 198 = 211 **c)** 207 − ☐ = 165

6 Bei einem magischen Quadrat ist der Summenwert der Zahlen in jeder Zeile, jeder Spalte und in den Diagonalen jeweils gleich groß. Übertrage das magische Quadrat in dein Heft und vervollständige es.

a)

4	9	
	5	
		6

b)

101		71
	59	
47		

c)

26		
	25	23
22		

Entdecken

Beim Zehnkampf müssen Sportler innerhalb von zwei Tagen zehn Sportarten meistern. Für jede Sportart gibt es Punkte. Die Tabelle zeigt die Ergebnisse von vier Sportlern bei den Deutschen Juniorenmeisterschaften.

Name	1. Tag					2. Tag				
Büker	832	776	615	723	798	777	538	673	733	660
Reifenrath	830	727	736	644	800	796	664	645	558	565
Kahlert	817	840	684	723	798	871	556	819	560	736
Kleber	753	776	555	723	726	792	555	760	618	735

- Informiere dich über den Zehnkampf. Aus welchen Sportarten besteht er?
- Wer war der beste Sportler?
- Vergleiche die Leistungen der vier Sportler am 1. Tag und am 2. Tag miteinander.
- Schreibe für den Sportteil einer Zeitung einen Artikel, in dem du über den Verlauf des Wettkampfes berichtest.

Verstehen

Aus der Grundschule ist bekannt, dass man natürliche Zahlen schriftlich addiert, indem man sie stellengerecht untereinander schreibt, also Einer unter Einer, Zehner unter Zehner, Hunderter unter Hunderter usw.
Dann werden zunächst die Ziffern in der Einerspalte, dann die in der Zehnerspalte usw. addiert.

Einer unter Einer, Zehner unter Zehner, …

Schriftliche Addition:

	T	H	Z	E
	3	3	7	4
+		7	8	0
+			9	2
	1	2 ← Übertrag		
	4	2	4	6

Einer:	$4 + 0 + 2 = 6$		schreibe 6
Zehner:	$7 + 8 + 9 = 24$	Übertrag: 2	schreibe 4
Hunderter:	$3 + 7 + 2 = 12$	Übertrag: 1	schreibe 2
Tausender:	$3 + 1 = 4$		schreibe 4

Wenn bei der Addition einer Spalte die Summe größer oder gleich 10 ist, dann bezeichnet man die vordere Ziffer als **Übertrag** in die nächste linke Spalte.

Beispiele

Berechne die Summe.

a) 808 + 537 + 76 **b)** 2509 + 748 + 35 **c)** 550 928 + 478 472

Lösung:

a)

		8	0	8
		5	3	7
+			7	6
	1	1	2	
	1	4	2	1

b)

	2	5	0	9
+		7	4	8
			3	5
		1	2	
	3	2	9	2

c)

		5	5	0	9	2	8
+		4	7	8	4	7	2
		1		1	1	1	
	1	0	2	9	4	0	0

- Welcher Übertrag kann beim Addieren von 2 (3, 4) Summanden vorkommen?
- Sabine denkt sich eine Zahl. Sie addiert viermal eine andere Zahl und erhält wieder die gedachte Zahl. Ist das möglich?

Nachgefragt

Aufgaben

1 Addiere schriftlich.

a) 16 + 33 + 44 b) 78 + 56 + 8 c) 123 + 395
d) 789 + 592 e) 601 + 33 + 86 f) 59 + 165 + 259
g) 347 + 97 + 6 h) 274 + 81 + 573 i) 691 + 533
j) 585 + 484 + 6 k) 143 + 633 + 596 l) 2509 + 608 + 907
m) 895 + 356 + 67 + 701 n) 46 783 + 3469 + 9069 o) 9999 + 999 + 99 + 9

Lösungen zu 1:
93; 142; 450; 483; 518; 720; 928; 1075; 1224; 1372; 1381; 2019; 4024; 11 106; 59 321

2 Schreibe zuerst als Rechenausdruck und addiere dann schriftlich.

a) Addiere zweitausenddreihunderteinundzwanzig zu neunhundertdreizehn.
b) Bilde die Summe aus zwölftausendsiebenhundertvierundsiebzig und dreihundertvierunddreißigtausendsechsundzwanzig.
c) Wie viel muss man zu achthunderteinundneunzig addieren, um tausend zu erhalten?

3 Wie oft musst du 4256 zum Startwert addieren, um zum Ziel zu kommen?

a) 3468 ⟶ 33 260 b) 6748 ⟶ 36 540
c) 57 820 ⟶ 96 124 d) 43 782 ⟶ 94 854

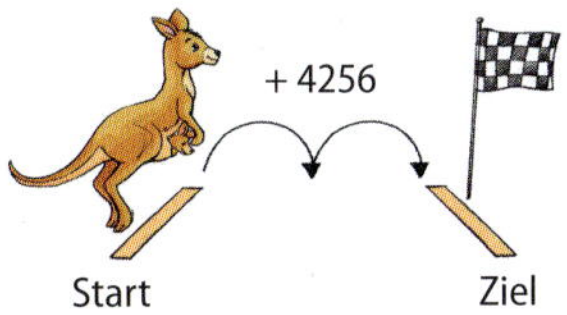

4 Vervollständige die Rechnungen im Heft. Es sind teils mehrere Lösungen möglich.

a)	b)	c)	d)
3□73	1534	4□06	9□9□
+ 54□2	+ 8□7	+ 51□7	+ 4□8
+ 24□	+ 4□56	+ 6□01	+ □361
□152	644□	1□21□	1556□

5 a) Silas, Nele und Lena haben unterschiedliche Ergebnisse. Welche Ergebnisse sind falsch?
b) Erkläre, woran man die falschen Ergebnisse sofort erkennen kann.
c) Berechne die Summe richtig im Heft.

Silas:	Nele:	Lena:
7405	7405	7405
+ 389	+ 389	+ 389
+ 44	+ 44	+ 44
+ 2071	+ 2071	+ 2071
10519	8909	9909

6 a) Wähle von den abgebildeten Karten einige aus und addiere die darauf stehenden Zahlen. Versuche dabei, mit dem Wert der Summe möglichst nahe an die Zahl 100, 1000 bzw. 10 000 heranzukommen, ohne sie jedoch zu überschreiten.
b) Addiere alle Zahlen auf den Karten. Setze dabei den „**Joker 3?5**“ so ein, dass du einmal den größten und einmal den kleinsten möglichen Summenwert erhältst. Erkläre, wie du dabei vorgegangen bist.

Entdecken

Das Karlsruher Wildparkstadion umfasst 29 699 Plätze. 15 237 davon sind Sitzplätze, der Rest Stehplätze.
Eine Stehplatzkarte kostet 10 € und eine Sitzplatzkarte 30 €. Die Tabelle zeigt die Anzahl der an vier Spieltagen verkauften Karten.

	Stehplätze	Sitzplätze
1. Spieltag	12 855	3476
2. Spieltag	11 792	4870
3. Spieltag	10 927	4512
4. Spieltag	12 352	3782

- Ordne die Zuschauerzahlen an den einzelnen Spieltagen der Größe nach.
- Wie viele Stehplätze und wie viele Sitzplätze waren an den einzelnen Spieltagen jeweils noch frei?
- Der Verein benötigt pro Spieltag Einnahmen von 240 000 € zur Deckung der Kosten. Ermittle die Gewinne und Verluste.

Verstehen

Minuend

	7	2	4	7
	3	5	7	4
−		9	4	1

Subtrahenden

Wie bei der Addition schreibt man auch bei der schriftlichen Subtraktion die Zahlen stellengerecht untereinander: Einer unter Einer, Zehner unter Zehner usw. Dabei stehen die Subtrahenden unter dem Minuenden.
Beim Berechnen addiere jeweils die Ziffern der Subtrahenden und ergänze das Ergebnis zur Ziffer des Minuenden. Beginne mit den Einerstellen, dann die Zehnerstellen usw.

Schriftliche Subtraktion:

	T	H	Z	E
	7	2	4	7
	3	5	7	4
−		9	4	1
	2	1		
	2	7	3	2

← Übertrag

	ergänze		
Einer:	$(1 + 4) + 2 = 7$		schreibe 2
Zehner:	$(4 + 7) + 3 = 14$	Übertrag: 1	schreibe 3
Hunderter:	$(1 + 9 + 5) + 7 = 22$	Übertrag: 2	schreibe 7
Tausender:	$(2 + 3) + 2 = 7$		schreibe 2

Benötigt man für die Ergänzung einen Minuenden größer als 10, so mache einen **Übertrag** und schreibe ihn in die nächste linke Spalte.

Beispiele

*Beim **Überschlag** rechnet man mit günstig gerundeten Zahlen, damit man das Ergebnis abschätzen kann.*

Mache zuerst einen Überschlag und subtrahiere dann schriftlich. Mache jeweils die Probe.

a) 721 − 638 **b)** 8374 − 2185 − 1027

Lösung:

a) Überschlag: 700 − 600 = 100

Rechnung:

	7	2	1
−	6	3	8
	1	1	
	0	8	3

Die 0 wird als erste Ziffer nicht geschrieben.

Probe:

		8	3
+	6	3	8
	7	2	1

b) Überschlag: 8400 − 2200 − 1000 = 5200

Rechnung:

	8	3	7	4
	2	1	8	5
−	1	0	2	7
		1	1	
	5	1	6	2

Probe:

	5	1	6	2
+	1	0	2	7
+	2	1	8	5
	8	3	7	4

Man erkennt, dass die Lösungen im Größenbereich des Überschlags liegen.

- Welche Ziffern können beim Subtrahieren von zwei (drei) Subtrahenden als Übertrag auftreten?
- Überprüfe die folgende Aussage: „Die Differenz zweier Zahlen ist immer kleiner als die Summe dieser Zahlen."

Nachgefragt

Aufgaben

1 Überschlage das Ergebnis zunächst und subtrahiere dann schriftlich:

a)	b)	c)	d)	e)
5387	8403	15 742	84 300	413 754
1453	4168	3 681	26 428	205 807
− 665	− 2075	− 2 403	− 5 705	− 56 280

f)	g)	h)	i)	j)
7486	9302	54 183	89 798	737 481
2301	1875	21 057	35 712	206 213
1257	2089	14 343	12 446	114 428
− 3024	− 1658	− 2 775	− 26 008	− 375 804

Lösungen zu 1:
904; 2160; 3269; 3680; 9658; 15 632; 16 008; 41 036; 52 167; 151 667

2 a) Berechne die Differenz aus der kleinsten fünfstelligen und der größten dreistelligen Zahl.
b) Subtrahiere die Zahlen 45 699 und 78 033 von der Zahl 234 691.
c) Wie groß ist das Ergebnis, wenn der Minuend 14 517 ist und die Subtrahenden 2456, 3466 sowie 975 lauten?
d) Subtrahiere die Zahl drei Millionen siebenundachtzigtausendneunhundertdreiundzwanzig von der Zahl drei Milliarden sechshundertdreiundfünfzigtausend.

3 Wie oft musst du 425 vom Startwert subtrahieren, um zum Zielwert zu kommen?
a) 3268 ⟶ 293
b) 5768 ⟶ 1943
c) 6673 ⟶ 1573
d) 7650 ⟶ 850

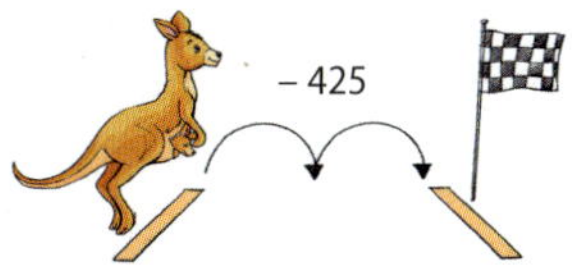

4 Übertrage in dein Heft und ergänze die fehlenden Ziffern.
Mache jeweils die Probe durch die Gegenrechnung.

a)	b)	c)	d)
789 015	4□74	70□□□0	892 753
− 436 128	− 358□	− 5□0 093	− □□□ □□□
□□□ □□□	□1□3	□60 677	400 904

5 Setze für □ das passende Zeichen (<, > oder =) ein.
a) 256 − 89 □ 1256 − 1089
749 − 574 □ 931 − 815
b) 12 487 − 4812 □ 78 400 − 70 611
9999 − 7777 □ 11 111 − 9999

6 Bilde aus den Ziffern 2, 3, 7 und 8 zwei vierstellige Zahlen, sodass jede dieser vier Ziffern in jeder der beiden Zahlen genau einmal vorkommt und dass
a) der Summenwert dieser beiden Zahlen die Einerziffer 9 hat.
b) der Summenwert dieser beiden Zahlen die Hunderterziffer 1 hat.
c) der Differenzwert dieser beiden Zahlen eine dreistellige Zahl ist.
d) die Differenz am größten (kleinsten) wird.

Beispiel:
3 782 und 2 738

Entdecken

Die Klasse 5c erstellt eine Klassenzeitung. Diese umfasst 57 Seiten. Das Drucken einer Seite kostet 4 ct. Es sollen 60 Zeitungen gedruckt werden

- Berechne, wie viele Seiten für alle Zeitungen zusammen gedruckt werden müssen.
- Berechne die Gesamtkosten für alle Zeitungen.
- Bestimme, wie teuer eine Zeitung mindestens sein muss.

Verstehen

56 · 7 = 392
1. Faktor 2. Faktor
Produkt

Wird immer wieder dieselbe Zahl addiert, so kann man diese Rechnung durch eine Multiplikation abkürzen. Dabei bezeichnet man die Multiplikation der beiden Zahlen als **Produkt**, die Zahlen selbst heißen **Faktoren**.
Größere Zahlen werden schriftlich multipliziert. Dabei wählt man diejenige Zahl als zweiten Faktor, die weniger Stellen hat.

Bei der **schriftlichen Multiplikation** wird der erste Faktor mit jeder einzelnen Ziffer des zweiten Faktors multipliziert. Dabei werden alle Teilprodukte **stellengerecht unter den zweiten Faktor** geschrieben und zum Schluss addiert.

1	4	4	2	·	8	3
	1	1	5	3	6	0
+			4	3	2	6
	1	1	9	6	8	6

← 1442 · 80 = 115 360
← 1442 · 3 = 4 326

Alles null:
0 · 6 = 0
6 · 0 = 0
0 · 0 = 0

Beispiele

Berechne das Produkt. Mache zuerst einen Überschlag. **a)** 426 · 257 **b)** 5149 · 2003

Lösung:

a) Überschlag: 400 · 300 = 120 000

4	2	6	·	2	5	7
		8	5	2	0	0
		2	1	3	0	0
			2	9	8	2
	1		1			
	1	0	9	4	8	2

← 426 · 200 = 85 200
← 426 · 50 = 21 300
← 426 · 7 = 2 982

Beachte, dass du nicht besetzte Stellen mit Nullen ergänzen kannst.

Man erkennt, dass die Lösungen im Größenbereich des Überschlags liegen.

b) Überschlag: 5000 · 2000 = 10 000 000

5	1	4	9	·	2	0	0	3
	1	0	2	9	8	0	0	0
		0	0	0	0	0	0	0
				0	0	0	0	0
				1	5	4	4	7
	1	0	3	1	3	4	4	7

Nullzeilen können auch weggelassen werden.

Nachgefragt

- Gib den Einerwert des Produkts von 3577 · 8226 an, ohne das gesamte Produkt zu berechnen.
- Schreibe die Zahl 144 auf möglichst viele Arten als Produkt zweier Faktoren.
- Erkläre: Eine wiederholte Addition mehrerer gleicher Summanden lässt sich als Multiplikation abkürzen.

Aufgaben

1 Rechne im Kopf.

a)	b)	c)	d)	e)	f)
2 · 25	5 · 36	19 · 7	3 · 46	5 · 34 · 0	4 · 1 · 25
3 · 34	2 · 47	15 · 2	6 · 62	0 · 225 · 4	8 · 4 · 125
7 · 76	6 · 75	18 · 6	9 · 71	0 · 0 · 0	600 · 20 · 5
4 · 35	8 · 12	20 · 5	2 · 94	10 · 0 · 124	50 · 40 · 8

2 Überschlage das Ergebnis zuerst und rechne dann schriftlich.

a)	b)	c)	d)
235 · 5	846 · 621	2076 · 7	39953 · 6
256 · 38	702 · 459	5345 · 201	6495 · 6228
402 · 34	746 · 589	3495 · 732	34054 · 872
337 · 99	503 · 399	2085 · 1338	9490 · 4971

Lösungen zu 2 a) und b): 1175; 9728; 13668; 33363; 200697; 322218; 439394; 525366

3 **a)** Berechne das Produkt aus 236 und 56. **b)** Die Faktoren heißen 188, 17 und 543.
c) Multipliziere die Zahl 896 mit 4526. **d)** Berechne das Produkt von 934 mit 713.

4 Übertrage die Tabelle in dein Heft und berechne die fehlenden Werte.
Wie ändern sich die Ergebnisse, wenn man Zeilen und Spalten vertauscht?

a)

·	12	20	35	81
6				
				0
		40		

b)

·	70	15	37	64
4				
		15		
			111	

5 Suche die Fehler. Rechne die Aufgaben in deinem Heft nach und erkläre, welche Fehler gemacht wurden.

```
Maren:
1314 · 5061
        1314
      7884
    6570
    737154  f
```

```
Kai:
1314 · 5061
    6570
      1314
    7884
    737154  f
```

```
Luca:
5061 · 1314
  15183
  5061
   5061
   20244
  72878400  f
```

```
Kara:
5061 · 1314
    6570
     7884
      1314
    7371540  f
```

6 Multipliziere jede der Zahlen 21, 314, 500, 27 000

a) mit 10. **b)** mit 1000. **c)** mit 10 000.

Beschreibe eine Regel für die Multiplikation mit Vielfachen von 10 (10, 100, 1000, …).

Lösungen zu 7: 3200; 3600; 5000; 114 000; 1 204 000; 2 250 000; 6 000 000; 45 000 000; 400 000 000;

7 Faktoren, die am Ende Nullen haben, sind leicht zu multiplizieren: Man kann die Zahlen zuerst ohne Endnullen berechnen und an das Ergebnis dann die Endnullen anhängen.

Beispiel: 2500 · 700 = 7 · 25 · 10 000 = 1 750 000

a) Erkläre diese Regel anhand des Beipiels.

b) Berechne möglichst geschickt.

1 120 · 30	**2** 4500 · 500	**3** 1500 · 30 000
40 · 80	3010 · 400	200 · 50 · 40 000
250 · 20	57 · 2000	1500 · 40 · 100

27 mal 19? Da rechne ich einfach 27 mal 20 und subtrahiere dann 27 …

8 Berechne möglichst geschickt.

a) das 39-Fache der Zahl 458 **b)** das 81-Fache der Zahl 8732

9 Überprüfe die Rechnungen. Berichtige falsche Ergebnisse.

a) 4 · 6 = 84 **b)** 27 · 8 = 226 **c)** 12 · 13 = 165 **d)** 112 · 11 = 1223

10 Setze für ▢ das passende Zeichen (<, > oder =) ein.

a) 12 · 11 ▢ 6 · 22 **b)** 30 · 80 ▢ 70 · 40 **c)** 13 · 16 ▢ 14 · 15

11 Eva möchte die Buchstaben ihres Namens in den Farben Rot, Blau und Grün schreiben (z. B. EVA; EVA; EVA).

a) Bestimme die Anzahl der Möglichkeiten, wenn jeder Buchstabe eine andere Farbe haben soll. Beschreibe dein Vorgehen.

b) Erkläre, auf wie viele Arten man die Buchstaben deines Namens in verschiedenen Farben schreiben kann.

12 Bei der Zahlenmauer ergibt sich der Wert eines Steins aus dem Produkt der beiden darunter liegenden Steine.

a) Übertrage die Zahlenmauer in dein Heft und trage die fehlenden Zahlen ein.

b) Wie ändert sich die Zahl auf dem obersten Stein, wenn statt der Zahl 12 die Zahl 24 (48, 6) steht und die beiden Zahlen beibehalten werden?

c) Wie ändert sich die Zahl auf dem obersten Stein, wenn jede der drei Zahlen in der untersten Reihe verdoppelt (verdreifacht, vervierfacht) wird?

13 **a)** Bilde aus drei der vier abgebildeten Spielkarten eine dreistellige Zahl und multipliziere diese Zahl mit der Zahl auf der verbliebenen Karte. Gib das größte bzw. das kleinste Ergebnis an, das du auf diese Weise erzielen kannst. Finde heraus, ob du das Ergebnis 3190 erhalten kannst.

b) Bilde aus den Spielkarten zwei zweistellige Zahlen und multipliziere sie miteinander. Gib das größte bzw. das kleinste Ergebnis an, das du auf diese Weise erreichen kannst. Erkläre, wie du hierbei vorgehst.

14 Für Produkte aus mehreren gleichen Faktoren gibt es eine Kurzschreibweise.

Ein Produkt aus mehreren gleichen Faktoren kann man als **Potenz** schreiben.
Eine Potenz besteht aus einer Grundzahl (Basis) und einer Hochzahl (Exponent).

5 gleiche Faktoren		Potenz		Wert
$2 \cdot 2 \cdot 2 \cdot 2 \cdot 2$	=	2^5	=	32

Exponent
Basis 2^5 Sprich: „2 hoch 5"

Es wird vereinbart:
$1^0 = 1;\ 2^0 = 1;\ 3^0 = 1;\ 4^0 = 1;\ \ldots$ $1^1 = 1;\ 2^1 = 2;\ 3^1 = 3;\ 4^1 = 4;\ \ldots$

Potenzen mit der Basis 10 bezeichnet man als **Zehnerpotenzen**.
Man verwendet sie, um große Zahlen übersichtlich anzugeben:
Beipiel: $10\,000 = 10^4$; $50\,000 = 5 \cdot 10\,000 = 5 \cdot 10^4$; $25\,000 = 25 \cdot 10^3$

a) Hans: „Wenn ich zu Beginn 1 ct habe und den jeweils vorliegenden Betrag zehnmal hintereinander verdopple, habe ich insgesamt mehr als 10 €." Stimmt das?

b) Schreibe als Potenz und berechne.

1 $4 \cdot 4 \cdot 4 \cdot 4$ **2** $10 \cdot 10 \cdot 10 \cdot 10 \cdot 10 \cdot 10 \cdot 10$
3 $5 \cdot 5 \cdot 5 \cdot 5 \cdot 5$ **4** $3 \cdot 3 \cdot 3 \cdot 3 \cdot 3 \cdot 3$

c) Schreibe als Zehnerpotenz. 20 000; 12 000 000; 450 000; 7 200 000

Lösungen zu 15:
1; 8; 9; 16; 32; 64; 125; 144; 225; 324; 729; 1024; 3125; 4096; 8000; 9025; 12 544; 16 807; 59 049; 62 500; 100 000; 759 375; 1 000 000; 3 944 312

15 Schreibe als Produkt und berechne.

a) $2^5;\ 5^3;\ 8^4;\ 9^1;\ 7^5;\ 1^{10}$

b) $4^3;\ 5^5;\ 2^4;\ 3^6;\ 2^{10};\ 3^{10}$

c) $2^3;\ 12^2;\ 15^2;\ 20^3;\ 10^5;\ 15^5$

d) $18^2;\ 95^2;\ 112^2;\ 250^2;\ 100^3;\ 158^3$

16 Potenzen mit dem Exponenten 2 nennt man **Quadratzahlen**.

a) Erkläre, woher der Name Quadratzahl kommt.

b) Bestimme alle Quadratzahlen mit der Basis von 1 bis 20.

c) Finde Quadratzahlen, die sich als Summe von je zwei Quadratzahlen schreiben lassen.
Beispiel: $100 = 64 + 36$

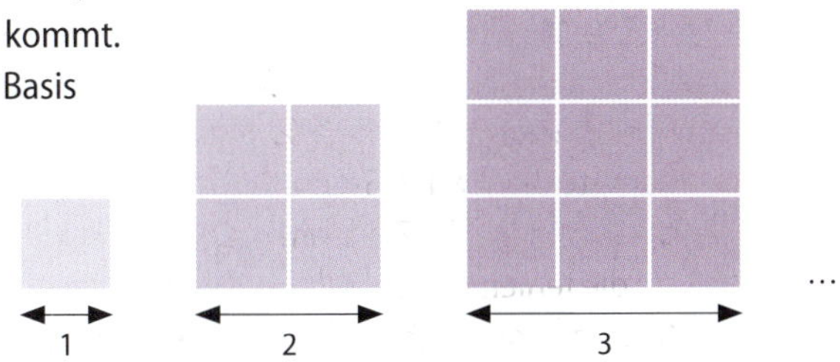

17 a) Berechne die Potenzen mit der Basis 2 und dem Exponent 1 (2; 3; …; 10).
Begründe, warum sich die letzte Ziffer im Ergebnis regelmäßig wiederholt.

b) Überprüfe ebenso Potenzen mit der Basis 3.

c) Berechne die Potenzen mit der Basis 4 (8) und vergleiche mit den Ergebnissen aus a).

18 Die Anzahl der Bakterien einer Kultur verdreifacht sich jede Stunde.

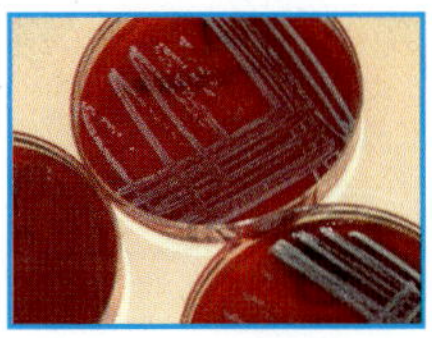

a) Zu Beginn ist ein Bakterium vorhanden. Übertrage die Tabelle in dein Heft und vervollständige sie. Stelle die Ergebnisse in einem geeigneten Diagramm dar. Runde sinnvoll.

Stunden	0	1	2	3	4	5	6
Anzahl der Bakterien	1	3					

b) Wie lange dauert es, bis über 50 000 Bakterien vorhanden sind?

Entdecken

In einer Getränkefabrik werden pro Stunde 23 040 Flaschen abgefüllt. Für den Verkauf werden die Flaschen in Kisten zu je 6 Flaschen verpackt.

- Wie viele Kisten werden pro Stunde benötigt?

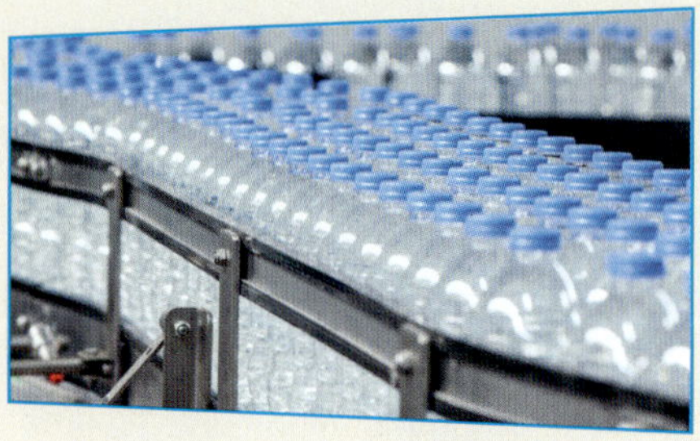

Im Getränkehandel werden verschiedene Kistengrößen verwendet.

- Wie viele Kisten benötigt man pro Stunde bei einer Kistengröße von 8 (20) Flaschen?
- Finde weitere mögliche Unterteilungen für eine Stundenproduktion.

Verstehen

72 : 8 = 9
Dividend Divisor
Quotient
„d vor s"

Die Division ist die Umkehrung der Multiplikation. Die Zahl, die geteilt wird, nennt man **Dividend**, die andere Zahl **Divisor**. Zusammen ergibt sich der **Quotient**. Bei der Division überlegst du, wie oft der Divisor in den Dividenden hineinpasst. Divisionsaufgaben, die man nicht im Kopf lösen kann, berechnet man schriftlich.

Schreibe Teilergebnisse immer stellengerecht untereinander.

Bei der **schriftlichen Division** geht man schrittweise vor und fasst von links nach rechts jeweils so viele Ziffern zu einer Zahl zusammen, dass der Divisor in dieser Zahl enthalten ist.

6372 : 27 = 236	27 geht in 63 zweimal	notiere 2
−54	2 · 27 = 54, 63 − 54 = 9	Rest 9
97	27 geht in 97 dreimal	notiere 3
−81	3 · 27 = 81, 97 − 81 = 16	Rest 16
162	27 geht in 162 sechsmal	notiere 6
−162	6 · 27 = 162, 162 − 162 = 0	Rest 0
0		

7 : 7 = 1
7 : 1 = 7
0 : 7 = 0

Beachte: Die **Division durch 0 ist nicht definiert.** Begründung am Beispiel: 7 $\xrightarrow{:0}$ ☐ $\xrightarrow{\cdot 0}$ 7
Man erkennt: Es gibt keine Lösung zu der Umkehraufgabe.

Beispiele

Berechne schriftlich und mache die Probe. **a)** 13 815 : 307 **b)** 839 900 : 37

Lösung:

a)
13820 : 307 = 45 R 5
−1228
1540
− 1535
5

Bleibt ein Rest R übrig, dann wird er einfach angehängt.

Probe: 45 · 307 = 307 · 45

3	0	7	·	4	5
	1	2	2	8	0
		1	5	3	5
			1		
	1	3	8	1	5

Rest ergänzen: 13 815 + 5 = 13 820

b)
839900 : 37 = 22700
−74
99
− 74
259
− 259
0

Endnullen gehören zum Ergebnis.
Endnullen anhängen

Probe:

2	2	7	0	0	·	3	7
		6	8	1	0	0	0
		1	5	8	9	0	0
		8	3	9	9	0	0

- Anja behauptet: „Bei der Division kann man Dividend und Divisor vertauschen." Was meinst du? Begründe oder widerlege die Aussage.
- Die Division durch 1 geht immer. Wie lautet das Ergebnis?
- Beschreibe, welche Zahlen bei der Division durch 3 den Rest 2 haben.

Nachgefragt

Aufgaben

1 Dividiere im Kopf.

a) durch 2: 12; 26; 58; 66; 98; 156; 702; 1436; 2000; 5026; 99980
b) durch 3: 18; 27; 39; 66; 81; 102; 120; 399; 1002; 1200; 0; 6606
c) durch 6: 36; 54; 66; 90; 108; 120; 132; 150; 198; 234; 636
d) durch 7: 49; 84; 217; 56; 560; 14; 140; 147; 777; 3549; 4200
e) durch 9: 18; 9000; 99; 108; 0; 36; 180; 171; 45; 720; 4545; 729

2 Berechne schriftlich und mache die Probe.

a)	b)	c)	d)
53 064 : 6	12 730 : 5	35 235 : 45	25 325 : 6
525 : 21	5496 : 12	15 820 : 24	15 722 : 14
1620 : 45	18 200 : 52	52 170 : 222	12 333 : 16

Lösungen zu 2: 25; 36; 235; 350; 458; 659 Rest 4; 770 Rest 13; 783; 1123; 2546; 4220 Rest 5; 8844;

3 **a)** Dividiere die Zahl 10 360 durch 56.
b) Der Divisor heißt 77, der Dividend ist 1930.
c) Führe die Division der Zahlen 1058 und 23 aus.

4 Vereinfache die Division. Begründe die Vorgehensweise.
Beispiel: 10 800 : 120 = 1080 : 12 = 90

a)	b)	c)
93 600 : 1200	912 000 : 120	813 200 : 190
681 600 : 7100	1 794 000 : 23 000	4 620 000 : 55 000

5 Ermittle den fehlenden Faktor.

a) ☐ · 72 = 40 968
b) 536 · ☐ = 215 472
c) ☐ · 816 = 548 352

6 Hier stimmt doch was nicht. Suche den Fehler und beschreibe ihn.
Verbessere die Aufgabe anschließend in deinem Heft.

a)

```
 7488 : 24 = 2112 f
-48
 26
 24
  28
 -24
   48
  -48
    0
```

b)

```
 390042 : 64 = 694R26 f
-384
   604
  -576
    282
   -256
     26
```

7 Die Klassen 5b (23 Schüler) und 5c (25 Schüler) machen einen Ausflug in den Zoo. Der Bus kostet insgesamt 400 €, der Eintritt im Zoo kostet im Gruppentarif zusammen 216 €. Wie viel € sollte man von jedem Schüler einsammeln?

8 Ein Verein kauft für seine 74 Mitglieder Sporthemden für insgesamt 2812 €. Acht Neueintritte erfordern eine Nachbestellung. Welcher Preis ist zusätzlich zu zahlen?

9 Herr Völker hat an einer Tankstelle 45 Liter Super getankt und dafür 68,85 € bezahlt. Wie teuer ist ein Liter?

10 Ein Elektromarkt wirbt mit dem Slogan: „Keine Anzahlung, keine Zinsen. Alles bequem in 12 oder 24 Monatsraten bezahlen."

a) Wie teuer ist eine Rate für einen Fernseher, der 1560 € (2599 €) kostet?

b) Worin liegen die Gefahren von solchen Angeboten? Begründe.

11 Ein Fußballspiel dauert 90 Minuten. Dem Torhüter Timo Hildebrand gelang es, in der Zeit vom 25. Mai bis zum 4. Oktober 2003 kein einziges Gegentor zu kassieren und sein Tor 884 Spielminuten in Folge „sauber" zu halten. Gib an, wie viele Spiele der Torhüter kein Gegentor kassiert hat.

12

Vervollständige Ingas Argumentation.

13 In einem Reisekatalog für Österreich finden sich folgende Anzeigen. Vergleiche die Angebote. Nenne einige mögliche Gründe für die Preisunterschiede.

**** **Hotel Jägerhof**
7 Tage HP **399 €**

**** **Hotel Berghof**
12 Tage HP **648 €**

**** **Hotel Alpenblick**
3 Tage HP **198 €**

14 Bei welchen der folgenden Rechnungen kannst du die Reihenfolge der Zahlen beliebig vertauschen, bei welchen nicht? Formuliere einen Merksatz zu deiner Vermutung und überprüfe ihn an selbst gewählten Beispielen.

a) $728 : 13$	**b)** $57\,000 : 125$	**c)** $32\,976 : 458 : 2$	**d)** $1136 : 1136$
$728 \cdot 13$	$57\,000 \cdot 125$	$32\,976 \cdot 458 \cdot 2$	$1136 \cdot 1136$

15 Der Schall legt in der Luft pro Sekunde etwa 340 m zuück.

a) Wie weit ist ein Gewitter weg, wenn zwischen Blitz und Donner 3 s vergehen?

b) Wie viel Zeit vergeht zwischen Blitz und Donner ungefähr, wenn das Gewitter 2 km (= 2000 m) entfernt ist?

16 Die Tabelle gibt für verschiedene Walarten die Tauchtiefe und die Zeit an, die sie benötigen, um in die Tiefe zu kommen.

Walart	Tiefe	Zeit
Furchenwal	200 m	3 min
Pottwal	3000 m	25 min
Entenwal	500 m	7 min

a) Welche Strecke legt der Pottwal pro Minute (pro Sekunde) ungefähr zurück?

b) Ordne die Wale nach der Reihenfolge ihrer Tauchgeschwindigkeiten.

17 Welche Zahlen passen in die Symbole? Es kann mehr als eine Lösung geben.

a) 175 : △ = 14 R 7
△ : 62 = 12 R 9

b) 432 : △ = 23 R □
128 : △ = □ R 24

c) 216 = 34 · △ + □
149 = △ · △ + 5

Geschichte

Zahlenfolgen

Wenn man Zahlen der Reihe nach aufgrund einer Gesetzmäßigkeit anordnet, erhält man eine Zahlenfolge. Zahlenfolgen werden oft bei Intelligenztests oder Auswahlverfahren eingesetzt, um das mathematische Denken zu testen. Hier findest du zwei Beispiele:

1 4 7 10 13 17 …
+ 3 + 3 + 3 + 3 + 3

Mit 4 beginnend erhält man jede weitere Zahl, indem 3 addiert wird.

2 10 12 11 13 12 …
+ 2 − 1 + 2 − 1 + 2

Angefangen mit 10 werden für die nächsten Zahlen abwechselnd 2 hinzugezählt und 1 abgezogen.

- Bestimme die nächsten fünf Zahlen der Zahlenfolge. Beschreibe jeweils die Gesetzmäßigkeit, mit der du die Zahlen bestimmt hast.

a) 1; 5; 9; 13; 17; …
b) 12; 24; 48; 96; …
c) 254; 247; 240; 233; …
d) 77; 85; 93; 101; 109; …
e) 15; 10; 20; 15; 30; 25; …
f) 1; 4; 9; 16; 25; …
g) 59 049; 19 683; 6561; 2187; 729; …
h) 4; 24; 12; 72; 36; …

Leonardo von Pisa (ca. 1170–1250), genannt Fibonacci

Berühmt ist die sogenannte Fibonacci-Folge, bei der sich jede neue Zahl als Summe der beiden Vorgängerzahlen ergibt.

- Setze die Fibonacci-Folge um weitere fünf Zahlen fort: 1; 1; 2; 3; 5; 8; 13; …
- Finde heraus, was die Fibonacci-Folge mit Kaninchen zu tun hat.

Ein weiteres berühmtes Beispiel ist die Dreiecksfolge.

- Beschreibe, wie eine Zahl aus ihrem Vorgänger entsteht.
- Zeichne die Dreiecksfolge um die nächsten drei Dreiecke fort und bestimme die zugehörigen Zahlen.

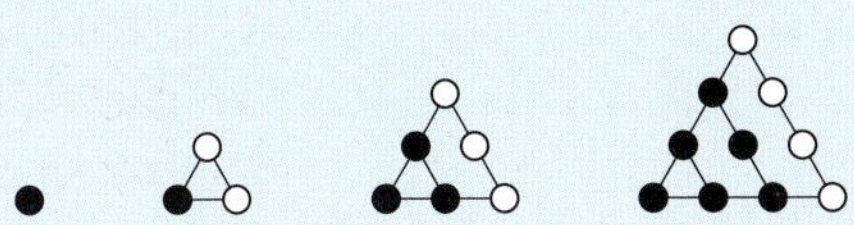

1 3 6 10

Entdecken

Mit einer Vier-Fächer-Lernkartei lernt man die Karten im ersten Fach an jedem Tag, die im zweiten Fach an jedem zweiten, im dritten an jedem fünften Tag und im vierten Fach alle zehn Tage.

- Welche Fächer lernt man am Tag 16 (40, 125)?
- Wie oft wurde welches Fach nach 30 Tagen gelernt? Notiere die einzelnen Tage zu den Fächern.

Verstehen

Sicherlich ist dir schon aufgefallen, dass sich beim Einmaleins einige Zahlenreihen besonders gut merken lassen, weil sich die hinteren Stellen der Zahl („**Endziffern**") regelmäßig wiederholen.

Eine natürliche Zahl ist teilbar durch …
- 2, wenn die Endziffer gerade ist (also 0, 2, 4, 6, oder 8).
- 4, wenn ihre letzten beiden Endziffern eine durch 4 teilbare Zahl bilden.
- 5, wenn die Endziffer eine 0 oder eine 5 ist.
- 10, wenn die Endziffer eine 0 ist.

Beispiele

I. Überprüfe auf Teilbarkeit durch die in Klammern angegebene Zahl.

a) 2376 (2) **b)** 742 (4) **c)** 31 350 (5) **d)** 417 670 (10)

Lösung:

a) 237**6** ist durch 2 teilbar („ist gerade"), da die Endziffer eine 6 („gerade") ist.

b) 7**42** ist nicht durch 4 teilbar, da die beiden Endziffern die Zahl 42 bilden. 42 ist nicht durch 4 teilbar.

c) 31 35**0** ist durch 5 teilbar, da die Endziffer eine 0 ist.

d) 417 67**0** ist durch 10 teilbar, da die Endziffer eine 0 ist.

II. Überprüfe die Aussagen. Verbessere fehlerhafte Sätze.

a) 646 ist durch 2 teilbar, weil die letzte Ziffer gerade ist.

b) 24 681 ist durch 2 teilbar, denn die ersten vier Ziffern sind durch 2 teilbar.

c) 21 440 ist durch 4 und 5 teilbar, also auch durch 20.

Lösung:

a) Die Aussage ist richtig.

b) Die Aussage ist falsch, denn die letzte Ziffer muss durch 2 teilbar sein. Die Ziffer 1 ist keine durch 2 teilbare Zahl.

c) Die Aussage ist richtig. Teilbarkeitsregeln lassen sich kombinieren. Da die Zahl durch 4 und 5 teilbar ist, ist sie auch durch $4 \cdot 5 = 20$ teilbar.

Nachgefragt

- Tim behauptet: „Wenn eine Zahl durch 4 teilbar ist, dann ist sie auch durch 2 teilbar. Also ist auch jede Zahl, die durch 2 teilbar ist, immer auch durch 4 teilbar.“ Hat Tim Recht? Begründe deine Antwort.
- Marie stellt fest: „Eine Zahl, die durch 10 teilbar ist, ist auch immer durch 2 und 5 teilbar.“ Überprüfe Maries Aussage.

Aufgaben

1 Welche der folgenden Zahlen sind durch 2 (4, 5, 10) teilbar?

a) 46; 90; 208; 345; 458; 600; 1310; 2349; 4568; 9305; 10 005; 23 674

b) 55 561; 70 000; 123 456; 367 985; 456 786; 934 107; 3 375 800

2 Welche der Zahlen sind teilbar durch

a) 2 und 5?
b) 2 und 10?
c) 5 und 10?
d) 2, aber nicht 10?
e) 5, aber nicht 10?
f) 2, aber nicht 4?

2376	5788	4235	9821	2332	5112	8836	5161	392
8796	1495	1270	290	4020	6665	7445	742	364

3 Welches ist die kleinste (größte) vierstellige Zahl, die teilbar ist durch …

a) 4 und 10? **b)** 4 und 5? **c)** 5 und 20?

4 Setze (wenn möglich) passende Ziffern so ein, dass die Zahl teilbar ist durch …

a) 2. **b)** 4. **c)** 5. **d)** 2 und 4. **e)** 2 und 5. **f)** 4 und 5.

1 1□5□ **2** 7□□ **3** □□5 **4** 1 92□ □45□6□ **5** 8□6□6□□□

5 Vertausche die Ziffern der folgenden Zahlen so, dass sie durch 4 teilbar werden.

a) 723 **b)** 862 **c)** 2134 **d)** 1694 **e)** 413 **f)** 3529

6 Zahlen lassen sich auch auf ihre Teilbarkeit auf 3 und 9 prüfen.

> Eine natürliche Zahl ist teilbar durch …
> - 3, wenn ihre Quersumme durch 3 teilbar ist.
> - 9, wenn ihre Quersumme durch 9 teilbar ist.

Die Quersumme einer Zahl erhält man, indem man alle Ziffern dieser Zahl addiert. Quersumme von 846: $8 + 4 + 6 = 18$

Welche der folgenden Zahlen sind durch 3 teilbar?

a)	127 (F)	27 828 (I)	2414 (A)	894 (T)	333 333 (A)
	6730 (R)	234 (L)	34 722 (I)	777 333 (E)	354 (N)
b)	504 (E)	573 (N)	1134 (G)	3905 (J)	657 (L)
	3419 (K)	83 700 (A)	91 011 (N)	345 678 (D)	

Die Buchstaben ergeben in der richtigen Reihenfolge ein Lösungswort.

7 Setze Ziffern so ein, dass die Zahl durch 3 (durch 9) teilbar wird. Gibt es mehrere Möglichkeiten? Finde sie oder beschreibe, wie man sie finden kann.

a) 44□ **b)** 6□3 **c)** 55□7 **d)** 101□ **e)** 89□27
f) 123□56 **g)** 7□958 **h)** 2□7□ **i)** 3□□□ **j)** □0□0□

Entdecken

Muss ich bei $2 + 5^3$ erst die Addition berechnen und dann potenzieren oder umgekehrt? Vielleicht ist es auch egal?

Rechne ich bei $17 \cdot (14 + 5)$ nicht der Reihenfolge nach? Wie sieht es bei den anderen Rechenarten aus?

Sven versucht, Rechenregeln zu entdecken. Kannst du ihm helfen?

- Welche Rechenregeln kennst du bereits?
- Kannst du Rechenregeln erkennen? Finde weitere Beispiele und prüfe.

Verstehen

Rechenausdrücke wie $3 \cdot 4$; $17 + 5$ oder $34 - (12 \cdot 2)$, bei denen Zahlen mit Rechenzeichen miteinander verbunden sind, nennt man **Terme**.

*Diese Gesetze gelten **nicht** für die Subtraktion und Division.*

Für die Berechnung von Termen gelten folgende „Vorfahrtsregeln“:

1. Was in **Klammern** steht, wird immer **zuerst** ausgerechnet. Bei mehreren Klammern beginnt man mit der innersten.
2. **Potenzen** werden **vor** den vier **Grundrechenarten** gerechnet.
3. **Punkt**rechnung (Multiplikation, Division) geht **vor Strich**rechnung (Addition, Subtraktion).

Beim alleinigen **Addieren** und **Multiplizieren** dürfen einzelne Zahlen beliebig vertauscht oder durch Klammern **verbunden** werden.

- Vertauschungsgesetz oder **Kommutativgesetz (KG)**:
  $5 + 4 = 9 = 4 + 5$ $\quad$ $5 \cdot 4 = 20 = 4 \cdot 5$
- Verbindungsgesetz oder **Assoziativgesetz (AG)**:
  $(5 + 4) + 3 = 5 + (4 + 3)$ $\quad$ $(5 \cdot 4) \cdot 3 = 5 \cdot (4 \cdot 3)$

Beispiel

Berechne den Term. Nenne die Regel, die du beachten musst.

a) $17 + 3 \cdot 4$ $\quad$ **b)** $17 + 3^2 \cdot 4$ $\quad$ **c)** $(160 - 8 \cdot 16) : 4 + 62$

Lösung:

Die Klammer sagt: „Zuerst komm ich“, Potenz vor Punkt und Punkt vor Strich, und was man noch nicht rechnen kann, das schreibt man unverändert an.

a) $17 + 3 \cdot 4 = 17 + 12 = 29$
„Punkt vor Strich“

b) $17 + 3^2 \cdot 4 = 17 + 9 \cdot 4 = 17 + 36 = 53$
„Potenz vor Punkt vor Strich“

c) $(160 - 8 \cdot 16) : 4 + 62 =$
↓ Klammer zuerst, in der Klammer: Punkt vor Strich
$(160 - 128) : 4 + 62 =$
↓ Klammer zuerst
$32 : 4 + 62 =$
↓ Punkt vor Strich
$8 + 62 = 70$

Nachgefragt

- Welche der Klammern im Term $(50 \cdot 2) - 2 \cdot (3 + 5)$ sind überflüssig? Begründe.
- Martin behauptet: „Das Kommutativgesetz gilt doch für die Additon und Multiplikation. Also ist $3 \cdot 5 + 4$ dasselbe wie $3 \cdot 4 + 5$." Stimmt das? Begründe.

Aufgaben

1 Berechne möglichst geschickt. Nenne die verwendeten Regeln.

a) $20 \cdot 11 \cdot 5$	**b)** $347 + (223 + 121)$	**c)** $4 \cdot 5 + 5 \cdot 6$	**d)** $[3 \cdot (17 + 2) + 4] \cdot 7$
$25 \cdot (4 \cdot 6)$	$500 \cdot 9 \cdot 2 + 98$	$17 \cdot 3 - 51$	$[(251 - 4^2) + 5] : 15$
$(9 \cdot 2) \cdot 5$	$(19 - 17) + (33 - 21)$	$5 \cdot 6 - 8 : 4$	$11^2 + 12^2 : (5^2 - 3^2)$
$(47 + 16) + 94$	$1855 + 64 + 15 \cdot 3$	$17 + 3^3 : 9$	$(5^3 - 8)^2 - 448 : 2^6$

Lösungen zu 1 a) und b): 14; 90; 157; 600; 691; 1100; 1964; 9098

2 Setze ein Klammernpaar, wo es notwendig ist, damit das Ergebnis stimmt.

a) $12 + 8 \cdot 4 = 80$	**b)** $175 - 17 \cdot 9 = 22$	**c)** $14 + 3 \cdot 3 - 2 = 21$
$12 + 8 \cdot 4 = 44$	$175 - 17 \cdot 9 = 1422$	$14 + 3 \cdot 3 - 2 = 49$
$12 \cdot 8 + 4 = 144$	$175 - 9 \cdot 17 = 2822$	$14 + 3 \cdot 3 - 2 = 17$

3 Welche Beschreibung passt zu welchem Term? Ordne zu und berechne dann den Termwert.

A $11 \cdot 4 + 17$	**B** $11 \cdot (4 + 17)$	**C** $4 + 11 \cdot 17$	**D** $(17 + 11) \cdot 4$
1 Addiere 4 zum Produkt aus 11 und 17.	**2** Addiere 17 zum Produkt aus 11 und 4.	**3** Multipliziere die Summe aus 17 und 11 mit 4.	**4** Multipliziere die Summe aus 4 und 17 mit 11.

4 Bescheibe den Term in Worten und berechne ihn anschließend.
Beispiel: $(5 + 3) \cdot 8$: „Multipliziere die Summe aus 5 und 3 mit 8." $(5 + 3) \cdot 8 = 64$

a) $(96 - 15) \cdot 4$	**b)** $(135 : 5) \cdot 3$	**c)** $(12 + 18) \cdot (18 - 12)$	**d)** $45 : 3 \cdot (2 + 3)$
$96 - 15 \cdot 4$	$135 : (5 \cdot 3)$	$(12 + 18) \cdot 18 - 12$	$45 : (3 \cdot 2 + 3)$

5 Wird eine Summe (Differenz) mit einer Zahl multipliziert, ist es oft vorteilhaft, die Zahl auf die einzelnen Teile der Summe (Differenz), zu verteilen („ausmultiplizieren"). Umgekehrt kann es vorteilhaft sein, Klammern zu setzen („ausklammern").

- Verteilungsgesetz oder **Distributivgesetz (DG)**: $5 \cdot (3 + 8) = 5 \cdot 3 + 5 \cdot 8$ (→ ausmultiplizieren; ← ausklammern)

a) Berechne den Term. Wende das Distributivgesetz an.

1 $(90 - 4) \cdot 5$	**2** $7 \cdot 14 + 7 \cdot 16$	**3** $99 \cdot 43$	**4** $(120 - 54) : 6$
$3 \cdot (9 + 40)$	$31 \cdot 6 - 21 \cdot 6$	$101 \cdot 20$	$49 \cdot 11 + 51 \cdot 11$
$(121 - 66) : 11$	$15 \cdot 8 - 8 \cdot 6$	$152 \cdot 19$	$8 \cdot 10 + 8 \cdot 12 + 8 \cdot 13$

Lösungen zu 5 a): 5; 11; 60; 72; 147; 210; 280; 430; 1100; 2020; 2888; 4257

b) Berechne auf zwei Arten.

1 Leo kauft acht Hefte und vier Stifte zu je 89 ct.

2 Die Klassen 5b (26 Schüler) und 5d (31 Schüler) machen einen Ausflug in den Zoo. Jeder Schüler muss 3 € bezahlen. Wie teuer ist der Eintritt insgesamt?

Entdecken

Tarif	Moon	Sun
Gebühr im Monat	0,00 €	5,00 €
Minutenpreis	5 ct	2 ct

Berechne alle Angaben in ct.

Die Tabelle zeigt einen Ausschnitt aus einem Smartphone-Tarifangebot.

- Berechne die monatlichen Gebühren in beiden Tarifen bei 50 (100; 150; …) Gesprächsminuten.
- Welcher Tarif ist günstiger? Begründe deine Antwort.
- Stelle einen Term auf, der die Handykosten für jeden Tarif pro Monat angibt.
- Du darfst im Monat höchstens 12 € für dein Handy ausgeben. Wie lange kannst du in den einzelnen Tarifen telefonieren?

Verstehen

In Termen können Platzhalter für **unbekannte Zahlen** stehen. Aus der Grundschule sind Symbole wie △, ◇, ○, … als solche Platzhalter bekannt. In der Mathematik verwendet man als Platzhalter oftmals kleine Buchstaben a, b, c, …, x, y, z und bezeichnet sie als **Variable**.

Zwei Terme, die den **gleichen Wert** haben, können durch ein Gleichheitszeichen miteinander verbunden werden. Es entsteht eine **Gleichung**.

Beispiel: $14 + 3 \cdot 12 = 6 \cdot 7 + 8$

$50 = 50$ richtig: gleicher Wert

Für Gleichungen mit einer Variablen sucht man eine Lösung, d. h. diejenige Zahl, die auf beiden Seiten der Gleichung denselben Wert liefert.

Beispiel: $2 \cdot x + 1 = 7$

Wenn nichts anderes vereinbart wird, können wir für eine Variable alle natürlichen Zahlen einsetzen.

Lösung durch Einsetzen

x	Rechnung	Probe
1	$2 \cdot 1 + 1 = 3$	3 = 7, falsch
2	$2 \cdot 2 + 1 = 5$	5 = 7, falsch
3	$2 \cdot 3 + 1 = 7$	7 = 7, richtig
4	$2 \cdot 4 + 1 = 9$	9 = 7, falsch

Lösung durch Umkehraufgabe

$x \xrightarrow{\cdot 2} 2 \cdot x \xrightarrow{+1} 2 \cdot x + 1$

$3 \xleftarrow{:2} 6 \xleftarrow{-1} 7$

Probe: $2 \cdot 3 + 1 = 7$ richtig

Die gesuchte Zahl ist 3.

Beispiele

Wenn man eine Zahl mit 3 multipliziert und danach 12 addiert, erhält man 27.

a) Stelle eine Gleichung auf. **b)** Löse die Gleichung auf unterschiedliche Arten.

Lösung

a) Die gesuchte Zahl sei a. Dann gilt: $3 \cdot a + 12 = 27$.

b) Einsetzen

a	Rechnung	Probe
1	$3 \cdot 1 + 12 = 15$	15 = 27, falsch
3	$3 \cdot 3 + 12 = 21$	21 = 27, falsch
5	$3 \cdot 5 + 12 = 27$	27 = 27, richtig

Umkehraufgabe

$a \xrightarrow{\cdot 3} 3 \cdot a \xrightarrow{+12} 3 \cdot a + 12$

$5 \xleftarrow{:3} 6 \xleftarrow{-12} 27$

Probe: $3 \cdot 5 + 12 = 27$ richtig

In der Grundschule hast du solche Aufgaben auch am Zahlenstrahl gelöst.

Zahlenstrahl

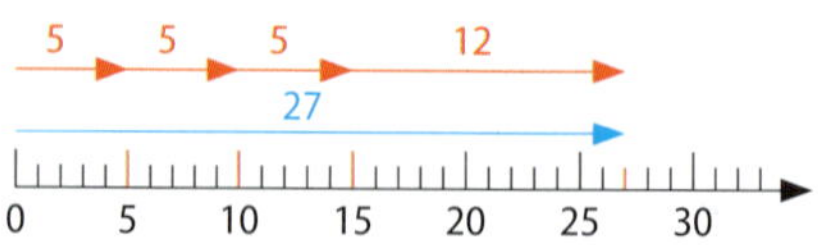

Die gesuchte Zahl ist 5.

- Peter behauptet: „Es gibt Gleichungen mit einer Variablen, die keine Lösung haben." Hat Peter Recht? Finde Beispiele oder widerlege die Behauptung.
- Wie lauten die Umkehrungen zu den einzelnen Grundrechenarten?

Nachgefragt

Aufgaben

1 Bestimme die gesuchte Zahl im Kopf.

a) $5 + a = 10$ **b)** $17 - x = 4$ **c)** $46 = b - 14$ **d)** $7 \cdot t = 42$
e) $72 : y = 9$ **f)** $z - 83 = 101$ **g)** $x \cdot 18 = 108$ **h)** $196 + u = 222$

2 Finde zu jeder Gleichung die Lösung. Wie lautet das Lösungswort?

(I) $24 + 84 = 2x$ (II) $148 : (u - 3) = 74$ (III) $(4 + h) \cdot (h - 4) = 128$

(IV) $36 + 2x = 5x - 3$ (V) $z : 18 + 3 = 5$

12 (A) 5 (R) 36 (O) 13 (V) 54 (B)

3 Löse auf verschiedene Arten.

a) $a \cdot 6 = 72$; $34 - k = 17$; $x + 15 = 102$; $121 : w = 11$
b) $t \cdot 2 + 4 = 18$; $12 \cdot c - 27 = 69$; $34 - m : 5 = 29$; $56 + 88 = p \cdot 4$
c) $(6 + b) \cdot 4 = 52$; $99 - (16 + s) = 35$; $144 : (z - 9) = 24$; $(18 + n) : 2 = 21$
d) $d - 5 + 2 \cdot d = 19$; $(25 + h) : (25 - h) = 4$; $17 \cdot u - 35 = 109 + u$; $81 : e = 9 \cdot e$

Lösungen zu 3:
3; 7; 7; 8; 8; 9; 11; 12; 15; 15; 17; 24; 25; 36; 48; 87

4 **a)** Löse das Zahlenrätsel durch eine Gleichung.

1 Multipliziere eine Zahl mit 5 und addiere anschließend 27. Du erhältst 62.
2 Bilde die Differenz aus der gedachten Zahl und 13 und dividiere das Ergebnis durch 7. Du erhältst 6.
3 Das Produkt aus der gedachten Zahl und 11 wird zum Produkt von 3 und 8 addiert. Du erhältst 123.
4 Dividiere 45 durch die gedachte Zahl. Du erhältst als Ergebnis die Differenz aus der gedachten Zahl und 4.

b) Erstelle ein Zahlenrätsel und lasse es von einem Partner oder einer Partnerin lösen.

5 Schreibe jeweils eine Gleichung auf und löse sie. Überlege zunächst, was du mit einer Variablen bezeichnest. Rechne Geldbeträge in ct.

a) 12 Dosen Katzenfutter kosten 18 €. Wie teuer ist eine Dose?
b) Markus sagt: „Mein Vater ist jetzt 48 Jahre alt. Er ist viermal so alt wie ich. Wie alt bin ich?"
c) Ein neues Mountainbike kostet 433 €. Sabine hat bereits 241 € gespart. Den Rest möchte sie in 6 (10; 12) gleichen Monatsraten abbezahlen. Wie hoch ist eine Rate?
d) Herr Hart kauft sich ein Fernsehgerät für 1075 €. Er zahlt 475 € an, den Rest zahlt er in vier gleichen Monatsraten. Wie hoch ist eine Rate?
e) Peter kauft sich einen DVD-Brenner für 89 €. Er packt noch drei Päckchen leerer DVDs hinzu und muss insgesamt 98 € bezahlen. Wie teuer ist ein Päckchen DVDs?

6 a) Ordne jeder Aufgabe die passende Gleichung zu. Löse die Gleichung und formuliere jeweils einen Frage- und einen Antwortsatz.
b) Erfinde eigene Aufgaben , die zu den Gleichungen passen.

A Frau Wild fährt ihre Tochter an jedem Werktag zum Reitstall. Insgesamt fährt sie dafür 150 km in der Woche.

B Kay und Simon sollen in der Aula 150 Stühle aufstellen. In die letzte Reihe passen 15 Stühle. Die 15 Reihen davor haben gleich viele Stühle.

C Die Schülerinnen und Schüler der Klasse 5b gehen ins Theater. Eine Karte kostet 5 €, die Bearbeitungsgebühr 15 €. Die Gesamtrechnung beträgt 150 €.

1 $5 \cdot x + 15 = 150$

2 $2 \cdot 5 \cdot x = 150$

3 $15 + 15 \cdot x = 150$

7 Bei einem Basketballspiel in der Bundesliga wurden 450 Logenkarten, 2000 Sitzplatzkarten der 1. Kategorie und 2505 Sitplatzkarten der 2. Kategorie verkauft.
a) Bestimme die Anzahl der Zuschauer.
b) Erstelle einen Term zur Berechnung des Gesamtpreises aller verkauften Karten.

Kartenpreise	
Loge	45 €
1. Kategorie	27 €
2. Kategorie	19 €

8 „Verpacke" folgende Zahlen jeweils einfach, doppelt und dreifach.
Beispiel: 125
einfach: $(5 \cdot 25)$ doppelt: $[5 \cdot (40 - 15)]$ dreifach: $\{5 \cdot [4 \cdot 10 - (35 - 20)]\}$
a) 18 b) 216 c) 512 d) 765

9 Carl Friedrich Gauß gehört zu den berühmtesten Mathematikern und galt schon in der Schule als „Wunderkind". Sein Lehrer stellte der Klasse folgende Aufgabe, um die Schüler längere Zeit zu beschäftigen:

„Addiere die Zahlen 1 bis 100."

Der neunjährige Carl Friedrich löste die Aufgabe in kürzester Zeit nach folgendem Vorgehen:

Carl Friedrich Gauß (1777–1855)

1	2	3	4	…	48	49	50
+ 100	+ 99	+ 98	+ 97	…	+ 53	+ 52	+ 51
101	101	101	101	101	101	101	101

a) Erkläre die Vorgehensweise von Gauß. Löse die Aufgabe.
b) Gauß verallgemeinerte wie folgt:

Die Summe der ersten n Zahlen beträgt $n \cdot (n + 1) : 2$

1 Begründe die Formel für die Summe anhand des Vorgehens für die Zahlen bis 100.
2 Bestimme die Summe der Zahlen von 1 bis 200 mit der Formel und anhand des Vorgehens von Gauß.
3 Bestimme die Zahl n, für die die Summe der ersten n Zahlen 465 (820, 2850) ergibt.

Schriftliche Addition

Seite 42

1. Schreibe Ziffern stellengerecht untereinander.
2. Addiere zuerst die Einer, dann die Zehner, …
3. Schreibe den Übertrag in die nächste linke Spalte und addiere ihn zu den vorhandenen Ziffern.

	T	H	Z	E
	3	3	7	4
+		7	8	0
	1	1		
	4	1	5	4

E: $4 + 0 = 4$
Z: $7 + 8 = 15$
H: $3 + 7 + 1 = 14$
T: $3 + 1 = 4$

Schriftliche Subtraktion

Seite 44

1. Schreibe Ziffern stellengerecht untereinander.
2. Ergänze die Summe der Ziffern der Subtrahenden zur Ziffer des Minuenden, beginnend mit den Einern, dann den Zehnern, …
3. Benötigt man einen Minuenden größer als 10, so macht man einen Übertrag.

	T	H	Z	E
	7	2	4	7
−	3	5	7	4
	1	1		
	3	6	7	3

ergänze
E: $4 + 3 = 7$
Z: $7 + 7 = 14$
H: $5 + 1 + 6 = 12$
T: $3 + 1 + 3 = 7$

Schriftliche Multiplikation

Seite 46

1. Multipliziere die Ziffern des 2. Faktors stellenweise mit dem 1. Faktor. Beginne mit der höchsten Stelle.
2. Schreibe alle Teilprodukte stellengerecht unter den 2. Faktor.
3. Addiere zum Schluss alle Teilprodukte.

4	2	6	·	2	5	7
		8	5	2	0	0
		2	1	3	0	0
			2	9	8	2
	1		1			
	1	0	9	4	8	2

4	2	6	·	2	0	0
		8	5	2	0	0
			0	0	0	0
				0	0	0
		8	5	2	0	0

Potenz

Seite 49

Besteht ein Produkt aus lauter gleichen Faktoren, so schreibt man diese kurz als **Potenz**. Eine Potenz besteht aus einer Basis und einem Exponent.

5 gleiche Faktoren		Potenz		Wert
$2 \cdot 2 \cdot 2 \cdot 2 \cdot 2$	=	2^5	=	32

Zehnerpotenzen nutzen:
$10\,000 = 10^4$
$25\,000 = 25 \cdot 10^3$

Schriftliche Division

Seite 50

1. Fasse vom Dividenden von links so viele Ziffern zusammen, dass der Divisor in ihr enthalten ist.
2. Notiere, wie oft der Divisor vollständig in den Teildividenden passt. Schreibe das Produkt dieser Zahl mit dem Divisor stellengerecht auf. Notiere die Differenz beider Zahlen als Rest.
3. Hänge den nächsten Stellenwert des Dividenden an den Rest an. Beginne wieder bei 2.

$6372 : 27 = 236$
-54
97
-81
162
-162
0

27 geht in 63 zweimal, notiere 2
$2 \cdot 27 = 54$, $63 - 54$
Rest 9

27 geht in 97 dreimal, notiere 3
$3 \cdot 27 = 81$, $97 - 81 = 16$
Rest 16

27 geht in 162 sechsmal, notiere 6
$6 \cdot 27 = 162$, $162 - 162 = 0$
Rest 0

2 Auf unterschiedlichen Wegen

1 Vervollständige die Zahlenmauern im Heft

a)
□
□ □
12 28 34

b)
220
66 □
12 □ □

a)
□
□ □
144 213 38

b)
400
173 □
□ 75 □

2 Übertrage ins Heft und berechne schriftlich.

a) 453 + 477

b) 70 002 + 380

c) 5 312 + 14 490

d) 56 150 + 17 312

a) 1615 + 2344 + 1043

b) 6812 + 964 + 2412

c) 725 133 + 445 713

d) 92 788 + 994 819

3 Übertrage ins Heft und rechne schriftlich

a) 67 984 − 4 321

b) 7 897 − 2 301 − 324

a) 10 356 − 8 428

b) 124 045 − 103 425 − 14 372

4 Berechne den Unterschied zwischen …

a) … der größten und der kleinsten dreistelligen Zahl.
b) … der kleinsten fünfstelligen und der größten vierstelligen Zahl.

a) … der größten und der kleinsten sechsstelligen Zahl.
b) … der kleinsten neunstelligen und der größten sechsstelligen Zahl.

5 Berechne alle Produkte mit unterschiedlichen Faktoren aus den angegebenen Zahlen.

23 145 4

203 67 710

6 Ergänze im Heft die fehlenden Zahlen.

a)
□87 · 51
9□□
□□□
□□□□□

b)
72□ · □8
□□45
□832
□□□□□

a)
5□ · □8
□1□
□2□
□544

b)
□26□ · □2
□□□8
□□□8
93□□□

7 Ordne die Potenzen den Produkten zu. Berechne anschließend die Werte.

$3 \cdot 3 \cdot 3 \cdot 3$ $2 \cdot 2 \cdot 2 \cdot 2 \cdot 2$ 2^5 $5 \cdot 5$ $4 \cdot 4 \cdot 4$ 4^3 5^2 3^4

$8 \cdot 8 \cdot 8 \cdot 8$ $7 \cdot 7 \cdot 7 \cdot 7 \cdot 7$ 5^7 7^5 4^8 $4 \cdot 4 \cdot 4 \cdot 4 \cdot 4 \cdot 4 \cdot 4 \cdot 4$ 0 0^1 $5 \cdot 5 \cdot 5 \cdot 5 \cdot 5 \cdot 5 \cdot 5$ 8^4

8 Rechne schriftlich. Mache die Probe.

a) 62 256 : 12 62 256 : 24
b) 159 072 : 16 159 072 : 32
c) 54 420 : 30 54 420 : 60

a) 11 914 : 37 11 914 : 74
b) 826 500 : 19 826 500 : 57
c) 2 355 148 : 116 2 355 148 : 58

9 Berechne den Wert des Quotienten.

a) Der Dividend ist 221 025, der Divisor 105.
b) Der Divisor ist 98, der Dividend 294 784.

a) Der Divisor ist 412, der Dividend 241 844.
b) Der Dividend ist 429 450, der Divisor 210.

10 Überprüfe auf Teilbarkeit durch 2, 4, 5 und 10.

625	430	1748	14 000
15 424	5736	214	77 365
12 450	7860	5326	7772

a) Schreibe fünf sechsstellige Zahlen auf, die teilbar sind durch 5 (10, 8, 4).
b) Welches ist die größte (kleinste) fünfstellige Zahl, die durch 4 und gleichzeitig durch 5 teilbar ist?

11 Welche Zahlen sind durch 3 (durch 9) teilbar?

782 433 917 43 671

344 731 277 173 142 350

12 Überprüfe, welche Terme den gleichen Wert haben.

(I) $195 - (100 + 9 \cdot 5)$
(II) $32 + 2 \cdot (63 - 49)$
(III) $44 + 5^2 - 19$
(IV) $7 \cdot 12 - (51 - 17)$

(I) $34 \cdot (143 - 13 \cdot 11) \cdot 87$
(II) $743 - [188 - (86 - 38)] : 7$
(III) $111 - 3 \cdot 17 \cdot 2 - 9$
(IV) $3^4 + 5 \cdot (52 - 3 \cdot 17)$

13 Berechne den Wert des Terms.

a) $98 - (44 + 37)$ b) $(235 - 198) + 0$
c) $(314 + 5^3) - (718 - 14 \cdot 22)$
d) $365 - [(387 - 9^2) + 28]$

a) $[2467 - (1532 + 99)] - 836$
b) $35 \cdot 12 + [12^3 - (2317 - 45^2)]$
c) $111\,111 - (23\,232 - 232 \cdot 2 + 18^2)$

14 Finde heraus, für welche Zahl x steht.

a) $27 \cdot x = 108$ b) $x \cdot x \cdot x = 216$
c) $(x + 5) : 3 = 3$ d) $x + (x \cdot x) = 42$

a) $x \cdot x \cdot x = 343$ b) $50 + x = 100 - x$
c) $x \cdot (6 - x) = 0$ d) $60 - x = 4 \cdot x + 10$

15 Eine Tasse und eine Untertasse wiegen zusammen 240 g. Wie schwer ist jedes Teil, wenn …

a) … Tasse und Untertasse gleich schwer sind?
b) … die Tasse doppelt so schwer ist wie die Untertasse?

a) … die Tasse dreimal (viermal) so schwer ist wie die Untertasse?
b) … wenn das Verhältnis der Massen von Tasse und Untertasse 3 : 2 beträgt?

2 Kreuz und quer

1 Eine Baufirma schafft an einer Autobahnbaustelle täglich 185 m neu zu teeren. Sie benötigt insgesamt 23 Tage für die gesamte Baustelle. Wie lang war die Baustelle?

2 Familie Maus möchte eine Computeranlage kaufen, die bei Barzahlung 2299 € kostet. Die Verkäuferin macht der Familie folgendes Angebot: „Bei einer Anzahlung von 100 € können Sie das Gerät in 18 Monatsraten von je 135 € abzahlen." Berechne, wie viel die Familie bei Barzahlung sparen könnte.

3 Ein Stadion besteht aus 36 Sitzblöcken mit jeweils 1285 Sitzplätzen. Eine Eintrittskarte kostet 18 €. Wie viel Geld wird bei ausverkauftem Stadion eingenommen?

4 Landwirt Erwin Schweins erntet etwa 1800 kg Kartoffeln. Den fünften Teil davon lagert er ein, den Rest füllt er in Säcke zu je 12 kg ab. Berechne, wie viele Säcke er dazu benötigt.

5 138 Schülerinnen und Schüler der 5. Klassen des Freihof-Gymnasiums besuchen den örtlichen Tierpark in Göppingen. Für den Eintritt muss die Schule 345 € bezahlen. Für die Fahrt werden drei Busse bestellt; das Busunternehmen verlangt pro Bus 130 €. Untersuche, ob es ausreicht, wenn pro Person 5 € eingesammelt werden.

6 **a)** Übertrage die Rechenreihen in dein Heft und berechne die Terme. Beschreibe deine Beobachtung und überprüfe sie, indem du die Reihen fortsetzt.

b) Forsche ebenfalls nach besonderen Rechenreihen wie $111 \cdot 11$ und stelle sie deinen Mitschülern vor.

$1 \cdot 1$
$11 \cdot 11$
$111 \cdot 111$
$1111 \cdot 1111$
…

$1 \cdot 9 + 2$
$12 \cdot 9 + 3$
$123 \cdot 9 + 4$
$1234 \cdot 9 + 5$
…

Mit Rechenbäumen kannst du Terme strukturiert aufschreiben. Je weiter oben etwas steht, desto früher wird es berechnet.

7 **a)** Ordne die Terme den Rechenbäumen richtig zu.

1 $11 \cdot 4 + 17$ **2** $11 \cdot (17 + 4)$ **3** $17 + 11 \cdot 4$ **4** $(17 + 4) \cdot 11$

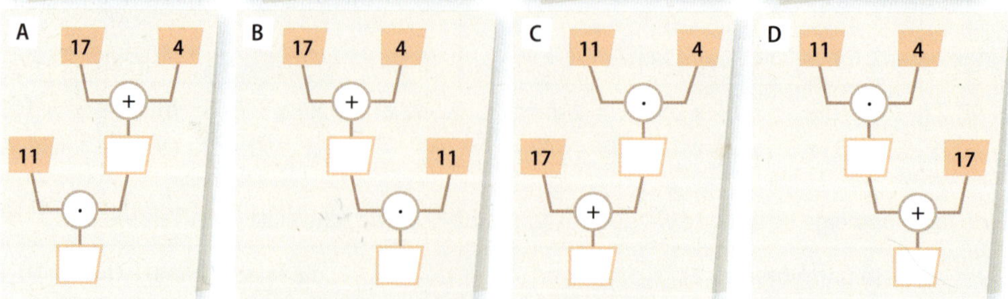

b) Zeichne zu folgenden Termen einen Rechenbaum und berechne die Terme.

1 $8 \cdot 12 - 7$ **2** $12 \cdot (8 - 7)$ **3** $8 \cdot (12 - 7)$ **4** $8 + 7 \cdot 12$

8 Die Tabelle zeigt die Besucherzahlen am Affenberg Salem 2014 und 2015.

a) Runde die Zahlen auf Zehntausender und veranschauliche die gerundeten Besucherzahlen in einem Diagramm.

b) Bestimme, in welchen Monaten es zwischen den beiden Jahren die größten Unterschiede gab.

c) Bestimme die Gesamtzahlen in jedem Jahr.

d) Die Besucherzahlen schwanken von Monat zu Monat. Was könnten die Ursachen dafür sein? Schreibe einen Zeitungsartikel darüber.

Besucherzahlen	2014	2015
Januar	74 419	74 328
Februar	137 581	82 677
März	161 016	152 872
April	162 224	314 328
Mai	372 392	192 370
Juni	214 376	281 329
Juli	319 845	283 448
August	411 467	345 274
September	194 223	204 666
Oktober	166 435	181 992
November	74 039	99 246
Dezember	59 914	60 639

9 Vervollständige die Rechnungen im Heft.

a)	b)	c)	d)
1□35	78 648	158 · □5	□46 · 15
49□9	21□9	3160	□□□□
+ 87□	− 8□56	7□0	7□□
□152	□□57□	□□□□	□□□□

10 Stelle zunächst den Term auf und berechne ihn anschließend.

a) Addiere zum Produkt aus 16 und 74 den Summanden 2534.

b) Berechne die Potenz mit dem Exponenten 5 und der Basis 2 und addiere das Ergebnis zur Differenz aus dem Subtrahenden 364 und dem Minuenden 2614.

c) Multipliziere die Summe aus 835 und 529 mit der Differenz aus 453 und 83.

d) Quadriere den Quotienten mit dem Divisor 65 und dem Dividenden 520.

11 Schreibe den Term in Worten und berechne ihn.

a) $(354 + 253) \cdot 24$ b) $(9231 - 7359) : (2003 - 1967)$

c) $98 \cdot (242 - 156) + 17$ d) $(7^2 - 6^2)^3$

12 a) Notiere jeweils vier dreistellige Zahlen, die teilbar sind durch …

1 2 **2** 4 **3** 5 **4** 2 und 4 **5** 2 und 5 **6** 4 und 5

b) Addiere jeweils die vier dreistelligen Zahlen einer Reihe aus a) und überprüfe sie auf ihre Teilbarkeit. Was stellst du fest?

13 Begründe: Welche Klammern sind hier überflüssig?

Überprüfe rechnerisch.

a) $[(6 \cdot 7) + 15] \cdot 4$ b) $(14 - 3 \cdot 4) + (12 \cdot 3)$

c) $12 - [14 - (2 \cdot 3)] + [(5 \cdot 4) \cdot 3]$ d) $[15 + (18 - 3)^2] \cdot 5$

e) $[((18 - 6) : 3) + 5] \cdot (27 : 9)$ f) $\left([34 + ((13 \cdot 5^2) : 5)]^2\right)$

14 Berechne möglichst geschickt. Nenne die Regeln und Gesetze, nach denen du vorgehst.

a) $754 + 148 + 246$
$(125 \cdot 27) \cdot 8$
$745 - (256 - 145)$
$15\,134 : 23$

b) $14^3 + 12^2$
$135 \cdot 7^3$
$20 + 10^2 - 45 \cdot 2$
$98^2 : (3^3 + 1)$

c) $12 + (1974 - 888) \cdot 17$
$634 + (423 + 13)^2$
$[(1235 + 63) - (36 + 87)] : 5$
$[((117 : 9)^3 - (4 \cdot 11)^2)] : 3$

Lösungen zu 14: 30; 235; 343; 571; 634; 658; 1148; 2888; 18 474; 27 000; 46 305; 190 730

15 Löse auf verschiedene Arten.

a) $25 \cdot a = 300$ b) $b + 67 = 90$ c) $c : 24 = 6$

d) $3 \cdot d + 15 = 42$ e) $56 = 8 \cdot (14 - e)$ f) $134 - f = 44 + f$

g) $12 \cdot g + 24 = 16 \cdot g$ h) $(12 + h) : (12 - h) = 1$ i) $64 : i = i^2$

16 Die Tabelle zeigt die bekanntesten Pinguinarten auf der Welt.

Art	Kaiser-pinguin	Königs-pinguin	Zwerg-pinguin	Brillen-pinguin	Galápagos-pinguin
Brutpaare	195 417	1 246 546	387 745	92 312	612

a) Überschlage erst und rechne dann genau, wie viele erwachsene Pinguine es von diesen Arten insgesamt gibt.

b) Stelle die Anzahl der Pinguine in einem Diagramm dar. Runde dazu sinnvoll.

c) Die Zahlangaben geben eine hohe Genauigkeit vor. Was ist davon zu halten? Wie kann man die Anzahl der Pinguine deiner Meinung nach bestimmen?

Rechne Geldbeträge in ct.

17 Notiere eine Gleichung und löse sie. Überlege zunächst, was du als Variable bezeichnest.

a) Die Werbung zeigt ein Notebook-Angebot. Wie lang dauert die Abzahlung jeweils?

b) Bei einem Wochenendausflug mit einer Jugendgruppe von 14 Personen werden Gruppenkarten gekauft: Die Zugfahrt für 52,50 € und der Eintritt in den Tierpark für 21,00 €. Kurzfristig fährt noch eine Person mehr mit, der Gesamtpreis ändert sich jedoch nicht. Wie teuer wird der Ausflug jetzt für jeden Teilnehmer?

c) Martin und seine beiden Freunde gehen in die Eisdiele. Jeder bestellt sich zwei Kugeln Eis und eine kleine Cola. Zusammen müssen sie 7,80 € bezahlen.

1 Wie viel muss jeder bezahlen?

2 Wie teuer kann ein Eis und eine Cola jeweils sein? Stelle verschiedene Möglichkeiten dar.

18 Wähle vier Zahlen mit gleichem Abstand, z. B. 1, 3, 5, 7 oder 2, 3, 4, 5 oder 2, 5, 8, 11. Berechne mit diesen die Zahlenmauer zur Addition.
Setze nun dieselben vier Zahlen in anderer Reihenfolge als Basiszahlen ein und berechne wieder. Tue dies einige Male. Versuche dann, folgende Forscherfragen zu beantworten:

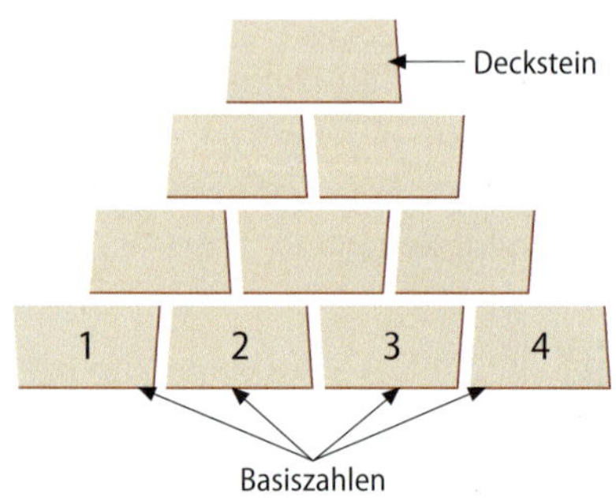

a) Welche Zahlen kommen als Decksteine vor? Erkennst du jeweils einen Zusammenhang zu den Basiszahlen?

b) Welche Kombination der Basiszahlen ergibt den größten (kleinsten) Deckstein?

c) Welche Kombination verändert den Deckstein nicht? Begründe.

d) Welche Beziehungen gibt es zwischen den Zahlen verschiedener Stockwerke?

e) Was stellst du fest, wenn du deine Ergebnisse mit Zahlenmauern vergleichst, deren Basiszahlen einen anderen Abstand haben?

19 Gegeben sind die Zahlen 1, 3, 4 und 5. Bilde jeweils Terme so, dass du als Ergebnis die Zahlen von 10 bis 20 erhältst. Jede Zahl darf pro Term nur einmal vorkommen. Findest du noch weitere Terme für weitere Zahlen?

Beispiel:
$(3^4 - 1) : 5 = \ldots$

20 a) Wie viele Tage bist du alt? Beachte die Schaltjahre (z. B. 2008).
b) Ein Herz schlägt im Ruhezustand etwa 60-mal pro Minute. Wie oft schlägt es in einer Stunde (an einem Tag, in einem Jahr, in deinem bisherigen Leben)?
c) Wie viele Portionen Spaghetti (Pommes, ...) hast du in deinem Leben bisher gegessen? Wie hast du geschätzt?
d) Partnerarbeit: Erfinde selbst ähnliche Aufgaben aus deinem Leben, mit denen du Lebenszeiten, Portionen, Anzahlen, ... berechnen kannst. Löse jeweils die Aufgaben des Partners.

Alltag

EAN-13

Auf den meisten Produktverpackungen befinden sich Strichcodes und zugehörige Code-Nummern, die dieses Produkt eindeutig kennzeichnen. Diese sogenannte Europäische Artikel-Nummerierung (EAN-13) besteht aus 13 Ziffern.
Die ersten drei Ziffern stehen dabei für das **Herkunftsland** der Ware, für Deutschland sind es die Zahlen 400 bis 440.
Die nächsten neun Ziffern sind eine Kombination aus **Hersteller- und Artikelnummer.** Ein großer Konzern hat eine kurze Herstellernummer, damit er viele Artikelnummern vergeben kann. Ein kleiner Betrieb, der nur wenige Artikel verkauft, bekommt dementsprechend eine lange Herstellernummer. Allerdings kann man meistens nicht erkennen, wo die Grenze zwischen Hersteller- und Artikelnummer verläuft.

Die letzte Ziffer des Codes ist die **Prüfziffer**, die sich so berechnet:

1. Die ersten zwölf Ziffern (Herkunftsland sowie Hersteller- und Artikelnummer) werden zuerst von links beginnend abwechselnd mit 1 und 3 multipliziert.
2. Die Produkte werden anschließend addiert.
3. Die Prüfziffer ist die Differenz der Summe zum nächsten Vielfachen von 10.

4 004182 035528
Herkunftsland
Hersteller- und Artikelnummer
Prüfziffer

Beispiel mit der EAN-Nummer im Bild

1. $1 \cdot 4 + 3 \cdot 0 + 1 \cdot 0 + 3 \cdot 4 + 1 \cdot 1 + 3 \cdot 8 + 1 \cdot 2 + 3 \cdot 0 + 1 \cdot 3 + 3 \cdot 5 + 1 \cdot 5 + 3 \cdot 2 =$
$4 + 0 + 0 + 12 + 1 + 24 + 2 + 0 + 3 + 15 + 5 + 6 = 72$
2. Das nächste Vielfache von 10 ist 80. Differenz: $80 - 72 = 8$, die Prüfziffer ist daher 8.

- Wozu werden EAN-Nummern und Strichcodes verwendet? Finde Beispiele.
- Begründe, warum die Einführung einer Prüfziffer sinnvoll ist.
- Berechne die fehlenden Prüfziffern. **a)** 400-262780173- **b)** 400-7751100073- **c)** 400-019700127-
- Bringe Verpackungsmaterial von zu Hause mit und kontrolliere die Prüfziffern.
- Finde im Internet die Ländercodes für Frankreich und Tschechien und konstruiere einen 13-stelligen Code.
- Entwirf ein Tabellenkalkulationsblatt zur Prüfziffernberechnung.
- „Warum arbeitet man bei der Prüfziffernberechnung nicht einfach mit der Summe aller Ziffern? Das wäre viel leichter zu berechnen." Beurteile diesen Vorschlag.

Verschiedene Wege erproben

Im Sportunterricht der Klasse 5c möchte der Lehrer die 30 Schülerinnen und Schüler in gleich große Gruppen einteilen.

a) Gib an, welche Möglichkeiten es dafür gibt. Welche Gruppengrößen sind sinnvoll?
b) Stelle die verschiedenen Aufteilungen dar, indem du für jedes Kind ein kleines Quadrat ausschneidest und versuchst, verschiedene Rechtecke mit den Quadraten zu legen. Suche alle Rechtecke, die du auf diese Weise legen kannst. Beschreibe sie.
c) Wie viele Möglichkeiten hast du, wenn in der Klasse 24 (27; 28; 32) Kinder sind? Lege entsprechende Rechtecke.

Eine Zahl ist **Teiler** einer anderen Zahl, wenn bei der Division kein Rest bleibt.
Beispiel: 18 ist durch 3 **teilbar**, denn $18 : 3 = 6$.
Umgekehrt ist 18 auch **Vielfaches** von 3, denn $6 \cdot 3 = 18$.

d) Erkläre, warum man die 1 und eine Zahl selbst als *unechte Teiler* bezeichnet, alle anderen Teiler als *echte Teiler*.
e) Bestimme alle Teiler der Zahlen 4; 12; 16; 18; 45; 48; 66; 225.
f) Gib die ersten zehn Vielfachen der Zahlen 8; 13; 15; 18; 24; 25; 36 an.

Primzahlen entdecken

Lars übt für eine Mathematikarbeit und beginnt, für alle Zahlen zwischen 1 und 20 zu notieren, durch welche diese teilbar sind. Nach der Zahl 6 stellt er eine Vermutung auf.

Zahl	1	2	3	4	5	6
Teiler	1	1; 2	1; 3	1; 2; 4	1; 5	1; 2; 3; 6

Vermutung: Die Zahl 1 ist die einzige Zahl mit nur einem Teiler. Bei den geraden Zahlen nimmt die Anzahl der Teiler immer um 1 zu. Alle ungeraden Zahlen haben genau zwei Teiler.

a) Setze die Tabelle in deinem Heft fort und überprüfe die Vermutungen von Lars.

Alle natürlichen Zahlen, die durch genau zwei Zahlen teilbar sind (also die 1 und die Zahl selbst), nennt man **Primzahlen**. Die Zahl 1 zählt nicht zu den Primzahlen.
Jede natürliche Zahl, die keine Primzahl ist, besitzt **mehr als zwei Teiler**. Solche Zahlen lassen sich eindeutig als Produkt aus Primzahlen schreiben. Eine solche Darstellung heißt **Primfaktorzerlegung**. Beispiel: $12 = 2 \cdot 2 \cdot 3 = 2^2 \cdot 3$

b) Suche nach Primzahlen. Nutze dazu auch die Teilbarkeitsregeln.
1 3; 13; 23; 33; 43; 53 2 4; 14; 24; 34; 44; 54 3 19; 29; 39; 49; 59; 69; 79
c) Zerlege in Primfaktoren, wenn möglich. Verwende die Potenzschreibweise.
1 8; 28; 46; 120 2 124; 101; 169; 216 3 125; 225; 294; 468

Primzahlen

Primzahlen finden

Der griechische Mathematiker Eratosthenes hat vor über 2000 Jahren eine einfache Vorgehensweise gefunden, um Primzahlen zu finden:

1 Notiere die Zahlen ab 2.
2 Umrande die Zahl 2. Streiche alle Vielfachen von 2 durch.
3 Umrande die nächste freie Zahl 3. Streiche dann alle Vielfachen der 3.
4 Wiederhole 3. mit der nächsten freien Zahl.
5 Die umrandeten Zahlen sind die Primzahlen.

a) Lege in deinem Heft eine Tabelle mit den Zahlen bis 100 an. Bestimme auf die obige Weise alle Primzahlen bis 100. Verwende für jeden Schritt eine andere Farbe.
b) Beschreibe in der Tabelle die Lage von Vielfachen der einzelnen Zahlen zueinander. Erkennst du Muster?
c) Begründe, warum du auf diese Weise alle Primzahlen zwischen 1 und 100 gefunden hast.
d) Es gibt unendlich viele Primzahlen. Heute gibt es allerdings viel bessere Methoden, um Primzahlen zu finden. Recherchiere und finde die größte bekannte Primzahl. Informiere dich, wozu man Primzahlen verwendet.

	(2)	3	~~4~~	5	~~6~~	7	~~8~~	9	~~10~~
11	12	13	14	15	16	17	18	19	20
21	22	23	24	25	26	27	28	29	30
31	32	33	34	35	36	37	38	39	40
41	42	43	44	45	46	47	48	49	50
51	52	53	54	55	56	57	58	59	60
61	62	63	64	65	66	67	68	69	70
71	72	73	74	75	76	77	78	79	80
81	82	83	84	85	86	87	88	89	90
91	92	93	94	95	96	97	98	99	100

Bausteine von Zahlen

a) Bestimme die Zahlen, die aus den gegebenen Primzahlen „gebaut" werden.
1 2; 2; 5; 5   2 3; 7; 7   3 2; 2; 2; 3; 3; 5   4 3; 3; 3; 11
5 3; 3; 5; 5; 5   6 3; 13; 13   7 5; 5; 5; 7   8 2; 2; 2; 3; 3; 5; 5; 7
b) Du hast die Primzahlen 2; 7; 13 und 19 zur Verfügung. Du kannst jede von ihnen beliebig oft verwenden. „Baue" mindestens fünf verschiedene Zahlen mithilfe dieser Primzahlen.
c) Begründe: Zwei Zahlen, die aus denselben Primfaktoren bestehen, sind gleich.

Lauter Primzahlen

Löse die Rätsel.

1 **WANTED**
Gesucht werden alle geraden Primzahlen.

2 **WANTED**
Die 13 ist eine Primzahl. Dreht man die Ziffern um, erhält man 31. Das ist auch eine Primzahl. Gesucht werden weitere Primzahlen, die diese Eigenschaft haben.

3 **WANTED**
Ich bin die kleinste zweistellige Primzahl mit der Quersumme 14.

Aufgaben zur Einzelarbeit

Überprüfe deine Fähigkeiten und Kompetenzen. Bearbeite dazu die folgenden Aufgaben und bewerte anschließend deine Lösungen mit einem Smiley.

☺	😐	☹
Das kann ich **wirklich gut!**	Das kann ich **fast!**	Das muss ich **noch üben!**

1 Berechne im Kopf.

a) 23 + 65 b) 167 − 23 c) 7 · 18
d) 56 + 78 e) 232 − 159 f) 96 : 3
g) 39 + 47 − 35 h) 87 − 4 · 13 i) $3^4 - 9^2$

2 Berechne schriftlich.

a) 452 + 45 + 773 b) 4526 + 786 + 6296
c) 12 345 + 352 + 1453 d) 13 251 + 234 + 7398
e) 24 + 25 361 + 3517 f) 13 + 261 234 + 2361

3 Vervollständige die Rechnungen.

a)	b)	c)
□52	□311	9□39
8□8	3□4	99□3
+ 1□	+ 4□15	+ □899
1304	701□	□292□

4 Berechne schriftlich.

a) 463 − 362 b) 9372 − 1562
c) 9271 − 7826 − 99 d) 1274 − 999 − 188
e) 2835 − 834 − 728 f) 19 145 − 7824 − 8234
g) 163 844 − 13 452 − 764 − 26 127 − 70 622

5 Berechne.

a) 23 · 22 b) 743 · 64 c) 527 · 742
d) 1532 · 146 e) 234 · 37 · 82 f) 492 · 234
g) 4852 · 4 · 61 h) 234 · 5435 i) 22 742 · 18

6 Schreibe als Potenz.

a) 12 · 12 · 12 · 12
b) 3 · 3 · 3 · 3 · 3 · 3 · 3 · 3
c) 4 · 4 · 4 · 2 · 2 · 2

7 Berechne.

a) 2^3; 3^5; 8^2 b) 12^3; 17^2; 19^2 c) 2^{10}; 14^1; 11^0

8 Berechne und mache die Probe.

a) 8820 : 12 b) 5184 : 24
c) 9720 : 45 d) 24 215 : 18
e) 456 750 : 125 f) 478 632 : 56
g) 35 555 : 555 h) 166 160 : 620

9 Zeichne in dein Heft verschiedene Rechtecke, die aus der angegebenen Anzahl von Rechenkästchen bestehen. Wie viele Möglichkeiten gibt es?

a) 4 b) 12 c) 13 d) 15 e) 16
f) 18 g) 20 h) 21 i) 28 j) 42

10 Setze die gesuchten Ziffern so ein, dass die angegebene Teilbarkeit erreicht wird. Finde alle Lösungen.

a) teilbar durch 5: 2345□; 835□□
b) teilbar durch 10: 2345□; 144□□
c) teilbar durch 9: 7045□; 88305□
d) teilbar durch 3: 7045□; 88305□

11 Berechne möglichst geschickt. Nenne die Rechengesetze, die du anwendest.

a) 17 + 48 + 23 b) 46 + (177 + 54) + 23
c) (25 · 7) · 4 d) 4 · 9 · 17 · 125
e) 12 + 88 · 113 − 13 f) 17 · (2 · 10 − 10) : 5
g) (5 · (123 − 48) + 2) · 3 h) $125 \cdot (5^2 - 4^2)^2$

12 In der Jugendherberge „Hilders" kostet eine Übernachtung mit Frühstück 12 €. Wie hoch sind die gesamten Übernachtungskosten, wenn die Klasse 5d (28 Schüler) vom 12. bis 15. Mai fährt?

13 Berechne mithilfe des Distributivgesetzes.

a) 15 · 23 + 15 · 17 b) (9 + 8) · 6
c) 8 · (8 + 40) d) 45 · 3 − 15 · 3
e) 17 · 120 + 83 · 120 f) 6 · 9 + 6 · 10 + 6 · 11

14 Der Hausmeister verkauft in der Pause Orangensaft-Päckchen zu 75 ct und Apfelsaft-Päckchen zu 60 ct. Wie viel hat er eingenommen, wenn er 45 Orangensaft- und 26 Apfelsaft-Päckchen verkauft hat?

15 Da haben sich einige Fehler eingeschlichen. Finde sie und korrigiere die Rechnung.

a) 204 · 17 − 7 = 204 · 10 = 2040
b) 15 + 8 · 4 = 23 · 4 = 92
c) (39 + 42) · 16 = 39 + 42 · 16 = 39 + 672 = 711

Aufgaben für Lernpartner

Arbeitsschritte

1. Bearbeite die folgenden Aufgaben zuerst allein.
2. Suche dir einen Partner oder eine Partnerin und arbeitet zusammen weiter:
   Erklärt euch gegenseitig eure Lösungen. Korrigiert fehlerhafte Antworten.

Sind folgende Behauptungen richtig oder falsch? Begründe.

A Jede Multiplikation kann in eine Addition umgewandelt werden.

B Bei der Addition werden alle Summanden linksbündig unter den höchsten Stellenwert angeordnet.

C Bei der Multiplikation darf der 2. Faktor niemals größer sein als der 1. Faktor.

D 9^3 ist dasselbe wie 3^9.

E Kevin behauptet: „Wenn ich mehrere Klammern habe, dann arbeite ich von innen nach außen.

F Die Summe zweier Zahlen ist immer größer als der erste Summand.

G Beim Subtrahieren wird der Minuend vom Subtrahenden abgezogen.

H Der Wert eines Produkts ist immer größer als jeder der Faktoren.

I 3^7 bedeutet $7 \cdot 7 \cdot 7$.

J Zu jeder Grundrechenart gibt es eine Umkehrung.

K Jede Zahl, die durch 10 teilbar ist, ist auch durch 2 (durch 5) teilbar.

L Jede Zahl, die durch 9 teilbar ist, ist auch durch 3 teilbar und umgekehrt.

M Bei der Division kann man Dividend und Divisor vertauschen, ohne dass sich der Quotient ändert.

N Wenn in einer Rechnung nur eine Grundrechenart vorkommt, dann lassen sich Klammern beliebig versetzen und die Reihenfolge der Zahlen vertauschen.

O Das Ausklammern eines Terms lässt sich durch Ausmultiplizieren rückgängig machen.

P In einem Term kann man eine Variable für eine unbekannte natürliche Zahl schreiben.

Ich kann…	„Am Ziel!"-Aufgaben	Hilfe
… im Kopf addieren, subtrahieren, multiplizieren, dividieren.	1, A, J	S. 40, 46, 50
… natürliche Zahlen schriftlich addieren und subtrahieren.	2, 3, 4, B, F, G	S. 42, 44
… schriftlich multiplizieren und dividieren.	5, 8, C, H, M	S. 46, 50
… Potenzen aufstellen und ausrechnen.	6, 7, D, I	S. 49
… natürliche Zahlen auf ihre Teilbarkeit prüfen.	9, 10, K, L	S. 54, 55
… Rechenregeln anwenden.	11, 13, 15, E, N, O	S. 56
… aus Sachaufgaben Gleichungen aufstellen und lösen.	12, 14, P	S. 58

3 Startklar!

Aufgabe	Ich kann schon …	Grundwissen
1, 2	… Strecken zeichnen und ihre Länge messen; mit dem Zirkel umgehen.	S. 217
3, 4	… Figuren an einer Geraden spiegeln.	S. 218
4, 5	… Figuren benennen und vorgegebene Muster fortsetzen.	S. 217

1 a) Übertrage die Punkte P, A, U und L in dein Heft. Verbinde die vier Punkte zum Viereck PAUL.
b) Miss die Seitenlängen des Vierecks PAUL.
c) Bestimme die Entfernungen einander gegenüberliegender Punkte.

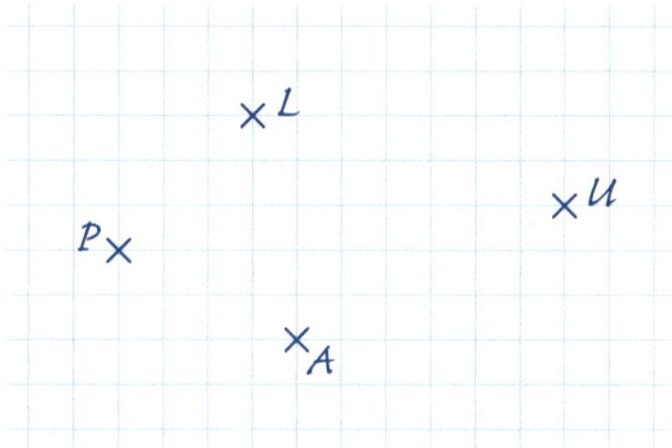

2 a) Übertrage die Punkte A und B in dein Heft. Stecke anschließend einen Zirkel in B ein und zeichne einen Kreis, der durch A geht.
b) Stecke den Zirkel in A ein und zeichne einen Kreis, der durch B geht. Bestimme die Anzahl der Schnittpunkte der beiden Kreise.

3 Übertrage die Figur in dein Heft und spiegele sie an der roten Linie.

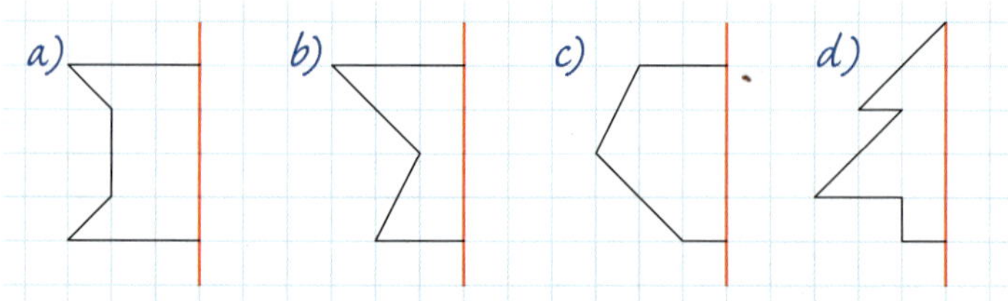

4

Übertrage die Zeichnung in dein Heft. Beschreibe die geometrischen Figuren, die du in der Zeichnung erkennst.

5 Zeichne das Muster auf Karopapier. Setze es dort zweimal fort.

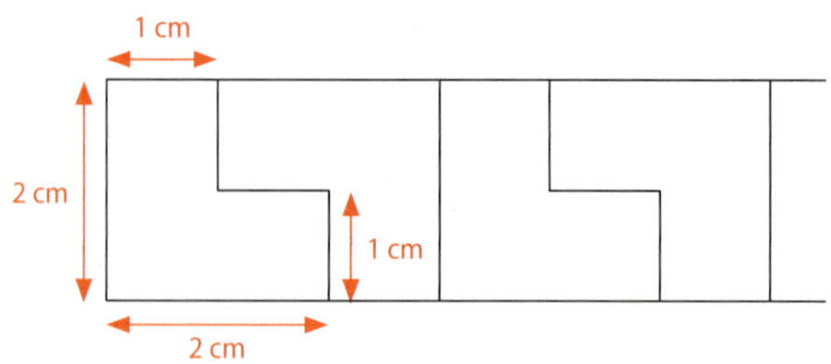

- Achte auf saubere Zeichnungen.
- Verwende gespitzten Bleistift und Geodreieck.
- Nutze das Karomuster im Heft.

3 Geometrische Grundbegriffe

Einstieg

- Beschreibe, wo auf dem Foto gerade Linien (Strecken) vorhanden sind und wo gekrümmte.
- Findest du Strecken, die parallel bzw. senkrecht zueinander verlaufen?
- Kannst du Symmetrien auf dem Bild finden?
- Wo in deiner Umwelt findest du noch Geraden, Strecken, Senkrechten, …?

Ausblick

Am Ende dieses Kapitels hast du gelernt, …

- … geometrische Grundbegriffe wie Punkt, Strecke und Gerade sachgerecht zu verwenden.
- … Symmetrien in Figuren zu bestimmen und zu erzeugen.
- … durch das Koordinatensystem geometrische Orte festzulegen.
- … Winkel zu messen und zu zeichnen.
- … geometrische Figuren zu benennen und ihre Eigenschaften zu nutzen.

Kap. 3.1

Segelregatta

Der Schluchsee im Schwarzwald ist ein beliebtes Ausflugsziel. Hier finden häufig Regatten für Segelboote statt. Eine Regatta startet am Punkt A und geht über B und C wieder zurück zu A.

- Befestige Transparentpapier oder Folie mit Büroklammern an der Buchseite. Zeichne mit dem Lineal den Regattakurs ein. Versuche dabei, möglichst gerade Linien zu zeichnen, die nicht über Land gehen.
- Miss die Länge der Regattastrecke.

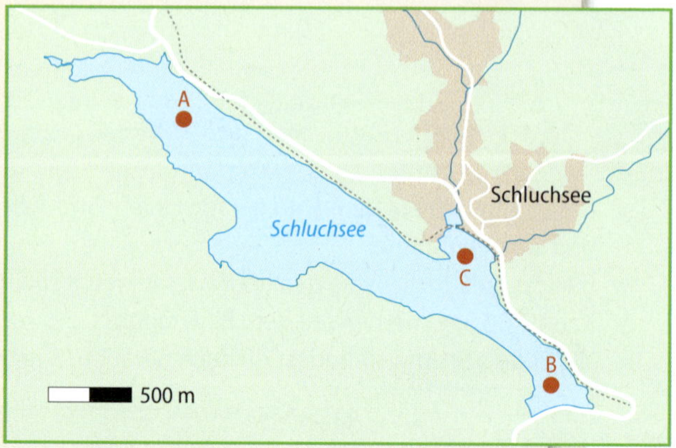

Kap. 3.2

Auf Entdeckungsreise mit der „Gorch Fock"

Auf dem Foto siehst du das Segelschulschiff „Gorch Fock". Da es nicht mehr viele große Segelschiffe gibt, ist es in jedem Hafen eine große Attraktion.

- Beschreibe senkrechte und parallele Linien, die du am Schiff erkennst.
- Beschreibe die Formen der Segel.
- Schätze, ob ein Segeltuch ausgebreitet in dein Klassenzimmer passt. Gib an, wie du geschätzt hast.

Informiere dich über die „Gorch Fock" und erstelle einen Steckbrief für dieses Schiff.

Kap. 3.4

Schiffsmalerei

Viele Schiffe erscheinen sehr symmetrisch aufgebaut. Die abgebildete Zeichnung eines Segelschiffs ist jedoch noch nicht fertig.

- Übertrage die Zeichnung in dein Heft und vervollständige sie zu einem symmetrischen Segelschiff.
- Male Segel und Schiffskörper mit mindestens drei verschiedenen Farben an, so dass die Symmetrie erhalten bleibt.

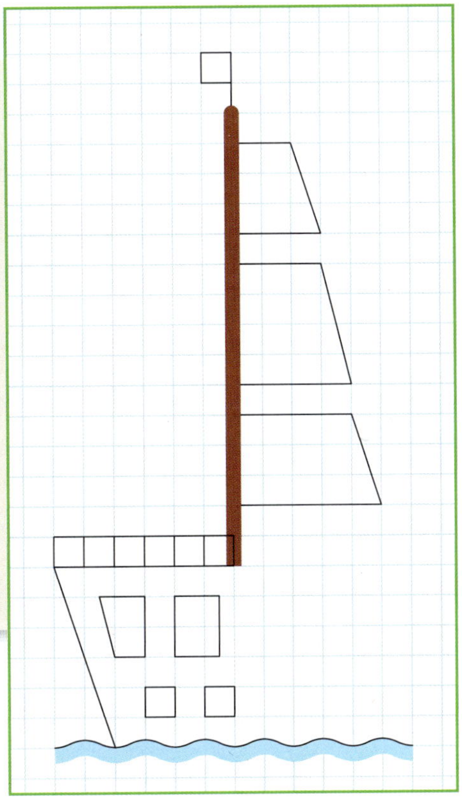

Kap. 3.6

Unterwegs auf dem Bodensee

Häufig sind Karten in kleine Planquadrate unterteilt, damit man Orte schneller finden und sich leichter orientieren kann. Die Lage der Planquadrate wird mit Buchstaben und Zahlen beschrieben. Hier siehst du einen Ausschnitt aus einer Karte des Bodensees.

- In welchen Planquadraten liegt die Insel Mainau?
- Durch welche Planquadrate fährt die Fähre von Konstanz nach Meersburg?
- Ein Sportboot fährt in B7 los und über C4, C2 und F3 nach H1. Beschreibe seinen Weg anhand der Orte auf der Karte.
- Gib selbst eine Schiffsroute mit Planquadraten an und lasse deinen Nachbarn oder deine Nachbarin die Route finden.

Entdecken

Nimm ein Brett, in das einige Nägel eingeschlagen wurden. Befestige an einem Nagel einen langen Faden.

- Lege den Faden so, dass er alle Nägel berührt und wieder beim Startpunkt endet.
- Probiere aus, bei welchem Weg durch alle Nägel du die geringste Fadenlänge benötigst.

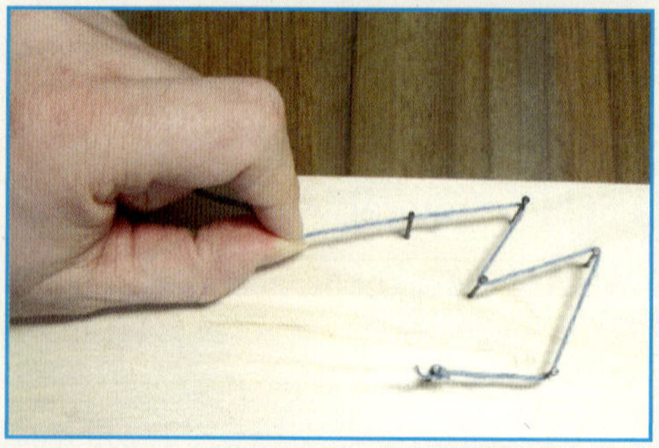

Verstehen

In vielen Situationen betrachtet man geradlinige Verbindungen zwischen zwei Punkten oder Orten. In der Geometrie unterscheidet man dabei verschiedene Arten solcher geradlinigen Verbindungslinien, je nachdem, ob die Linien über die Punkte hinausgehen oder nicht.

***Punkte** werden in der Geometrie mit Großbuchstaben A, B, C, … bezeichnet.*

Geraden und Halbgeraden werden oft mit Kleinbuchstaben a, b, g, h, … bezeichnet.

Eine Strecke $\overline{AB}$ ist die geradlinige Verbindung mit einem Anfangspunkt A und einem Endpunkt B.

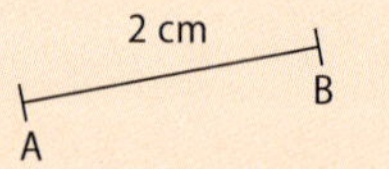

Eine Strecke ist die kürzeste Verbindung zwischen zwei Punkten. Man kann ihre **Länge** messen, die auch mit $\overline{AB}$ bezeichnet wird.

Verlängert man eine Strecke geradlinig über beide Endpunkte hinaus, so erhält man die **Gerade AB**. Eine Gerade besitzt keinen Anfangs- und keinen Endpunkt. Sie ist unendlich lang.

Verlängert man eine Strecke nur über einen Anfangs- oder Endpunkt hinaus, so erhält man eine **Halbgerade** oder einen **Strahl**.

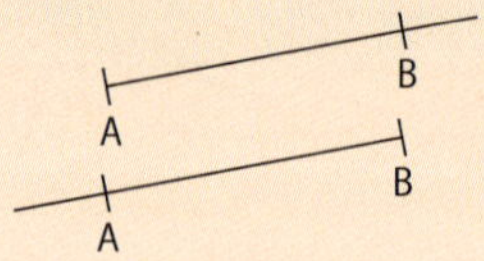

Beachte: Eine Gerade durch zwei Punkte enthält immer auch die Strecke (Halbgeraden) von den beiden Punkten.

Beispiele

I. **a)** Gib in der Zeichnung jeweils eine Strecke, eine Halbgerade und eine Gerade an.

b) Begründe, dass die Verbindungslinie von B nach E keine Strecke ist.

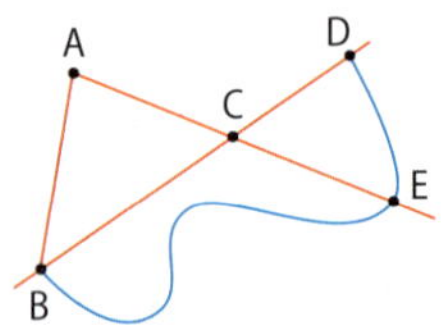

Lösungsmöglichkeiten:

a) $\overline{AB}$ ist eine Strecke, BC eine Gerade, die Verbindung von A über C hinaus ist eine Halbgerade.

b) $\overline{BE}$ ist keine Strecke, weil die Verbindungslinie nicht geradlinig ist.

II. Zeichne die Gerade PQ, die Halbgerade von Q durch R sowie die Strecke $\overline{RP}$ ein.

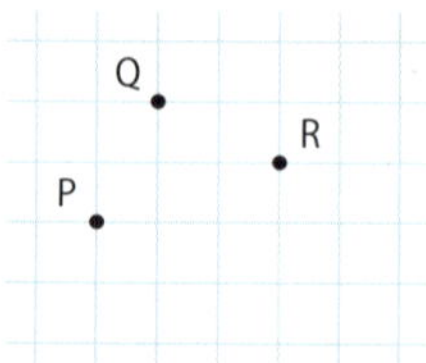

Lösung:

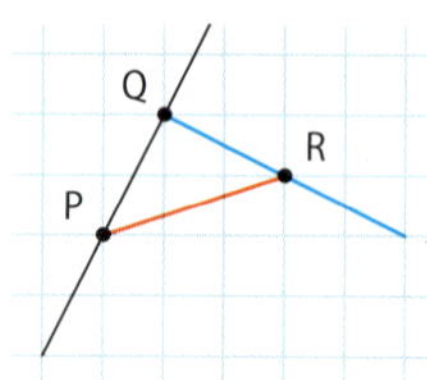

Nachgefragt

- Peter behauptet: „Wenn der Endpunkt der ersten Strecke zugleich der Anfangspunkt einer zweiten Strecke ist, erhält man wieder eine Strecke." Hat Peter Recht? Begründe deine Antwort.
- Bestimme, wie viele verschiedene Strecken es zwischen 4 (5) Punkten geben kann.

Aufgaben

1 Entscheide, ob eine Gerade, eine Halbgerade oder eine Strecke vorliegt.

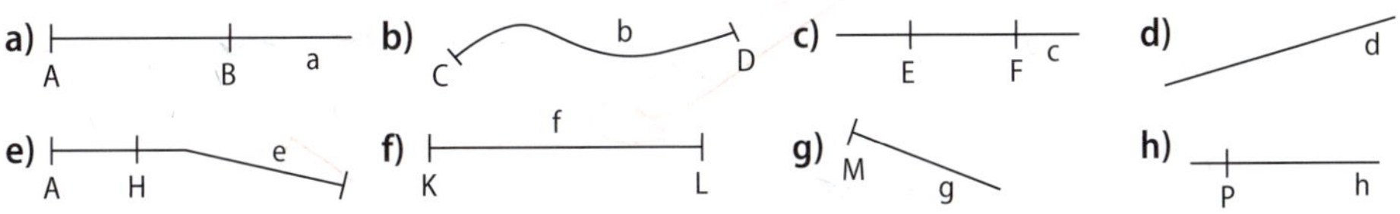

2 Zeichne die Strecken mit den angegebenen Längen in dein Heft.

	a)	b)	c)	d)	e)	f)
Strecke	$\overline{AB}$	$\overline{EF}$	$\overline{JK}$	$\overline{MN}$	$\overline{OP}$	$\overline{QR}$
Länge	4 cm	35 mm	3 cm 2 mm	82 mm	6 cm	132 mm

3 a) Übertrage die fünf Punkte L, U, C, A, S in dein Heft und zeichne dann dort farbig ein:
  1 $\overline{LU}$; $\overline{AL}$; SC; UA, $\overline{SL}$
  2 Zeichne eine Halbgerade durch C mit Anfangspunkt L.
b) Miss die Längen der eingezeichneten Strecken aus a).

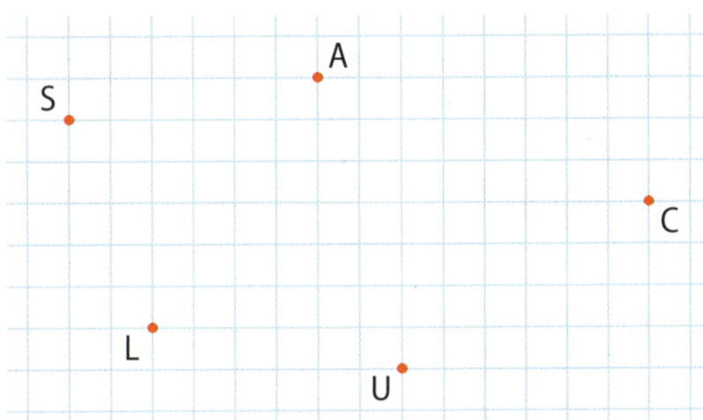

4 Wie viele Strecken (Geraden) erkennst du? Benenne bzw. beschreibe sie.

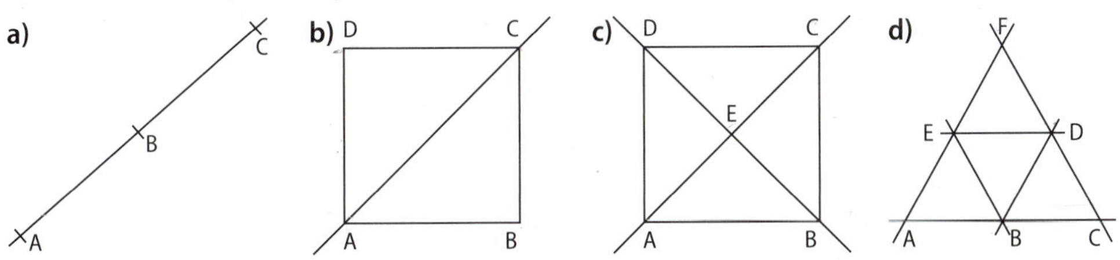

5 a) Übertrage die Figur in dein Heft und vervollständige sie dann.
b) Beschreibe das Aussehen der Figur.

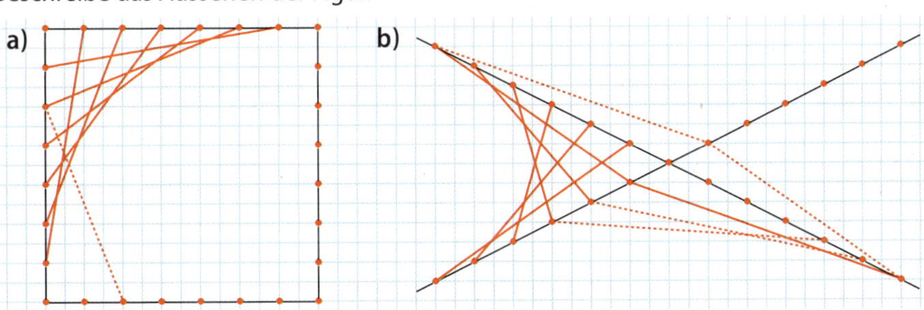

Entdecken

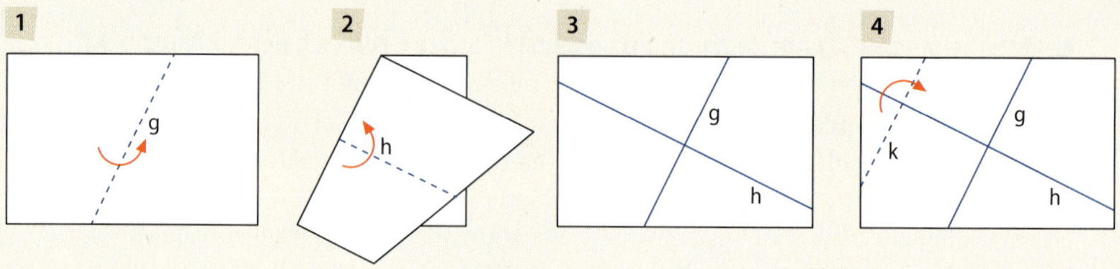

- **Faltvorgang 1** 1 bis 3 : Falte ein Blatt. Es entsteht Faltlinie g. Falte danach das Blatt so, dass die beiden Teile von g aufeinander liegen. Öffne das Blatt. Beschreibe den Verlauf der Faltlinien g und h.
- **Faltvorgang 2** 4 : Falte nun das Blatt noch einmal, sodass ein Teil der Faltlinie h wieder auf h selbst liegt. Es entsteht Faltlinie k. Beschreibe den Verlauf der Faltlinien g und k zueinander.

Verstehen

Durch das Falten des Blattes nach den Faltvorgängen erhältst du Faltlinien, die besondere Lagen zueinander haben. So kannst du auch „Messgeräte" für diese Lagen erhalten.

*Wir verwenden oft **senkrecht** und **orthogonal** gleichbedeutend. Es gibt jedoch einen Unterschied (siehe Seite 81).*

Zwei Geraden g und h wie nach Faltvorgang 1 sind **orthogonal** zueinander. Man schreibt: $g \perp h$.

Den Winkel zwischen orthogonalen Geraden nennt man einen **rechten Winkel** (Zeichen: ⦜).

Zwei Geraden g und k, die wie nach Faltvorgang 2 eine gemeinsame orthogonal verlaufende Gerade h haben, liegen **parallel** zueinander. Man schreibt: $g \parallel k$.

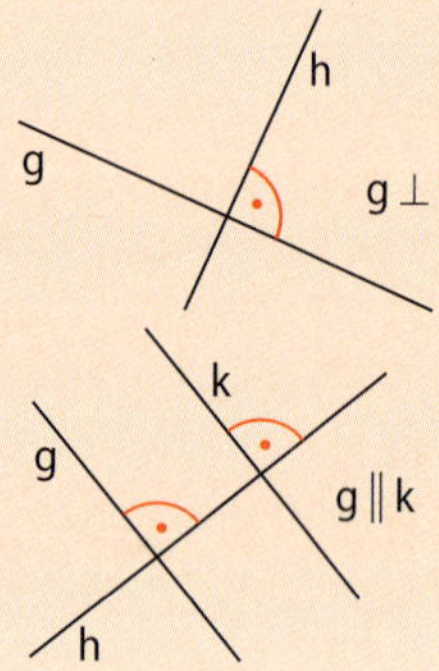

Beispiele

Mit den Hilfslinien des Geodreiecks lassen sich orthogonale und parallele Geraden einfach zeichnen.

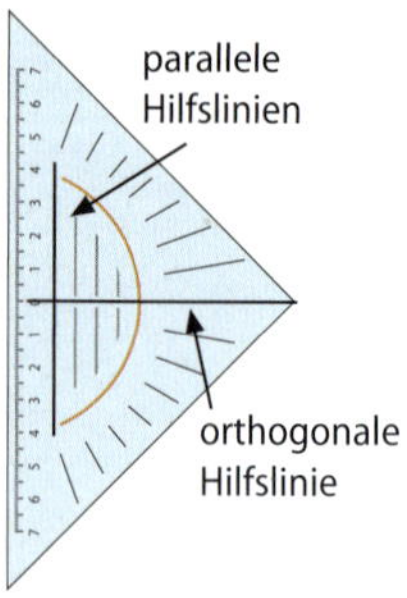

I. Untersuche die Geraden g, h und i auf
a) Orthogonalität, **b)** Parallelität.

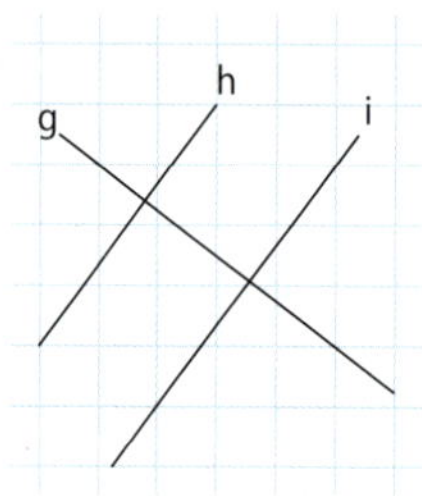

Lösungsmöglichkeit:
a) $g \perp h$, $g \perp i$ **b)** $h \parallel i$

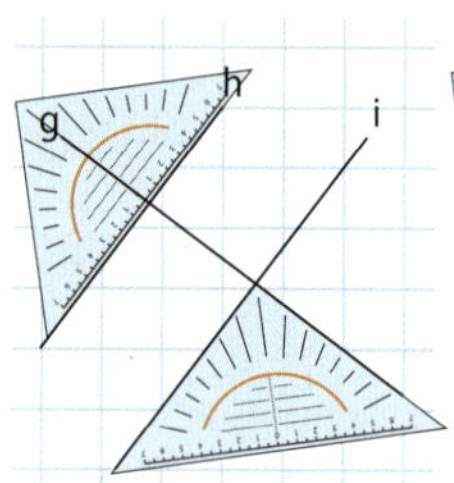

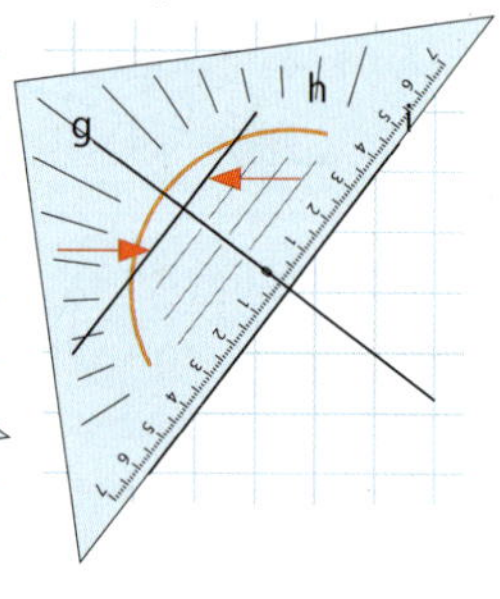

II. Zeichne mit dem Geodreieck eine Gerade h, die **a)** orthogonal zu g **b)** parallel zu g ist.
Lösung:

a)

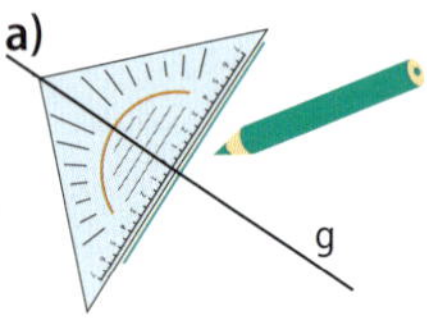

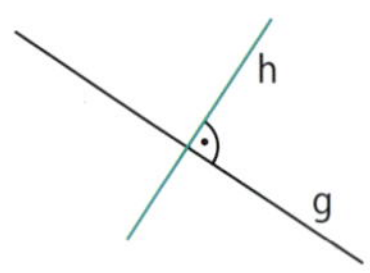

b)

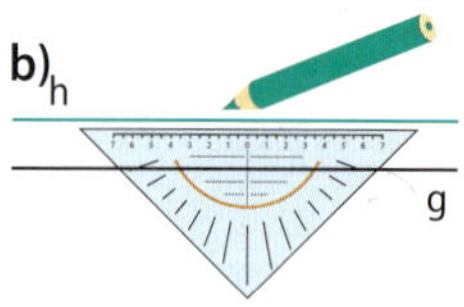

oder

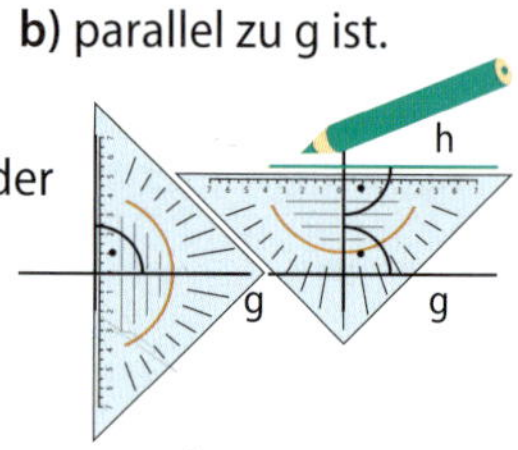

Nachgefragt

- Andreas sagt: „Wenn $a \parallel b$ und $b \perp c$, dann ist auch $a \perp c$." Hat er Recht?
- Zwei Geraden g und h schneiden eine weitere Gerade i jeweils im rechten Winkel. Untersuche, ob sich g und h in einem Punkt schneiden.
- Wie viele Geraden kannst du durch einen Punkt zeichnen? Wie viele von ihnen stehen senkrecht aufeinander?

Aufgaben

1 Überprüfe mit dem Geodreieck, welche Geraden orthogonal aufeinander stehen bzw. parallel zueinander sind. Erläutere, wie du das überprüft hast.

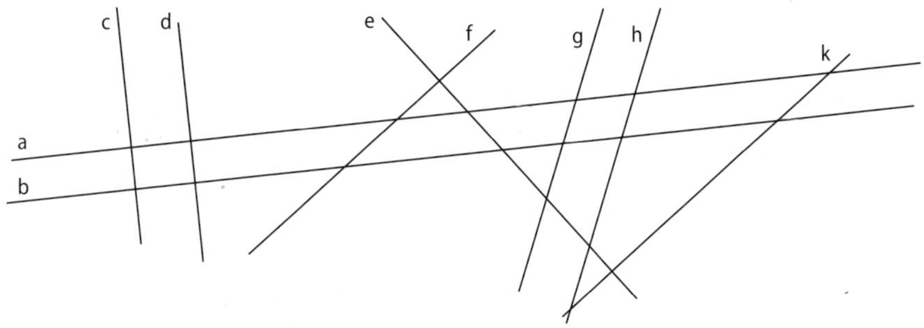

2 Sieh dich in deiner Umgebung genauer um. Erstelle eine Liste von zueinander parallelen bzw. aufeinander orthogonalen Strecken.

3 **a)** Übertrage die Punkte A, B, C, P und Q in dein Heft und zeichne die Gerade g durch P und Q.
b) Zeichne jeweils durch die Punkte A, B und C eine Parallele zu g.
c) Zeichne durch jeden Punkt jeweils eine Orthogonale zu g.

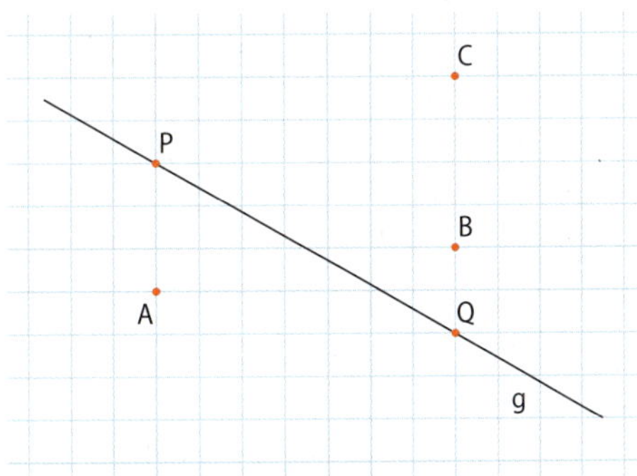

4 **a)** Zeichne eine Gerade d. Beschreibe die Lage aller Geraden, die orthogonal auf d stehen.
b) Zeichne drei Geraden, die zu einer gegebenen Geraden g parallel liegen. Was stellst du fest?
c) Beschreibe, wie du die Parallelität zweier Geraden bestimmen kannst, die weit auseinander liegen.

5 Zeichne die Figur auf Karopapier. Setze das Muster fort; zwischen den einzelnen Strecken befinden sich jeweils rechte Winkel. Wie liegen die Strecken in der „zweiten Runde" zu den Strecken in der „ersten Runde"? Begründe deine Meinung.

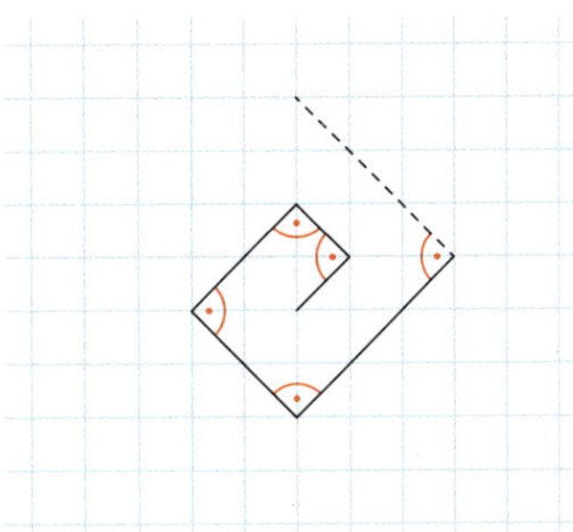

6

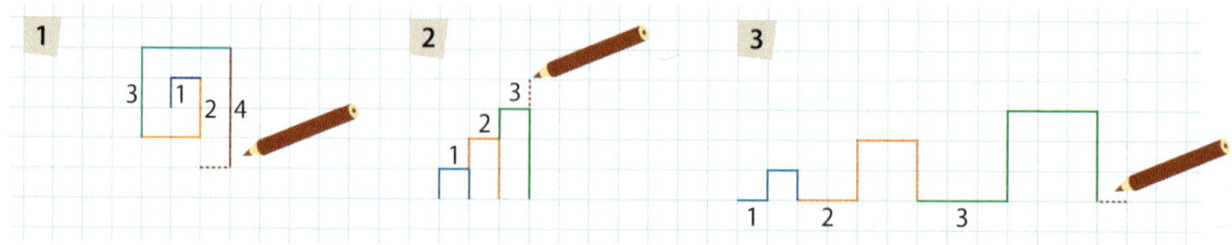

a) Übertrage die Figuren in dein Heft und setze sie entsprechend fort.

b) Wie lang ist jeweils der 4. (6., 8.) Abschnitt? Kannst du beschreiben, wie lang die Figur in einem beliebigen Abschnitt ist?

c) Wie lang ist die Figur insgesamt nach 4 (6, 8) Abschnitten?

7 Ein Schreiner verwendet einen Anschlagwinkel zum Einzeichnen von parallelen und orthogonalen Linien. Beschreibe, wie man ein solches Werkzeug verwendet.

8 a) Zeichne die Figur mithilfe des Geodreiecks auf ein weißes Blatt Papier.

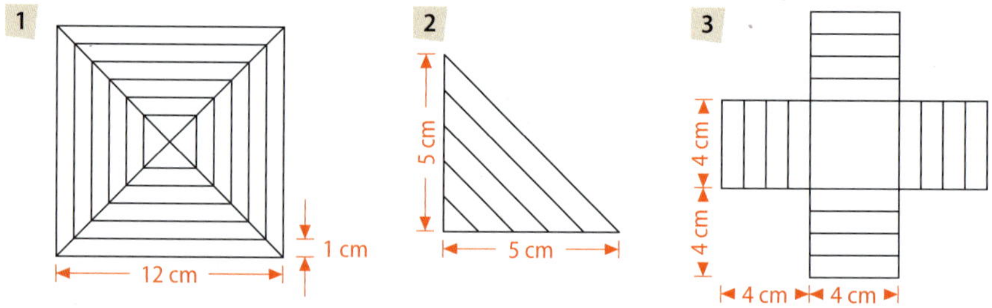

b) Zeichne eigene Figuren, die ähnlich aufgebaut sind.

9 Einige der Großbuchstaben A, B, C, … unserer Druckschrift enthalten orthogonale und parallele Strecken.

a) Übertrage die Tabelle in dein Heft und vervollständige sie.

b) Erstelle ein Balkendiagramm, das den Sachverhalt gut veranschaulicht.

parallel ∥	E, …
orthogonal ⊥	E, …
weder noch	A, …

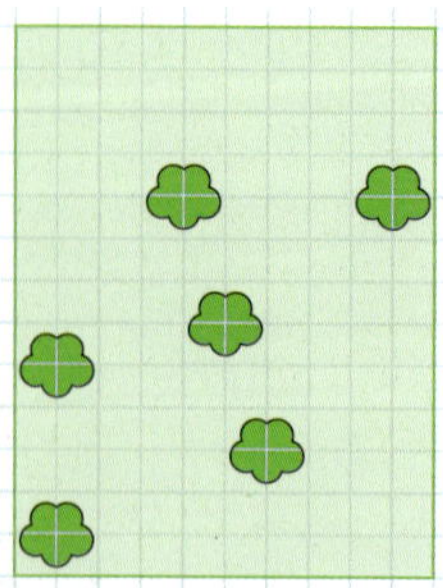

10 Timo erzählt eine Geschichte, in der ein Räuber viel Geld vergraben hat. Um später seinen Schatz wieder finden zu können, hat sich der Räuber einen Plan gezeichnet und das Versteck beschrieben. Übertrage die Zeichnung in dein Heft und suche das Versteck.

> Auf einer Wiese stehen die sechs Bäume ZASTER. Suche zuerst die drei Bäume Z, A und S, die auf einer Geraden liegen, und dann den Baum T, der dieser Geraden am nächsten liegt. Spanne jetzt am Boden eine Schnur zwischen den beiden Bäumen E und R. Gehe dann vom Baum T aus parallel zur Geraden ZS, bis du auf die gespannte Schnur triffst. Dort musst du 90 cm tief graben.

11 Übertrage die Figur mit jeweils doppelter Seitenlänge in dein Heft und verbinde gegenüberliegende Eckpunkte miteinander. Prüfe, welche Strecken in der Figur orthogonal aufeinander stehen.

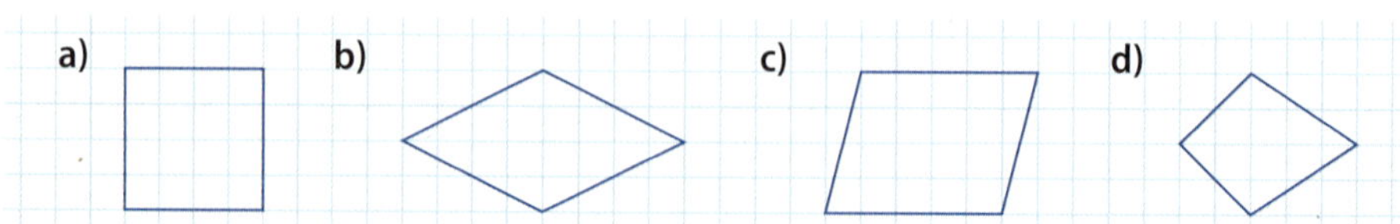

12 a) Parallel oder nicht? Beschreibe den Eindruck, den du durch die Abbildungen erhältst.
b) Entscheide ohne Geodreieck, ob die rot eingezeichneten Linien parallel zueinander liegen. Überprüfe anschließend deine Vermutungen.
c) Suche in Büchern, im Internet, ... ebenso nach derartigen Darstellungen.

1

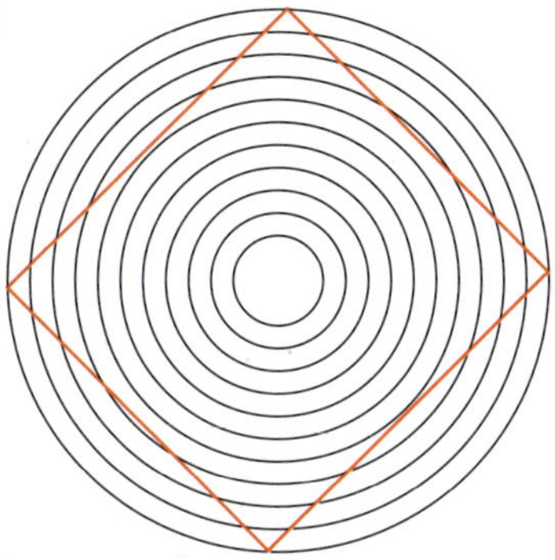

2

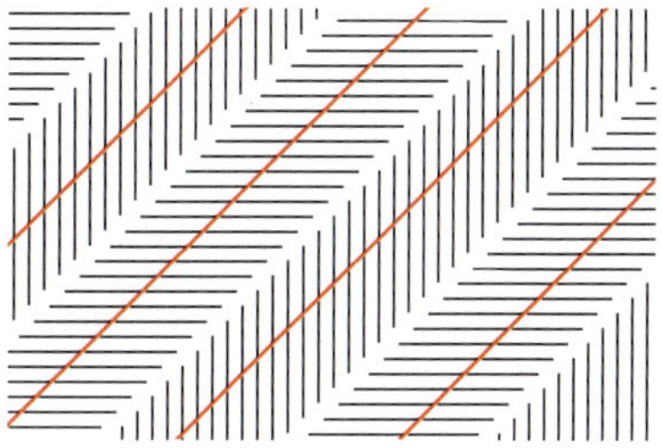

3

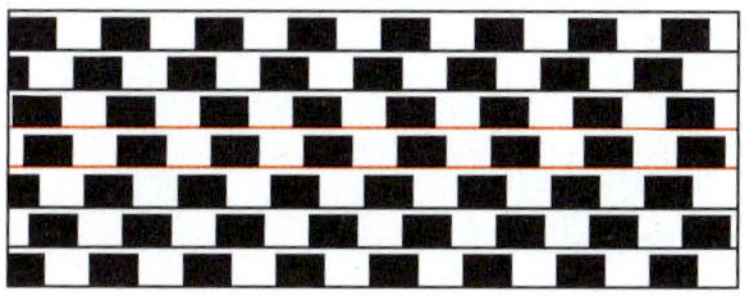

4

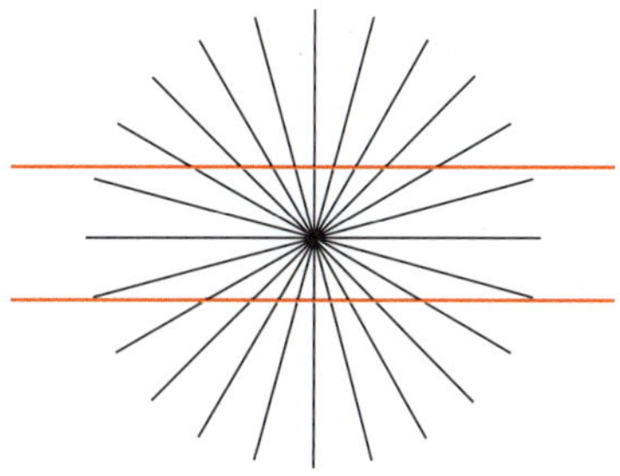

Alltag

Senkrecht – Waagrecht

Im Alltag werden oftmals die Begriffe „senkrecht", „horizontal", „vertikal", „lotrecht" und „waagrecht" verwendet, um Lagen von Strecken zu beschreiben – und oft genug verwechselt. Im Folgenden erfährst du, wie man die Begriffe richtig anwendet.

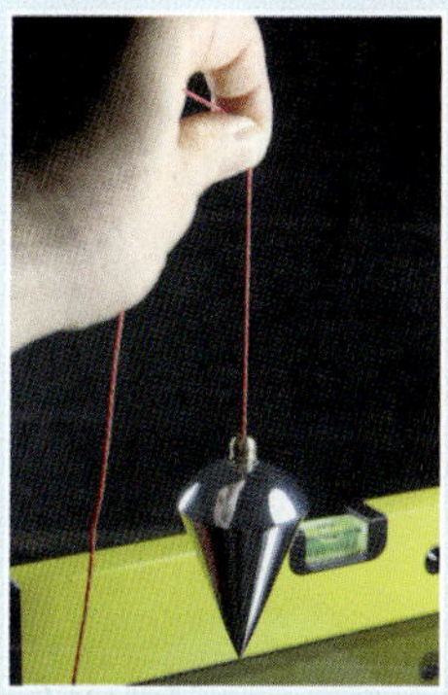

Ein Fahnenmast steht **senkrecht** bzw. lotrecht (oder **vertikal**), wenn sein unteres Ende genau zum Erdmittelpunkt zeigt. Ein Lot (wie es der Maurer verwendet) ist ein Gewicht, das an einer Schnur nach unten hängt und zum Erdmittelpunkt zeigt. Linien, die auf einer senkrechten Geraden orthogonal stehen, heißen **waagrecht** (oder **horizontal**). Die Wasserwaage ist ein praktisches Gerät, um senkrechte und waagrechte Kanten herzustellen.

Orthogonal und **parallel** dagegen bezeichnen immer die Lage einer Linie (Strecke, Gerade, ...) bezüglich einer anderen. Damit können orthogonale Linien auch senkrecht sein, müssen es aber nicht (und umgekehrt).

- Zeige anhand einer Zeichnung, dass an der Brücke Strecken senkrecht stehen, aber nicht orthogonal (und umgekehrt).
- Suche Beispiele im Alltag, im Internet, ..., in denen die Begriffe lotrecht, vertikal, senkrecht, ... verwendet werden und überprüfe sie auf ihre Richtigkeit.

Entdecken

Sabrina sieht ihre Freundin Svetlana auf der anderen Straßenseite stehen und möchte zu ihr hinüber.

- Welchen Weg sollte Sabrina nehmen? Begründe
  1 anhand der Länge des Weges,
  2 aufgrund der Verkehrssicherheit.

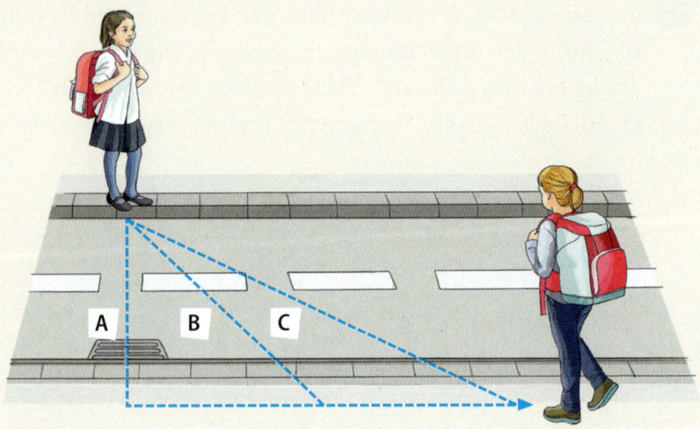

Verstehen

Es gibt verschiedene Strecken zwischen einem Punkt und einer Geraden. Die Strecken haben unterschiedliche Längen. Von besonderer Bedeutung ist die kürzeste von diesen Strecken.

F nennt man auch ***Lotfußpunkt****.*

Die **kürzeste Entfernung** zwischen einem Punkt und einer Geraden ist diejenige Strecke, die von dem Punkt aus **orthogonal** auf der Geraden steht. Die Länge dieser Strecke $\overline{PF}$ bezeichnet man als **Abstand** des Punktes von der Geraden.

Parallele Geraden haben an jeder Stelle den gleichen Abstand voneinander.

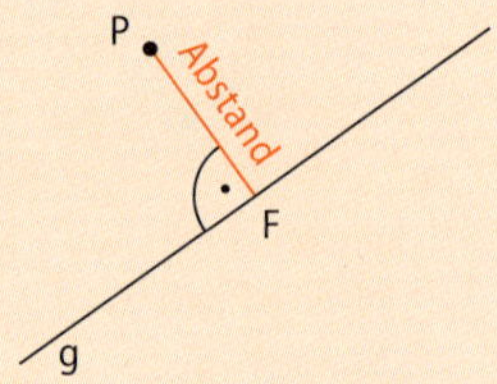

Beispiele

I. Bestimme in der Abbildung rechts den Abstand des Punktes P von der Geraden g. Beschreibe dein Vorgehen.

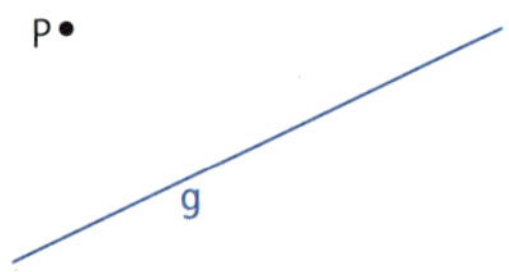

Lösung:

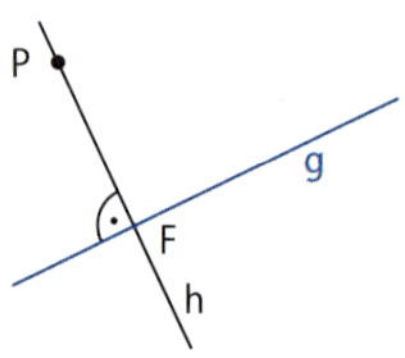

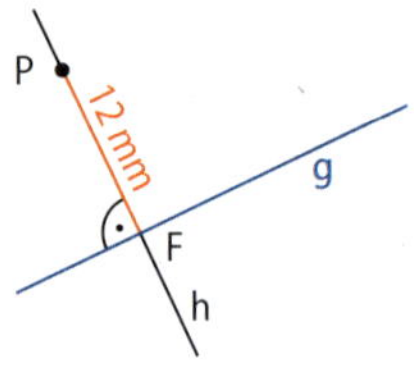

1 Zeichne durch P die Senkrechte h zu g. F ist der Schnittpunkt von g und h.

2 Miss die Länge von $\overline{PF}$.

Der Abstand des Punktes P von der Geraden g beträgt 12 mm. $\overline{PF} = 12$ mm

II. Zeichne zwei parallele Geraden a und b im Abstand 1 cm.

Lösung:

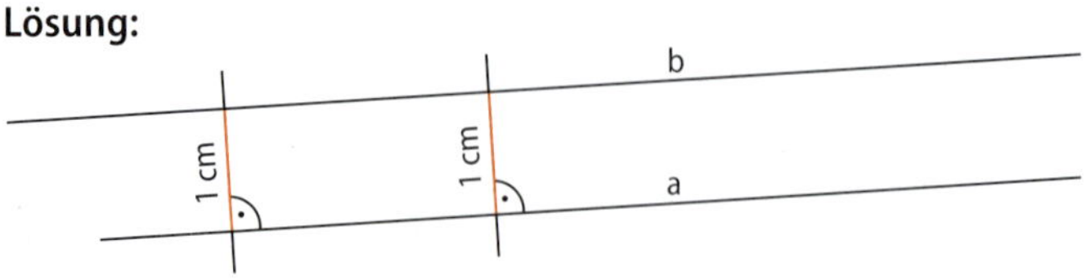

Nachgefragt

- Kann man den Abstand zweier Geraden bestimmen, die nicht parallel sind? Begründe.
- Ein Punkt hat zu einer Geraden g den Abstand 4 cm und zu einer Geraden h den Abstand 3 cm. Beträgt der Abstand zwischen g und h 7 cm? Begründe.

Aufgaben

1 Welche Strecke bezeichnet den Abstand des Punktes P von g? Begründe.

a)

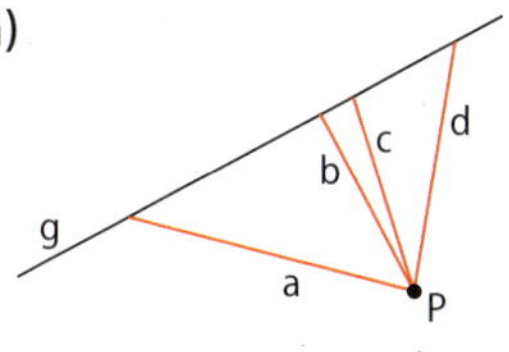

b)

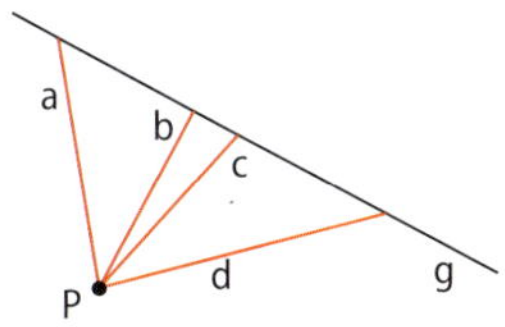

c)

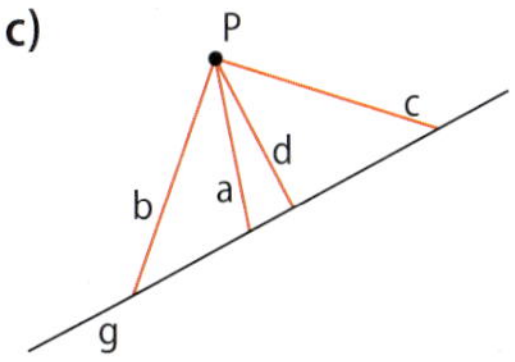

2 Übertrage die Geraden g und h sowie die Punkte P, Q, R und S in dein Heft. Bestimme die Abstände dieser Punkte von g (von h).

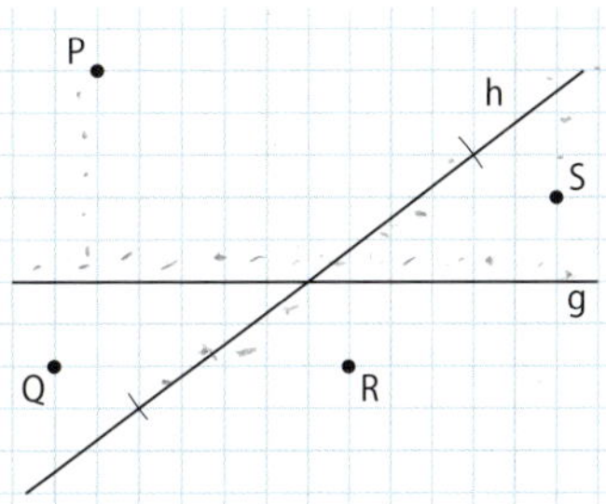

3 Zeichne zwei zueinander parallele Geraden mit folgendem Abstand.

a) 3 cm **b)** 45 mm
c) 3 cm 4 mm **d)** 8 cm 5 mm

4 **a)** Zeichne eine Gerade g, die nicht parallel zu den Linien des Karogitters verläuft. Zeichne dann jeweils alle Geraden, die von g den Abstand **1** 12 mm, **2** 25 mm haben.
b) Welche Abstände haben die gezeichneten Geraden **1** und **2** aus a) zueinander?

5 Der Elfmeterpunkt beim Fußball ist der Punkt, von dem aus Strafstöße nach einem Foulspiel im 16-m-Raum ausgeführt werden.

a) Wenn der Ball bei einem Strafstoß in die linke untere Ecke des Tores fliegt, ist das dann trotzdem noch ein „Elfmeter"? Begründe durch eine Zeichnung.
b) Wie kannst du auf dem Pausenhof einen Strafstoßpunkt markieren, wenn du nur die Breite des Tores kennst? Beschreibe dein Vorgehen.

6 **a)** Zeichne zwei parallele Geraden g und h im Abstand von 38 mm in dein Heft.
b) Trage eine Gerade a ein, die zu g und h den gleichen Abstand hat.
c) Markiere eine Gerade b, die zu g den Abstand 2 cm und zu h den Abstand 1cm 8 mm hat.

7 Übertrage die Geraden g und h in dein Heft. Zeichne zu g und h jeweils parallele Geraden im Abstand 5 mm, 1 cm und 1 cm 5 mm. Wo liegen die Punkte, die zu g und h den Abstand 5 mm (1 cm; 1 cm 5 mm) haben?

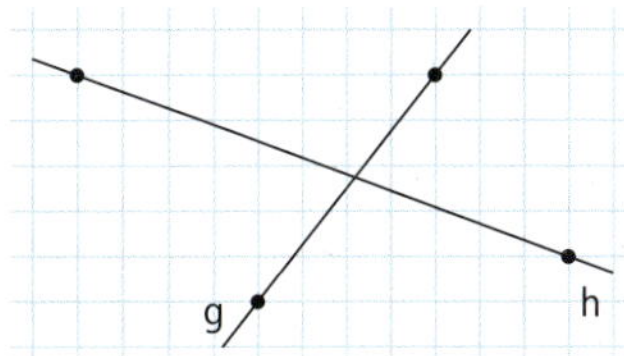

Entdecken

Findest du mehrere Möglichkeiten?

Viele Verkehrsschilder sind sehr regelmäßig aufgebaut.

- Auf was weisen die Schilder hin?
- Versuche, einen Spiegel so auf jedes Verkehrszeichen zu stellen, dass du mit dem Spiegelbild wieder das ganze Zeichen sehen kannst.
  1 Bei welchen Schildern geht das, bei welchen nicht?
  2 Bei welchen Verkehrszeichen kannst du mehrere Lagen für den Spiegel finden?

Verstehen

Viele Gegenstände und Figuren kann man so spiegeln, dass die halbe Figur mit ihrem Spiegelbild wieder die Ausgangsfigur ergibt. Faltet man die Figur entlang der Positionslinie des Spiegels, so landen beide Seiten deckungsgleich aufeinander.

Eine Figur kann auch mehr als eine Symmetrieachse besitzen.

Statt Bildpunkt sagt man auch oft „Spiegelpunkt" oder „Symmetriepunkt".

Eine Figur heißt **achsensymmetrisch**, wenn man sie so falten kann, dass beide Hälften genau aufeinander fallen. Die Faltgerade heißt **Symmetrieachse**.

Eigenschaften einer achsensymmetrischen Figur

1. Die Verbindungsstrecke eines Punktes A mit seinem **Bildpunkt A'** steht **orthogonal** auf der Symmetrieachse.
2. Punkt A und Bildpunkt A' haben **denselben Abstand** zur Symmetrieachse.
3. Liegt ein Punkt auf der Symmetrieachse, dann ist er gleichzeitig sein eigener Bildpunkt.

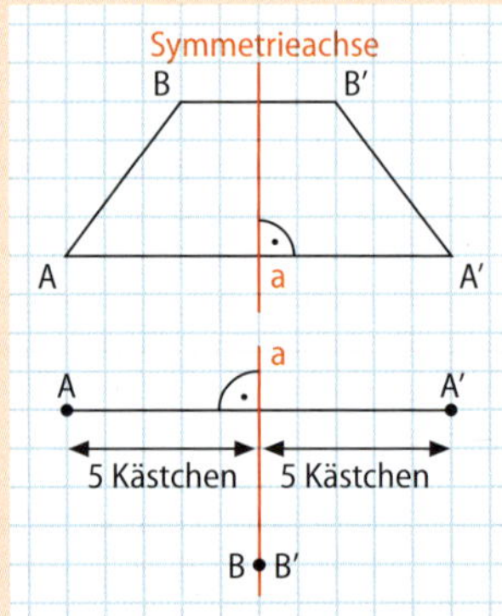

Beispiele

I. Untersuche auf Achsensymmetrie. Zeichne die Symmetrieachse(n) ein.

a) 

b) 

c) 

Lösung:

a) 

achsensymmetrisch

b) 

achsensymmetrisch

c) 

nicht achsensymmetrisch wegen verschiedener Färbung

Ausgangsfigur:

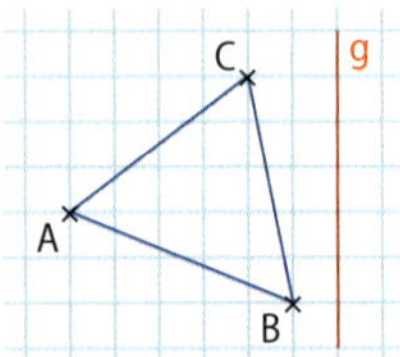

Achte auf die richtige Lage des Geodreiecks.

II. Spiegele das Dreieck A B C an der Geraden g. Beschreibe dein Vorgehen.

Lösung:

1 Markiere zu jedem Punkt mit dem Geodreieck den Bildpunkt.

2 Verbinde die Bildpunkte.

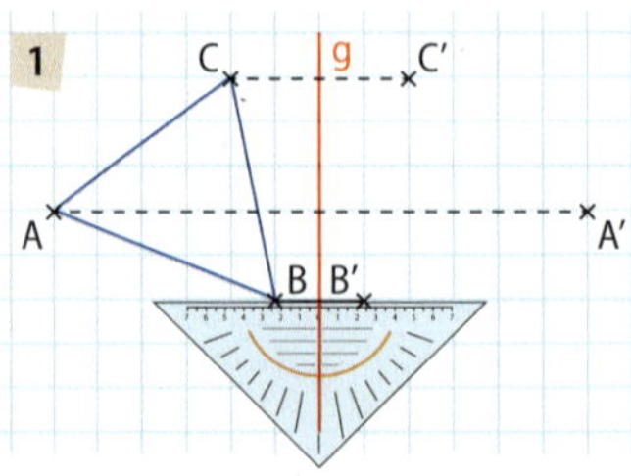

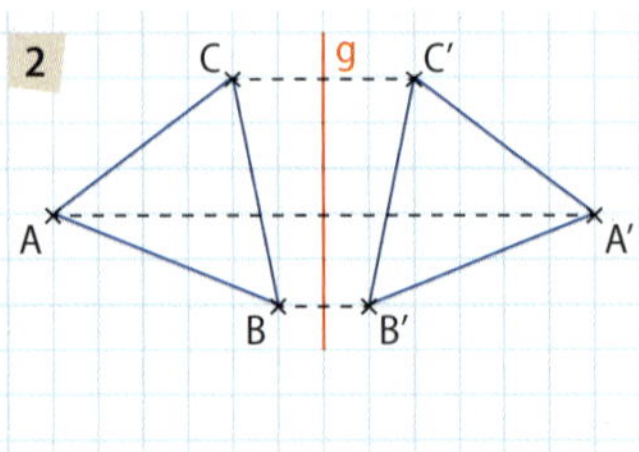

- Welche Ziffern sind achsensymmetrisch?
- Du spiegelst eine Figur zweimal hintereinander an derselben Symmetrieachse. Beschreibe, was passiert.
- Wie viele Symmetrieachsen kannst du in einem Quadrat finden?

Nachgefragt

Aufgaben

1 Untersuche die Figuren auf Achsensymmetrie und beschreibe die Lage der Symmetrieachsen. Welche Figuren haben mehrere Symmetrieachsen?

a) Flaggen

b) Autosymbole

2 Schneide achsensymmetrische Blumen (Blätter, Muster) aus einem Blatt Papier, indem du es einmal (zweimal, dreimal) faltest. Klebe anschließend das auseinander gefaltete Papier in dein Heft und zeichne mit Bleistift Symmetrieachsen ein.

Beispiele:

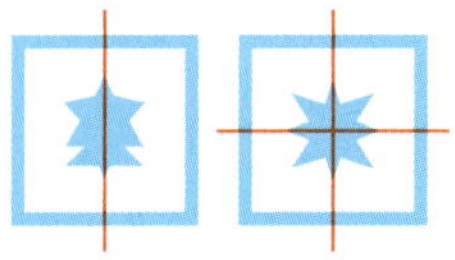

3 Suche im Internet nach den Logos der Vereine in der ersten Fußball-Bundesliga. Erstelle eine Tabelle der Vereine, die ein achsensymmetrisches Logo haben.

4 a) Überprüfe, welche Großbuchstaben der Druckschrift achsensymmetrisch sind. Welche Großbuchstaben haben zwei Symmetrieachsen?

b) Finde Wörter, die man achsensymmetrisch schreiben kann.

c) Kannst du Wörter finden, die mehr als eine Symmetrieachse besitzen?

5 Adlige Familien im Mittelalter besaßen oft Familienwappen, die in vielen Fällen achsensymmetrisch waren.

a) Suche in Büchern oder im Internet nach solchen Wappen.

b) Übertrage achsensymmetrische Wappen ins Heft und zeichne die Symmetrieachsen ein.

c) Erfinde dein eigenes achsensymmetrisches Familienwappen und stelle es in der Klasse vor.

6 Übertrage die Figuren in dein Heft und ergänze sie zu achsensymmetrischen Figuren.

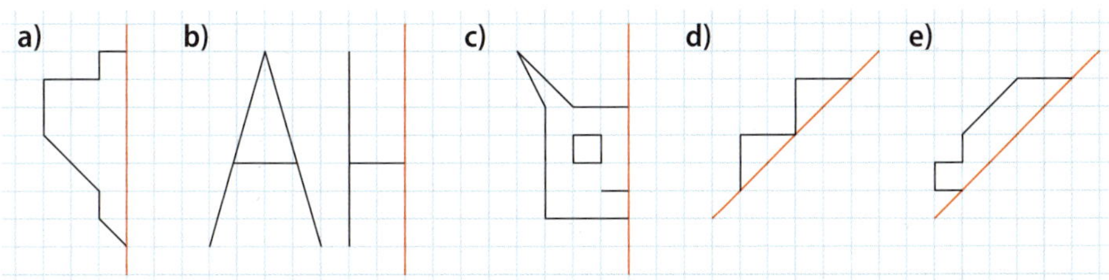

7 Übertrage die Figur ins Heft und ergänze zu einer achsensymmetrischen Figur.

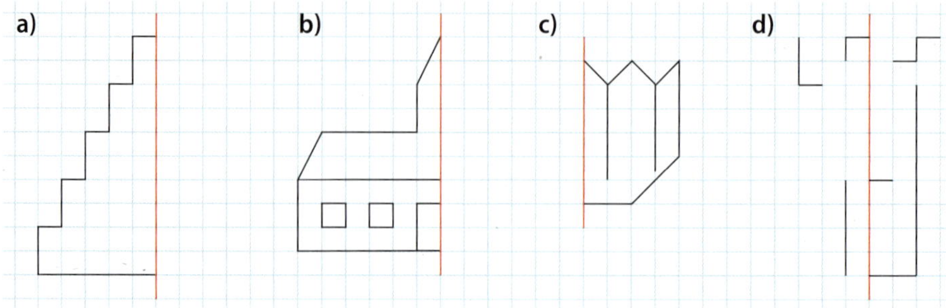

8 Übertrage die Figuren in dein Heft und spiegele sie an der Geraden.

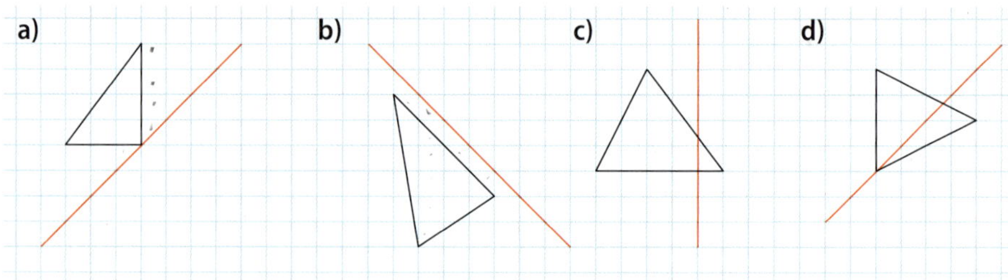

9 Überprüfe, ob die Gerade die Symmetrieachse der Figur ist. Gib zu jedem Punkt seinen Symmetriepunkt an.

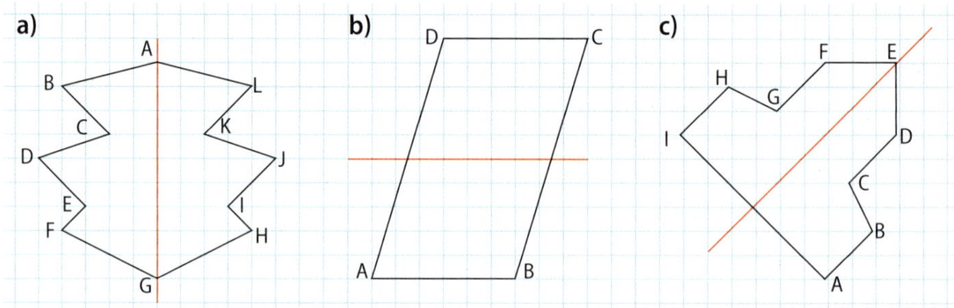

10 a) Zeichne ein Quadrat mit der Seitenlänge 4 cm auf ein unliniertes Blatt. Zeichne eine Gerade so in das Quadrat, dass sie die obere Seite des Quadrats in der Mitte schneidet und durch die rechte untere Ecke geht. Spiegele das Quadrat an dieser Geraden.

b) Führe die Aufgabe an einem Rechteck mit den Seitenlängen 5 cm und 3 cm durch.

c) Spiegele ein Rechteck mit den Seitenlängen 6 cm und 35 mm an einer Verbindungsgeraden gegenüberliegender Eckpunkte.

11 Übertrage die Figuren in dein Heft. Ergänze möglichst wenig Karos, so dass eine achsensymmetrische Figur mit einer (zwei) Symmetrieachsen entsteht.

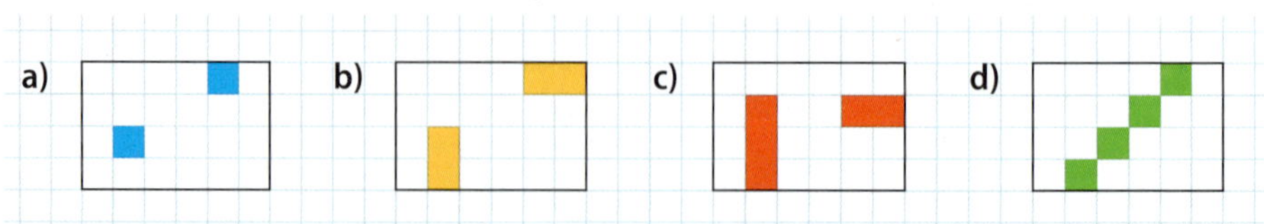

12 Jedes dieser vier Bilder ist fast achsensymmetrisch. Finde Fehler.

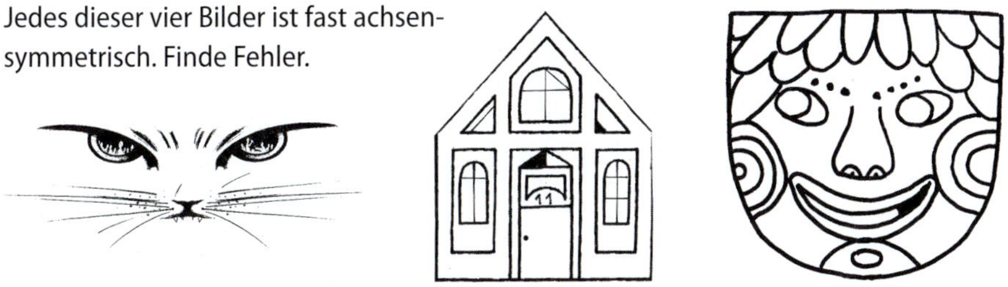

13 Ordne die zusammengefalteten Blätter den aus ihnen herausgeschnittenen Papierstückchen zu und erfinde dann selbst mindestens vier ähnliche Muster.

14 Beschreibe jeweils, wie du ein rechteckiges Stück Papier zusammenfalten und dann schneiden musst, damit nach dem Auseinanderfalten die folgenden Figuren entstehen. Stelle das Muster anschließend selbst her.

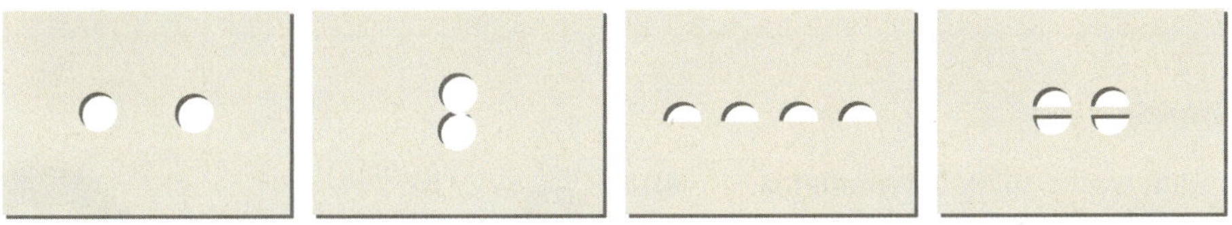

15 Übertrage die Figuren auf ein unliniertes Blatt Papier und vervollständige sie mithilfe eines Geodreiecks zu einer Figur, die symmetrisch zur roten Gerade ist. Wähle eine geeignete Größe der Figur.

a)

b)

c)

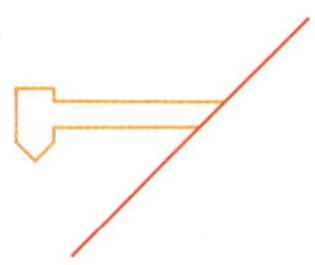

d)

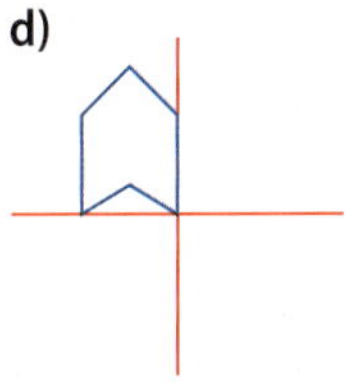

Knobelei

Original oder Fälschung?

- Einige dieser Bilder sind verändert worden. Welche?
  Wie wirken sie auf dich?
  Begründe deine Antwort.
- Wie sind diese Bilder vermutlich entstanden?
- Kannst du solche Bilder selbst herstellen?
  Probiere es am Computer aus.

Entdecken

- Wie kann man die Windräder drehen, damit sie mit sich selbst zur Deckung kommen?
- Welche Windräder gelangen durch eine Halbdrehung zur Deckung?

Verstehen

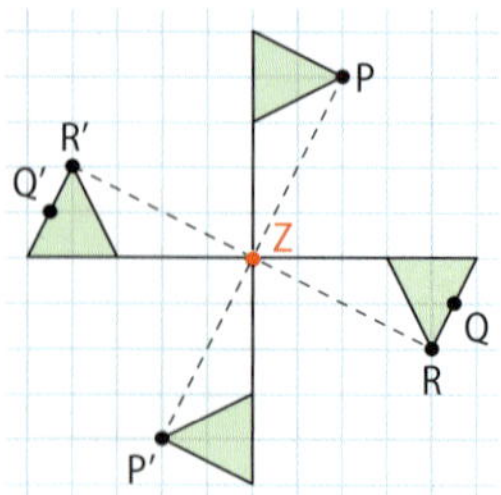

P und P', R und R', Q und Q' liegen punktsymmetrisch zueinander.

Figuren können durch geeignete Drehungen zur Deckung mit sich selbst kommen.

Figuren, die bei einer Halbdrehung um einen Punkt Z wieder mit sich selbst zur Deckung kommen, nennt man **punktsymmetrisch**. Den Punkt Z nennt man Symmetriezentrum.

Eigenschaften:
- Punkte, die punktsymmetrisch zu einem Symmetriezentrum Z sind, liegen auf einer Geraden durch Z.
- Das Symmetriezentrum Z halbiert die Strecke zwischen zwei zueinander punktsymmetrisch liegenden Punkten.
- Das Symmetriezentrum ist zu sich selbst punktsymmetrisch.

Beispiele

I. Untersuche auf Punktsymmetrie.

Lösung:
Bei a) und b) gehen die Verbindungslinien zwischen Punkt und Bildpunkt durch einen gemeinsamen Punkt Z. Die Abstände von Punkt und Bildpunkt von Z sind jeweils gleich. Die Figuren sind punktsymmetrisch.
Figur c) kommt durch eine Halbdrehung nicht mit sich selbst zur Deckung, ist also nicht punktsymmetrisch.

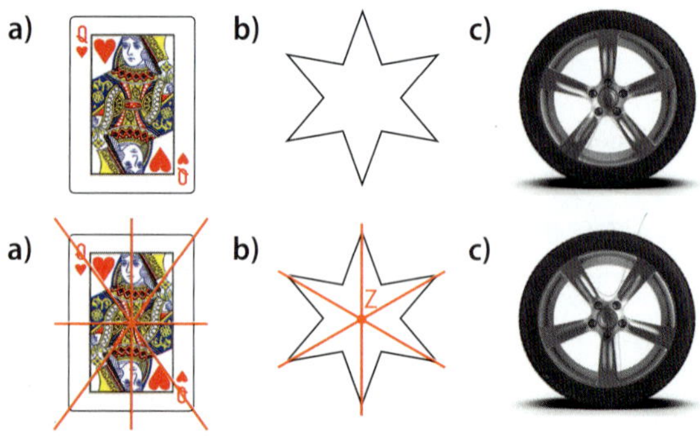

a) punktsymmetrisch — b) punktsymmetrisch — c) **nicht** punktsymmetrisch

Ausgangsfigur:

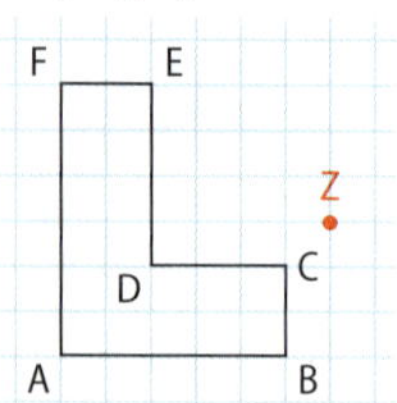

Achte auf die Lage des Geodreiecks.

II. Spiegele die nebenstehende Figur am Punkt Z. Beschreibe dein Vorgehen.

Lösung:
1. Zeichne zu jedem Punkt seinen Bildpunkt.
2. Verbinde die Bildpunkte miteinander.

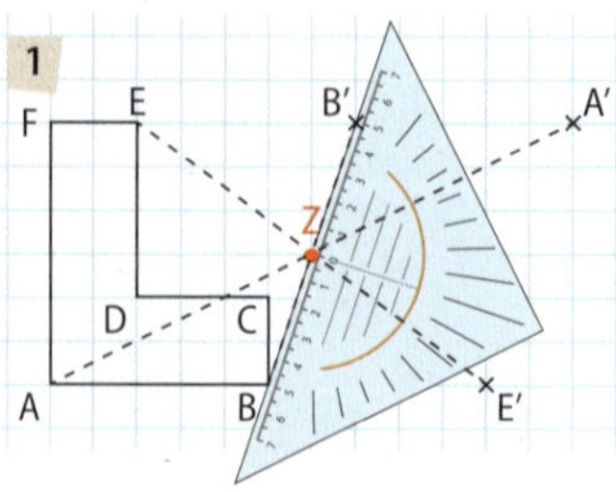

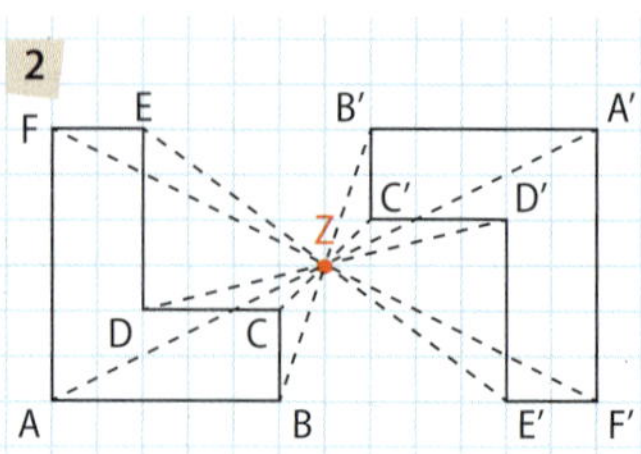

Nachgefragt

- Überprüfe, ob ein Quadrat punktsymmetrisch ist. Begründe deine Antwort.
- Peter behauptet, dass zwei parallel zueinander liegende Geraden immer punktsymmetrisch zueinander sind. Überprüfe seine Aussage.

Aufgaben

1 Untersuche auf Punktsymmetrie. Beschreibe die Lage des Symmetriezentrums.

2 **a)** Untersuche, welche Spielkarten eines Kartenspiels punktsymmetrisch sind.
b) Finde fünf Länderflaggen, die punktsymmetrisch sind. Zeichne die Fahnen in dein Heft. Gib an, zu welchen Ländern sie gehören.

3 Übertrage die Figur in dein Heft und spiegele sie jeweils am Punkt Z.

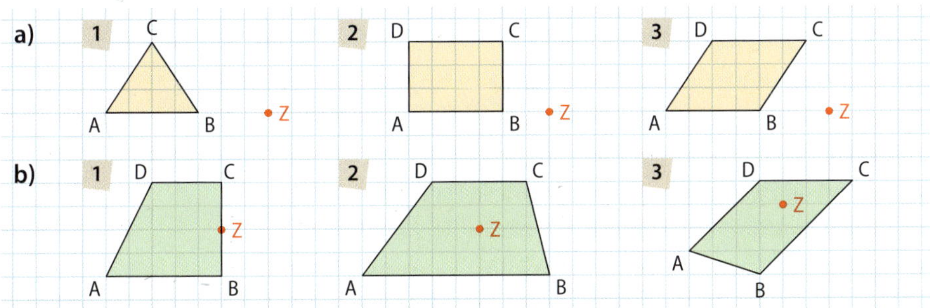

4 Das untere Quadrat ist aus dem oberen Quadrat
a) durch Punktspiegelung **b)** durch Achsenspiegelung entstanden.
Übertrage die Figur in dein Heft und zeichne die Symmetrieachse bzw. das Symmetriezentrum ein. Beschrifte das Bildquadrat mit den richtigen Bildpunkten.

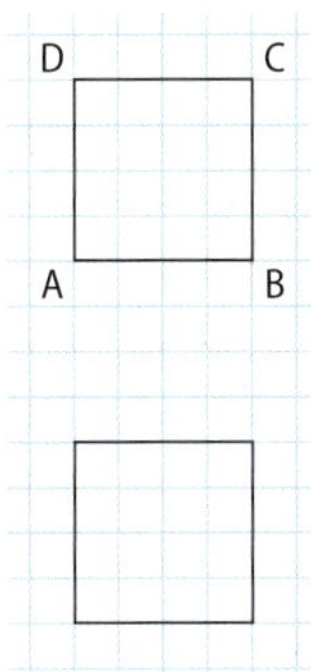

5 Sind die Aussagen wahr ist oder falsch? Begründe.
a) Ein Paar zueinander paralleler Geraden ist stets achsensymmetrisch.
b) Ein Paar einander schneidender Geraden ist stets achsensymmetrisch.
c) Ein Paar einander schneidender Geraden ist stets punktsymmetrisch.
d) Jeder Kreis ist eine punktsymmetrische Figur.

6 Die getönte Figur (siehe Abbildung rechts) wird am Punkt Z gespiegelt. Finde heraus, welche der folgenden Figuren bei dieser Punktspiegelung entsteht.

1

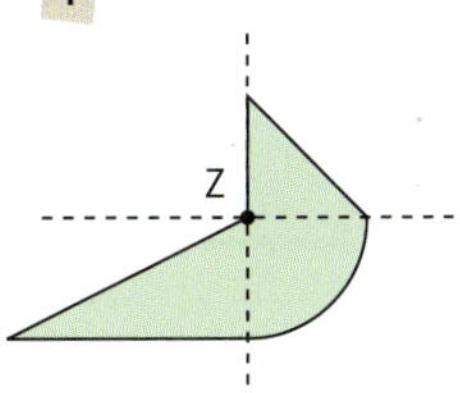

2

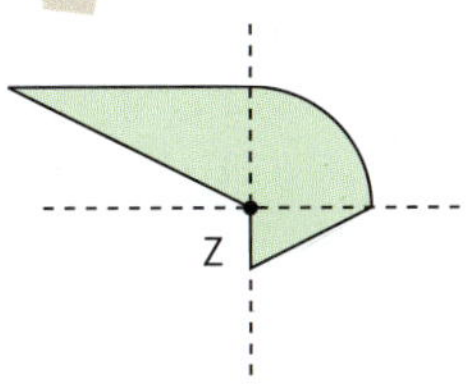

3

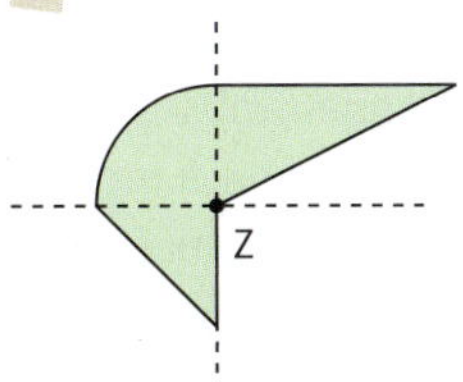

4

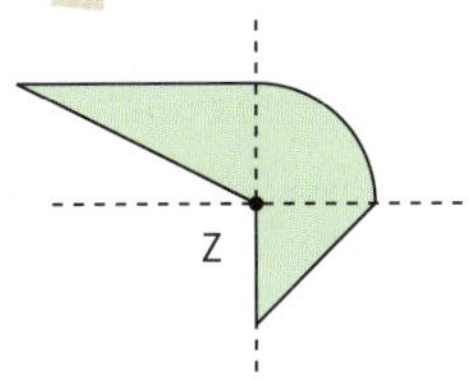

Ausgangsfigur:

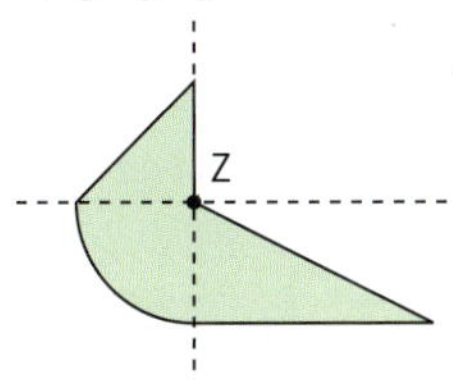

Entdecken

Die Abbildung zeigt einen Ausschnitt des Aufbaus der Innenstadt von Mannheim. Dieser Teil der Stadt ist – ähnlich wie ein Schachbrett – in Felder gegliedert, die mit Zahlen und Buchstaben bezeichnet werden.

- Beschreibe die Lage des Feldes Q4.
- In welchen Feldern liegen die auf dem Plan abgebildete Konkordienkirche, die Volkshochschule und das Institut für deutsche Sprache?

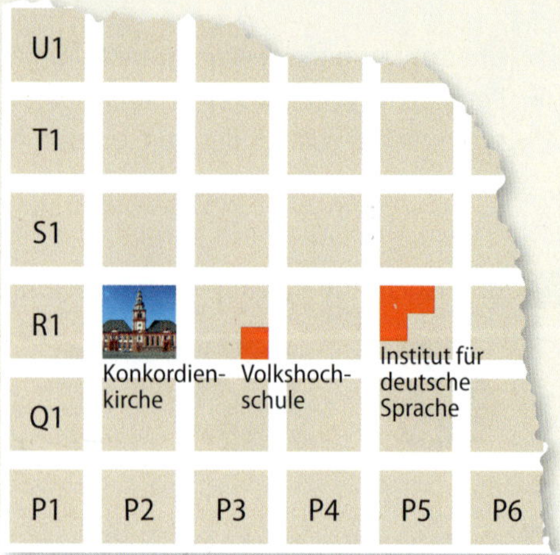

Verstehen

Mit einer Kombination aus Zahlen und Buchstaben kann man die Lage von Orten auf einem Plan gut beschreiben. In der Mathematik benutzt man dazu Zahlenpaare. Von einem vereinbarten Ausgangspunkt geben die Zahlenpaare an, um wie viele Einheiten man jeweils nach rechts und nach oben gehen muss, um einen gewünschten Punkt zu erreichen.

Zur Angabe der Lage von Punkten verwendet man ein spezielles Quadratgitter, das **Koordinatensystem**. Dazu zeichnet man zwei zueinander orthogonale Halbgeraden, auch **Koordinatenachsen** genannt: Die Rechtsachse nennt man x-Achse, und die Hochachse heißt y-Achse. Der Anfangspunkt beider Achsen heißt **Ursprung O**.

Statt „Ursprung" kann man auch „Nullpunkt" sagen.

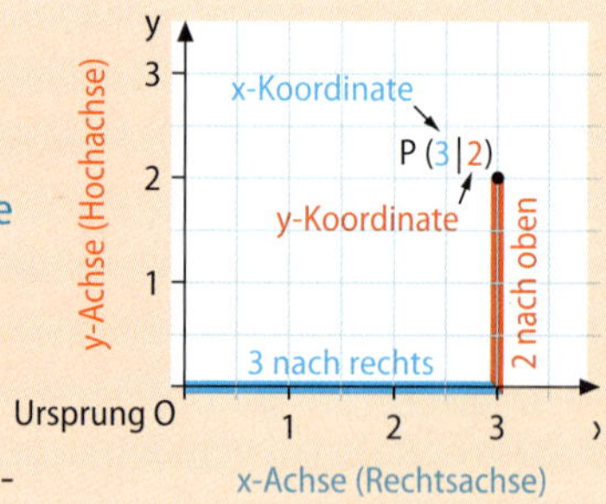

Mithilfe der beiden Achsen kann man die Lage eines Punktes P (x-Koordinate | y-Koordinate) durch ein Zahlenpaar (Koordinaten) eindeutig angeben.

P (3 | 2) bedeutet: Der Punkt P besitzt die Koordinaten 3 und 2.
Der Ursprung O hat die Koordinaten O (0 | 0).

„Erst rechts (x-Koordinate), dann hoch (y-Koordinate)"

Beispiel

a) Welche Koordinaten besitzt Q?
b) Geh von Q aus 3 Einheiten nach rechts und 1 Einheit nach oben. Wie lauten die Koordinaten des neuen Punktes R?

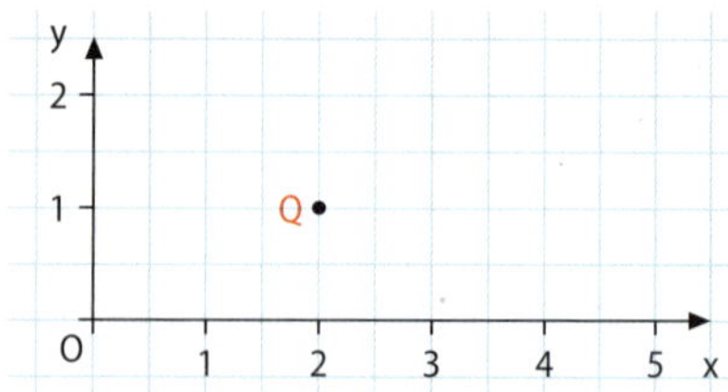

Lösung:

a) Um zum Punkt Q zu gelangen, muss man sich vom Ursprung aus 2 Einheiten nach rechts und dann 1 Einheit nach oben bewegen. Q besitzt die x-Koordinate 2 und die y-Koordinate 1: Q (2 | 1).
b) R besitzt die Koordinaten 5 und 2: R (5 | 2).

Koordinaten werden immer vom Ursprung aus angegeben.

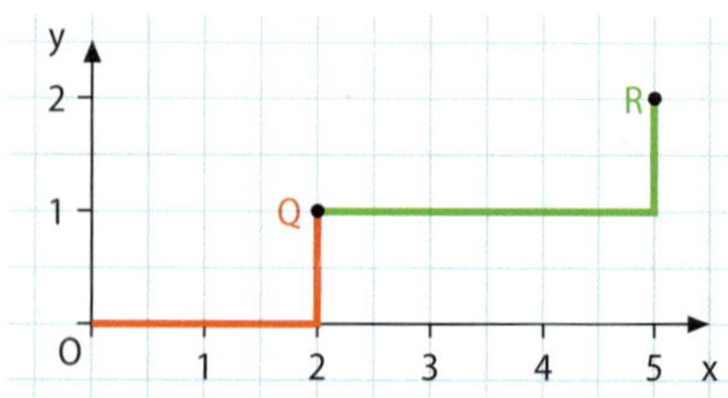

Nachgefragt

- Wo liegen alle Punkte, bei denen die y-Koordinate (x-Koordinate) gleich ist?
- Beschreibe, wo alle Punkte mit gleichen x- und y-Koordinaten liegen.

Aufgaben

1 a) Übertrage das Koordinatensystem mit den angegebenen Punkten ins Heft. Bestimme die Koordinaten aller Punkte.
b) Zeichne die Gerade BH ein. Bezeichne Punkte, die auf BH liegen.
c) Welchen Abstand besitzt G (A) von der Gerade BH?

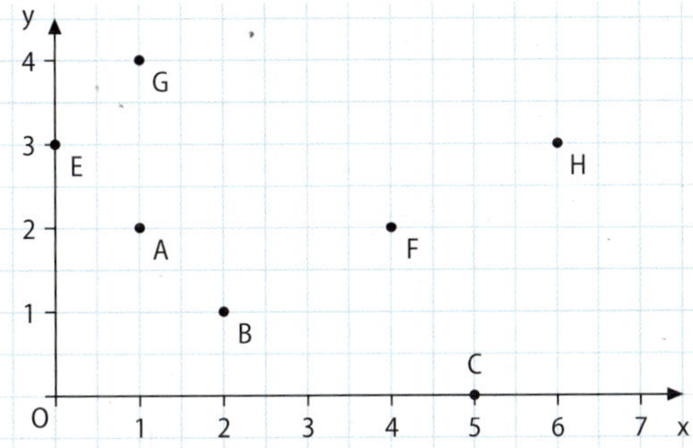

Lösungen zu 1a:
(6|3); (0|3); (5|0); (1|2); (1|4); (2|1); (4|2)

2 Malen nach Zahlen:
Trage die Punkte jeweils in ein Koordinatensystem ein und verbinde sie der Reihe nach zu einer Figur. Welche Figur erkennst du?

a)	A (0|5)	B (3|7)	C (5|7)	D (8|9)	E (8|7)
	F (10|7)	G (12|4)	H (14|7)	I (14|0)	J (12|3)
	K (9|0)	L (4|0)	M (1|2)	N (4|3)	O (1|3)
b)	N (2|0)	O (2|6)	P (6|10)	Q (10|6)	R (10|0)
	W (6|0)	X (6|4)	Y (4|4)	Z (4|0)	N (2|0)
	separat:	S (9|2)	T (9|4)	U (7|4)	V (7|2)

Überlege zuerst, wie groß das Koordinatensystem jeweils sein muss. Wähle dann die Einheiten der Koordinatenachsen.

3 Trage die Punkte A (1|1), B (3|1), C (3|2), D (5|2) und E (5|3) in ein Koordinatensystem (1 Einheit ≙ 1 cm) ein und verbinde sie der Reihe nach. Entdeckst du eine Regel? Setze die Reihe fort und gib die Koordinaten der nächsten vier Punkte an.

4 Die Punkte E (0|4), U (4|1), K (8|1), L (12|4), I (8|7), D (4|7) bilden einen Stern.
a) Zeichne den Stern in ein Koordinatensystem (1 Einheit ≙ 1 cm) und notiere alle Punkte im Inneren, deren Koordinaten für die x-Achse und für die y-Achse gleich sind.
b) Wie viele Punkte befinden sich im Innern des Sterns, deren x-Wert größer ist als der y-Wert?
c) Befinden sich Punkte im Innern des Sterns, deren erste Koordinate doppelt so groß ist wie die zweite?

5 Das abgebildete Schild gibt die Lage eines Hydranten an. Wozu dient ein Hydrant? Wie lässt sich die Lage des Hydranten ablesen? Informiere dich bei der Feuerwehr, im Internet, … und überprüfe die Angaben in deiner Umgebung.

6 Zeichne die Punkte L (1|1), A (3|1), R (3|3), S (1|3) in ein Koordinatensystem.
a) Spiegele das Viereck LARS an der Geraden durch P (4|4) und Q (4|0). Gib die Koordinaten der Spiegelpunkte an.
b) Spiegele das Viereck LARS am Punkt P. Gib die Koordinaten der Spiegelpunkte an.
c) Bestimme die Spiegelgerade, die das Spiegelbild aus a) auf das Spiegelbild von b) abbildet. Gib dazu die Koordinaten zweier Punkte an, die auf dieser Geraden liegen.

Entdecken

Drehungen um die eigene Achse bei Snowboardsprüngen:

- In welche Richtung zeigt die Snowboardspitze nach einer zweifachen Drehung bei der Landung?
- In welche Richtung zeigt die Snowboardspitze nach einer eineinhalbfachen bzw. nach einer halben Drehung?
- Was passiert bei einer Vierteldrehung?

Verstehen

Beim Snowboardbrett lassen sich verschiedene Drehungen um einen Punkt zwischen Ausgangsposition (1. Lage) und Landeposition (2. Lage) unterscheiden.

In der Mathematik drehen wir immer gegen den Uhrzeigersinn:

Den Teil der Ebene, den eine Halbgerade bei einer Drehung aus ihrer Ausgangsposition überstreicht, nennt man **Winkel**. Die Ausgangsposition heißt 1. Schenkel, die Endposition 2. Schenkel und der Drehpunkt Scheitelpunkt S.

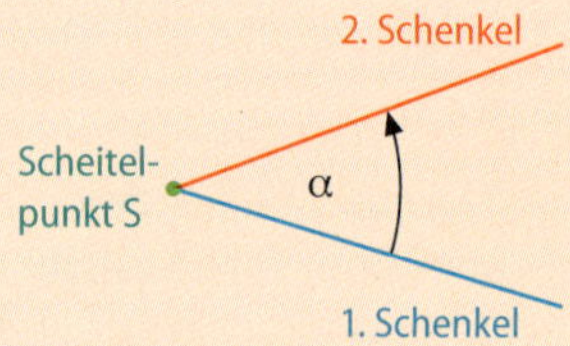

Winkel werden mit griechischen Buchstaben bezeichnet:

α	β	γ	δ	ε	ϕ
alpha	beta	gamma	delta	epsilon	phi

Abhängig von der Drehung unterscheidet man verschiedene Winkelarten:

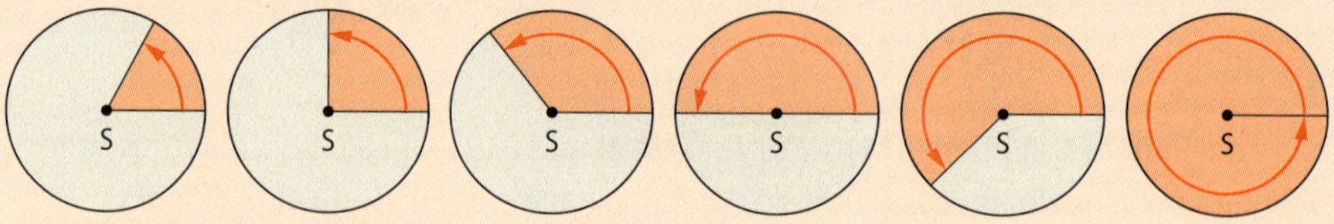

spitzer Winkel < rechter Winkel < stumpfer Winkel < gestreckter Winkel < überstumpfer Winkel < Vollwinkel

Beispiele

I. Gib die Art der abgebildeten Winkel an:
Lösung:
α: spitzer Winkel; β: stumpfer Winkel; γ: gestreckter Winkel; δ: rechter Winkel; ε: überstumpfer Winkel

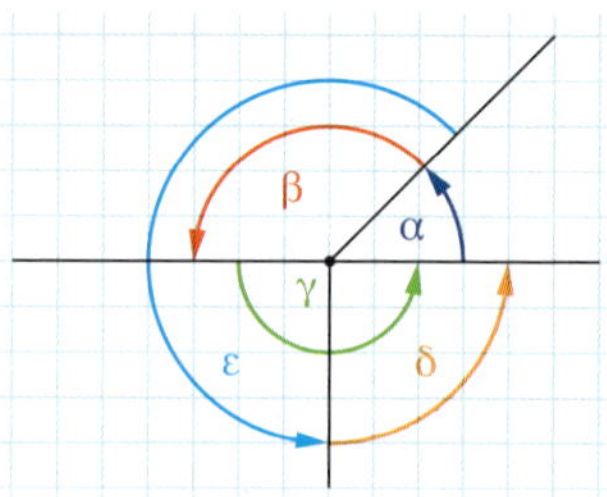

II. Zeichne folgende Winkel in ein Koordinatensystem.
Winkel α: Der Scheitelpunkt liegt in A (4 | 1). Der erste Schenkel geht durch den Punkt B (4 | 3) und der zweite durch C (2 | 0).
Winkel β: Die Schenkel verlaufen durch die Punkte B und C. S (2 | 2) ist der Scheitel. Es gibt zwei Möglichkeiten für β.
Lösung: siehe Zeichnung

Statt „Scheitelpunkt“ sagt man auch kurz „Scheitel“.

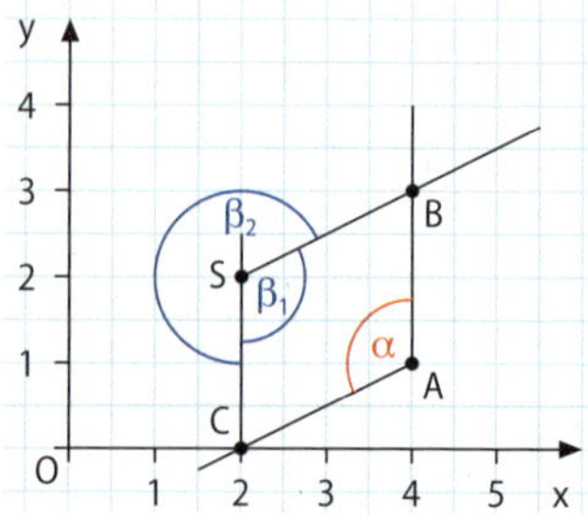

- Welcher Winkelart entspricht die Spitze deines gespitzten Bleistifts?
- Ein spitzer und ein stumpfer Winkel ergänzen sich immer zu einem rechten Winkel. Stimmt das? Begründe.

Nachgefragt

Aufgaben

1 a) Beschreibe den Scheitelpunkt und die beiden Schenkel folgender Winkel.

1 Schaukel auf dem Kinderspielplatz	2 Öffnung einer Schere
3 Sichtfeld eines Menschen	4 Öffnung eines Fensters
5 Lichtkegel einer Taschenlampe	6 Öffnung einer Schranke

b) Finde weitere Beispiele aus deiner Umwelt und beschreibe entsprechend.

2 Mit der Ecke eines DIN-A4-Blatts kann man leicht Winkel miteinander vergleichen. Reiß eine Ecke von einem Blatt ab und vergleiche sie mit folgenden Winkeln. Ordne die Winkel dann der Größe nach.

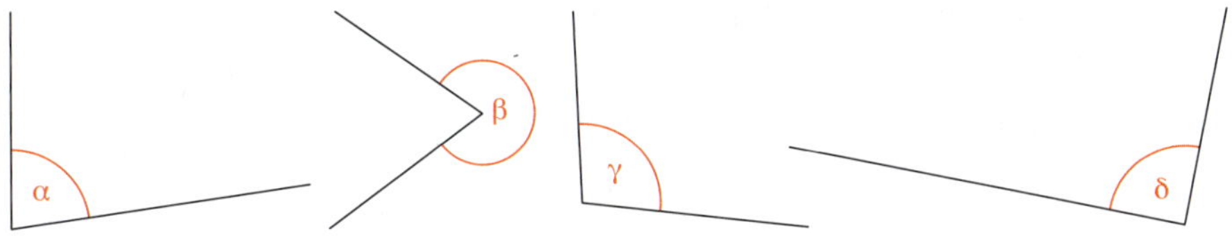

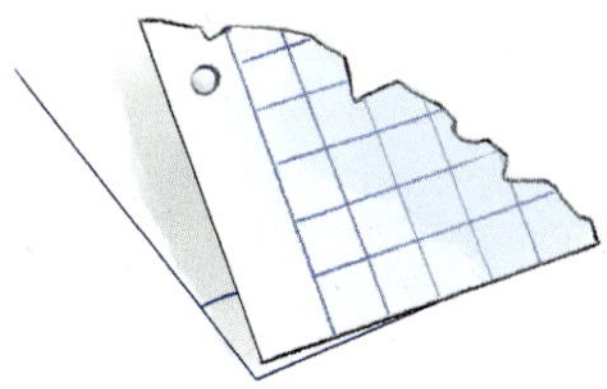

3 Gib zu jedem Winkel die jeweilige Winkelart an. Benenne dabei stets den zugehörigen ersten und den zweiten Schenkel.

a)

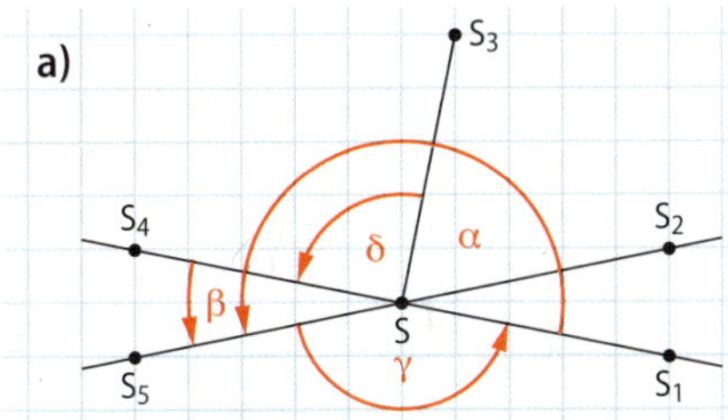

b)

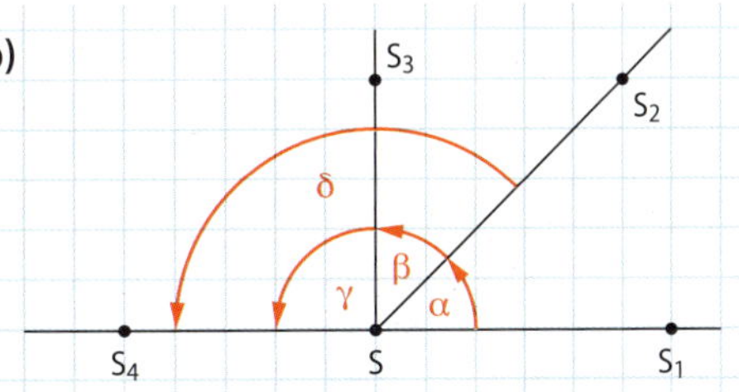

4 Welche Winkelarten findest du in deinem Klassenzimmer, in deinem Zimmer zu Hause?

5 Bestimme mithilfe der Windrose die Winkelart für die Kursänderung bzw. den Kurs des Schiffes. Beachte dabei den Drehsinn.

a) Das Schiff fährt nach Süden und ändert seinen Kurs nach Osten.
b) Das Schiff fährt nach Südwesten und ändert seinen Kurs nach Norden.
c) Das Schiff fährt nach Nordosten und ändert seinen Kurs nach Westen.
d) Das Schiff fährt nach Südosten und ändert seinen Kurs um einen gestreckten Winkel.

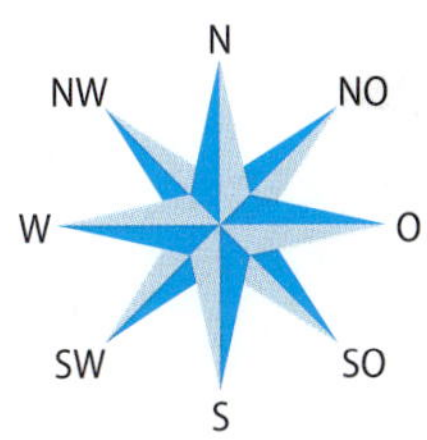

6 a) Zeichne folgende Winkel in ein Koordinatensystem (1 Einheit ≙ 1 cm).

α: Der Scheitelpunkt liegt in A (2 | 3). Der erste Schenkel geht durch den Punkt B (1 | 7) und der zweite Punkt durch C (3 | 11).

β: Die Schenkel verlaufen durch X (3 | 1) und Y (10 | 3). S (4 | 8) ist Scheitelpunkt.

γ: Die beiden Schenkel verlaufen durch die Punkte M (10 | 0) und N (0 | 10). Der Scheitelpunkt liegt in P (10 | 10).

b) Bezeichne die Winkelarten, die entstanden sind.

Beachte die Drehrichtung. Es gibt manchmal mehrere Möglichkeiten (vgl. Beispiel II).

Entdecken

Bei jedem Fahrzeug gibt es im Seitenspiegel einen „toten Winkel“.

- Erkläre, was man unter einem „toten Winkel“ versteht. Warum ist er gefährlich?
- Wo kann sich die Fahrradfahrerin überall befinden, wenn sie im „toten Winkel“ ist?
- An welche Regeln sollte man sich halten, um als Radfahrer von Autos, Lastwagen, Bussen, … gesehen zu werden?

Verstehen

Um Winkel zu vergleichen und ihre Größe angeben zu können, benötigt man ein geeignetes Maß. Mit den kreisförmig angeordneten kleinen Strichen auf dem Geodreieck kann man Winkelgrößen in Grad messen und zeichnen.

Um die Größe eines Winkels anzugeben, unterteilt man den Vollwinkel in **360 gleich große Teile.**
Die so entstandene Einheit nennt man 1 Grad (1°).

$\alpha = 40°$ — Maßzahl (40), Maßeinheit (Grad) (°)

Zum **Messen und Zeichnen** von Winkeln mit dem Geodreieck gibt es zwei Möglichkeiten.

Beginne stets am ersten Schenkel.

Am Geodreieck sind zwei Winkelskalen von 0° bis 180° eingezeichnet. Um die richtige Skala zu verwenden, zähle am besten immer vom ersten Schenkel aus.

Möglichkeit 1

1

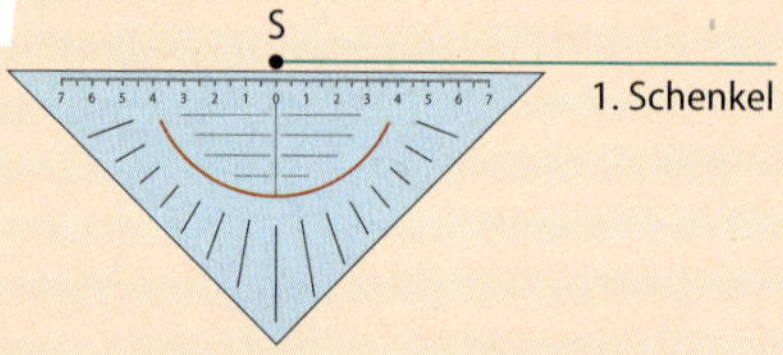

Lege das Geodreieck im Nullpunkt an.

2

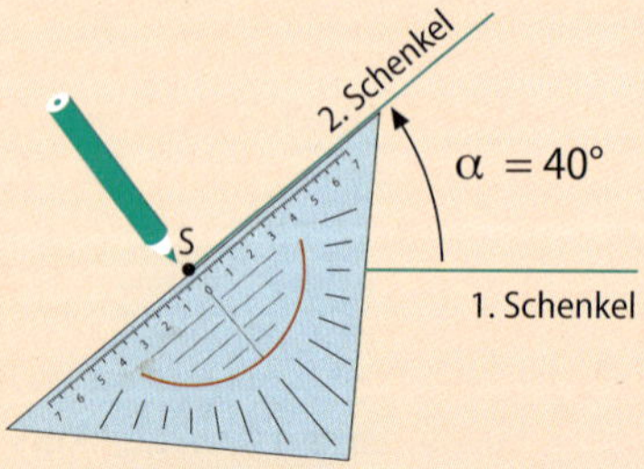

Drehe das Geodreieck gegen den Uhrzeigersinn bis zum gewünschten Winkel.

Möglichkeit 2

1

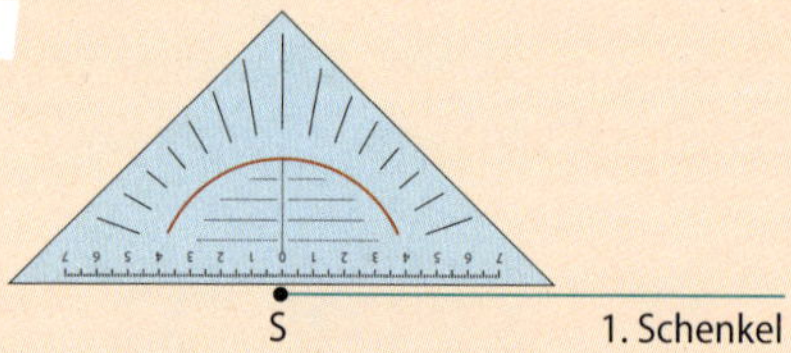

Lege das Geodreieck im Nullpunkt an.

2

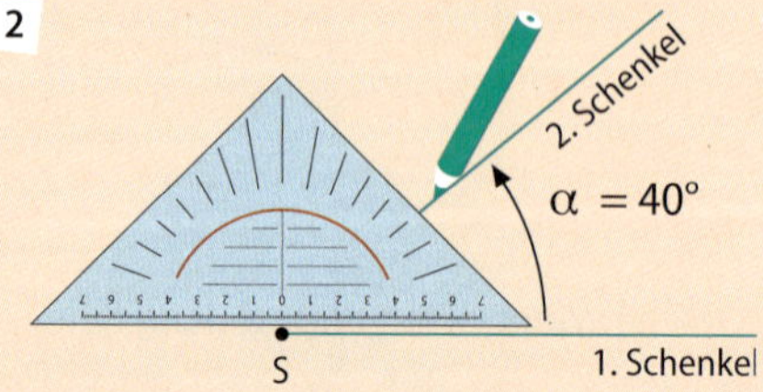

Markiere den gewünschten Winkel gegen den Uhrzeigersinn.

Beispiel

Wie groß ist der Winkel α?

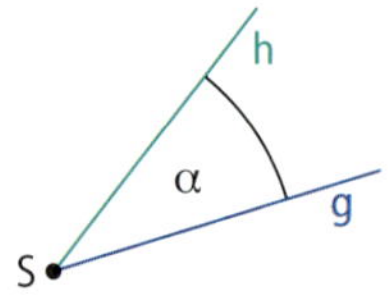

Lösung: Möglichkeit 1:

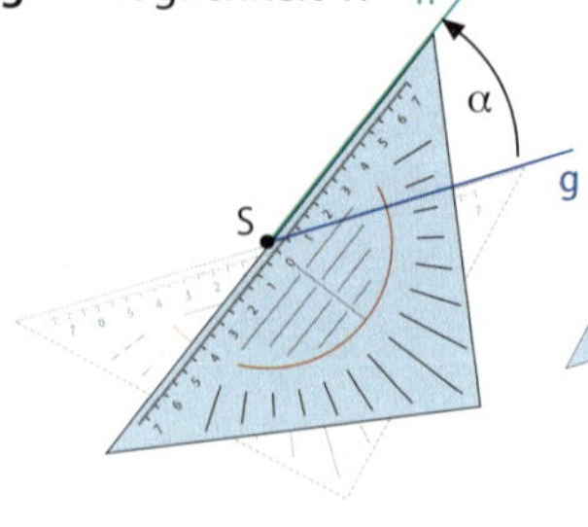

Möglichkeit 2:

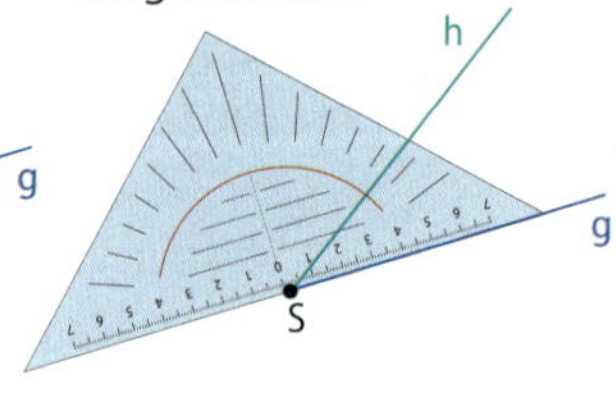

Es gilt: $\alpha = 35°$.

Nachgefragt

- Zwei Winkel ergänzen sich zu einem gestreckten Winkel. Der erste Winkel hat die Größe 35°. Wie groß ist der zweite Winkel?
- Ein Schüler hat bei der Messung eines spitzen Winkels mit dem Geodreieck den Wert 150° abgelesen. Was hat er falsch gemacht? Wie lautet der richtige Wert?
- Giovanna meint: „Ein 350°-Winkel lässt sich durch das Zeichnen eines 10°-Winkels darstellen." Stimmt das? Begründe.

Aufgaben

1 Übertrage die Winkel in dein Heft und miss deren Größe. Ordne sie der Größe nach.

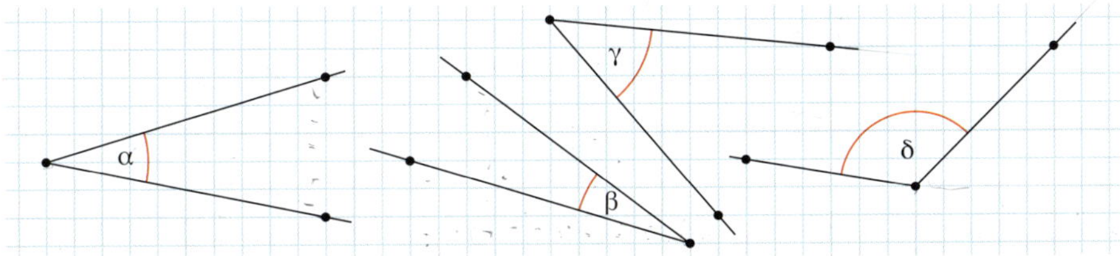

2 Zeichne drei beliebig große Winkel α, β und γ auf ein weißes Blatt Papier. Bestimme ihre Größe und notiere sie auf die Rückseite des Blattes. Tausche mit deinem Partner oder deiner Partnerin die Blätter aus. Messt und vergleicht eure Werte.

3 Von den abgebildeten Winkeln sind einige 45°, 55°, 111° und 122° groß. Ordne ohne zu messen die jeweiligen Winkel zu. Zwei Winkel bleiben übrig. Wie groß sind sie?

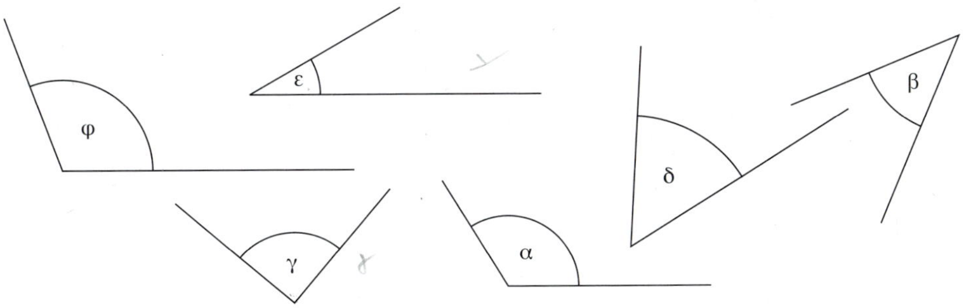

4 Zeichne Winkel mit der angegebenen Größe in dein Heft.

1 30°; 60°; 90°; 120°; 150° **2** 45°; 55°; 75°; 125°; 165° **3** 17°; 27°; 86°; 117°; 172°

5 Übertrage jeweils den ersten Schenkel in dein Heft und drehe ihn wie angegeben.

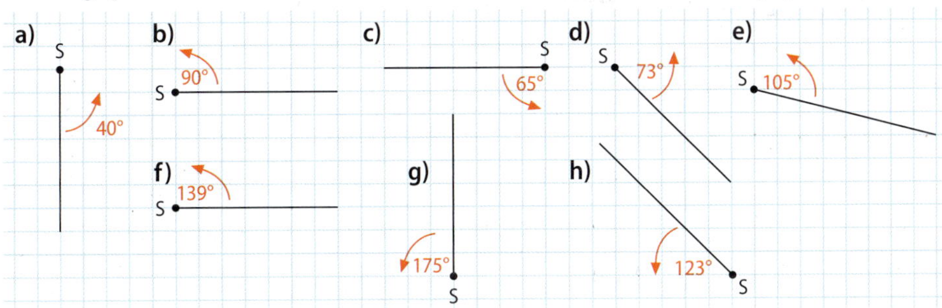

6 Ergänze zu den vorgegebenen Halbgeraden jeweils den Winkel.
Beachte, welcher Schenkel jeweils angegeben ist.

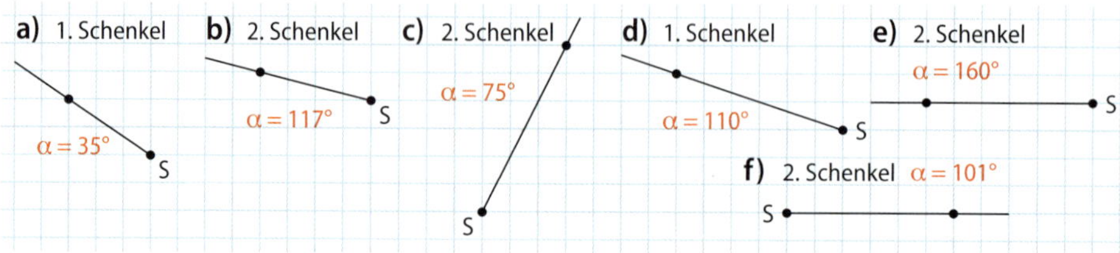

7 a) Ordne in deinem Heft den Winkelarten ihre Größen zu.

spitzer Winkel | Vollwinkel | zwischen 90° und 180° | 180°

gestreckter Winkel | stumpfer Winkel | zwischen 180° und 360° | 90°

rechter Winkel | überstumpfer Winkel | 360° | zwischen 0° und 90°

b) Gib die Winkelart und das Maß des Winkels an, den die Uhrzeiger einschließen.

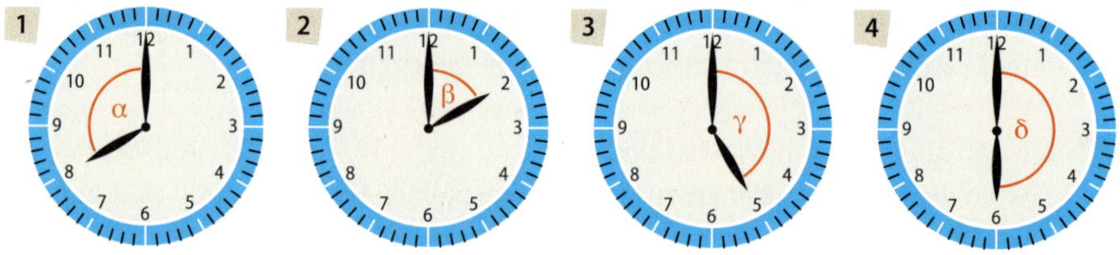

8 a) Axel und Martina zeichnen einen überstumpfen Winkel auf verschiedene Arten mit dem Geodreieck. Beschreibe jeweils das Vorgehen.

Axel:

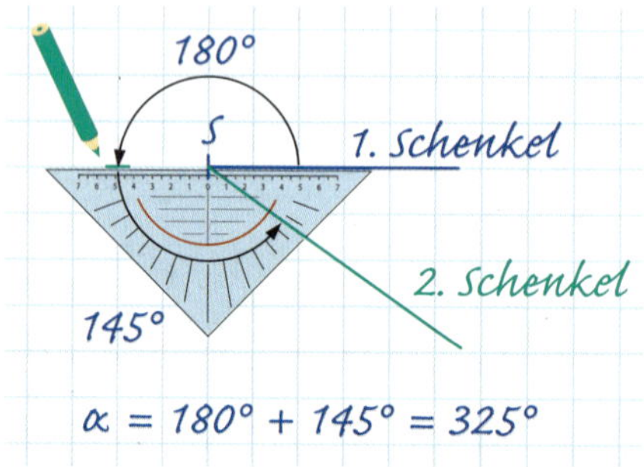

Martina:

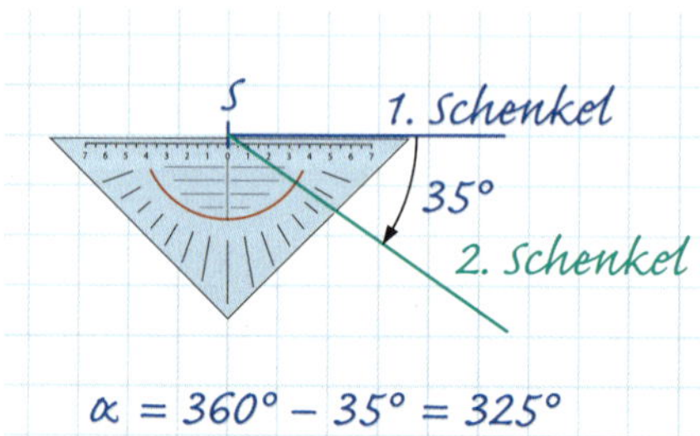

b) Übertrage die Winkel in dein Heft und miss jeweils die Winkelgrößen. Verwende dabei beide Möglichkeiten.

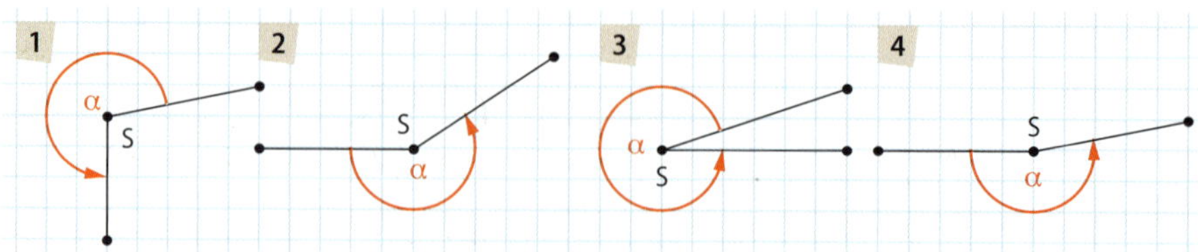

9 Zeichne die Winkel mit der angegebenen Größe auf beide Arten in dein Heft.

1 190°; 220°; 350°; 280°; 310° **2** 195°; 182°; 269°; 322°; 356°

10 Bestimme die Neigungswinkel der Satteldächer.

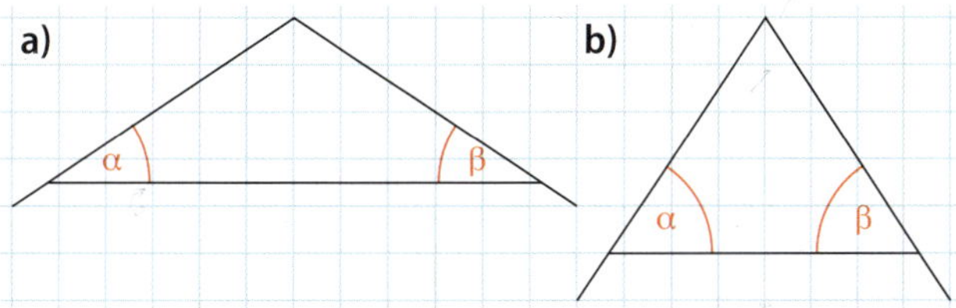

11 Übertrage die Figuren in dein Heft, miss ihre Innenwinkel und addiere sie. Bei welchen Figuren ist die Summe der Innenwinkel gleich? Probiere an weiteren Figuren aus.

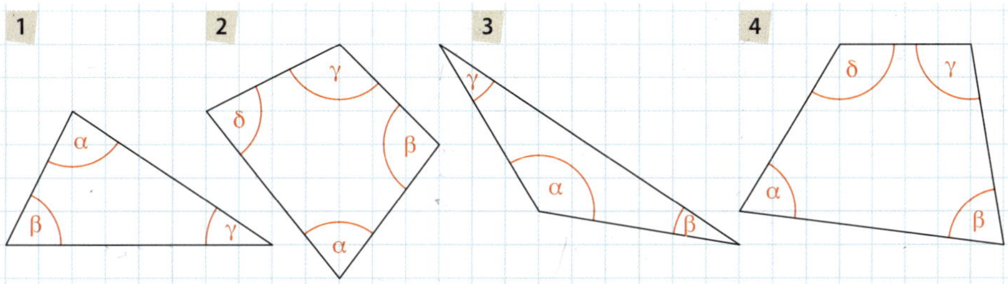

Verlängere gegebenenfalls die Seiten über die Ecken hinaus, damit du besser messen kannst.

12 a) Tierarten haben unterschiedliche Gesichtsfelder. Zeichne die Gesichtsfelder folgender Tiere ins Heft. Welche Vorteile hat ein großes Gesichtsfeld?

Hamster 110°

Schleiereule 160°

Leopard 180°

Frosch 330°

b) Wie groß ist das Gesichtsfeld eines Menschen? Führe selbst Versuche hierzu durch und vergleiche deine Messungen mit den Angaben aus einem Lexikon, Internet, …
Stelle deine Versuche sowie die Ergebnisse in der Klasse vor.

13 Ein Schiff startet im Hafen und macht eine kleine Rundfahrt. Vom Hafen fährt das Schiff 4 km in nördliche Richtung. Dann ändert es seinen Kurs um 80° in westliche Richtung und fährt dort 6 km weiter. Anschließend ändert es seinen Kurs um 170° in östliche Richtung und fährt 3 km in die neue Richtung. Von dort fährt es wieder in den Hafen.

a) Zeichne die gefahrene Strecke in dein Heft. Verwende 1 cm für 1 km.
b) Bestimme den Winkel bei der letzten Kursänderung. Wie lang ist die Strecke von dort bis zum Hafen?
c) Entwirf selbst einen Kurs und tausche ihn mit deinem Nachbarn oder deiner Nachbarin aus.

Kursänderungen werden immer von der aktuellen Fahrtrichtung gemessen.

14 a) Eine Leiter lehnt an einer 6 m hohen Mauer und ragt oben über die Mauer hinaus. Die Leiter steht unten 2 m 20 cm von der Wand entfernt. Skizziere den Sachverhalt im Heft und ermittle die Mindestlänge der Leiter.
b) Nach den gültigen Sicherheitsrichtlinien muss eine Leiter einen Anstellwinkel zwischen 68° und 75° gegenüber dem Boden haben. Wird diese Vorschrift eingehalten?
c) In welcher Entfernung von der Wand darf man die Leiter aufstellen, damit sie dem Sicherheitsabstand in b) entspricht? Ermittle zeichnerisch.

Entdecken

Vorbereitung:

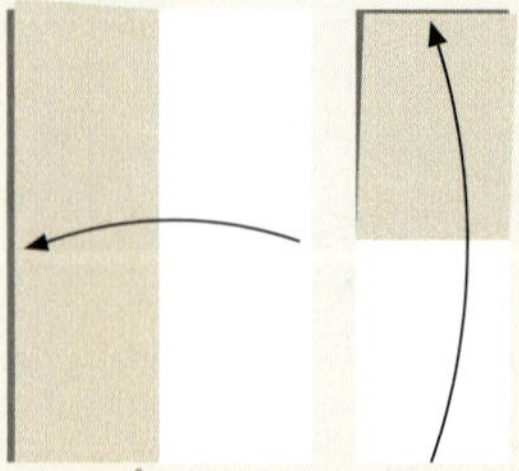

Falte jeweils ein DIN-A4 Blatt zweimal in der Mitte, sodass ein kleines Rechteck entsteht. Schneide von einem solchen Rechteck jeweils wie in den Beispielen entlang der gestrichelten Linie einen Teil weg.

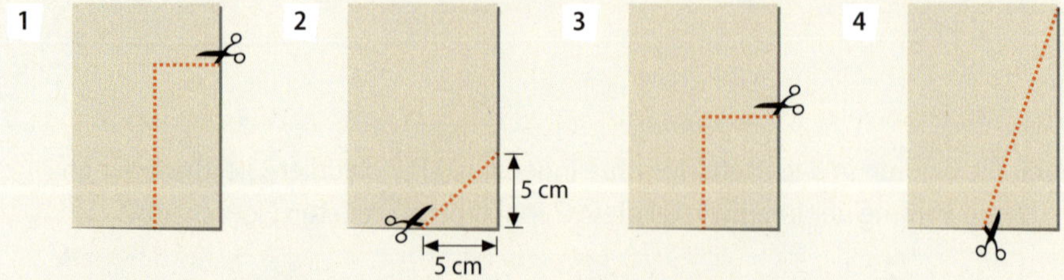

- Entfalte das Blatt und beschreibe jeweils die entstandene Figur.
- Benenne Eigenschaften der ausgeschnittenen Figuren.

Verstehen

Du kennst bereits verschiedene Vierecke. Vierecke lassen sich anhand ihrer Seitenlängen und der Lage ihrer Seiten zueinander beschreiben. Im Folgenden betrachten wir einige Vierecke genauer.

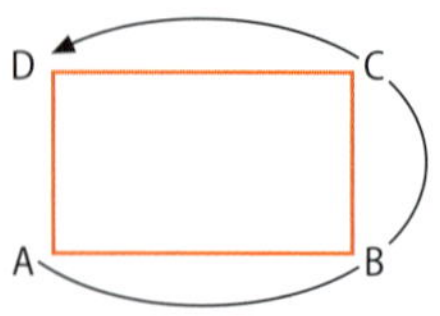

Die Ecken von Vierecken bezeichnet man mit Großbuchstaben entgegen dem Uhrzeigersinn.

Ein **Quadrat** ist ein Viereck, in dem die vier Seiten gleich lang sind und orthogonal zueinander stehen.

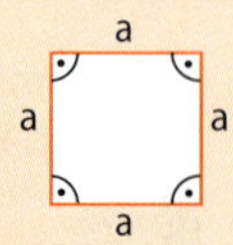

Ein **Rechteck** ist ein Viereck, in dem die gegenüberliegenden Seiten jeweils gleich lang sind und orthogonal zueinander stehen.

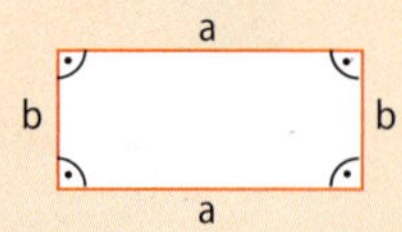

Eine **Raute** ist ein Viereck, in dem alle vier Seiten gleich lang sind.

Ein **Parallelogramm** ist ein Viereck, in dem die jeweils gegenüberliegenden Seiten parallel zueinander (und auch gleich lang) sind.

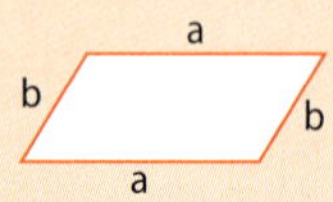

Ein **Trapez** ist ein Viereck, bei dem ein Paar gegenüberliegender Seiten parallel ist.

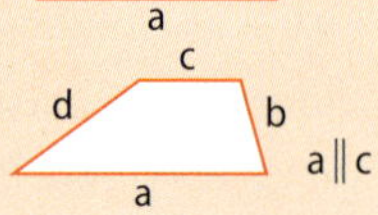

Beispiel

Benenne Vierecke, die du in der abgebildeten Figur erkennst.

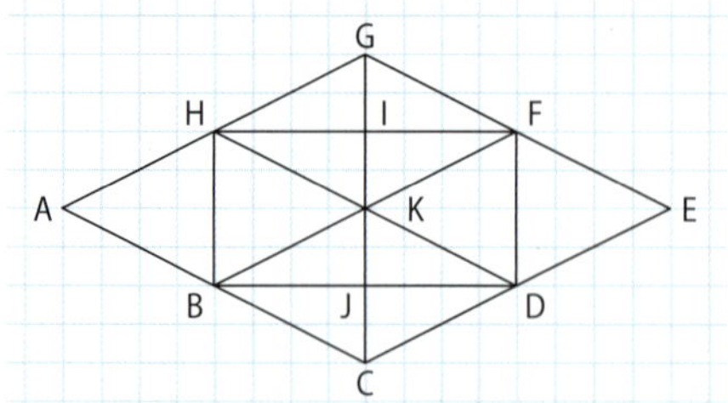

Lösung:
mögliche Quadrate: BIJH; JDFI
mögliches Rechteck: BDFH
mögliche Parallelogramme: CEFB; HDEG
mögliche Rauten: ABKH; ACEG
mögliche Trapeze: HDEF; ABDH

Nachgefragt

- Begründe: Jedes Quadrat ist zugleich Rechteck, Raute, Parallelogramm und Trapez.
- Peter behauptet: „Wenn jedes Quadrat ein Rechteck ist und jedes Quadrat eine Raute, dann ist auch jedes Rechteck eine Raute." Stimmt das? Begründe.

Aufgaben

1 Überprüfe, ob es sich bei der Figur um ein bekanntes Viereck handelt und benenne es.

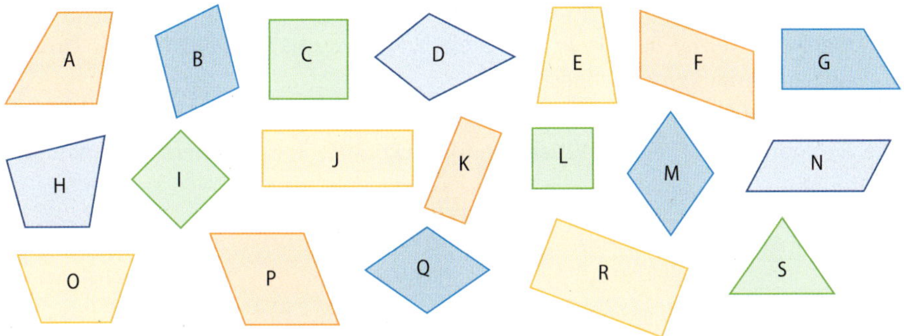

2 Suche Gegenstände in deiner Umgebung, in denen du folgende Figuren erkennst:
a) Rechteck **b)** Quadrat **c)** Parallelogramm **d)** Raute **e)** Trapez

3 **1**

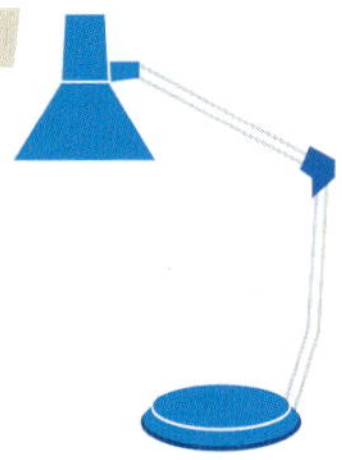

2

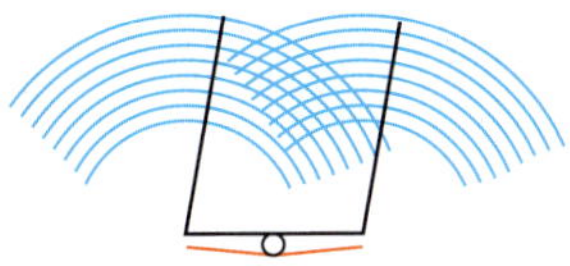

3

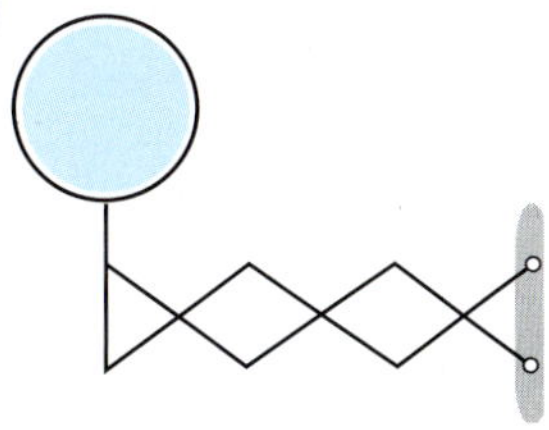

Welche Vierecke erkennst du in den Gegenständen?

4 Benenne Vierecke, die du in der abgebildeten Figur erkennst.

Zerlege die Figur in Teilfiguren.

a)

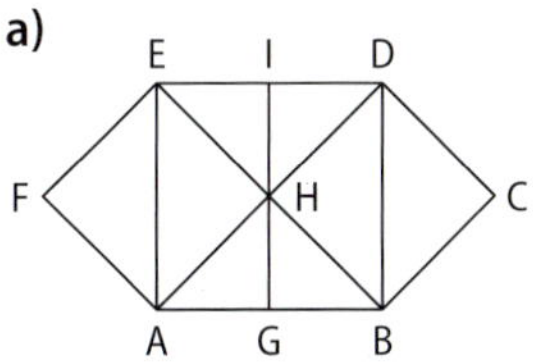

b)

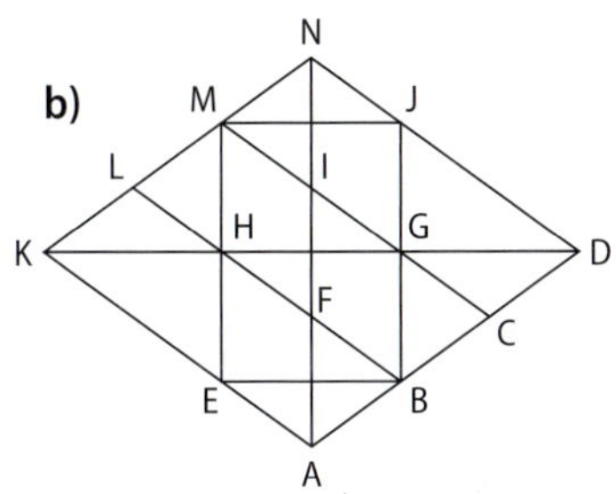

c)

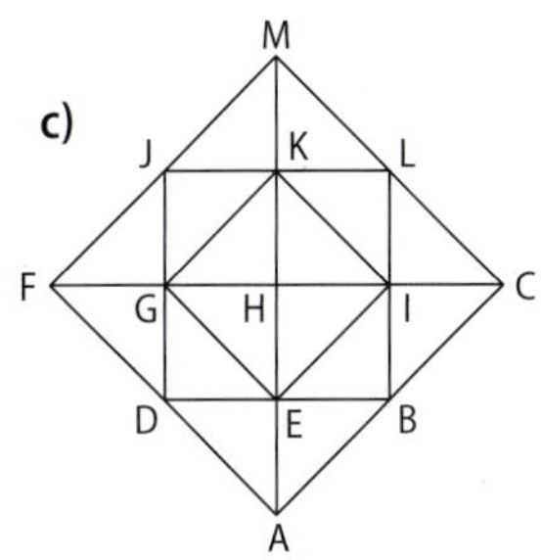

5 Übertrage ins Heft und ergänze zu einem Parallelogramm.

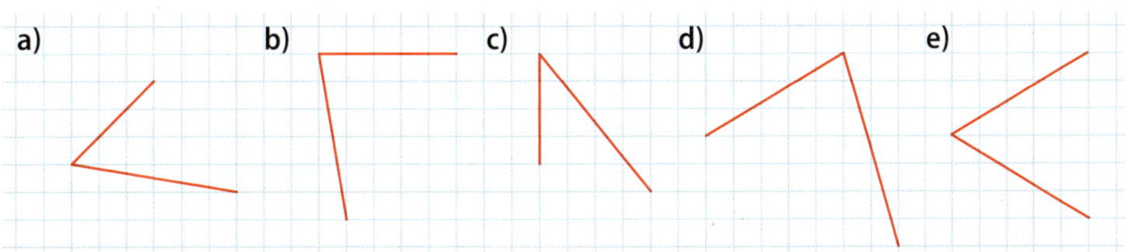

6 Zeichne die Vierecke mit den angegebenen Eckpunkten in ein Koordinatensystem (Einheit: 1 Kästchen). Welches Viereck erhältst du jeweils?

a) A (6 | 1); B (11 | 2); C (12 | 7); D (7 | 6)
b) E (6 | 3); F (10 | 1); G (13 | 7); H (9 | 9)
c) I (1 | 2); J (8 | 2); K (10 | 6); L (3 | 6)
d) M (1 | 1); N (5 | 1); O (5 | 4); P (1 | 4)
e) Q (0 | 1); R (3 | 2); S (3 | 5); T (0 | 6)
f) U (0 | 3); V (3 | 1); W (5 | 2); X (2 | 4)

7 **a)** Zeichne ein Rechteck mit den Kantenlängen 5 cm und 8 cm. Verbinde die Mittelpunkte benachbarter Kanten jeweils miteinander. Beschreibe das entstandene Viereck.
b) Überprüfe, welche Vierecke in a) entstehen, wenn du als Ausgangsfigur ein Quadrat (ein Parallelogramm) zeichnest.

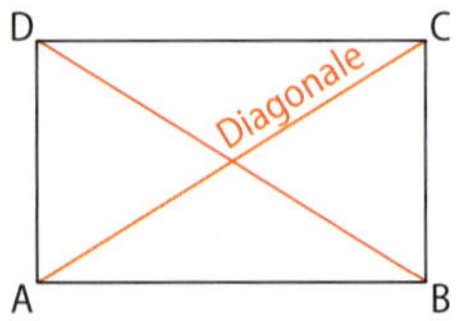

8 Die Verbindungsstrecke gegenüberliegender Eckpunkte in einem Viereck nennt man Diagonale.

	Die Diagonalen …		
	sind gleich lang.	**halbieren sich.**	**sind orthogonal zueinander.**
Quadrat			
Rechteck			
…			

a) Wie verhalten sich die Diagonalen zueinander in den unterschiedlichen Vierecken? Übertrage die Tabelle ins Heft, ergänze die Spalte der Vierecke und kreuze die richtigen Eigenschaften an.
b) Erstelle eine zweite Tabelle, in der du die Vierecke auf Achsen- bzw. Punktsymmetrie untersuchst.

Der Mittelpunkt einer Strecke halbiert die Strecke.

9 Zeichne das Viereck ABCD mit A (8 | 2), B (16 | 8), C (10 | 16) und D (2 | 10) in ein geeignetes Koordinatensystem.
a) Markiere die Mittelpunkte der Seiten, benenne sie mit E, F, G, H und gib ihre Koordinaten an. Um welches Viereck handelt es sich?
b) In welchem Punkt schneiden sich die Diagonalen des Vierecks EFGH? Gib seine Koordinaten an.
c) Wiederhole die Teilaufgaben a) und b) mit dem Viereck ABCD, das die folgenden Koordinaten hat: A (1 | 2), B (11 | 2), C (11 | 6), D (1 | 6). Was stellst du fest?

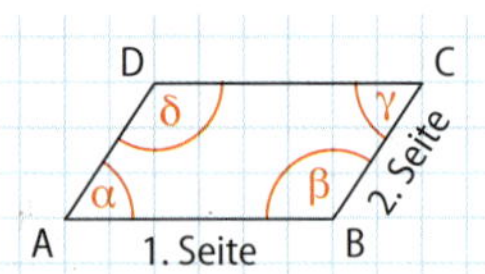

10 Zeichne ein Parallelogramm mit den gegebenen Angaben.

	a)	b)	c)	d)	e)	f)
1. Seite	4 cm	8 cm	6 cm	6 cm	45 mm	5 cm
2. Seite	5 cm	25 mm	7 cm	6 cm	45 mm	75 mm
Winkel α	40°	60°	70°	30°	45°	120°

Beachte die Bezeichnung der Eckpunkte gegen den Uhrzeigersinn.

11 Zeichne die Punkte in ein Koordinatensystem und bestimme die Koordinaten der fehlenden Eckpunkte der Vierecke ABCD.

Viereck	**Quadrat**	**Rechteck**	**Raute**	**Parallelogramm**
Koordinaten	A (3 | 4); B (7 | 4)	A (1 | 3); C (8 | 7)	A (2 | 3); C (8 | 3); D (5 | 5)	A (5 | 6); C (11 | 3); D (9 | 9)

12 a) Zeichne ein Rechteck, dessen Diagonalen 6 cm lang sind.
b) Zeichne ein Quadrat, dessen Diagonalen 45 mm lang sind.
c) Zeichne ein Parallelogramm, dessen Diagonalen 5 cm und 7 cm lang sind.
d) Zeichne eine Raute, deren Diagonalen 6 cm und 8 cm lang sind.

Beginne mit den Diagonalen.

13 Hier siehst du drei Kinderdrachen, wie du sie sicher kennst.

a) Beschreibe den Aufbau eines Drachens mit eigenen Worten. Übertrage dazu den rechts abgebildeten Drachen in dein Heft und untersuche Seitenlängen und Winkelgrößen.

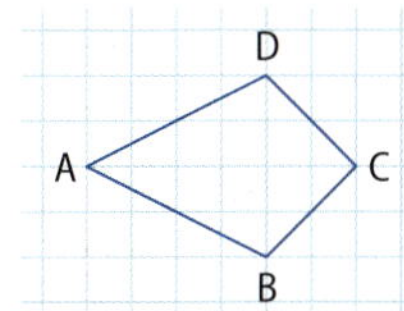

In der Mathematik nennt man ein Viereck, bei dem benachbarte Seiten paarweise gleich lang sind, **Drachenviereck** (kurz: **Drachen**).

b) In der Regel reichen zwei Stäbe, um die Drachen zu spannen. Beschreibe möglichst genau die Lage der Stäbe zueinander.
c) Welche Symmetrieeigenschaften kannst du an den Drachen erkennen?
d) Untersuche, welche der anderen bekannten Vierecke ebenfalls die Eigenschaften eines Drachenvierecks erfüllen.

Knobelei

Streichholzaufgaben

a) Löse die folgenden Aufgaben durch Legen von Streichhölzern.

1 Drei Streichhölzer sollen so umgelegt werden, dass drei gleich große Quadrate entstehen.

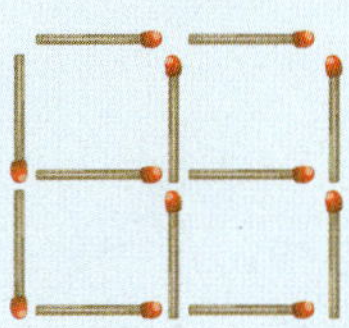

2 Durch Umlegen von zwei Hölzchen entstehen sechs Quadrate. Die Quadrate müssen nicht alle gleich groß sein.

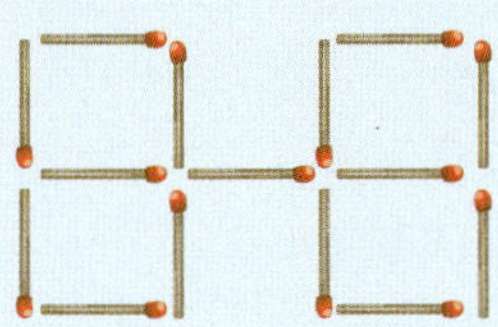

3 Lege drei Zündhölzer so um, dass vier gleich große Quadrate gebildet werden.

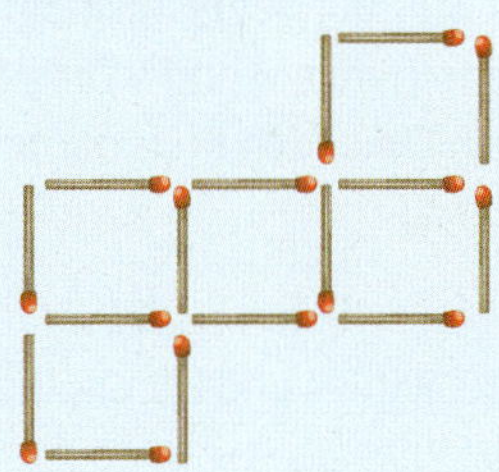

4 Lege zwei Zündhölzer so um, dass aus diesen fünf vier gleich große Quadrate entstehen.

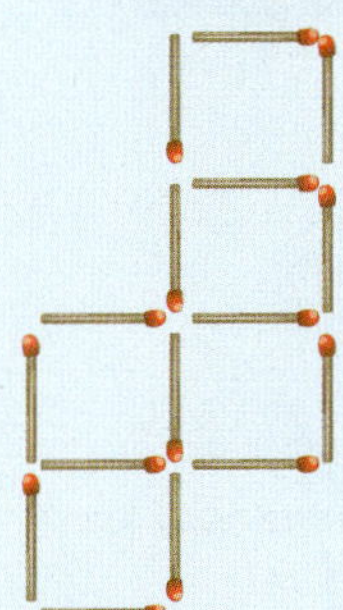

b) Erfinde selbst solche Streichholzaufgaben und stelle sie einem Partner. Im Internet findest du weitere Anregungen.

Entdecken

Beim Beginn eines Fußballspiels müssen sich alle Spieler in ihrer eigenen Hälfte befinden. Außer den beiden anstoßenden Spielern darf sich niemand im Anstoßkreis aufhalten.

- Beschreibe, wie der Platzwart den Anstoßkreis gezeichnet haben könnte.
- Worauf muss er achten?
- Zeichne mit einem Bindfaden, einer Nadel und einem Buntstift verschieden große Kreise in dein Heft.

Verstehen

Zum Zeichnen von Kreisen im Heft verwendet man in der Regel den **Zirkel**. Möchte man einen Kreis mit einer vorgegebenen Größe zeichnen, so muss man den Mittelpunkt des Kreises sowie den Abstand des Mittelpunkts von der Kreislinie kennen.

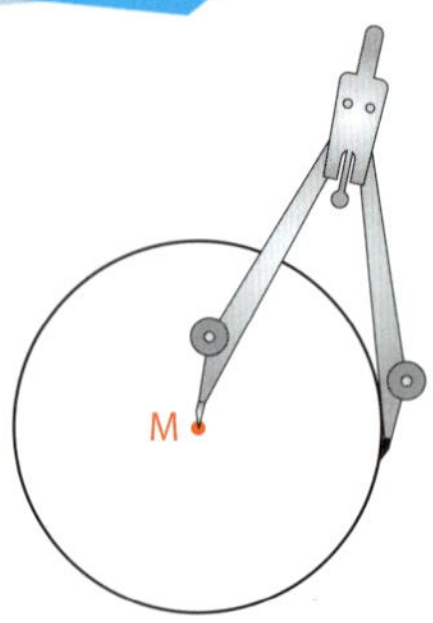

Alle Punkte auf dem Kreis (genauer: auf der Kreislinie) haben vom **Mittelpunkt M** des Kreises den gleichen Abstand. Diesen Abstand bezeichnet man als **Radius r**.

Jede Strecke, die zwei Punkte der Kreislinie verbindet und durch den Mittelpunkt geht, nennt man **Durchmesser d** des Kreises. Der Durchmesser ist somit doppelt so lang wie der Radius: $d = 2 \cdot r$.

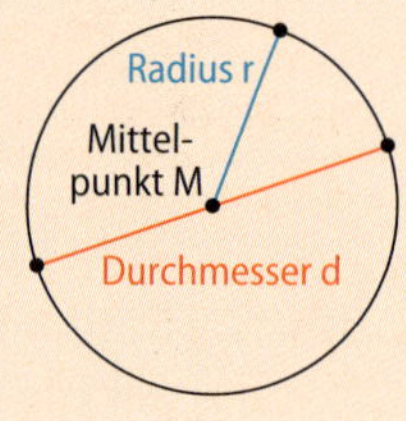

Beispiele

Kreis zeichnen:

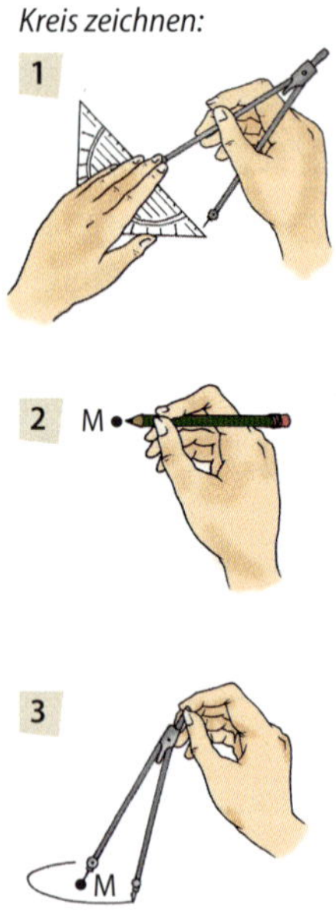

I. Zeichne mit dem Zirkel einen Kreis mit …

a) dem Radius r = 2 cm. **b)** dem Durchmesser d = 30 mm.

Lösung:
Stelle bei deinem Zirkel einen Abstand bei a) von 2 cm und bei b) von 15 mm (Radius = halber Durchmesser) ein. Markiere mit Bleistift auf dem Papier einen Mittelpunkt M und schlage mit dem Zirkel den Kreis darum.

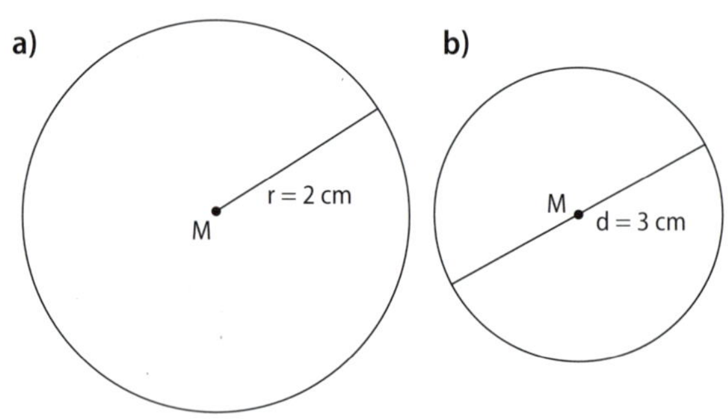

II. Miss Radius und Durchmesser des Kreises.

Lösung:
r = 15 mm, d = 30 mm
Beachte, dass der Nullpunkt des Geodreiecks möglichst genau am Mittelpunkt des Kreises liegt.

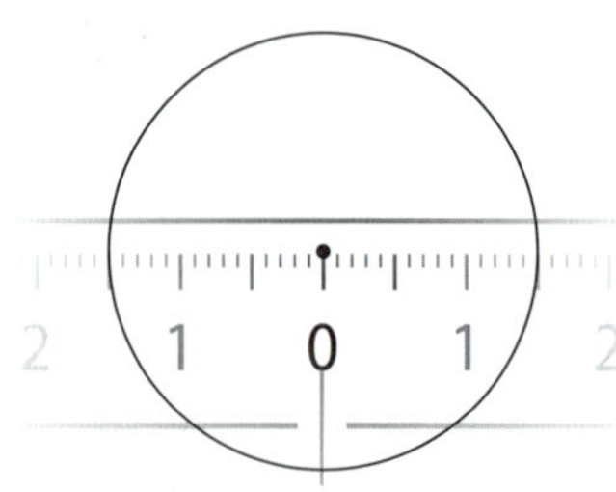

Nachgefragt

- Wie groß muss der Abstand zweier Kreismittelpunkte von gleich großen Kreisen sein, damit sie sich nicht berühren oder schneiden?
- Peter behauptet: „Der Durchmesser meines Fahrradreifens beträgt 62 cm. Der Radius des kleineren Fahrrades meiner Schwester ist 44 cm." Was meinst du dazu?
- Wie viele Symmetrieachsen hat ein Kreis? Erläutere deine Antwort.

Aufgaben

1 a) Nenne Gegenstände, mit denen du Kreise zeichnen kannst.
b) Wo findest du in der Umgebung Kreise oder Teile eines Kreises? Benenne sie.
c) Bei welchen Sportarten findest du Kreise auf Spielfeldern, als Begrenzungen, …?

2 Übertrage die Tabelle ins Heft und fülle sie aus.

	a)	b)	c)	d)	e)	f)
Radius r	4 cm			32 mm		1 m 85 cm
Durchmesser d		12 cm	112 cm		5 m 3 dm	

3 Zeichne mit dem Zirkel Kreise mit dem Radius r bzw. dem Durchmesser d. Beschreibe dein Vorgehen. Gib auch die jeweils fehlende Größe an.

a) r = 4 cm   b) r = 35 mm   c) r = 4 cm 5 mm   d) r = 5 m
e) d = 6 cm   f) d = 9 cm   g) d = 5 cm 6 mm   h) d = 14 cm

4 Übertrage ins Heft. Bestimme dazu jeweils den Durchmesser und Radius.

Finde zunächst den Mittelpunkt.

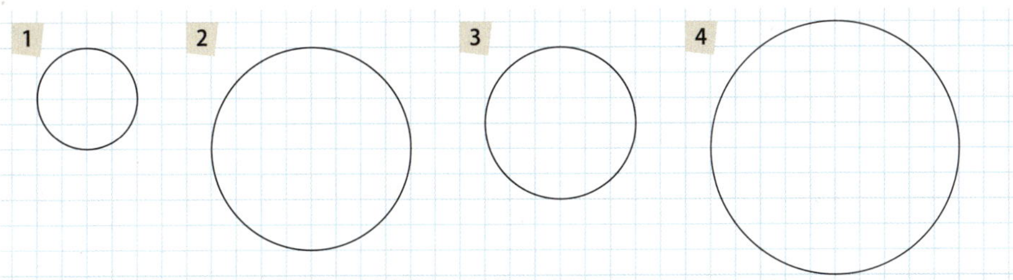

5 Zeichne zwei Kreise mit den Radien 3 cm und 4 cm, die sich …
a) in zwei Punkten schneiden.   b) nicht schneiden.   c) in einem Punkt berühren.

Findest du mehrere Möglichkeiten?

6 Schätze den Durchmesser der abgebildeten kreisförmigen Gegenstände.

7
1 M (6|6); r = 3 cm
M (8|9); r = 25 mm

2 M (4|9); r = 35 mm
M (8|5); r = 5 cm

3 M (7|7); r = 4 cm
M (6|8); r = 60 mm

a) Zeichne in ein Koordinatensystem (1 Einheit ≙ 1 cm) die Kreise ein. Beschreibe die gegenseitige Lage der Kreise und bestimme die Anzahl der Schnittpunkte.
b) Gib die Koordinaten einiger Punkte in, außerhalb bzw. auf den Kreisen an.

8 a) Zeichne jeweils eine Kreislinie um den angegebenen Mittelpunkt. Die Kreislinie soll durch den angegebenen Punkt verlaufen.
b) Untersuche, ob du weitere Punkte der Kreislinie durch Koordinaten angeben kannst.

	1	2	3	4	5	6
Mittelpunkt	A (3|3)	B (12|5)	C (6|7)	D (3|2)	E (4|5)	F (8|6)
Kreislinie durch	U (3|6)	V (12|2)	W (9|4)	X (2|1)	Y (0|5)	Z (6|1)

9 Übertrage jede der Figuren in dein Heft und setze dann dort jeweils das Muster fort.

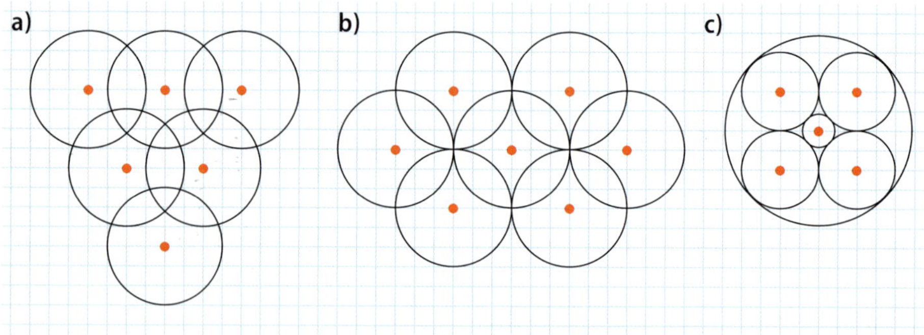

10 Stelle eine Zielscheibe her. Markiere zunächst den Mittelpunkt M. Die Durchmesser sollen 3 cm, 6 cm, 9 cm, 12 cm und 15 cm betragen. Färbe die entstandenen Ringe verschiedenfarbig ein. Nummeriere die Kreisringe.

11 Wie zeichnet man die Olympischen Ringe? Trage dazu die Punkte A (3|6), B (6|3), C (9|6), D (12|3) und E (15|6) in ein Koordinatensystem. Zeichne anschließend um jeden der Punkte zwei Kreise mit Radius 23 mm bzw. 28 mm.

12 a) Zeichne in ein Koordinatensystem (1 Einheit ≙ 1 cm) die Punkte A (11|6), B (6|11), C (1|6) und D (6|1).
b) Zeichne den Kreis, der durch alle vier Punkte geht. Beschreibe dein Vorgehen.
c) Wie lauten die Koordinaten des Kreismittelpunkts?

13 Übertrage die Kreismuster ins Heft. Beachte dabei die angegebenen Radien.

Im Heft sind die Kreismuster größer. Wähle den Mittelpunkt nicht zu nah am Rand.

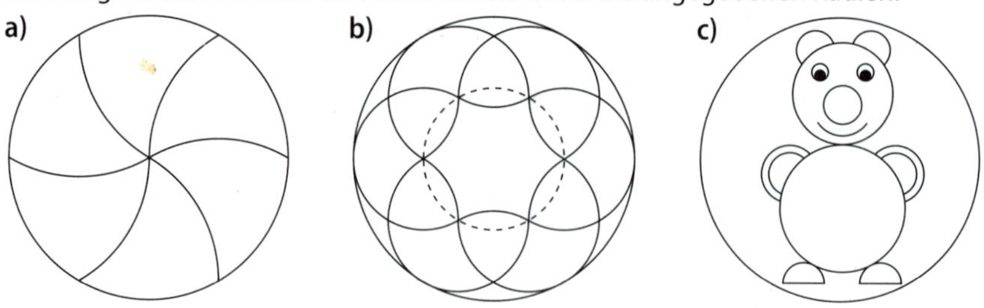

a) großer Kreis: r = 4 cm

b) großer Kreis: r = 6 cm
kleine Kreise: r = 3 cm

c) großer Kreis: r = 6 cm
Probiere den Rest aus.

3.11 Alles im Blick

Geradlinige Verbindungen

Seite 76

1 **Strecke $\overline{AB}$:** Anfangs- und Endpunkt
2 **Gerade:** kein Anfangspunkt, kein Endpunkt
3 **Halbgerade/Strahl:** Anfangspunkt, aber kein Endpunkt

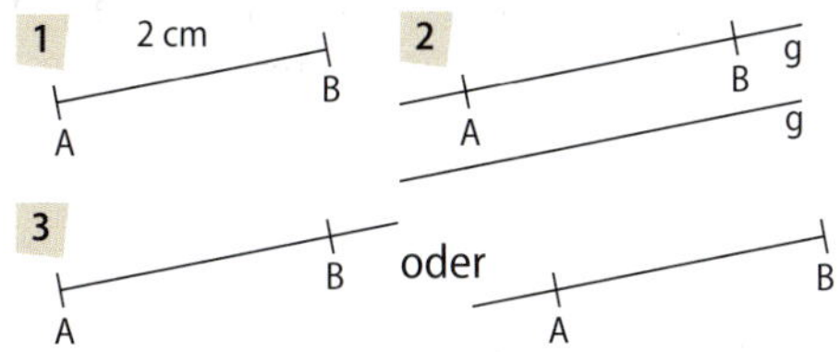

Orthogonal und parallel

Seite 78

Zwei Geraden liegen **orthogonal** zueinander, wenn sie sich unter einem rechten Winkel schneiden. Zwei Geraden, die eine gemeinsame orthogonale Gerade haben, liegen **parallel** zueinander.

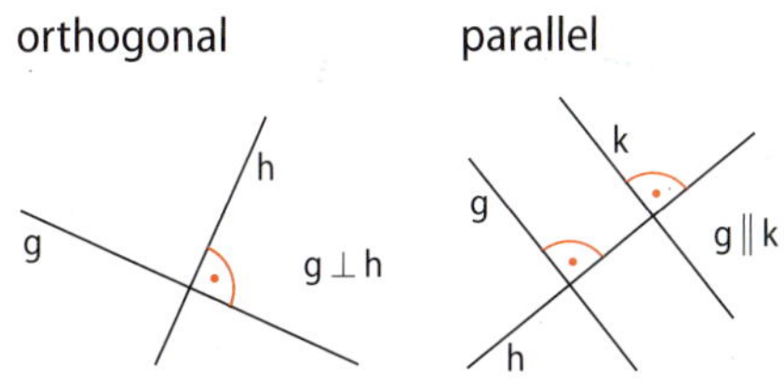

Symmetrie

Seite 84,88

Eine Figur ist **achsensymmetrisch**, wenn man sie so falten kann, dass beide Hälften genau aufeinander liegen. Eine Figur, die bei einer Halbdrehung um einen Punkt Z mit sich zur Deckung gebracht wird, nennt man **punktsymmetrisch zu Z.**

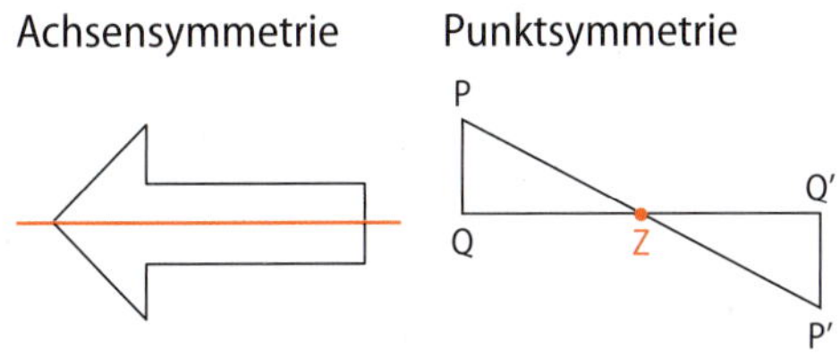

Koordinatensystem

Seite 90

Das **Koordinatensystem** besteht aus zwei zueinander senkrechten Zahlenstrahlen (x-Achse und y-Achse), die sich im **Ursprung O** schneiden. Durch **Koordinaten** kann man die Lage eines Punktes festlegen.

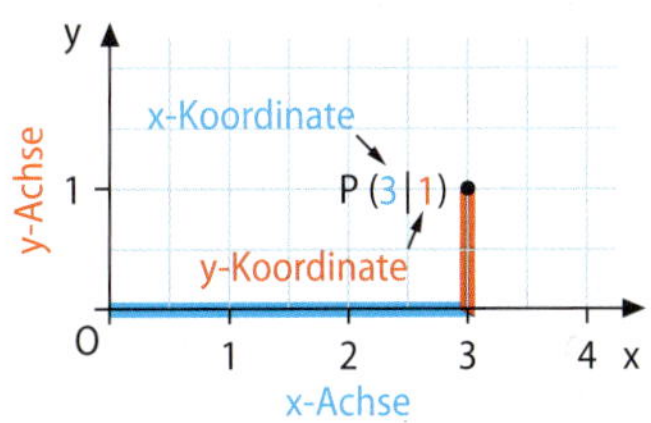

Winkel

Seite 92

Ein **Winkel** wird von zwei **Schenkeln** begrenzt. Diese haben einen gemeinsamen Anfangspunkt, den **Scheitelpunkt S.**
Um die Größe von Winkeln anzugeben, wird der Vollwinkel (eine Umdrehung) in 360 gleich große Teile geteilt. Die so entstandene Einheit nennt man **1 Grad (1°).**

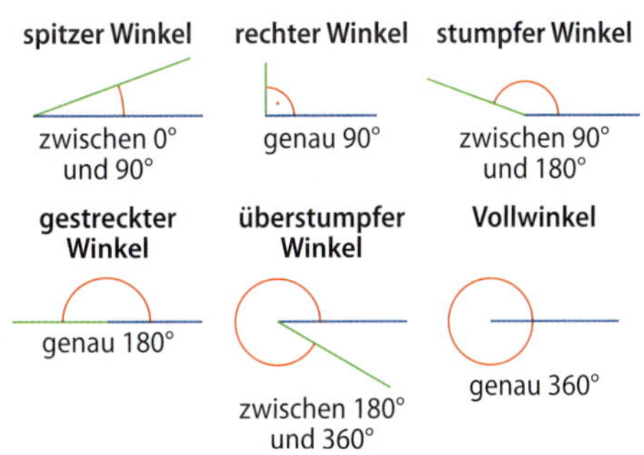

Kreis

Seite 102

Alle Punkte auf der Kreislinie haben vom **Kreismittelpunkt M** den gleichen Abstand. Diesen Abstand nennt man Radius r. Der Durchmesser d ist der doppelte Radius.

$d = 2 \cdot r$

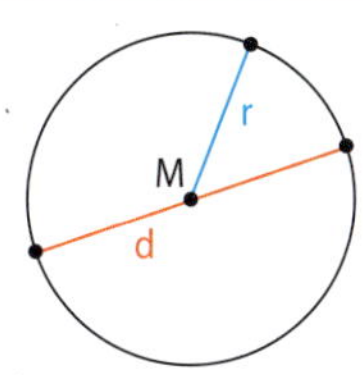

3 Auf unterschiedlichen Wegen

1 Übertrage die Punkte in dein Heft.

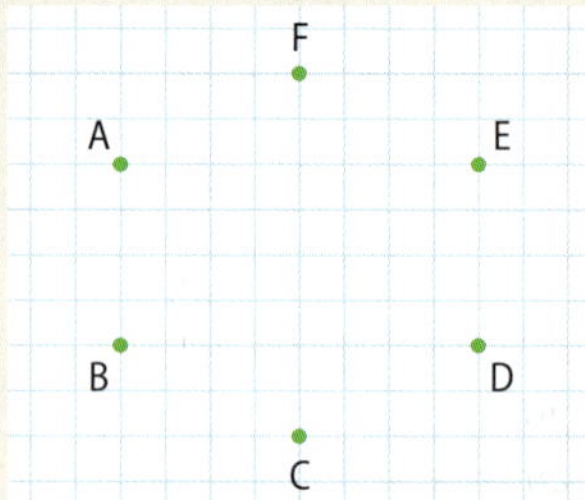

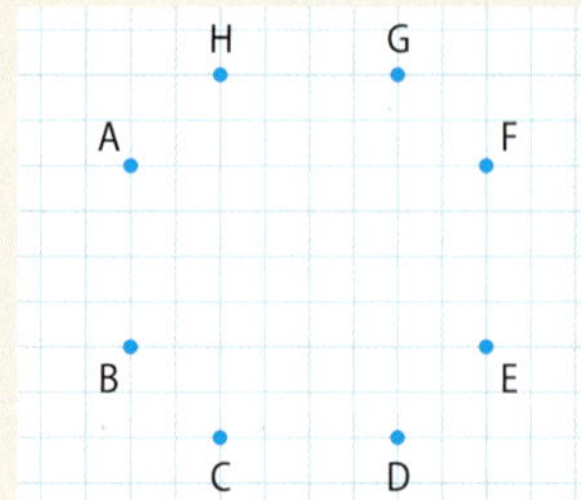

a) Zeichne die Strecken $\overline{BD}$, $\overline{DF}$ und $\overline{FB}$.
b) Finde zu jeder Strecke aus a) eine Gerade, die parallel zu der Strecke liegt und durch zwei Punkte geht.
c) Finde Strecken, die orthogonal zueinander sind (und durch zwei Punkte gehen).

a) Zeichne jeweils eine Strecke vom Punkt C zu allen anderen Punkten.
b) Finde möglichst viele Geraden, die durch zwei der angegebenen Punkte gehen und zu den Strecken aus a) parallel sind.
c) Kannst du zu jeder der Strecken aus a) eine orthogonale Gerade durch zwei der angegebenen Punkte finden?

2 Zeichne zwei Geraden g und h, die sich in einem Punkt Z schneiden.
a) Wo liegen die Punkte, die von der Geraden g den Abstand 2 cm haben?
b) Wo liegen die Punkte, die von der Geraden h den Abstand 3 cm haben?
c) Wie viele Punkte gibt es, die beide Bedingungen erfüllen?

Zeichne zwei parallele Geraden g und h mit dem Abstand 2 cm.
a) Wo liegen die Punkte, die von g und h den gleichen Abstand haben?
b) Wo liegen die Punkte, die von g den Abstand 3 cm und von h den Abstand 5 cm haben?
c) Gibt es Punkte, die von h den Abstand 4 cm haben und von g den Abstand 1 cm? Begründe.

3 **a)** Übertrage jeweils die Figur in dein Heft und vervollständige sie zu einer achsensymmetrischen Figur.

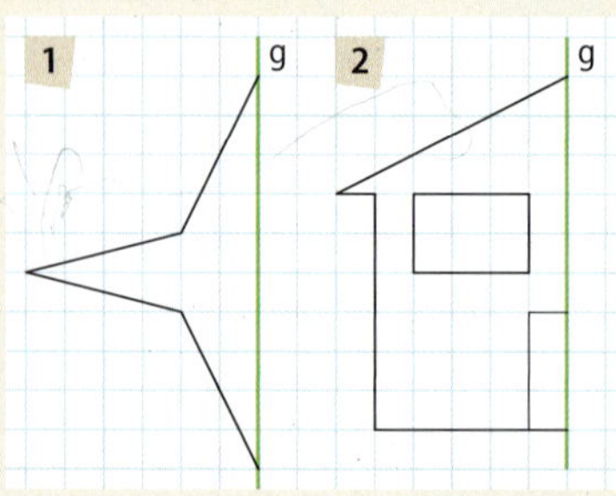

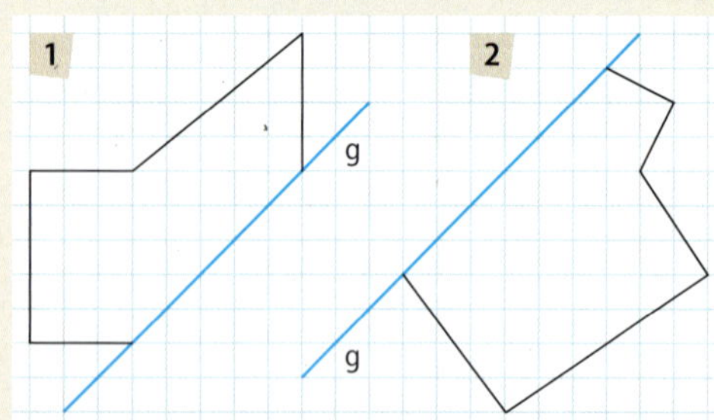

b) Untersuche auf Punktsymmetrie und finde das Symmetriezentrum.

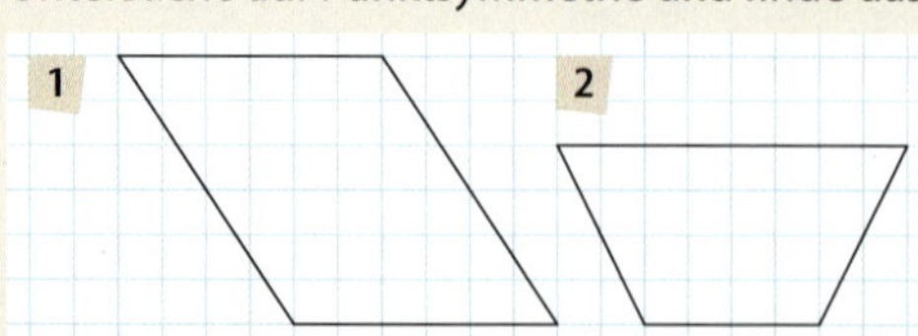

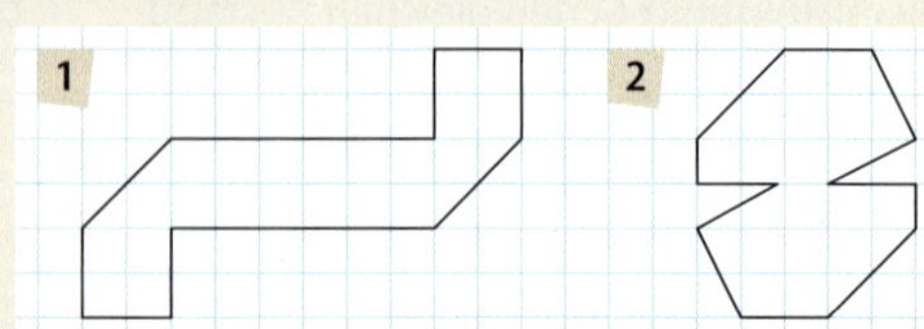

4 Trage die Punkte A (2|3), B (4|3), C (3|6), Z (5|3) und P (5|7) in ein Koordinatensystem ein.

a) Spiegele das Dreieck ABC an der Geraden durch Z und P. Gib die Koordinaten der Spiegelpunkte an.
b) Spiegele das Dreieck am Punkt Z und gib die Koordinaten der Spiegelpunkte an.
c) Welches Viereck ist aus den beiden Spiegeldreiecken entstanden?

a) Ergänze einen Punkt D so, dass ABCD ein Parallelogramm ergibt.
b) Spiegele das Parallelogramm einmal an Z und einmal an der Geraden durch ZP.
c) Ergänze einen Punkt R so, dass aus einigen der Spiegelpunkte eine Raute entsteht. Gib die Koordinaten der Punkte der Raute an.

5 Übertrage die Abbildung in dein Heft.

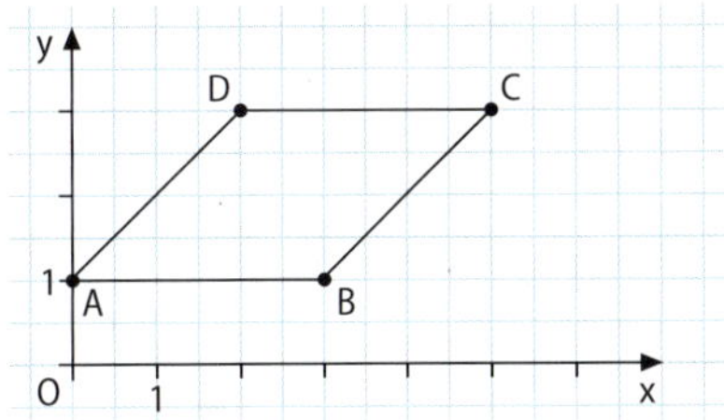

a) Bestimme die Koordinaten aller Eckpunkte des Parallelogramms ABCD.
b) Gib die Koordinaten des Punkts an, dessen x-Koordinate den Wert 2 hat und der innerhalb von ABCD liegt.

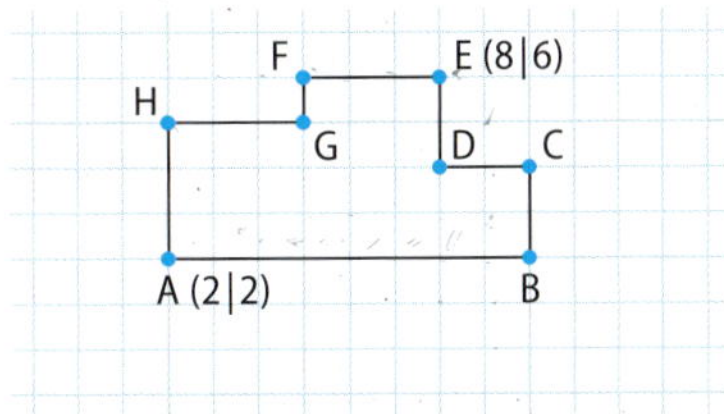

a) Trage die x- und die y-Achse ein. Bestimme dann die Koordinaten der restlichen Punkte.
b) Wo liegen die Punkte, deren Koordinaten den Summenwert 6 (9; 12) haben? Was fällt dir auf?

6 Beim Billard springt die Kugel im gleichen Winkel von der „Bande" ab, wie sie aufgetroffen ist. Wo landet die Kugel bei der 3. (5.) Bandenberührung? Übertrage in dein Heft und zeichne den Verlauf der Kugel ein.

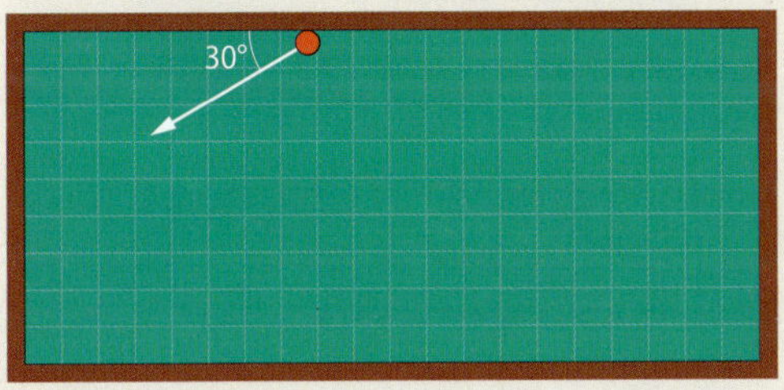

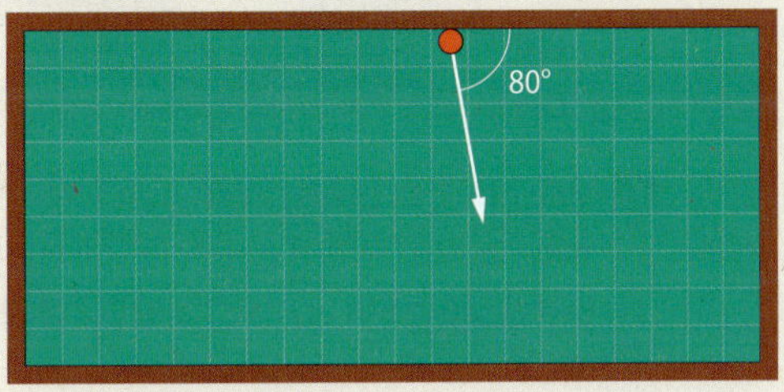

7 Übertrage die Figuren in dein Heft und zeichne alle Symmetrieachsen ein.

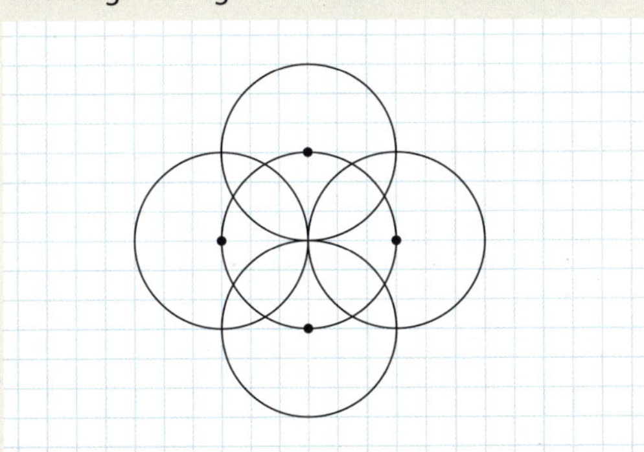

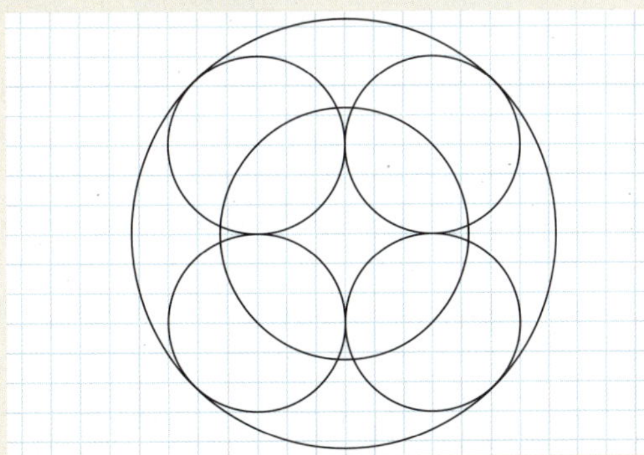

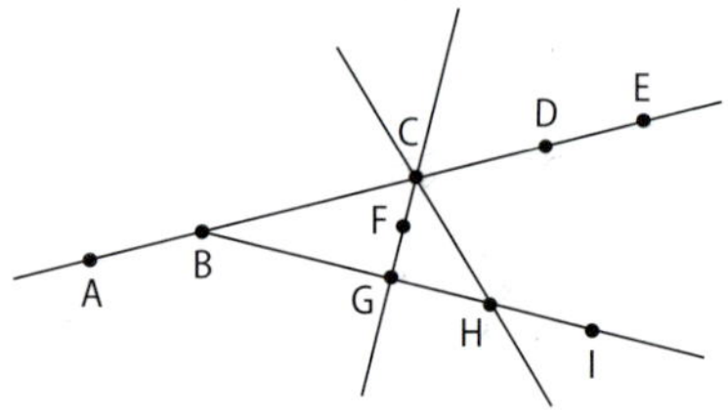

1 a) Gib je drei der in der Zeichnung enthaltenen Strecken, Strahlen und Geraden an.
b) Miss $\overline{AC}$, $\overline{BI}$, $\overline{CH}$ und $\overline{CE}$.
c) Gib für die Gerade durch die Punkte A und C verschiedene Bezeichnungen an.

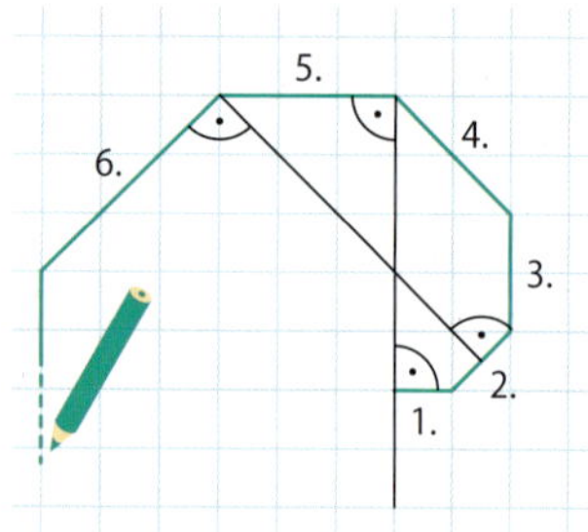

2 a) Zeichne ein mathematisches Schneckenhaus. Übertrage dazu die Figur in dein Heft und setze das Muster weiter fort.
b) Welche der Strecken in dem Schneckenhaus sind parallel zueinander (stehen aufeinander orthogonal)?

3 Welcher der folgenden Winkel passt jeweils nicht zu den anderen? Begründe deine Antwort.

a) 

b) 

c) 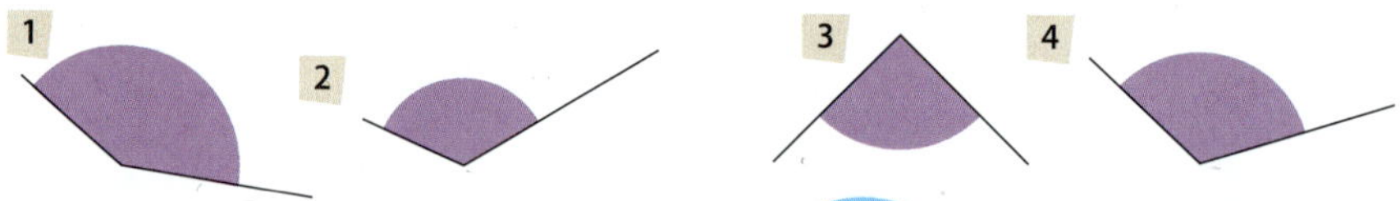

d) 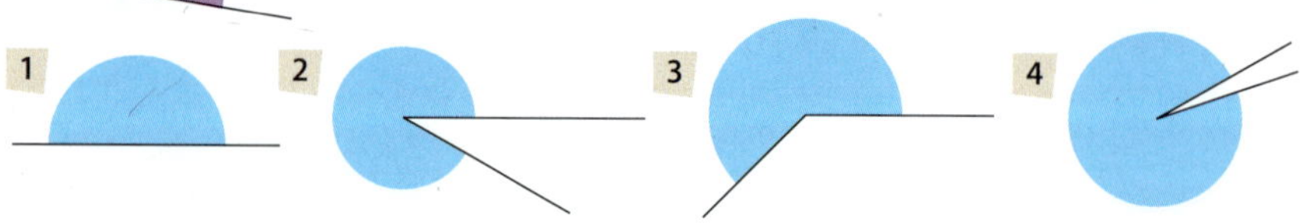

4 Zeichne das Dreieck ABC mit A (2 | 2), B (5 | 1) und C (2 | 6). Die Symmetrieachse geht durch die Punkte P (7 | 0) und Q (7 | 8). Führe eine Achsenspiegelung aus und gib die Koordinaten der Bildpunkte an. Miss alle auftretenden Winkel im Ausgangsdreieck.

5 Zeichne folgende Winkel in dein Heft.
$\alpha = 75°$ $\beta = 90°$ $\gamma = 135°$ $\delta = 200°$ $\varepsilon = 355°$

6 Beschreibe die auftretenden Winkel in den Beispielen. Nenne Winkelart, Schenkel und Scheitelpunkt. Beachte: Es sind mehrere Winkelarten möglich.
a) Öffnung eines Vogelschnabels
b) Neigung eines Dachs
c) Abbiegen an einer Straßenkreuzung
d) Öffnung deines Zirkels

7 a) Zeichne jeweils einen Kreis mit dem angegebenen Radius bzw. Durchmesser.
1 r = 4 cm 2 d = 6 cm 3 r = 2 cm 2 mm 4 d = 7 cm 8 mm
b) Zeichne drei Kreise, die genau zwei Punkte (genau einen Punkt) gemeinsam haben.

8 a) Übertrage die Zeichnung in dein Heft. Zeichne einen Punkt D so ein, dass ein Parallelogramm LAND entsteht.

b) Der Punkt A hat die Koordinaten A (6 | 1).

  1 Beschrifte die Einheiten auf den Koordinatenachsen.

  2 Gib die Koordinaten von G, N und L an.

c) Zeichne eine Gerade durch G, die orthogonal (parallel) zu $\overline{LA}$ verläuft. Bestimme den Abstand von G zu $\overline{LA}$.

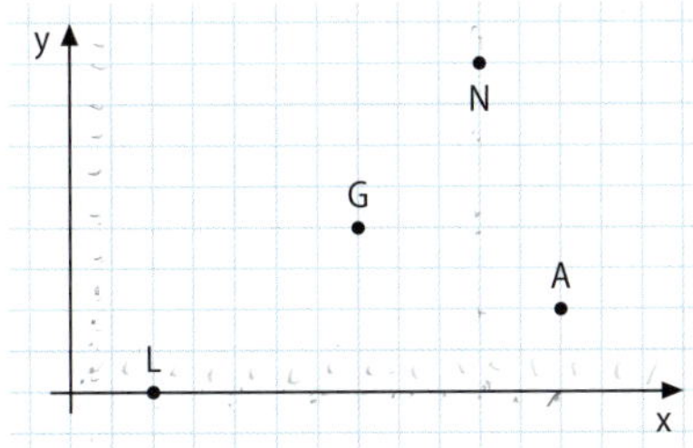

9 Übertrage ins Heft und ergänze zu einer punktsymmetrischen Figur. Was kannst du zu den entstandenen Bildfiguren aussagen?

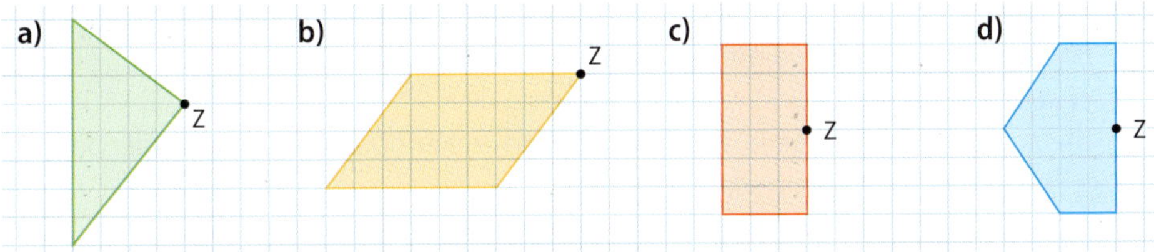

10 a) Zeichne auf unliniertem Papier ein Rechteck bzw. ein Quadrat mit den angegebenen Seitenlängen. Zeichne jeweils die Diagonalen und Symmetrieachsen ein. Miss die Länge der Diagonalen.

  1 a = 9 cm; b = 6 cm **2** a = 25 mm; b = 35 mm **3** a = 65 mm

b) Wie müssten die Rechtecke verändert werden, damit sich die Länge der Diagonalen verdoppelt (halbiert)? Probiere mithilfe einer Zeichnung. Findest du verschiedene Möglichkeiten?

11 Wer bin ich? Finde heraus, um welches Viereck es sich handeln kann.

a) **WANTED**

Meine vier Seiten sind gleich lang und meine Diagonalen stehen senkrecht zueinander.

b) **WANTED**

Zwei meiner Seiten sind parallel, die anderen beiden auch. Meine beiden Diagonalen sind gleich lang.

c) **WANTED**

Ich besitze vier Symmetrieachsen.

12 Übertrage die Figuren in dein Heft und ergänze sie an der gegebenen Symmetrieachse zu einer achsensymmetrischen Figur.

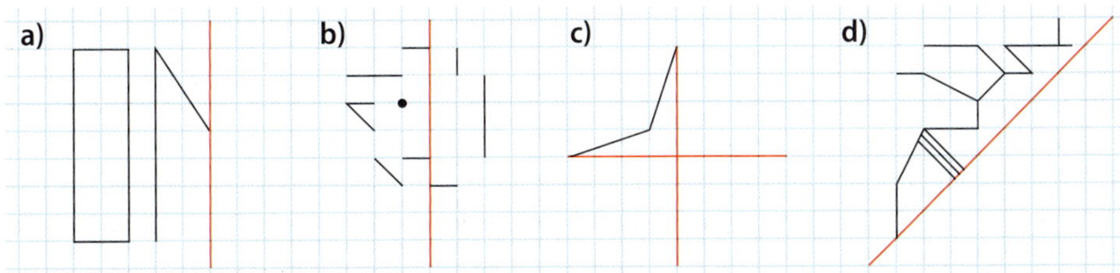

13 Veranschauliche durch eine Zeichnung und beschreibe jeweils, wo alle Punkte liegen,
a) deren y-Koordinate 0 ist.
b) deren x-Koordinate 2 und deren y-Koordinate größer als 4 ist.
c) deren x-Koordinate mindestens 3 ist.

14 Zeichne ein beliebiges Dreieck in dein Heft.
a) Miss für jeden Eckpunkt den Abstand zur gegenüberliegenden Seite.
b) Zeichne durch jeden Eckpunkt eine Parallele zur gegenüberliegenden Seite so lang, so dass sich die Parallelen wieder schneiden. Was fällt dir auf?
c) Miss von jedem neu entstandenen Eckpunkt aus b) den Abstand zur gegenüberliegenden Seite. Vergleiche mit den in a) gemessenen Abständen.

15 a) Zeichne eine Raute, die kein Quadrat ist.
b) Zeichne ein Parallelogramm, das kein Rechteck ist.
c) Zeichne ein Rechteck, das kein Quadrat ist.
d) Kannst du die Figuren in a) bis c) auch vertauschen? Dann zeichne sie oder begründe, warum es nicht gehen sollte.

16 Trage die Punkte I (2|2), L (8|2), G (8|6), A (2|6) und N (7|4) in ein Koordinatensystem (Einheit: 1 cm) ein.
a) Zeichne denjenigen Kreis k um den Schnittpunkt S der beiden Diagonalen IG und LA des Rechtecks ILGA, der durch den Punkt I verläuft.
Miss die Radiuslänge $r_1 = \overline{SI}$ des Kreises k_1.
b) Zeichne denjenigen Kreis k_2 um den Punkt S aus a), der durch den Punkt N verläuft, und und gib seine Radiuslänge $r_2 = \overline{SN}$ an.
c) Gib die Koordinaten derjenigen Gitterpunkte an, die zwischen den Kreisen k_1 und k_2 aus a) und b) liegen.

17 a) Übertrage die Figur in dein Heft. Der Radius der roten Kreise beträgt 15 mm.
Bestimme auch die Radien der blauen und grünen Kreise.

1

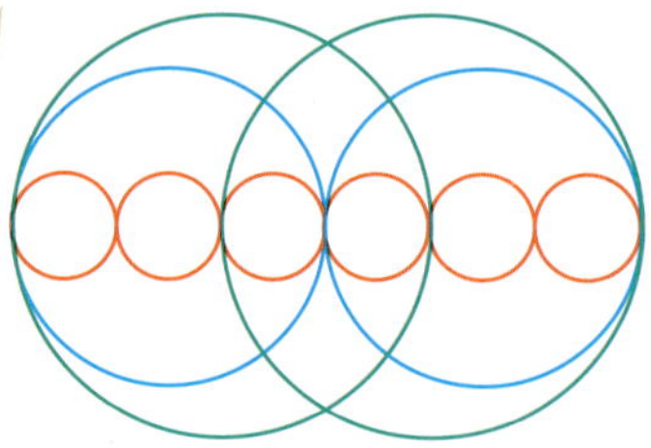

2

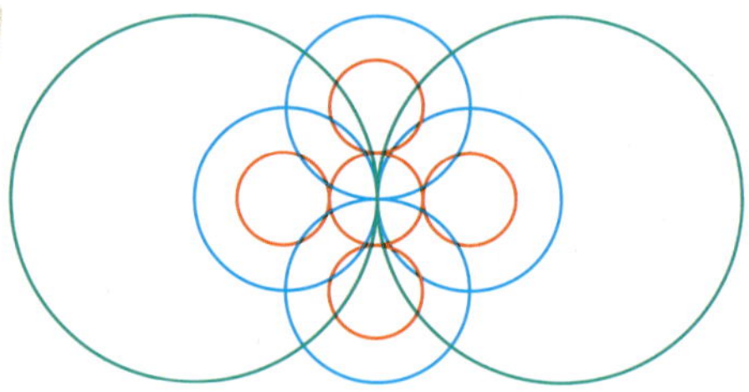

b) Erfinde weitere derartige Kreisfiguren.

18 Übertrage die folgenden Figuren mit doppelten Längen in dein Heft.

a)

b)

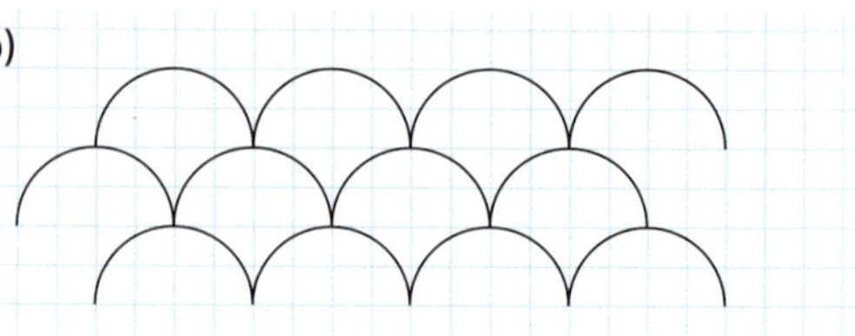

19 a) Nenne jeweils mindestens zwei Zeitpunkte, zu denen die Uhrzeiger miteinander einen Winkel von 30°, 60°, 120°, 180° bzw. 270° einschließen.

b) Finde heraus, wie oft am Tag die Uhrzeiger einen gestreckten Winkel bilden.

c) Übertrage die Tabelle in dein Heft und vervollständige sie dann dort.

Zeitspanne	40 min	12 min			45 min		
Winkel, den der Minutenzeiger überstreicht			190°	330°		40°	90°

20 Übertrage die Geraden g und h anhand der markierten Punkte in dein Heft. Zeichne anschließend alle Punkte ein, die von beiden Geraden einen Abstand von 2 cm (3 cm, 4 cm) besitzen. Was stellst du fest?

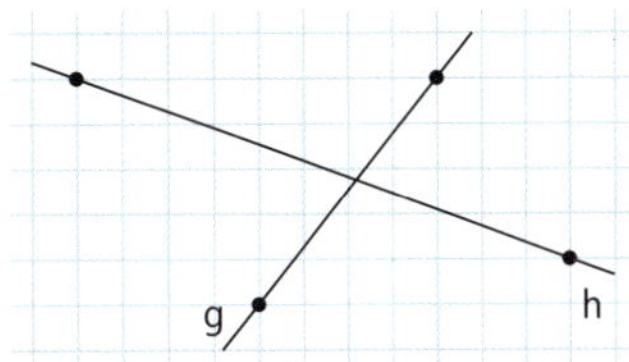

Die zwölf Punkte müssen „zwischen" den beiden Geraden liegen.

Alltag

Amerikanische Verhältnisse

In Amerika sind viele Städte „am Reißbrett" entworfen worden.

- Beschreibe, was das bedeutet.

Die Abbildung zeigt einen Ausschnitt des Stadtplans von New York.

- Wähle geeignete Einheiten der Koordinatenachsen.
- Beschreibe damit den angegebenen Weg vom Standort zum Ziel.
- Gib die Koordinaten an, an denen man die Richtung ändert.
- Finde einen Weg vom Standort zum Ziel, bei dem du 1 (5; 7) Richtungsänderungen hast.
- Beschreibe den Weg vom Standort zum Rockefeller Center (The Pond, Grand Central Terminal).
- Beschreibe den Verlauf des Broadway auf der Karte.

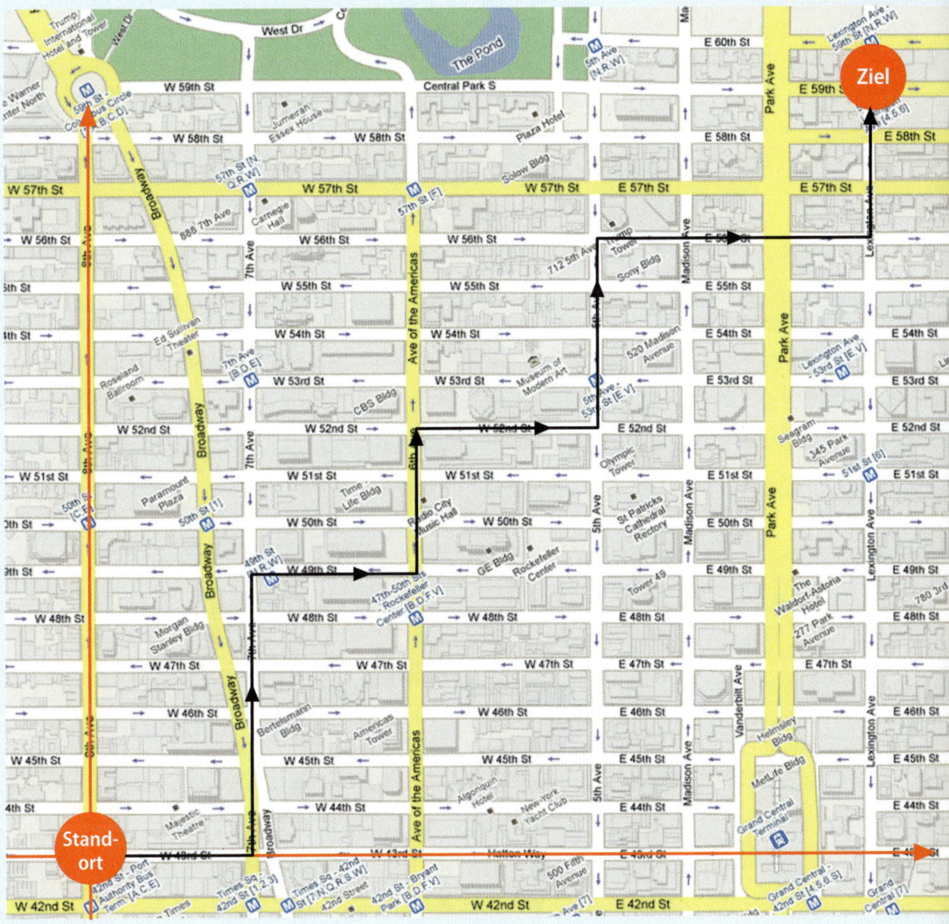

Der Begriff ***Mindmap*** *geht auf den britischen Psychologen Tony Buzan zurück und heißt übersetzt* ***Gedankenlandkarte****.*

Du hast bereits eine ganze Reihe von Vierecken kennengelernt: das Quadrat, das Rechteck, das Parallelogramm, die Raute, das Trapez und das Drachenviereck. Jedes dieser Vierecke hat seine besonderen Eigenschaften.
Es ist gar nicht so leicht, bei all den unterschiedlichen Informationen den Überblick zu behalten. Eine einfache und sehr gute Methode kann dir dabei helfen: die **Mindmap**.
Wie man eine Mindmap erstellt, wird dir im Folgenden am Beispiel „Winkel" erklärt.

Schritt 1:
Schreibe genau in die Mitte des Blattes das Thema und hebe es farbig hervor.

Wenn ich an Winkel denke, fallen mir viele Begriffe ein. Ich muss eine Ordnung herstellen.

Schritt 2:
Von der Mitte aus werden auf die Hauptäste der Mindmap die Begriffe geschrieben, die nach dem zentralen Begriff am wichtigsten sind.

Wir haben durchgenommen, woraus Winkel bestehen, wie man Winkel zeichnet und auch die Winkelarten.

Schritt 3:
Jeder Zweig kann sich weiter verästeln, um neue Begriffe aufzuführen oder mehr ins Detail zu gehen.

Winkel bestehen aus einem Scheitel und den beiden Schenkeln. Man kann Winkel durch Drehen messen und zeichnen, aber auch …

Schritt 4:
Es ist möglich, Verknüpfungen zwischen den Zweigen herzustellen.

Beim Vollwinkel sieht es so aus, als ob es nur einen Schenkel gäbe, weil beide Schenkel übereinander liegen.

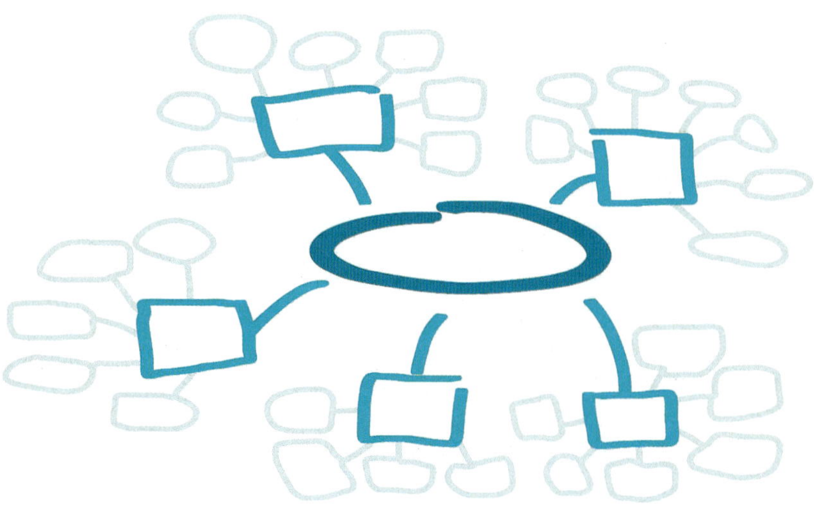

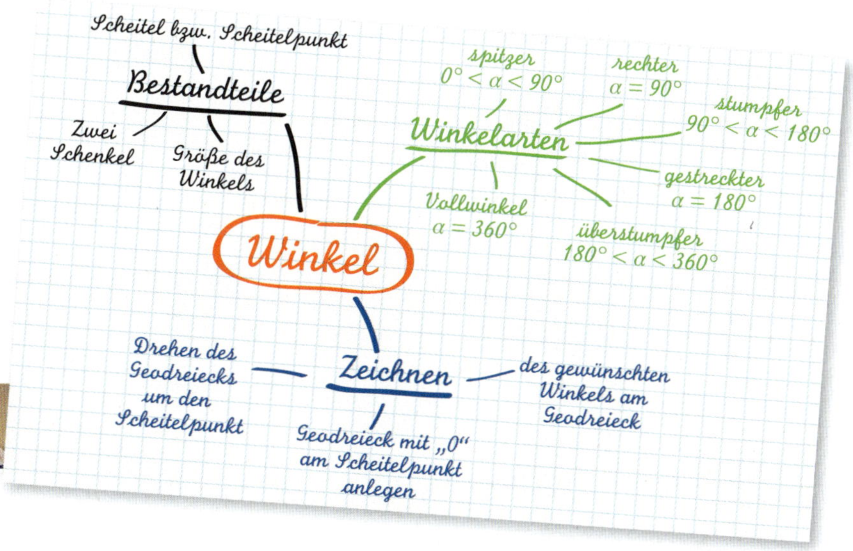

Zurück zu den Vierecken: Jedes der Vierecke, die du kennen gelernt hast, hat besondere Eigenschaften. Manchmal haben zwei Vierecke eine gemeinsame Eigenschaft, in einer anderen Eigenschaft hingegen unterscheiden sie sich. Eine Mindmap hilft dir, Ordnung zu schaffen:

1 a) Übertrage die angefangene Mindmap zu Vierecken in dein Heft. Ordne die Vierecke, die du kennst, in die Mindmap ein und ergänze neue Zweige.

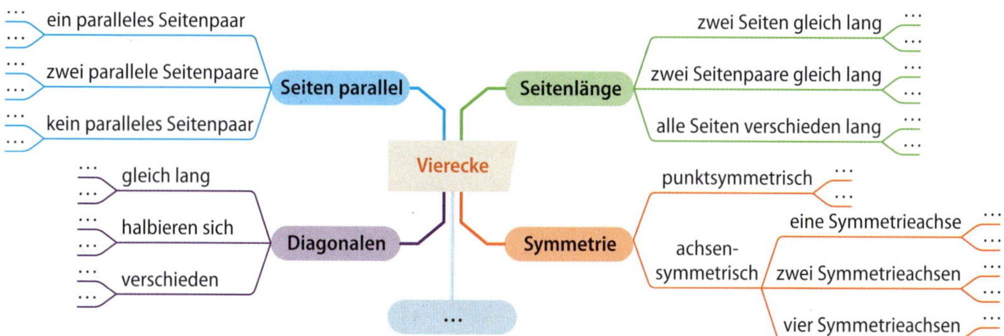

b) Du kannst Zusammenhänge zwischen Vierecken auch anders darstellen. Schreibe dazu eine Geschichte, in der die Vierecke als Personen auftreten und ihre Beziehungen zueinander durch Verwandtschaft beschreiben werden.
Beispiel: Einst lebte im Viereckland, das direkt an den Rundwald grenzte, die kleine Rauti. Sie hatte einen Bruder, Quadratfix, der ihr sehr ähnlich sah …

2 Probiere aus, ob du jetzt selbstständig eine Mindmap zu symmetrischen Figuren erstellen kannst. Die Karten können dir Ideen für eine Ordnung liefern.

Anzahl der Symmetrieachsen | Punktsymmetrie | Anzahl der Ecken | Lage der Symmetrieachsen | Kreis

Aufgaben zur Einzelarbeit

Überprüfe deine Fähigkeiten und Kompetenzen. Bearbeite dazu die folgenden Aufgaben und bewerte anschließend deine Lösungen mit einem Smiley.

☺	😐	☹
Das kann ich **wirklich gut!**	Das kann ich **fast!**	Das muss ich **noch üben!**

1 Benenne möglichst viele verschiedene Geraden, Halbgeraden und Strecken.

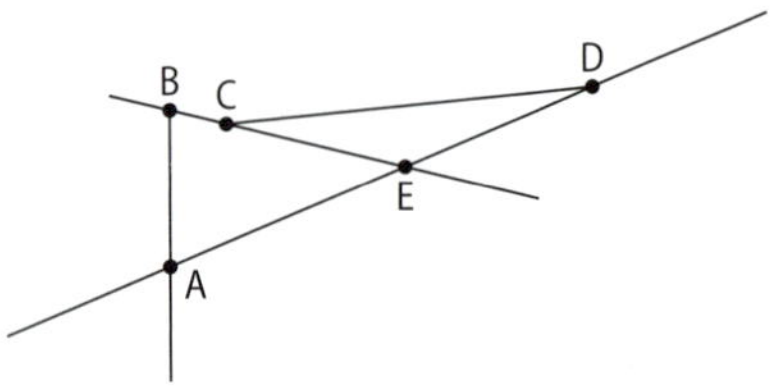

2 Überprüfe, welche Geraden orthogonal bzw. parallel zueinander sind.

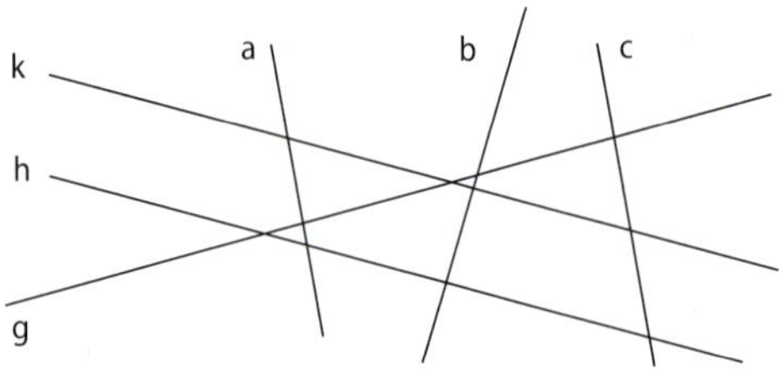

3 Übertrage ins Heft und bestimme die Abstände der Punkte A bis F von der Geraden g.

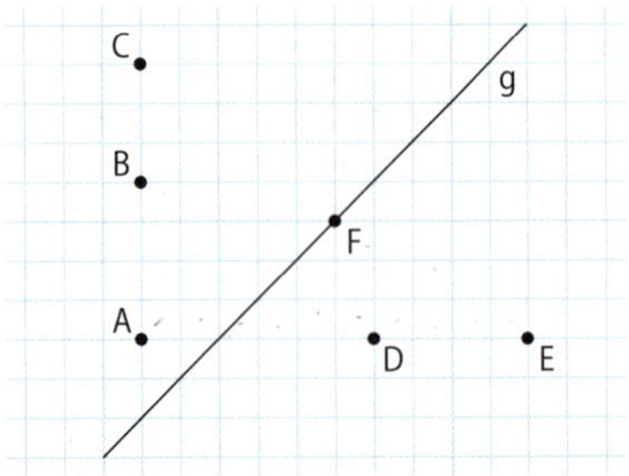

4 Zeichne parallele Geraden mit dem Abstand
a) 2 cm. **b)** 3 cm 8 mm. **c)** 75 mm.

5 Ergänze zu einer achsensymmetrischen Figur.

a)

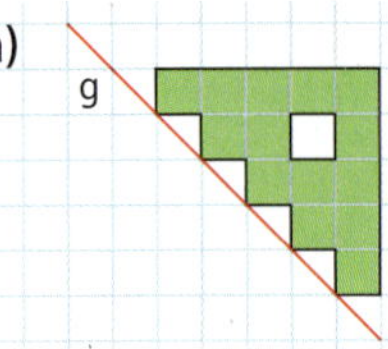

b)

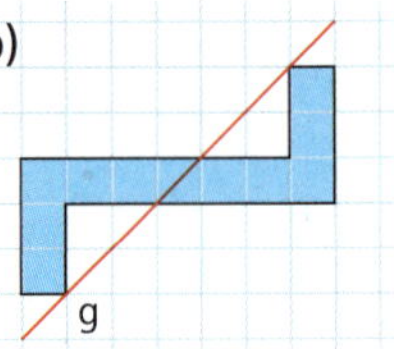

6 Ergänze zu einer in Z punktsymmetrischen Figur.

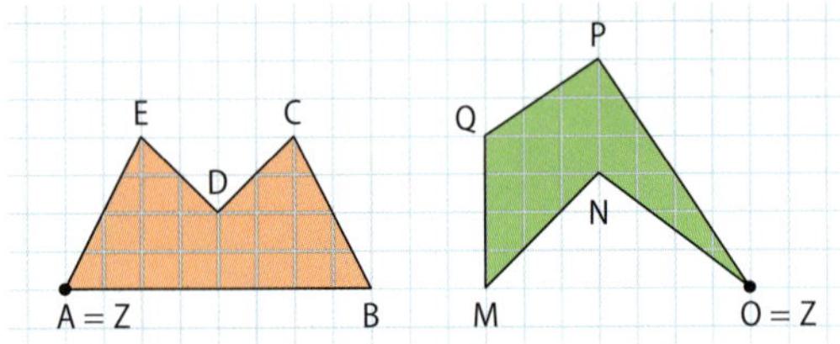

7 Gib die Koordinaten der Punkte an.

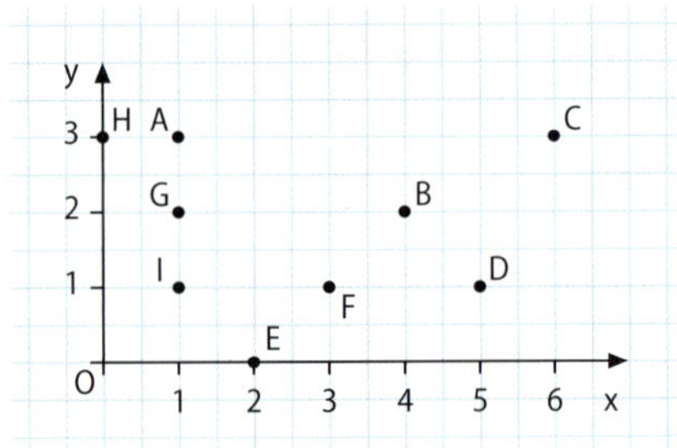

8 Zeichne die Kreisfiguren ins Heft und färbe sie. Verwende a = 4 cm.

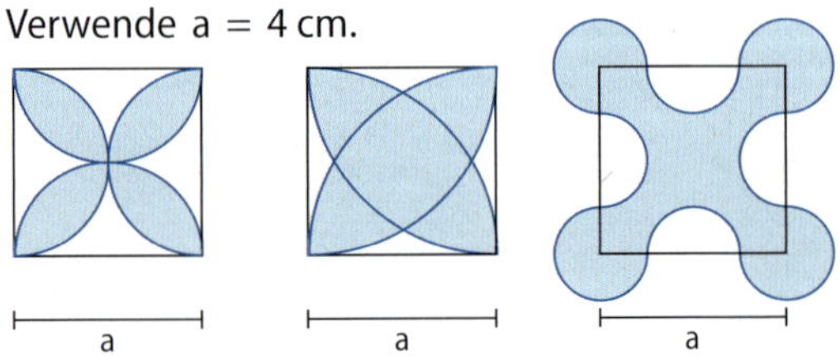

9 Zeichne Winkel folgender Größe in dein Heft. Benenne jeweils die Winkelart.
a) 50°; 70°; 90°; 120° **b)** 150°; 210°; 305°; 350°

10 Vervollständige zu einem Parallelogramm. Erkennst du ein besonderes Parallelogramm?

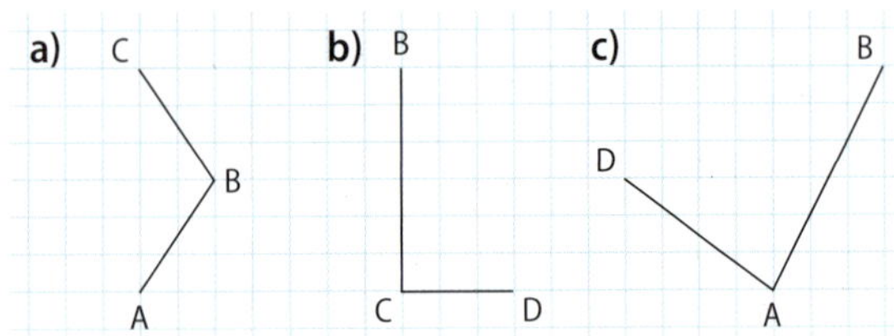

Aufgaben für Lernpartner

Arbeitsschritte

1. Bearbeite die folgenden Aufgaben zuerst allein.
2. Suche dir einen Partner oder eine Partnerin und arbeitet zusammen weiter: Erklärt euch gegenseitig eure Lösungen. Korrigiert fehlerhafte Antworten.

Sind folgende Behauptungen richtig oder falsch? Begründe.

A Eine Gerade besitzt keine Länge.

B Wenn man ein Blatt Papier zweimal faltet, entstehen stets zwei Geraden, die orthogonal aufeinander stehen.

C Es gibt Punkte, die keinen Abstand von einer Geraden haben.

D Der Punkt P (4 | 0) liegt auf der y-Achse.

E Die Reihenfolge der Koordinaten spielt beim Einzeichnen eines Punktes in ein Koordinatensystem keine Rolle.

F Vier spitze Winkel ergeben einen Vollwinkel.

G Winkel werden stets gegen den Uhrzeigersinn gemessen.

H **a)** Jede Raute ist ein Parallelogramm.
b) Jedes Quadrat ist eine Raute.
c) Jedes Parallelogramm ist ein Rechteck.

I In einer achsensymmetrischen Figur liegen ein Punkt und sein Symmetriepunkt immer auf einer Geraden, die orthogonal auf der Symmetrieachse steht.

J Bei einer punktsymmetrischen Figur hat ein Punkt den gleichen Abstand zum Symmetriezentrum wie sein Bildpunkt.

K Ein Rechteck besitzt vier Symmetrieachsen.

L Für den Durchmesser eines Kreises gilt: $d = r : 2$.

M Der Mittelpunkt eines Kreises hat zu jedem Punkt auf der Kreislinie den gleichen Abstand.

Ich kann …	„Am Ziel!"-Aufgaben	Hilfe
… Geraden, Halbgeraden und Strecken unterscheiden.	1, A	S. 76
… orthogonale und parallele Geraden überprüfen und zeichnen.	2, 4, B	S. 78
… Abstände bestimmen.	3, C	S. 82
… Figuren zu symmetrischen Figuren erweitern.	5, 6, I, J	S. 84, 88
… Punkte im Koordinatensystem ablesen und zeichnen.	7, D, E	S. 90
… Kreisfiguren übertragen.	8, L, M	S. 102
… Winkel messen und zeichnen.	9, F, G	S. 92, 94
… Vierecke zeichnen und ihre Eigenschaften erkennen.	10, H, K	S. 98

4 Startklar!

Aufgabe	Ich kann schon …	Grundwissen
1	… aus dem Alltag bekannte Größen in Längen, Massen und Zeitangaben einteilen.	S. 216
2, 3, 4	… einige einfache Größen ineinander umwandeln und der Größe nach ordnen.	S. 216
5, 6	… einfache Rechenaufgaben mit Größen lösen.	S. 216

1 Welche Einheiten kennst du, …

a) mit denen man Entfernungen beschreiben kann?
b) um Massen von Gegenständen anzugeben?
c) um Zeitangaben anzugeben?
d) um den Wert von Gegenständen zu bestimmen?

2 Wandle in die Einheit um, die in der Klammer steht.

a) 1 kg (g) **b)** 7 t (kg) **c)** 3 m (cm) **d)** 70 € (ct)
e) 11 cm (mm) **f)** 1000 cm (m) **g)** 2 km (m) **h)** 33 m (mm)
i) 1 Stunde (Minuten) **j)** 1 Tag (Stunden) **k)** 1 Jahr (Tage) **l)** 3 t (g)

3 Ordne die Größenangaben von klein nach groß.

a) 2 m; 250 cm; 1 km; 2 cm; 4 dm;
b) 3 kg; 4500 g; 11 t; 57 000 mg
c) 2 Minuten; 1 Jahr; 28 Stunden; 1 Tag; 300 Sekunden
d) 5 €; 5000 ct; 45 €; 10 000 ct

4 Hier ist etwas falsch gelaufen. Ordne den Tieren die Massen korrekt zu.

Blauwal

Eichhörnchen

Nashorn

Braunbär

Amsel

300 g — 600 kg — 100 g — 150 t — 3 t

5 Wie viel fehlt …

a) … von 123 Cent zu 2 Euro?
b) … von 450 Metern zu 2 Kilometern?
c) … von 250 Sekunden zu 5 Minuten?
d) … von 2730 Gramm zu 4 Kilogramm?

6

1 

2 

3 

4 

5 

a) Notiere die abgebildeten Uhrzeiten.
b) Wie spät ist es jeweils in 15 min (2 h 23 min)?
c) Wie spät war es jeweils vor 45 min (3 h 48 min)?

4 Messen von Größen

Einstieg

- Im Riesenslalom werden die Zeiten von zwei Läufen zusammengerechnet. Wer hat den Wettbewerb gewonnen?
- Vergleiche die Zeitunterschiede zwischen den Läuferinnen mit Zeitspannen in deiner Umwelt.
- Finde weitere Sportarten, bei denen Zeiten, Längen, … gemessen werden.

Riesenslalom – Weltcup in Ofterschwang (Deutschland)		
	1. Lauf	2. Lauf
Maria Höfl-Riesch	54,22	59,70
Mikaela Shiffrin	52,99	57,67
Lena Dürr	56,34	59,48
Nastasia Noens	54,44	59,19
Maria Pietilä-Holmner	53,79	57,47

Ausblick

Am Ende dieses Kapitels hast du gelernt, …

- … was eine Größe ist.
- … wie man zwischen den verschiedenen Einheiten einer Größe umrechnet.
- … wie man Größen messen kann und was das Grundprinzip des Messens ist.
- … wie man mit Größen rechnen kann.
- … wie man mit Maßstäben umgeht.

Kap. 4.1

Ziemlich groß!

Betrachte das Bild rechts.

- Wie hoch ist der Baum? Beschreibe, wie du vorgehst, um eine Lösung zu erhalten. Gehe dabei auch auf Probleme beim Lösen der Aufgabe ein. Gib an, welche Informationen du recherchieren musstest.

Kap. 4.2

Tief durchatmen!

Bäume produzieren das Gas Sauerstoff, das für uns zum Leben so wichtig ist.
Ein durchschnittlicher Baum produziert etwa 10 kg Sauerstoff täglich.
Ein Mensch verbraucht etwa 1 kg Sauerstoff pro Tag.
In Deutschland leben ungefähr 80 Millionen Menschen.

- Wie viele Bäume bräuchte Deutschland, um seine Einwohner mit ausreichend Sauerstoff zu versorgen?

Kap. 4.3

Ganz schön alt!

Bäume können richtig alt werden, z. B. eine Kastanie rund 650 Jahre, ein Walnussbaum rund 400 Jahre.

- Wievielmal älter wird im Durchschnitt eine Kastanie als ein Mensch?
- Recherchiere Wissenswertes über die Zeit, als eine heute 520 Jahre alte Kastanie gerade die Erdkruste durchbrach. Wie sah die Landschaft damals aus, in der du heute zu Hause bist?
- Kastanien können bis zu 25 m hoch werden. Angenommen, sie würden sehr gleichmäßig wachsen: Wie hoch wäre eine 25 m hohe und 500 Jahre alte Kastanie dann vor 100 Jahren (vor 250 Jahren) gewesen?

Kap. 4.5

Ganz schön teuer!

Hier findest du einige ungefähre Preisangaben für das Fällen eines Baumes.

1. Baum fällen (15 m Höhe), Stammholz und Äste in 50-cm-Stücke zersägen und als Brennholz dem Eigentümer hinterlassen, Kleingeäst entsorgen, ohne Wurzelbeseitigung: etwa 300 Euro
2. Baumwurzel roden oder Baumwurzel fräsen, anschließend entsorgen: 70 Euro
3. Baumfällgenehmigung (Gebühren und Kosten für die Erledigung): 85 Euro

- Welche Gesamtkosten entstehen, wenn deine Eltern einen 15 m hohen Apfelbaum auf eurem Gartengrundstück fällen möchten?
- Von einem ausgewachsenen Apfelbaum kann man jedes Jahr rund 120 kg Äpfel ernten. Aus 20 kg Äpfeln kann man rund 10 Liter Saft pressen. Jeder Deutsche isst im Durchschnitt 17 kg Äpfel pro Jahr und trinkt 8 Liter Apfelsaft.
  Beurteile mit diesen Informationen das Fällen des Apfelbaums.

Entdecken

Schätze und miss mit verschiedenen Hilfsmitteln (z. B. Stift, Fuß, Handfläche) Gegenstände im Klassenzimmer aus.

Messinstrument	Stift	Fuß	...
Breite der Tafel	24-mal		
Breite des Klassenzimmers			
Länge des Tisches			
Höhe der Tür			

- Vergleiche deine Ergebnisse mit denen eines Partners oder einer Partnerin.
- Wie müsstest du messen, damit du dasselbe Ergebnis bekommst wie dein Partner oder deine Partnerin?
- Welche Hilfsmittel wären genauer als die von dir benutzten?

Verstehen

Längen kann man immer nur in Bezug auf eine vorgegebene Grundeinheit messen. Als solche wurde früher z. B. die Elle oder der Fuß genommen. In der Mathematik ist die Grundeinheit beim Messen der Meter.

Die Wortteile dezi, zenti und milli kommen aus dem Lateinischen und bedeuten:
dezi: geteilt durch 10
zenti: geteilt durch 100
milli: geteilt durch 1000

Die **Länge** einer Strecke wird durch die Maßzahl und die Maßeinheit dargestellt.
→ 3 m ←

Zur Längenmessung sind die folgenden Einheiten üblich:
Kilometer (km) Meter (m) Dezimeter (dm) Zentimeter (cm) Millimeter (mm)

1 km = 1000 m
1 m = 10 dm
1 dm = 10 cm
1 cm = 10 mm

Wenn man mit Längenangaben rechnen oder sie vergleichen will, muss man sie schrittweise in die nächstkleinere bzw. nächstgrößere Einheit umwandeln:

35 km 700 m = **35 700 m** 8 m 6 cm = 80 dm 6 cm = **806 cm**
604 m 8 dm = **6048 dm** 9 dm 8 cm 7 mm = 98 cm 7 mm = **987 mm**

Beispiele

I. Gib bei der Größe „345 cm" die Maßzahl und die Maßeinheit an.
Lösung: Die Maßzahl ist 345 und die Maßeinheit cm (Zentimeter).

II. Miss die Länge der roten Strecke in mm.
Lösung:
Die Länge der Strecke beträgt 15 mm.

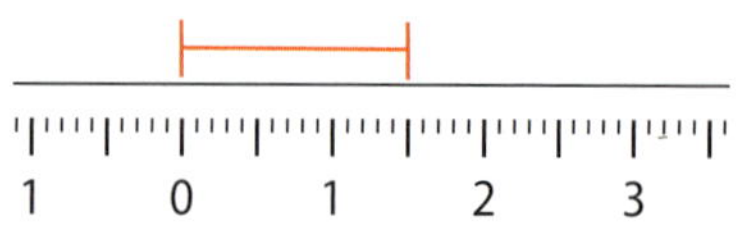

III. a) Wandle 954 000 mm schrittweise in m um.
b) Gib 730 000 000 m in km an und schreibe mithilfe von Zehnerpotenzen.

Lösung:
a) 954 000 mm = 95 400 cm = 9540 dm = 954 m
b) 730 000 000 m = 730 000 km = $73 \cdot 10\,000$ km = $73 \cdot 10^4$ km

Nachgefragt

- Thomas sagt: „Man kann jede Längeneinheit in eine beliebige größere umwandeln, aber nicht in eine kleinere." Hat er Recht? Begründe.
- Richtig oder falsch? Längenangaben in Metern sind immer größer als Längenangaben in Dezimetern.
- Wievielmal ist ein Meter größer als ein Zentimeter (Millimeter)?

Aufgaben

1 Miss die Längen der Strecken und gib sie in verschiedenen Einheiten an.
Beispiel: $\overline{CD}$ = 20 mm = 2 cm

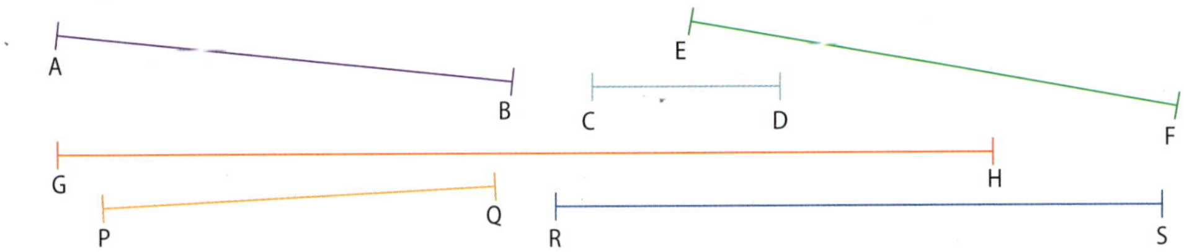

2 a) Zeichne Strecken mit den angegebenen Längen in dein Heft.
b) Verdopple die oben genannten Längen und zeichne diese Strecken.
c) Kann man die Strecken aus a) so kombinieren, dass sie insgesamt eine Strecke der Länge 30 mm (9 cm) ergeben? Gib verschiedene Möglichkeiten an, falls es geht.

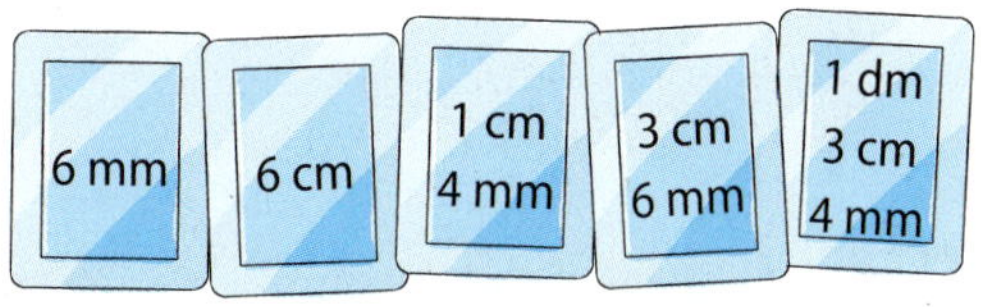

Strecken dürfen auch mehrfach oder gar nicht verwendet werden.

3 Schreibe in der nächstkleineren Einheit.

a) 23 cm	**b)** 8 km	**c)** 16 dm	**d)** 410 cm	**e)** 198 cm
4 cm	120 m	35 cm	230 dm	3750 cm

4 Schreibe in der nächstgrößeren Einheit.

a) 250 cm	b) 6000 m	c) 450 dm	d) 54 300 mm	e) 9800 cm
3000 cm	20 dm	230 cm	101 000 m	1100 dm

5 a) Ordne der Größe nach.
185 cm; 1 m 4 dm; 144 km; 324 m; 1 cm; 30 cm; 20 dm; 520 cm
b) Schätze für die folgenden Angaben die Länge in einer geeigneten Einheit. Überprüfe, wenn möglich.
Daumenbreite, Ellenbogen, Länge eines Esszimmertisches, Autolänge, Eiffelturm, Zollstock, Größe eines Erwachsenen, Entfernung Stuttgart–Offenburg

6 Rechne schrittweise in mm um.
Beispiel: 3 m = 30 dm = 300 cm = 3000 mm

a) 2 m	**b)** 4 dm	**c)** 1 km	**d)** 6 cm	**e)** 13 m
24 dm	30 cm	26 km	3 m 4 dm	5 dm 4 cm
2 km 23 m	83 dm	9 m 8 dm 7 cm	61 cm	13 m 10 cm

7 Rechne in einem Schritt in die in Klammern angegebene Einheit um.

a) 200 mm (dm)	**b)** 400 cm (m)	**c)** 10 000 dm (km)	**d)** 80 dm (m)
e) 900 000 mm (dm)	**f)** 35 000 mm (cm)	**g)** 78 000 m (km)	**h)** 2000 cm (m)

8 Ordne die Längen der Größe nach; beginne mit der kleinsten Länge.
a) 15 dm; 20 cm; 35 mm; 1 m; 65 cm
b) 23 cm; 2 m; 24 cm; 290 mm; 115 cm
c) 5 dm; 275 mm; 28 cm 5 mm; 730 mm
d) 1344 m; 1500 dm; 1 km 30 m; 14 356 cm

Zehnerpotenzen findest du auf Seite 49.

9 Wandle in km um und notiere mithilfe von Zehnerpotenzen.
a) 90 000 m b) 4 Milliarden m c) 80 000 000 cm d) 307 Millionen dm

10 Welche Gegenstände in deiner Umwelt könnten die folgenden Längen haben?
a) 10 cm b) 4 m c) 1 cm d) 3 km

11 Übertrage die Einheitentafel in dein Heft und vervollständige sie.

	Länge	km			m			dm	cm	mm	
		100	10	1	100	10	1				
a)	7 m 6 cm						7	0	6	0	7060 mm
b)	15 cm										mm
c)	56 819 m										cm
d)	377 km										dm

12 a) Schätze möglichst genau die Höhe des Muldenkippers. Beschreibe dein Vorgehen.
b) Warum ist dieses Vorgehen ungenau?

13 Manchmal findet man Längen- oder Höhenangaben, die wesentlich genauer sind, als man sie im Alltag normalerweise braucht.
Überlege, wann eine solch präzise Angabe sinnvoll ist und wann nicht. Runde geeignet und gib die Längen in einer günstigen Einheit an.
1 Die Zugspitze ist nach neuesten Messungen 296 206 cm hoch.
2 Ein Auto ist 4520 mm lang, 2013 mm breit und 1421 mm hoch.
3 Der Eiffelturm in Paris ist einschließlich Antenne 32 482 cm hoch.

14 a) Zeichne die Punkte A (1 | 1), B (5 | 1), C (5 | 4) und D (1 | 4) in ein Koordinatensystem (1 Einheit ≙ 1 cm). Welche Figur entsteht und wie lang sind ihre Seiten? Zeichne alle Symmetrieachsen ein.
b) Zeichne ein Parallelogramm in ein Koordinatensystem. Die längere Seite soll dabei 5 cm lang sein. Gib die Koordinaten der Eckpunkte von mindestens zwei solcher Parallelogramme an. Wie lang ist jeweils die andere Seite?

15 a) Schätze zuerst, an welchen Stellen des Strahls sich die Buchstaben A, B, C, D und E befinden. Miss anschließend mit dem Geodreieck nach.
b) Welche Entfernungsangaben liegen in der Mitte zwischen $\overline{AB}$, $\overline{AC}$, $\overline{CD}$, …?

16 Dominik hat die Weiten seiner Klassenkameraden im Schlagballwettbewerb notiert. Veranschauliche die Ergebnisse mithilfe eines Diagramms. Runde geeignet.

Dominik	Yusuf	Julia	Giuseppe	Marcel	Mia
330 dm	41 m	2500 cm	375 dm	28 m	3119 cm

17 Beim Vergleich der Schulwege in der Klasse 5a ergab sich folgendes Bild: Laura muss 1 km 900 m zur Schule gehen, Görans Weg ist 2600 m länger. Nikos Schulweg ist halb so lang wie der von Samuel. Insgesamt müssen Niko und Samuel 9000 m zurücklegen.
Wie lang sind die Schulwege von Laura, Göran, Niko und Samuel?
Übertrage das Diagramm ins Heft und vervollständige es.

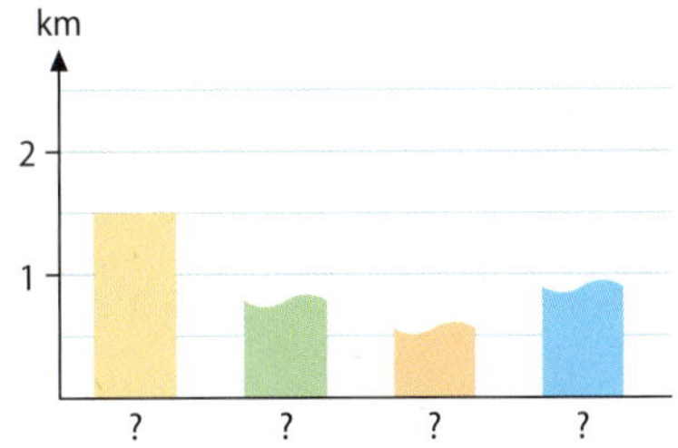

Geschichte

Alte Längenmaße

Früher verwendete man Längenmaße, die sich meist aus Körperteilen ergaben: Zoll, Spanne, Elle, Klafter oder Fuß. Die Umrechnung der Maße war nicht einfach:
1 Zoll ≈ 2 cm 5 mm   12 Zoll = 1 Fuß   6 Fuß = 3 Ellen = 1 Klafter

Selbst die einzelnen Maße waren nicht einheitlich. Eine Elle beispielsweise konnte in verschiedenen Regionen unterschiedlich lang sein, sodass es über 100 verschieden lange Ellen gab: Bayerische Elle: 83 cm 3 mm; Frankfurter Elle: 54 cm 7 mm.

Im Jahr 1889 wurde deshalb ein einheitliches Maß eingeführt. Zu diesem Zweck schuf man einen Platinstab („Urmeter"), dessen Länge mit einem Meter (1 m) festgelegt wurde.

Historische Längenmaße hielten sich trotzdem erstaunlich lange: Die Diagonale eines Monitors ist z. B. 17 (19) Zoll lang, Fahrradreifen haben einen Durchmesser von 26 (28) Zoll, Flugzeuge fliegen 12 000 (20 000) Fuß hoch und die Größe von Fußballtoren wurde mit 24 Fuß × 8 Fuß festgelegt, …

- Beschreibe Probleme, die sich aus den unterschiedlichen Maßen früher ergaben.
- Auf Marktplätzen, an Rathäusern oder an Kirchen wurde früher oftmals das örtliche Fuß- oder Ellenmaß angebracht. Finde eine Erklärung hierfür.
- Rechne in unsere Längenmaße um: 1 Fuß, 1 Elle, 1 Klafter, 1 yard (= 3 Fuß), 1 mile (= 1000 Klafter) .
- Gib für die im Text vorkommenden Beispiele die Längen in den gewohnten Einheiten an.
- Finde weitere Beispiele für historische Längenmaße im Alltag.

Entdecken

Hundemasse	Tagesration
bis 2 kg	100 g
bis 5 kg	200 g
bis 14 kg	300 g
bis 25 kg	400 g
bis 40 kg	850 g

Der Schäferhund von Herrn Höhn hat Nachwuchs bekommen.

- Erkläre das unten stehende Diagramm.
- Erstelle einen Fütterungsplan für das erste halbe Jahr.

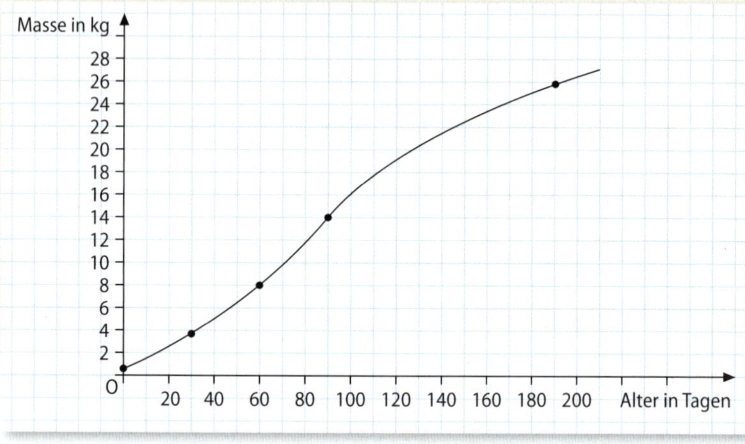

Verstehen

Gramm und Kilogramm sind im Alltag sehr gebräuchliche Masseneinheiten. Es gibt jedoch auch noch größere und kleinere Einheiten, mit denen die Masse angegeben werden kann.

Auch bei den Massen gab es früher verschiedene Einheiten. Es wurde jedoch ein ***Urkilogramm*** *eingeführt, um sich einfacher zu verständigen.*

Die **Masse** eines Gegenstands wird durch die Maßzahl und die Maßeinheit beschrieben.
→ 3 kg ←

Folgende Einheiten sind üblich:

Tonne (t) Kilogramm (kg) Gramm (g) Milligramm (mg)

1 t = 1000 kg

1 kg = 1000 g

1 g = 1000 mg

Um mit Massenangaben zu rechnen, wandelt man sie schrittweise in die nächstkleinere bzw. nächstgrößere Einheit um.

Beispiele: 35 t 700 kg = 35 700 kg   6 kg 466 g = 6466 g   8 g 80 mg = 8080 mg

Beispiele

I. Wandle in die in Klammern stehende Einheit um.

a) 12 t (g) **b)** 46 000 000 mg (kg) **c)** 23 kg 50 g (g) **d)** 1 000 000 mg (kg)

Lösung:

a) 12 t = 12 000 kg = 12 000 000 g
b) 46 000 000 mg = 46 000 g = 46 kg
c) 23 kg 50 g = 23 000 g + 50 g = 23 050 g
d) 1 000 000 mg = 1000 g = 1 kg

II. Ordne der Größe nach. Beginne mit der größten Masse.

1 kg 11 g   1111 g   101 000 mg

Lösung:

1111 g > 1 kg 11 g (= 1011 g) > 101 000 mg (= 101 g)

- Gegenstände, die man in Tonnen misst, sind immer schwerer als solche, die man in Kilogramm misst. Was meinst du dazu?
- Bei gleicher Maßzahl ist diejenige Masse schwerer, deren Maßeinheit größer ist. Stimmt das? Suche Beispiele.

Nachgefragt

Aufgaben

Im Alltag sagt man statt „Masse" oftmals „Gewicht". Kennst du den Unterschied? Finde ihn heraus.

1 Ordne den Gegenständen jeweils eine der angegebenen Massen zu:

2 Finde zu jeder Masse mögliche Gegenstände in deiner Umwelt.

45 kg   80 g   1 kg   1 t   500 g   12 g   5 mg   250 g   40 t   750 kg

3 Ordne der Größe nach, beginne mit der kleinsten Masse.

a) 12 kg; 2250 g; 4 kg; 100 g
b) 1 t; 1000 g; 10 000 mg; 10 kg
c) 835 kg; 2 t; 500 kg; 1800 kg
d) 23 000 mg; 22 g; 220 000 mg; 20 g
e) 12 kg; 1200 g; 120 000 g; 2 kg
f) 9000 kg; 7 t; 8 000 000 g; 9500 kg

4 Wandle in die in Klammern stehende Einheit um.

a) 3 kg (g); 1 g (mg); 4 t (kg)
b) 2000 mg (g); 4000 kg (t); 9000 g (kg)
c) 955 g (mg); 67 kg (g); 17 t (kg)
d) 30 000 kg (t); 25 000 mg (g); 12 000 g (kg)
e) 2 t (g); 38 000 000 mg (kg)
f) 1 t 500 kg (kg); 35 kg 5 g (g); 12 kg 11 g (mg)

5 Ordne die Massen der Größe nach. Beginne mit der kleinsten.

Die richtige Ordnung ergibt ein Lösungswort.

a)

31 kg	38 000 g	3 t	5 g	3 kg	500 000 000 mg
N	E	L	L	I	A

b)

120 mg	33 g	12 kg	10 000 mg	2 kg	555 kg	5 t	120 kg
E	G	B	R	E	I	S	N

6 Bei manchen der folgenden Umrechnungen haben sich Fehler eingeschlichen. Finde und korrigiere sie im Heft.

21 t = 2100 kg   3 t 234 kg = 3243 kg   12 t = 1200 kg

40 000 mg = 40 kg   3 kg 50 g = 3500 g   1 kg 11 g 1 mg = 1111 mg

Entdecken

Julian übt für den Vokabeltest am nächsten Tag. Um 15.47 Uhr sagt sein Vater, er solle noch 25 Minuten üben, dann dürfe er spielen gehen. Um 17.00 Uhr hat Julian Fußballtraining. Er fährt mit dem Fahrrad 8 Minuten zum Training.

- Wie lange kann Julian vor dem Training noch spielen?
- Musst du in deinem Alltag ähnlich auf die Zeit achten? Sammle Beispiele mit deinem Partner oder deiner Partnerin.

Verstehen

Im Alltag verwenden wir Zeitmaße wie die Sekunde, die Minute, die Stunde und den Tag. Mit diesen können wir Zeitpunkte („Wann?") und Zeitspannen („Wie lange?") angeben. Für die Umrechnung der Zeiteinheiten gibt es feste Regeln.

Ein **Zeitpunkt** entspricht einer Uhrzeit (Datum). Der Abstand zwischen zwei Zeitpunkten heißt **Zeitspanne** oder auch **Zeitdauer**. Eine Zeitspanne wird durch eine Maßzahl und eine Maßeinheit angegeben.

5 min

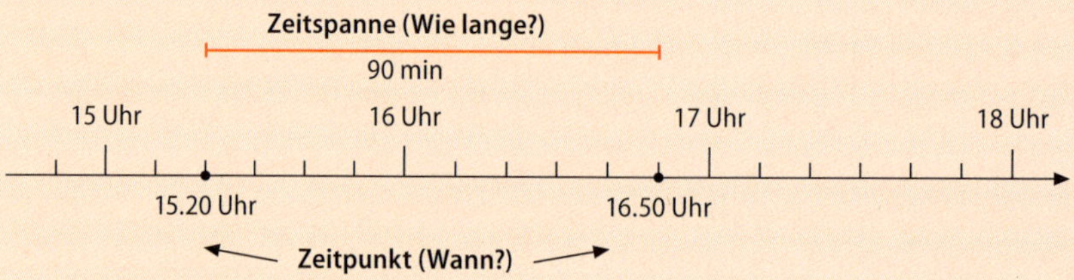

Die Abkürzungen kommen aus dem Lateinischen: d für dies: Tag h für hora: Stunde

Tag (d)	Stunde (h)	Minute (min)	Sekunde (s)
1 d = 24 h			
	1 h = 60 min		
		1 min = 60 s	

Beispiele

I. Es ist 12.45 Uhr. Wie spät ist es 2 h und 35 min später?
Lösung:
12.45 Uhr $\xrightarrow{+15\text{ min}}$ 13.00 Uhr $\xrightarrow{+2\text{ h}}$ 15.00 Uhr $\xrightarrow{+20\text{ min}}$ 15.20 Uhr
In 2 h und 35 min ist es 15.20 Uhr.

II. Es ist 21.38 Uhr. Wie spät war es vor 1 h 45 min?
Lösung:
21.38 Uhr $\xrightarrow{-38\text{ min}}$ 21.00 Uhr $\xrightarrow{-1\text{ h}}$ 20.00 Uhr $\xrightarrow{-7\text{ min}}$ 19.53 Uhr
Vor 1 h und 45 min war es 19.53 Uhr.

III. Wie lang ist die Zeitspanne zwischen 7.00 Uhr und 11.35 Uhr?
Lösung:
7.00 Uhr $\xrightarrow{+4\text{ h}}$ 11.00 Uhr $\xrightarrow{+35\text{ min}}$ 11.35 Uhr
Die Zeitspanne beträgt 4 h 35 min = 4 · 60 min + 35 min = 275 min.

Nachgefragt

- Zähle mindestens drei verschiedene Arten von Uhren auf. Überlege jeweils, ob man mit ihnen Zeitpunkte oder Zeitspannen bestimmen kann.
- Christian rechnet: „Ein Tag hat 24 Stunden, ein Monat etwa 30 Tage, ein Jahr 12 Monate. Also hat ein Jahr etwa 24 · 30 · 12 Stunden." Was meinst du dazu?

Aufgaben

1

a) Notiere die abgebildeten Uhrzeiten.
b) Wie spät ist es jeweils in 1 h 33 min?
c) Wie spät war es jeweils vor 2 h 27 min?
d) Bestimme die Zeitspanne von **4** bis **5**.

2 Gib die Zeitspanne zwischen den folgenden Uhrzeiten an.

a) 9.15 Uhr und 9.40 Uhr
b) 7.45 Uhr und 13.05 Uhr
c) 22.22 Uhr und 1.11 Uhr
d) 15.43 Uhr und 18.17 Uhr
e) 21.13 Uhr und 1.30 Uhr
f) 0.20 Uhr und 0.19 Uhr

3 Wandle in die in Klammern angegebene Zeiteinheit um.

Beispiel: 4 min = 4 · 60 s = 240 s 480 s = 8 · 60 s = 8 min

a) 3 min (s) b) 2 h (min) c) 3 d (h) d) 5 h (s) e) 27 min (s)
f) 1 d (s) g) 240 s (min) h) 3600 s (h) i) 5 d (min) j) 3 d (s)

4 Übertrage die Tabelle ins Heft und berechne die fehlenden Zeitangaben.

Abfahrtszeit	6.30 Uhr	7.15 Uhr		17.29 Uhr	8.30 Uhr	
Fahrtzeit	17 min		53 min	2 h 30 min		1 h 43 min
Ankunftszeit		8.02 Uhr	15.15 Uhr		17.25 Uhr	0.03 Uhr

5 Ordne die folgenden Zeitspannen der Länge nach; fange mit der kürzesten an.

a) 123 s; 2 h; 34 s; 86 min; 4 d; 5h
b) 12 min; 1200 s; 5 h; 1d; 27 h
c) 2 d; 50 h; 123 min; 2400 min; 360 s
d) 10 min; 700 s; 30 min; 1200 s; 540 s

6 Wie viele Sekunden hat …

a) eine Stunde? b) ein Tag? c) eine Woche d) ein Jahr e) ein Menschenleben?

7 Ein Läufer braucht für eine 800-m-Strecke (2 Runden) 1 min 45 s.

a) Wie lange braucht er ungefähr für eine Runde?
b) Wie lange bräuchte er wohl für 4000 m? Begründe deine Antwort.

8 Lauras Vater hat in New York zu tun. Im Hotel ist er von 7 Uhr bis 10 Uhr New Yorker Zeit zu erreichen. Wann kann Laura ihn von Deutschland aus im Hotel anrufen?

9 Als Thore der Große, König von Ragen, 1871 an die Macht kam, lebten in seinem Land 236 430 Menschen. Da er ein guter König sein wollte, nahm er sich vor, jedem seiner Untertanen 5 Minuten Gesprächszeit einzuräumen. Was meinst du dazu?

Entdecken

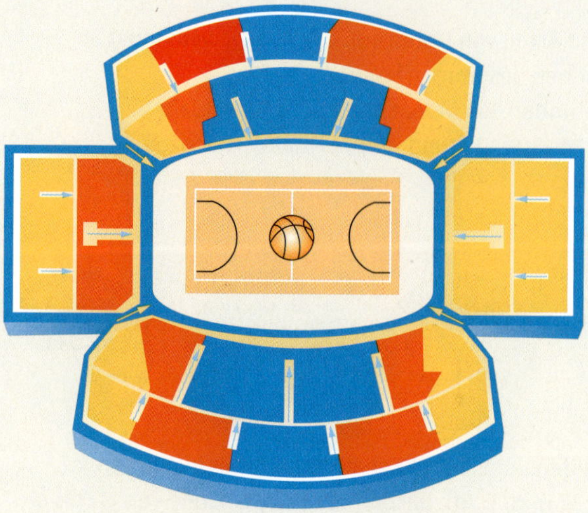

Eintrittspreise ermäßigt für Kinder und Jugendliche:

Preisgruppe 1	22,00 €
Preisgruppe 2	17,00 €
Preisgruppe 3	12,00 €

Hallenplan mit Preisgruppen

- Du möchtest mit zwei Freunden zu einem Basketballspiel gehen. Eure Eltern möchten insgesamt höchstens 50 € für die Karten bezahlen. Gib an, welche Preisgruppen ihr auswählen könnt und wie viel von dem Geld jeweils übrig bleibt.
- Eure Freunde Manu und Ozan möchten auch mitgehen. Jeder von ihnen hat 20 € zur Verfügung. Welche Karten könnt ihr jetzt kaufen, wenn ihr alle in einem Block sitzen möchtet?

Verstehen

Beim Geld wird das Messen in gleicher Weise verwirklicht wie bei Längen, Massen und der Zeit: Es wird eine Einheit festgelegt, auf die alle Angaben bezogen werden. In vielen Ländern Europas ist derzeit der Euro die gängige Maßeinheit (Währung), mit der bezahlt wird.

> Geld ist eine Größe, mit der man angibt, wie viel eine Sache wert ist.
> Man gibt Geldwerte mit einer Maßzahl und eine Maßeinheit an.
> 12,35 €
> In Deutschland und vielen anderen Ländern der Europäischen Union wird Geld in Euro (€) und Cent (ct) angegeben. Dabei gilt: 100 ct = 1,00 €.
> Links vom Komma steht der Euro-Betrag, rechts vom Komma der Cent-Betrag.

Beispiele

I. Berechne das Wechselgeld.

a) 17,35 € wird mit einem 20-€-Schein bezahlt.

b) 22,99 € wird mit einem 50-€-Schein bezahlt.

Lösung:

a) 20 € − 17,35 € = 2000 ct − 1735 ct = 265 ct = 2 € 65 ct = 2,65 €

b) 50 € − 22,99 € = 5000 ct − 2299 ct = 2701 ct = 27 € 1 ct = 27,01 €

II. Laurin möchte zwei Kugeln Eis zu je 85 ct kaufen und eine Portion Schokosoße dazu, die 0,50 € kostet. Wie viel muss er bezahlen?

Lösung: 2 · 85 ct + 50 ct = 170 ct + 50 ct = 220 ct = 2 € 20 ct

- Warum wird der Euro in Cent unterteilt?
- Beschreibe, wie du Geldwerte von Euro in Cent (von Cent in Euro) umwandeln kannst.

Nachgefragt

Aufgaben

1 Zahle die angegebenen Geldbeträge …

a) mit möglichst wenigen Geldscheinen und Münzen.

b) auf möglichst viele verschiedene Arten.

1 35 €	**2** 77,45 €	**3** 9,69 €	**4** 179 €
5 112,76 €	**6** 98,95 €	**7** 327,39 €	**8** 729,75 €

2 Berechne die Summe sowie das Wechselgeld.

a)

Kaufcenter
Offenburg

RADIESCHEN	€ 0,59
KÄSEAUFSCHNITT	€ 1,39
ANANAS IN STÜCKEN	€ 1,19
ANANAS IN STÜCKEN	€ 1,19
APFELSAFT 1,0 L	€ 0,99
CLEMENTINEN	€ 2,49
NUSS-NOUGAT-CREME	€ 3,50
NUSS-NOUGAT-CREME	€ 3,50
SUMME €	
BAR	€ 50,00
RÜCKGELD €	

b)

FRIDAS LÄDCHEN
Frisch, Freundlich, Flott
Pfullendorf

		EUR
CATSAN		4,99
MÜLLBEUTEL		0,75
LIB. BIRNEN		1,49
BUTARIS		2,19
BRÖTCHEN 3 X 0.39		1,17
TOAST		0,88
EIER 10ER		2,19
CHAMP. WEISS		0,92
ZITRONEN		0,69
SAHNE		0,43
SUMME	EUR	
BAR	EUR	20,00
zurück		

c)

Supermarkt Ulm

		Euro
250 g	Butter	1,26
500 g	Kotelett	4,67
10	Eier	2,13
1	Baguette	0,79
500 g	Spaghetti	1,56
500 g	Tomaten	2,56
1 Liter	Vollmilch	1,09
1	Pralinen	11,49
500 g	Äpfel	1,14
500 g	Bananen	0,61
1 Flasche	Mineralwasser	0,83
100 g	Hartkäse	0,54
1	Fertigpizza	5,42
Zusammen		
Erhalten		50,10
Zurück		

3 Ordne die Geldbeträge der Größe nach. Beginne mit dem kleinsten Betrag. Die Buchstaben ergeben in der richtigen Reihenfolge jeweils eine Stadt in Baden-Württemberg.

a)	4,01 € (N)	76 ct (A)	4 € (E)	1,33 € (A)	243 ct (L)	
b)	10 € (G)	5 € (S)	6,25 € (N)	10,11 € (N)	622 ct (I)	1010 ct (E)
c)	10 ct (A)	1000 ct (O)	1 ct (N)	100 € (D)	1010 ct (L)	1 € (G)

4 Paula hat 5 € von ihrer Mutter bekommen und kann davon für ihre Geburtstagsparty Überraschungseier kaufen. Ein Überraschungsei kostet 69 ct. Wie viele Überraschungseier kann sie für ihre Geburtstagsparty kaufen?

5 Gib möglichst viele Arten an, um 100 € aus verschiedenen Geldscheinen zusammenzustellen, wenn Geldscheine auch mehrfach verwendet werden dürfen.

Entdecken

Bei Leichtathletik-Wettkämpfen finden verschiedene Wettbewerbe statt.

- Hier findest du Zahlenangaben, die mit unterschiedlichen Wettkämpfen zu tun haben. Versuche, sie den angegebenen Sportarten zuzuordnen.

21 m
100-m-Lauf
800 g
6 m 90 cm
8 m
Marathon
Kugelstoßen
9,87 Sekunden
Weitsprung
4 kg
Speerwurf
2 Stunden 4 Minuten

Verstehen

Größen spielen in unserem Alltag eine wichtige Rolle: Wir messen Streckenlängen und vergleichen sie, wir messen Zeiten und geben Zeitdauern an, wir prüfen und vergleichen Massen, wir rechnen mit Geldbeträgen. Größen können je nach Sachzusammenhang in verschiedenen Einheiten angegeben werden, und mit Größenangaben kann auch gerechnet werden.

Wenn mehrere Größenangaben miteinander verglichen werden sollen oder wenn mit ihnen gerechnet werden soll, müssen sie zuerst in dieselbe Maßeinheit umgewandelt werden. Dazu wählt man die **kleinste vorkommende Einheit**.

Beispiele

I. Schnecke Paula legt beim Schneckenmarathon an vier Tagen folgende Strecken zurück: 132 cm; 14 dm; 2010 mm; 1 m 11 cm. Welche Gesamtdistanz ergibt dies?

Lösung:

Die Längenangaben werden in die kleinste vorkommende Einheit (hier mm) umgewandelt und dann addiert.

Das Ergebnis kann in gemischte Einheiten verwandelt werden.

132 cm = 1320 mm
14 dm = 1400 mm
2010 mm
1 m 11 cm = 1110 mm

1320 mm + 1400 mm + 2010 mm + 1110 mm
= 5840 mm = 584 cm = 5 m 84 cm

II. Berechne:

a) 2 m 14 cm + 1 m 97 cm **b)** 3 m 4 cm + 12 dm **c)** 15 cm 1 mm − 1 dm

Lösungen:

a) 2 m 14 cm + 1 m 97 cm = 214 cm + 197 cm = 411 cm = 4 m 11 cm
b) 3 m 4 cm + 12 dm = 304 cm + 120 cm = 424 cm = 4 m 2 dm 4 cm
c) 15 cm 1 mm − 1 dm = 150 mm + 1 mm − 100 mm = 51 mm = 5 cm 1 mm

III. Berechne:

a) Ein 3 m 20 cm langer Draht soll in 16 gleich große Teile zerschnitten werden. Wie groß ist jedes Teil?
b) Ein 3 m 20 cm langer Draht soll in 8 cm große Teile zerschnitten werden. Wie viele Stücke kann man aus dem Draht schneiden?

Lösungen:

a) 3 m 20 cm = 320 cm; 320 : 16 = 20 Jedes Drahtstück ist 20 cm lang.
b) 320 cm : 8 cm = 40 Man erhält 40 Teile zu je 8 cm Länge.

Nachgefragt

- Wie lassen sich unterschiedliche Größen addieren? Erkläre.
- „Man kann jede Einheit in eine kleinere umwandeln, aber nicht umgekehrt jede kleinere in eine größere." Stimmt das? Nimm dazu Stellung.

Aufgaben

1 Berechne und gib das Ergebnis in der in Klammern angegebenen Einheit an.
a) 36 m − 13 dm − 2 m (cm) **b)** 4000 m · 6 (km) **c)** 35 · 2 cm (dm)
d) 275 € : 25 (ct) **e)** 4 g · 8000 (kg) **f)** 3 h : 6 (s)

2 Es sind vier Größen gegeben. Subtrahiere die kleinste von der größten Masse.

452 mg | 4 kg 56 mg | 45 g | 41 g 5 mg

3 Die Tabelle zeigt die Weitsprung-Ergebnisse von Georg, Lucas, Gregori und Bayram.

	Georg	Lucas	Gregori	Bayram
1. Sprung	4 m 55 cm	3 m 78 cm	4 m 45 cm	3 m 22 cm
2. Sprung	4 m 17 cm	4 m 14 cm	4 m 44 cm	3 m 92 cm
3. Sprung	3 m 18 cm	3 m 62 cm	4 m 51 cm	3 m 88 cm

a) Wer hat die größte Weite erzielt?
b) Bei welchem Kind ist der Unterschied zwischen dem besten und dem schlechtesten Sprung am größten? Wie groß ist er?
c) Bei welchem Kind ist der Unterschied zwischen dem besten und dem schlechtesten Sprung am kleinsten? Wie groß ist er?
d) Bei wem sind die Weitsprung-Leistungen am beständigsten?

4 1 kg 1 g | 350 g | 7400 mg | 8 g 80 mg | 2222 g | 520 mg

a) Addiere alle gegebenen Massen.
b) Bestimme, wie viel mg bei der Summe aus a) zu 5 kg fehlen.

5 **a)** Die Diagonale von Sophies Notebook-Monitor misst 17" (siehe Abbildung). Gib die Diagonalenlänge in cm an.
Hinweis: 1 Zoll = 1 inch (in.) = 1" ≈ 2 cm 5 mm
b) Auf dem Etikett von Gregors Jeans steht: „waist 28 in. / inseam 29 in."
Berechne die Bundweite und die Schrittlänge der Jeans in cm und mm.

6 Der Schall legt in Luft in einer Sekunde (etwa) 340 m zurück. Wie weit ist ein Gewitter entfernt, wenn du den Donner erst 8 Sekunden, nachdem du den Blitz gesehen hast, hörst?

7 Auf der dreispurigen Autobahn A5 von Heidelberg nach Karlsruhe sind 12 km Stau. Da es Sonntagnachmittag ist, sind kaum Lastwagen, sondern nur Pkw unterwegs.
a) Schätze die Anzahl der Fahrzeuge im Stau ab. Beschreibe deinen Lösungsweg. Von welchen Bedingungen hängt das Ergebnis ab?
b) Wie viele Personen sind in dem Stau? Gib an, wie du schätzt.
c) Wie lang wäre ein Stau ungefähr, der aus 800 (aus 5000) Autos besteht?

Entdecken

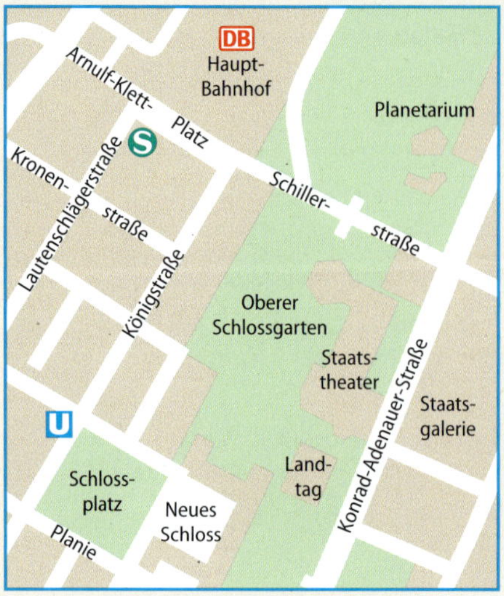

Die Klasse 5b fährt zum Klassenausflug mit der Bahn nach Stuttgart und möchte dort möglichst viel zu Fuß erledigen. Die Entfernung vom Hauptbahnhof bis zum Schlossplatz beträgt 500 m.

- Schätze mit diesem Maß ab, wie weit das Planetarium, die Staatsgalerie und der Landtag vom Hauptbahnhof entfernt sind.
- Auf einem Stadtplan von Stuttgart findest du die Angabe 1 : 15 000. Erkläre die Bedeutung der Angabe.

Verstehen

Da man tatsächliche Entfernungen zwischen zwei Orten auf einer Karte nicht darstellen kann, muss man alles so verkleinern, dass die wirklichen Längenverhältnisse erhalten bleiben.

Beim Maßstab werden Streckenlängen immer in derselben Maßeinheit angegeben.

Gegenstände werden oft verkleinert (oder vergrößert) dargestellt. Damit man weiß, wie groß sie in Wirklichkeit sind, werden sie mithilfe eines **Maßstabs** gezeichnet. Er gibt an, wievielmal größer (oder kleiner) eine Strecke in Wirklichkeit ist.

vorne: Streckenlänge auf der Karte → 1 : 25 000 ← hinten: Streckenlänge in Wirklichkeit

Beim Maßstab 1 : 25 000 (gelesen: „1 zu 25 000") entspricht 1 cm auf der Karte 25 000 cm in der Natur bzw. in Wirklichkeit.

Beispiele

I. Wie groß sind die auf der Karte gemessenen Entfernungen in Wirklichkeit?

a) 1 cm auf einer Karte mit dem Maßstab 1 : 20 000

b) 100 cm auf einem Plan mit dem Maßstab 20 : 1

Lösung:

a) 1 cm auf der Karte $\xrightarrow{\cdot 20\,000}$ 20 000 cm = 200 m in Wirklichkeit

b) 100 cm auf dem Plan $\xrightarrow{:20}$ 5 cm in Wirklichkeit

II. Welcher Maßstab wurde benutzt?

a) 7 cm auf der Karte entsprechen 350 000 cm in Wirklichkeit.

b) 15 cm auf der Karte entsprechen 5 mm in Wirklichkeit.

Lösung:

a) 7 cm (Karte): 350 000 cm (Wirklichkeit)
1 cm (Karte): 50 000 cm (Wirklichkeit)
Der Maßstab ist 1 : 50 000.

b) 150 mm (Karte): 5 mm (Wirklichkeit),
30 mm (Karte): 1 mm (Wirklichkeit)
Der Maßstab ist 30 : 1.

- Kann es eine Deutschlandkarte im Maßstab 1 : 10 000 geben? Begründe.
- Was bedeutet der Maßstab 1 : 1?
- Was ist der Unterschied zwischen dem Maßstab 1 : 5 und dem Maßstab 5 : 1?

Nachgefragt

Aufgaben

1 a) Wie lang sind die Strecken in Wirklichkeit, wenn sie auf einer Karte mit dem Maßstab 1 : 100 000 folgende Länge haben?

1 1 cm **2** 5 cm **3** 8 cm **4** 120 mm

b) Wie verändern sich die Ergebnisse aus a) bei einem Maßstab von 1 : 20 000?

2 Wie lang müssen die Strecken auf einer Karte mit dem Maßstab 1 : 10 000 (1 : 50 000) sein?

a) 100 m b) 500 m c) 8 km d) 12 km 500 m

3 Übertrage die Tabelle in dein Heft und fülle die Lücken aus.

Länge in Wirklichkeit	4 km	45 m		1 mm	5 mm	
Länge auf der Karte	5 cm		8 cm		8 dm	30 cm
Maßstab		1 : 300	1 : 20 000	50 : 1		250 : 1

4 Janas Eltern wollen ein neues Haus bauen. Der Bauplan hat einen Maßstab von 1 : 200. Das Grundstück hat auf dem Plan eine Länge von 12 cm und eine Breite von 8 cm. Das Haus hat einen quadratischen Grundriss mit einer Länge von 5 cm.

a) Berechne die wirklichen Längen.

b) Wie lang müsste ein Zaun inklusive Tore sein, der das Grundstück umschließt?

5 Sicher hast du schon Schilder von Versorgungsleitungen gesehen. In der Skizze rechts siehst du Gregors Erklärung eines Hydrantenschilds.

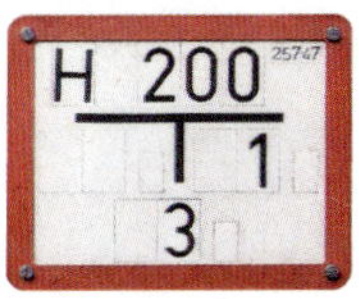

Hydrant

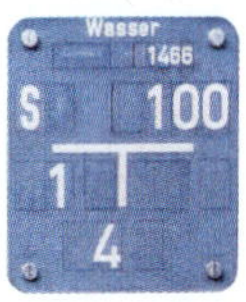

Wasserrohr

Gasleitung

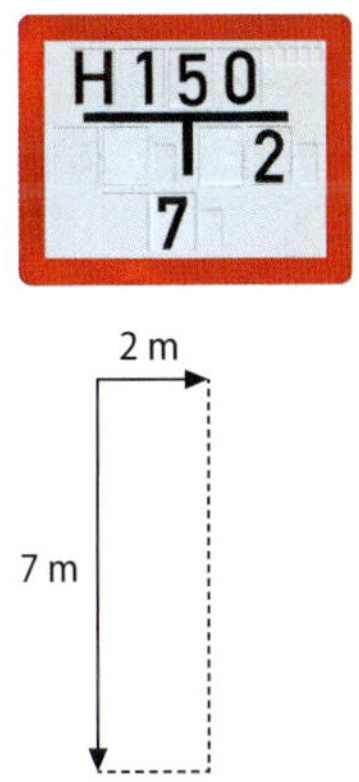

a) Zeichne im Maßstab 1 : 100 die Lage der Anschlüsse der drei Leitungen.

b) Suche auf deinem Schulweg Hinweisschilder auf Versorgungsleitungen und überprüfe die Lage der Anschlüsse. Zeichne sie anschließend ab und stelle sie deiner Klasse vor.

6 Markus behauptet: „Bei einem Maßstab von 1 : 2500 entsprechen 1 cm auf der Karte 2500 Meter in Wirklichkeit." Nimm Stellung zu seiner Aussage.

7 Im Hamburger Miniatur-Wunderland steht die größte Modelleisenbahnanlage der Welt. Auf der 1300 m^2 großen Anlagenfläche liegen insgesamt 13 Kilometer Gleise im Maßstab 1 : 87 (Nenngröße H0), auf denen 930 digital gesteuerte Züge verkehren.
Wie viel Kilometer Gleis entspricht dies in Wirklichkeit?

8

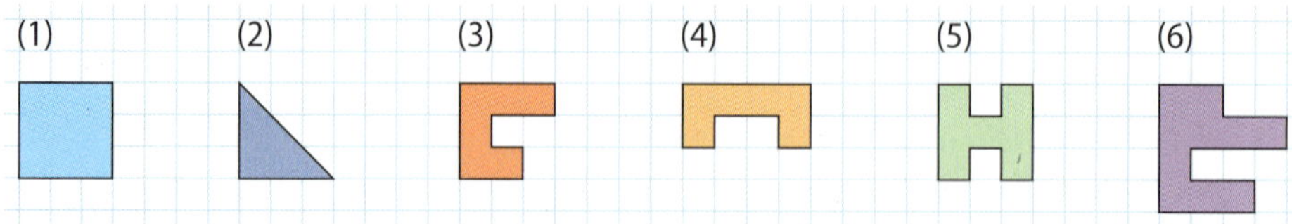

a) Vergrößere die Figuren im Maßstab 2 : 1 in dein Heft.
b) Wie hat sich die Anzahl der gefärbten Kästchen mit der Vergrößerung verändert?
c) Beantworte Teilaufgabe b) auch für den Fall, dass die Figuren im Maßstab 3 : 1 (4 : 1) übertragen werden. Findest du eine Regel?

9 Tayfun hat einen Lageplan seiner Schule angefertigt. Dabei entspricht ein Kästchen in seinem Heft 5 m in Wirklichkeit.
a) Übertrage den Plan in dein Heft. Welchen Maßstab hat Tayfun benutzt?
b) Berechne alle Längen in Wirklichkeit und trage sie in deinen Plan ein.

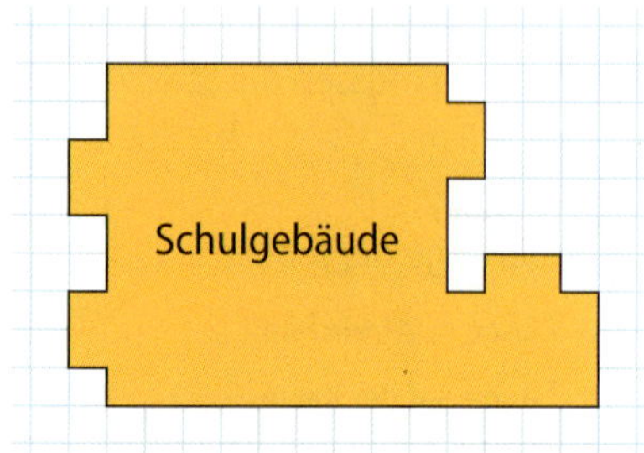

10 Ein Floh ist etwa 3 mm lang.
a) Bestimme den Maßstab der Abbildung eines Flohs.
b) Nimm an, dass ein Floh tatsächlich so groß ist wie in der Abbildung, das Größenverhältnis zum Menschen soll aber dasselbe bleiben. Wie groß wäre dann ein Mensch?

11 In der Abbildung siehst du Modelle eines Sportwagens, der in Wirklichkeit 4 m lang ist.
a) Bestimme mit den angegebenen Maßstäben die jeweilige Breite der Modellautos.
b) Bestimme die wirkliche Breite des Sportwagens.

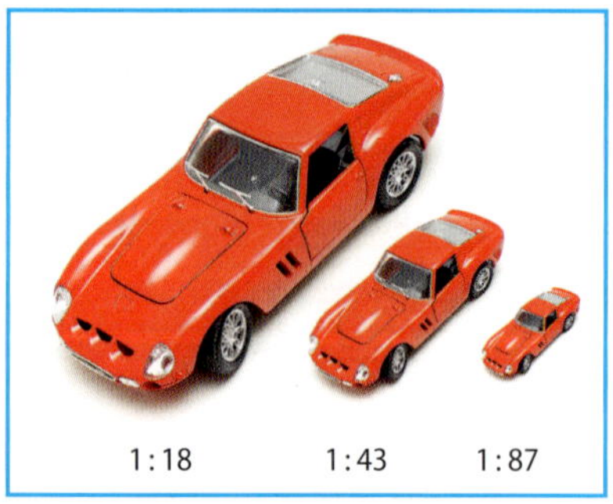

12 Die Entfernung von Meersburg nach Friedrichshafen am Bodensee beträgt 16 km Luftlinie.
a) Berechne den ungefähren Maßstab des Satellitenbilds.
b) Berechne die jeweilige Entfernung zwischen drei anderen Städten und vergleiche mit Werten, die du im Internet findest.

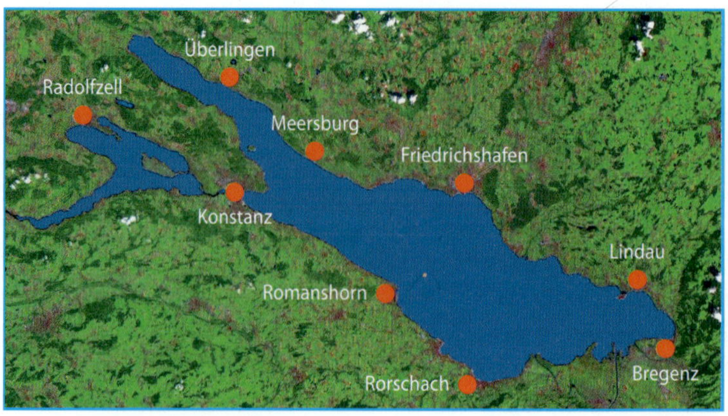

Größenangaben

Seite 120

Längen, Massen, Zeitspannen, Geldbeträge usw. sind **Größen**. Größenangaben bestehen aus einer **Maßzahl** und einer **Maßeinheit**.

Maßzahl → 3 m ← Maßeinheit

Länge

Seite 120

Die **Länge** einer Strecke wird in der Regel durch die Maßeinheiten Kilometer (km), Meter (m), Dezimeter (dm), Zentimeter (cm) oder Millimeter (mm) angegeben.

1 km = 1000 m
1 m = 10 dm
1 dm = 10 cm
1 cm = 10 mm

Masse

Seite 124

Für die **Masse** eines Gegenstands sind die Maßeinheiten Tonne (t), Kilogramm (kg), Gramm (g) oder Milligramm (mg) üblich.

1 t = 1000 kg
1 kg = 1000 g
1 g = 1000 mg

Zeit

Seite 126

Ein **Zeitpunkt** entspricht einer Uhrzeit (Datum). Der Abstand zwischen zwei Zeitpunkten heißt **Zeitspanne** (**Zeitdauer**). Übliche Maßeinheiten für Zeitspannen sind Tag (d), Stunde (h), Minute (min) und Sekunde (s).

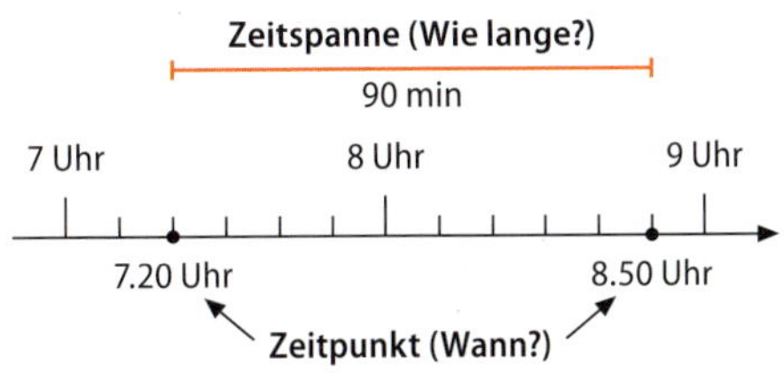

Geld

Seite 128

Geld ist eine Größe, mit der man angibt, wie viel eine Sache wert ist.
In Deutschland und vielen anderen Ländern Europas ist die Einheit (**Währung**) Euro (€) und Cent (ct).

100 ct = 1 €   1,89 € = 1 € 89 ct

Rechnen mit Größen

Seite 130

Größen gleicher Art (z. B. Längen) können **addiert** (**subtrahiert**) werden, indem man zunächst alle Größen **in dieselbe Maßeinheit umwandelt**. Anschließend werden die Größen stellengerecht addiert (subtrahiert).
Größen werden mit einer natürlichen Zahl **multipliziert** (durch eine natürliche Zahl **dividiert**), indem man die Zahlen berechnet und dem Ergebnis die Einheit der Größe gibt.

1 m 13 mm + 3 cm 4 mm = 1013 mm + 34 mm
= 1047 mm = 1 m 4 cm 7 mm

10,32 € − 3,04 € = 1032 ct − 304 ct = 728 ct
= 7 € 28 ct = 7,28 €

3,45 € · 4 = 345 ct · 4 = 1380 ct = 13 € 80 ct

1 kg 24 g : 8 = 1024 g : 8 = 128 g

Maßstab

Seite 132

Gegenstände werden oft verkleinert (oder vergrößert) dargestellt. Damit man weiß, wie groß sie in Wirklichkeit sind, werden sie mithilfe eines **Maßstabs** gezeichnet.

Streckenlänge auf der Karte → 1 : 25 000 ← Streckenlänge in Wirklichkeit

4 Auf unterschiedlichen Wegen

1

Flöhe sind etwa 1 mm groß und können eine Sprunghöhe erreichen, die dem 300-Fachen ihrer Körpergröße entspricht. Frösche sind etwa 7 cm groß, ihre Sprunghöhe ist das 7-Fache ihrer Körpergröße.

a) Wie hoch kann ein Floh bzw. ein Frosch ungefähr springen?

b) Wie hoch könnte ein Mensch springen, wenn er die ihm entsprechende Sprungkraft eines Flohs hätte?

c) Wie hoch können Menschen tatsächlich springen? Recherchiere den Hochsprungweltrekord.

In einem großen Ameisenhaufen leben rund 550 000 Ameisen. Die Länge einer Waldameise beträgt etwa 20 mm.

a) Wie lang wäre eine Ameisenstraße, wenn alle Ameisen eines Haufens hintereinander laufen würden? Schätze zuerst und berechne dann.

b) Wüstenameisen halten unter den Ameisen mit etwa einem Meter pro Sekunde den Geschwindigkeitsrekord. Wie schnell sind im Vergleich dazu die schnellsten Menschen?

2 Ein Elefant frisst jeden Tag ungefähr 150 kg Grünfutter, und er trinkt etwa 150 ℓ Wasser.

a) Für 100 kg Grünfutter bezahlt ein Zoo im Durchschnitt 10 €. Was kostet das Futter für einen Elefanten pro Woche?

b) In wie vielen Tagen hat ein 6 t schwerer Elefant so viel wie sein Körpergewicht gefressen?

a) Der größte Elefant, der je vermessen wurde, war etwa 4 m hoch und wog 12 Tonnen. Wie viele Tafeln Schokolade entsprechen diesem Gewicht?

b) Der Feldherr Hannibal zog gegen die Römer ins Feld. Er überquerte dabei mit 37 Kriegselefanten die Alpen. Welche Futtermengen musste er für sie jede Woche einplanen?

3 Die Waagen sind jeweils im Gleichgewicht.

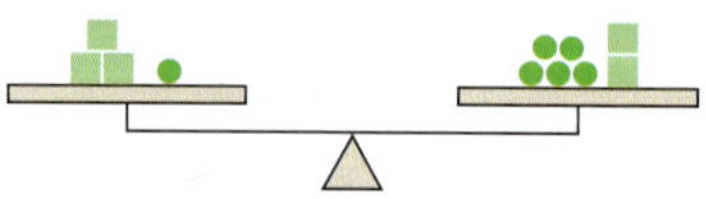

a) Jede Kugel wiegt 4 g. Wie viel wiegen die fünf (gleich schweren) Würfel?

b) Welche Masse hat jede der (gleich schweren) Kugeln, wenn ein Würfel 100 g wiegt?

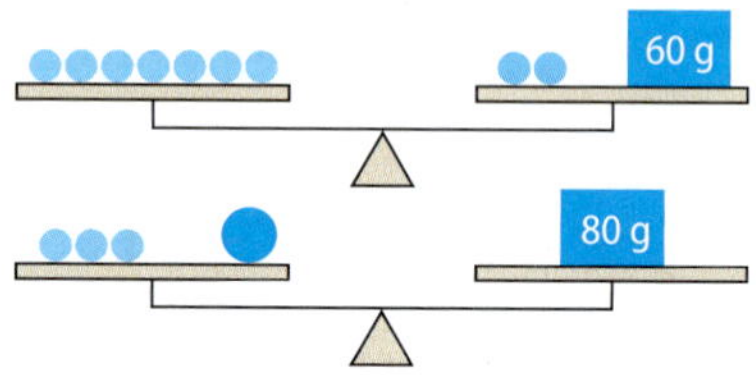

Finde heraus, welche Masse die große Kugel hat.

4

Wie viel Zeit liegt dazwischen?

a) 7.50 Uhr bis 15.30 Uhr

b) 13.25 Uhr bis 20.15 Uhr

c) 23.59 Uhr bis 22.59 Uhr

d) 13.34 Uhr bis 18.13 Uhr

e) 2.37 Uhr bis 14.16 Uhr

f) 12.57 Uhr bis 1.34 Uhr

a) Ein Läufer hat in zwei Wochen insgesamt 16 h 48 min trainiert. Bestimme seine durchschnittliche Trainingszeit pro Tag, wenn er jeden Tag trainiert.

b) Eine Läuferin läuft die 300-m-Strecke in rund 40 Sekunden. In welcher Zeit würde sie in diesem Tempo einen Marathon laufen? Vergleiche mit dem Weltrekord.

5 Helene bekommt von ihrem Opa zur Erstkommunion 60 € geschenkt. Sie kauft sich davon eine Hörspiel-CD für 5,99 €, ein Buch für 8,50 € und zwei Kugeln Eis, die jeweils 60 ct kosten, dazu Sahne für 0,30 €. Den restlichen Geldbetrag zahlt sie auf ihr Sparbuch ein.

a) Wie viel Geld kann sie auf ihr Sparbuch einzahlen?
b) Wie hoch ist ihr Guthaben nach der Einzahlung, wenn schon 437,48 € auf dem Konto sind?

a) Vorher hatte sie ein Sparguthaben von 217,36 €. Wie viel Geld hat sie nach der Einzahlung?
b) Helene spart auf ein 349 € teures Fahrrad. Wie viel Geld fehlt ihr noch?

6 Gregors Modelleisenbahn besteht aus einer Tenderlokomotive, einem Kesselwagen, einem Niederbordwagen und einem Gaswagen der Königlich Württembergischen Staatseisenbahnen.

a) In wie vielen verschiedenen Reihenfolgen kann er diese vier Fahrzeuge zu einem Zug zusammenstellen?
b) Im Modell (Maßstab 1 : 87) ist die Lok 16 cm und die Wagenkombination 36 cm lang. Wie lang ist dieser Zug in Wirklichkeit?

Gregor möchte eine große Modelllandschaft für seine Eisenbahn bauen. Er fertigt eine maßstäbliche Skizze vom Raum an:

- Der Fußboden ist rechteckig, 6 m lang und 4 m breit.
- In der Mitte einer der beiden Längswände ist ein 2 m breites Fenster;
- In der Mitte der anderen Längswand ist eine 1 m breite Tür.
- In der Mitte des Raums steht ein 2 m langer und 1 m breiter rechteckiger Tisch.

a) Zeichne den Grundriss mit den angegebenen Gegenständen im Maßstab 1 : 50.
b) Die Länge einer geraden Schiene von Gregors Modellbahn beträgt 13 cm, die von Kurvenschienen 15 cm. Gregor hat 52 gerade und 41 Kurvenschienen verbaut. Wieviel cm Schienen hat er insgesamt verlegt, und welcher Länge entspricht dies in Wirklichkeit?

7

a) Ordne jedem Maßstab eine Karte zu.

1 : 4 500 000 | Deutschlandkarte | Stadtplan | 1 : 50 000 | Radwanderkarte | 1 : 10 000 | Europakarte | 1 : 800 000

b) Bestimme den Maßstab der Abbildung.

Länge: 164 cm

Die Entfernung von Ravensburg nach Frankfurt beträgt 432 km. Auf einer Karte ist diese Entfernung etwa 23 cm lang dargestellt.

a) In welchem Maßstab ist die Karte gezeichnet? Runde geeignet.
b) Wie vielen Zentimetern auf der Karte entspricht bei diesem Maßstab die Entfernung von Ulm nach Balingen (95 km)?

1 Rechne in die in Klammern angegebene Einheit um.

a) 2d 14 min (s); 134 € (ct); 18 000 s (h)

b) 34 000 g (kg); 123 km (dm); 18 000 ct (€)

c) 4500 kg (g); 36 000 min (d); 75 km 5 cm (m)

d) 35 d 17 min (s); 123 m 45 cm (cm); 32 t (kg)

2 Der abgebildete Wägesatz enthält zwei Gewichte zu je 200 g, zwei Gewichte zu je 20 g, zwei Gewichte zu je 2 g sowie jeweils ein Gewicht mit den Massen 100 g, 50 g, 10 g, 5 g und 1 g.

a) Welches ist das größte Gewicht, das mit den Stücken gewogen werden kann?

b) Kann man die Wägestücke so auf eine Balkenwaage legen, dass sie im Gleichgewicht ist?

c) Ein 20-g-Wägestück ist verloren gegangen. Welche Gegengewichte können nun auf der Balkenwaage nicht mehr ausgeglichen werden?

3 Gib zu jeder Messstrecke den Maßstab an.

a) 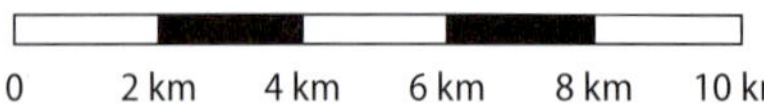

b) 

c) 

d) 

4 Eine Klassenlektüre kostet bei Einzelkauf im Laden 6,95 €. Für die 29 Exemplare der Klasse 5d wird eine Sammelbestellung gekauft für 170,81 € zuzüglich 6,67 € Versandkosten. Wie viel Euro spart jeder Schüler bei der Sammelbestellung gegenüber dem Einzelkauf?

Mögliche Maßzahlen zu 5: 21; 50; 153; 323; 400; 432; 1001; 5024

5 Berechne und gib die Ergebnisse auch in einer anderen Einheit an.

a) 12 t + 4 t + 34 t

b) 36 m − 13 m − 2 m

c) 200 h + 3 825 h + 12 h + 987 h

d) 432 mg + 258 mg + 311 mg

e) 1001 € − 311 € − 258 €

f) 460 s − 77 s − 221 s − 9 s

g) 88 kg + 1222 kg − 987 kg

h) 4,65 € − 86 ct + 11 ct − 10 ct + 0,20 €

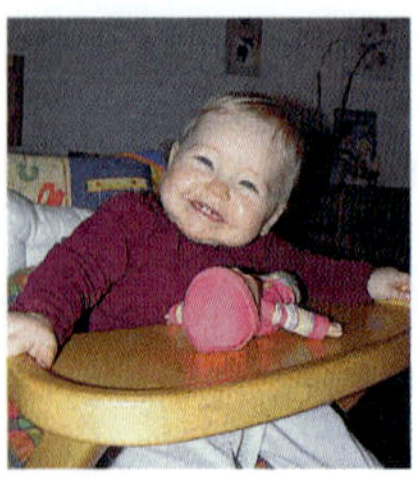

6 Theresa wurde nach ihrer Geburt jede Woche gewogen.

Woche	0	1	2	3	4	5	6	7	8
Gewicht	3915 g	3850 g	3841 g	3902 g	3987 g	4013 g	4053 g	4156 g	4221 g

a) Übertrage die Tabelle in ein Balkendiagramm. Runde sinnvoll.

b) Wie viel hat Theresa in den ersten acht Wochen seit ihrer Geburt insgesamt zugenommen?

c) In welcher Woche hat sich das Gewicht am stärksten (wenigsten) verändert?

d) Informiere dich über dein Geburtsgewicht und die Gewichtsentwicklung als Baby. Frage deine Eltern oder schlage in deinem Baby-Untersuchungsheft nach.

7 Eine Baugrube für ein Haus ist 12 m lang und 9 m 50 cm breit. Rund um die Grube wird ein Absperrband gespannt, das aus Sicherheitsgründen einen Abstand von 1 m 50 cm zum Grubenrand haben muss. Wie lang muss das Band mindestens sein? Fertige zunächst eine Skizze an.

8 Berechne und gib die Ergebnisse wenn möglich in unterschiedlichen Einheiten an.

a) 21 t · 7	**b)** 400 m · 6	**c)** 35 · 2 cm	**d)** 40 g · 235	**e)** 7 · 151 h
f) 35 t : 5	**g)** 4000 € : 8	**h)** 5 min : 2	**i)** 40 g : 2	**j)** 275 km : 25
k) 24 ℓ : 12	**l)** 4 m · 800	**m)** 1224 ct : 4	**n)** 82 · 6 €	**o)** 5 km · 80

9 Wie viele Sekunden fehlen zur nächsten vollen Stunde?

a) 8 d 2 h 11 min 17 s **b)** 2 d 17 h 45 min 35 s **c)** 18 h 21 min 8 s

10 Laura kauft mit ihrer Mutter sechs Träger Apfelsaft. Rechts ist die Preistafel für Apfelsaft abgebildet. Berechne, wie viel sie im Vergleich zum Kauf von gleich vielen Einzelflaschen sparen.

11 Welche der folgenden Größenangaben könnten stimmen? Korrigiere falls nötig.

a) Ein Auto wiegt etwa 5 t.

b) Ein Erwachsener wiegt etwa 80 000 mg.

c) Der Eiffelturm ist etwa 300 000 mm hoch.

d) Ein Wimpernschlag dauert etwa 1 s.

e) Das Herz eines Menschen schlägt pro Jahr etwa 40 000-mal.

12 Das Schild weist auf einen Hydrant hin. In der ersten Zeile steht die Größe des Leitungsrohres. Die restlichen Zahlen zeigen an, wie viel Meter vom Schild der Anschluss für die Leitung in der angegebenen Richtung entfernt ist. Zeichne einen Lageplan des Anschlusses im Maßstab 1 : 100.

13 Im Altertum – von 776 v. Chr. bis 393 n. Chr. – fanden in der griechischen Stadt Olympia „Festspiele" statt. Auf dem Wettkampfprogramm stand zunächst der Stadionlauf über die Stadionlänge von 192 m 25 cm. Später kamen der Doppellauf über zwei Stadionlängen, der Langlauf über 24 Stadionlängen, der Fünfkampf sowie die Wagenrennen hinzu.
Gegen Ende des 19. Jahrhunderts setzte der französische Diplomat Pierre de Coubertin die Wiederaufnahme der Olympischen Spiele durch: Die ersten Olympischen Spiele der Neuzeit fanden im Jahr 1896 in Athen statt.

Startlinie im Stadion zu Olympia. Die Rillen in den Steinen dienten den Läufern zum Abstoßen der Füße beim Start.

a) Wie viele Jahre sind seit der ersten Erwähnung der Olympischen Spiele vergangen, wie viele seit den ersten Olympischen Spielen der Neuzeit? (Hinweis: Auf das Jahr 1 v. Chr. folgte unmittelbar das Jahr 1 n. Chr.; es gab also kein „Jahr null".)

b) Über wie viel Meter ging im Altertum der „Doppellauf", über wie viel Kilometer der „Langlauf"?

c) Welche der heute üblichen Laufstrecken entspricht dem „Doppellauf", welche dem „Langlauf" etwa?

14 Am 1. 12. betrug die Temperatur um 12.00 Uhr Mittag 0 °C. Bis 17.00 Uhr stieg die Temperatur pro Stunde (durchschnittlich) um 2 Grad; anschließend fiel sie bis Mitternacht (durchschnittlich) um 3 Grad pro Stunde. Stelle den Temperaturverlauf von 12.00 Uhr Mittag bis Mitternacht in einem Säulendiagramm dar.

15 Ein Frachtflugzeug fliegt den Rundkurs Hamburg–Berlin–München–Frankfurt a. M.–Hamburg. Übertrage die Tabelle in dein Heft, miss die einzelnen Streckenlängen auf der Karte, berechne jeweils die Entfernung (Luftlinie) und ergänze die Tabelle in deinem Heft.

Luftlinienentfernung …	auf der Karte	in Wirklichkeit
Hamburg–Berlin	mm	km
Berlin–München	mm	km
München–Frankfurt a. M.	mm	km
Frankfurt a. M.–Hamburg	mm	km

Maßstab: 1 : 20 000 000

16 Übertrage jede der drei Figuren möglichst genau in dein Heft, ergänze sie dann dort durch Spiegelung an der punktierten Achse zu einer achsensymmetrischen Figur und vergrößere diese anschließend im angegebenen Maßstab.

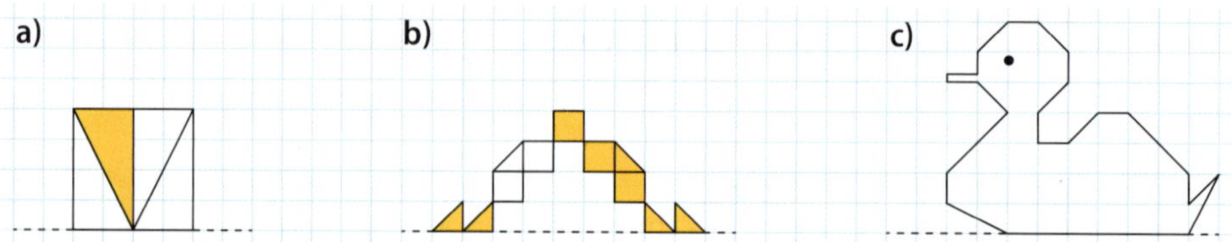

a) Vergrößerung im Maßstab 3 : 1

b) Vergrößerung im Maßstab 4 : 1

c) Vergrößerung im Maßstab 2 : 1

17 Die Tabelle gibt die (durchschnittliche) Länge einiger Tiere und die Weiten, die die besten „Weitspringer“ unter ihnen erzielen können, an. Übertrage die Tabelle in dein Heft und ergänze sie dann dort.

Tier	Känguru	Goliathfrosch	Asiatische Heuschrecke	Wüstenspringmaus	Floh
Körperlänge	2 m	30 cm	25 cm	10 cm	2 mm
maximale Sprungweite	8 m	3 m	4 m 50 cm	4 m 50 cm	32 cm
Die max. Sprungweite des Tiers ist das …-fache seiner Körperlänge					

18 Das Diagramm zeigt die Massen aller acht Euro-Münzen.

a) Lege in deinem Heft eine Tabelle an und trage bei jeder dieser acht Münzen ihre Masse ein.

b) Berechne die Masse eines Sammler-Sets aus diesen acht Münzen.

c) Miss mit deinem Geodreieck den Durchmesser jeder dieser Münzen auf Millimeter genau und ergänze mit diesen Messwerten die Tabelle aus a).

d) Lege eine „Kette“ aus diesen acht Münzen, miss ihre Länge und vergleiche deinen Messwert mit den Ergebnissen aus c).

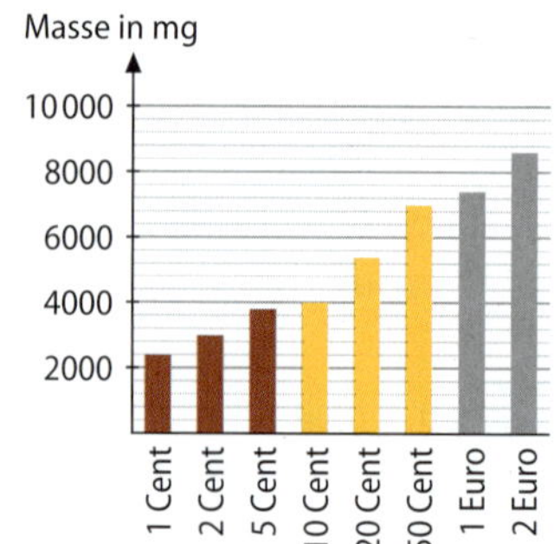

19 Christoph nimmt jeden Tag in der Woche von 16.53 Uhr bis 17.11 Uhr seine Lieblingssendung im Fernsehen auf auf DVD. Eine DVD hat eine Speicherkapazität von etwa 4700 MB (Megabyte). Eine Sendeminute benötigt etwa 5 MB (Megabyte) Speicherplatz bei guter Qualität.

a) Wie viele Folgen kann Christoph auf eine DVD brennen?
b) Nach wie vielen Wochen muss Christoph eine neue DVD einlegen?
c) Wie viele DVDs benötigt Christoph für 160 Folgen?

20 Augentierchen sind Kleinstlebewesen, die zur Familie der Algen gehören. Auch wenn sie eine gewisse Ähnlichkeit zu Kaulquappen haben, unterscheiden sie sich doch durch ihre Größe deutlich, denn sie werden lediglich 10 µm (Mikrometer) lang.

a) Wie viele Tierchen müssten sich hintereinander legen, damit die Reihe 9 cm lang wäre?
b) Noch kleiner als Augentierchen sind Bakterien. Je nach Art werden sie zwischen 1 µm und 750 µm groß. Wie viele Bakterien bräuchte man mindestens (maximal), um eine Reihe wie in a) zu bilden?
c) Viren werden sogar nur zwischen 100 nm (Nanometer) und 4 µm groß. Wie viele Viren bräuchte man mindestens (maximal) für die Reihe in a)?
d) Wievielmal ist ein Augentierchen ungefähr großer als eine Bakterie (ein Virus)?

1 Mikrometer (1 µm)
= 1 millionstel Meter
= 1 tausendstel mm
1000 µm = 1 mm

1 Nanometer (1 nm)
= 1 milliardstel Meter
= 1 millionstel Millimeter
1 000 000 nm = 1 mm

Alltag

Schwarzwälder Kirschtorte (16 Portionen)

Für den Boden:
140 g Zartbitterschokolade
75 g Butter
6 Eier (1 Ei: 60 g)
175 g Zucker
100 g Mehl
50 g Speisestärke
2 TL Backpulver (je 5 g)

Für den Belag:
800 g Sauerkirschen, abgetropft
600 ml Kirschsaft (1 ml wiegt etwa 1 g.)
10 g Speisestärke
20 g Zucker
800 ml Sahne
3 Päckchen Vanillezucker (je 8 g)
100 g Schokoraspel, halbbitter

Zubereitung: Schokolade vorsichtig im Wasserbad schmelzen. Eier trennen. Eiweiß steif schlagen. Eigelb mit Butter und Zucker schaumig schlagen, Schokolade unterrühren. Mehl, Stärke und Backpulver darüber sieben, locker unterziehen, zuletzt den Eischnee. Teig in eine mit Backpapier ausgelegte Springform füllen. Im vorgeheizten Ofen bei 175 °C 40–45 min backen. Biskuit auskühlen lassen und zweimal durchschneiden.
500 ml Kirschsaft zum Kochen bringen. Dabei Speisestärke und Zucker vermischen, mit etwas Saft glatt rühren. Mit den Kirschen in den kochenden Saft geben. Zwei Biskuitböden mit restlichem Kirschsaft tränken und Kirschmasse gleichmäßig darauf verteilen. Sahne mit Vanillezucker steif schlagen. Ersten Boden mit Kirschen auf eine Platte legen, etwa ein Viertel der Sahne verteilen. Dann zweiten Boden mit Kirschen drauf und nächstes Viertel der Sahne verteilen. Letzten Boden als Deckel benutzen. Torte mit restlicher Sahne bestreichen, mit Schokoraspeln verzieren.

- Wie schwer sind alle Zutaten zusammen?
- Wie schwer sind die Zutaten für 1 Portion?

Die Nährwerte von Lebensmitteln werden in kJ (Kilojoule) oder kcal (Kilokalorien) angegeben (4 kJ sind etwa 1 kcal).

- Informiere dich im Internet über die Nährwerte der Zutaten.
- Berechne die Nährwerte für die ganze Torte (für 1 Portion).

Wie viele Blätter sind an einem Baum?

Der italienische Physiker ***Enrico Fermi*** *(1901–1954) stellte seinen Studenten einmal die Frage: „Wie viele Klavierstimmer gibt es in Chicago?"*

Dies ist eine typische Fermi-Frage.

Bei Fermi-Fragen ist stets ein Problem gegeben, das in die Mathematik übertragen und dort bearbeitet werden muss. Abschätzungen für große Zahlen spielen hierbei ein Rolle. Anschließend muss überprüft werden, ob das Ergebnis eine realistische Lösung des Ausgangsproblems sein kann.

Du kannst bei der Bearbeitung in folgenden Schritten vorgehen.

Schritt 1: Problemstruktur durchschauen
Um was geht es: Musst du eine Aussage über eine Anzahl (Menge), ein Gewicht, eine Längenangabe oder eine Zeitdauer machen?

Gefragt ist nach der Anzahl der Blätter.

Schritt 2: Komplexität reduzieren
Vereinfache die Situation so, dass das Gesuchte berechenbar ist.

Es gibt Bäume mit großen Blättern und solche mit kleinen Blättern, sehr hohe Bäume und eher kleine Bäume.

Schritt 3: Strategie wählen
Überlege dir eine Strategie, wie du die gesuchte Größe berechnen kannst.

Durch eine Rasterung (Kapitel 1.6) kann man die Anzahl in einem überschaubaren Teil bestimmen und von dieser auf die Gesamtzahl schließen.

Schritt 4: Abschätzungen vornehmen
Ermittle die Informationen, die du zur Beantwortung der Frage benötigst.

Ich untersuche einen Baum und frage mich: Wie viele Blätter hängen durchschnittlich an einem Zweig? Diese zähle ich und schätze auch, wie viele Äste der Baum hat.

Schritt 5: Berechnen
Berechne eine Lösung der Aufgabe.

Ich multipliziere die jeweiligen Anzahlen der Blätter und Äste miteinander.

Schritt 6: Größenordnungen beurteilen
Überprüfe deine Lösung, indem du sie mit jenen deiner Mitschülerinnen und Mitschüler vergleichst. Überlege auch, ob deine Lösung realistisch ist.

Ungenauigkeiten können sich bei allen Annahmen und Schätzungen ergeben. Ich muss überlegen, wie ich mein Ergebnis verbessern kann.

Ich entscheide mich für einen durchschnittlichen Baum in Bezug auf die Größen, auf die es in der Aufgabe ankommt: auf Höhe und Blätteranzahl – auch, weil ich leicht Informationen über den Baum in Erfahrung bringen kann.

Ganz wichtig: Bei Fermi-Fragen gibt es nicht nur eine Lösung, auch nicht nur einen Rechenweg; aber es gibt bessere und weniger gute Ergebnisse, je nachdem, wie gut die Abschätzungen und wie passend die Vereinfachungen waren.

So, und nun bist du dran. Probiere aus, ob auch du jetzt Fermi-Aufgaben lösen kannst. Versuche, nach den angeführten Schritten vorzugehen.

1 Wie viele Ameisen leben in einem Ameisenhaufen?

2 Wie viele Nadeln hat ein Tannenbaum?

3 Wie viele Grashalme gibt es auf einem Fußballfeld?

4 Wie viele Straßenlampen gibt es an deinem Ort?

5 Wie viele Fahrräder gibt es an deinem Ort (in Baden-Württemberg; in Deutschland)?

6 Wie hoch ist der Turm aus Papier, das an deiner Schule jedes Jahr für Kopien verbraucht wird?

Am Boden von Tannenwäldern fühlen Ameisen sich besonders wohl und errichten dort ihre Hügel.

Papier wird aus Holz hergestellt.

Am Ziel!

Aufgaben zur Einzelarbeit

Überprüfe deine Fähigkeiten und Kompetenzen. Bearbeite dazu die folgenden Aufgaben und bewerte anschließend deine Lösungen mit einem Smiley.

☺	😐	☹
Das kann ich **wirklich gut!**	Das kann ich **fast!**	Das muss ich **noch üben!**

1 Zeichne Strecken folgender Länge in dein Heft.
a) 3 cm **b)** 25 mm **c)** 6 cm 8 mm

2 Rechne die Längenmaße so weit wie möglich in die nächstkleineren Einheiten um.
a) 4 m **b)** 8 km **c)** 7 m 3 cm

3 Rechne die Längenmaße so weit wie möglich in die nächstgrößeren Einheiten um.
a) 2000 m **b)** 40 000 dm **c)** 3 500 000 cm
d) 25 000 mm **e)** 837 000 cm **f)** 8200 m

4 Schreibe die gemischten Angaben in der angegebenen Einheit.
a) 5 m 7 dm (dm)
b) 3 dm 2 cm (mm)
c) 4 km 250 m 5 dm (cm)
d) 20 dm 4 cm 1 mm (mm)

5 Ordne die Längen der Größe nach; beginne jeweils mit der größten.
a) 21 dm; 205 cm; 350 mm; 1 m
b) 35 dm; 240 cm; 2900 mm; 195 cm

6 Wandle 3 km auf möglichst viele Weisen in andere Einheiten um.

7 Rechne die Massenangaben so weit wie möglich in die nächstkleineren Einheiten um.
a) 8 kg **b)** 2 t **c)** 835 g

8 Ordne der Größe nach, beginne mit der kleinsten Masse.
a) 2 kg; 2250 g; 4 kg; 1000 g
b) 10 t; 10 000 g; 100 000 mg; 100 kg
c) 230 000 mg; 220 g; 2 200 000 mg; 200 g

9 Verwandle in die angegebene Einheit.
a) 35 kg (g) **b)** 15 g (mg) **c)** 7 t (kg)

10 Gib die Zeitspanne zwischen den Uhrzeiten an.
a) 9.15 Uhr und 10.40 Uhr
b) 13.35 Uhr und 20.15 Uhr

11 Verwandle schrittweise in die angegebene Einheit.
a) 2 min (s) **b)** 3 h (min)
c) 5 d (h) **d)** 1 d 3 h 27 min (s)

12 Ordne die Zeitspannen von kurz nach lang.
100 min; 2 h; 3600 s; 75 min; 3000 s

13 $<$, $>$ oder $=$?
a) 2 kg 100 g ▢ 2200 g **b)** 2 t 5 kg ▢ 25 000 kg
c) 3 km 500 m ▢ 3499 m **d)** 8 € 99 ct ▢ 999 ct
e) 2 d ▢ 49 h **f)** 2 d 17 min ▢ 2897 min

14 Wie viel fehlt zur nächstgrößeren Maßeinheit?
a) 48 s **b)** 8 dm **c)** 850 g **d)** 879 m

15 Übertrage die Tabelle ins Heft und ergänze sie.

	Länge in Wirklichkeit	Länge auf der Karte	Maßstab
a)	5 km	5 cm	
b)		4 cm	1 : 20 000
c)	100 mm		1 : 25

16 Sophie hat von ihrer Oma 15 € fürs Kino bekommen. Sie kauft sich davon eine Kinokarte für 6,50 €. Außerdem bestellt sie noch eine Tüte Popcorn für 2,20 € und eine Apfelsaftschorle für 1,70 €. Wie viel Geld hat sie noch übrig?

17 Wie lang sind die auf einer Karte (1 : 150 000) abgebildeten Strecken in Wirklichkeit?
a) 1 cm **b)** 5 cm **c)** 8 cm
d) 120 mm **e)** 7 cm 3 mm **f)** 11 cm

Aufgaben für Lernpartner

Arbeitsschritte

1. Bearbeite die folgenden Aufgaben zuerst allein.
2. Suche dir einen Partner oder eine Partnerin und arbeitet zusammen weiter: Erklärt euch gegenseitig eure Lösungen. Korrigiert fehlerhafte Antworten.

Sind folgende Behauptungen richtig oder falsch? Begründe.

A 8 m sind 20-mal so viel wie 5 dm.

B 370 mm sind 3 m 7 cm.

C Man kann jede Einheit in eine beliebige größere umwandeln, aber nicht immer in eine kleinere.

D Ein Postbote legt pro Arbeitstag eine Strecke von 5 km zurück. Dann legt er in einem Jahr mit 225 Arbeitstagen über 1000 km zurück.

E Bei 88 s fehlen 12 s zur nächsten Minute.

F Die Maßeinheit gibt die Menge und die Maßzahl die Art der Einheit wieder.

G 3 t sind 6-mal so viel wie 500 kg.

H Bei einem Modell im Maßstab 1 : 2 sind alle Längen im Modell halb so groß wie in Wirklichkeit.

I Eine halbe Tonne sind 250 kg.

J Lilly hat für ihr Pony 20 kg Kraftfutter gekauft. Pro Tag mischt sie 125 g des Kraftfutters unter das normale Futter. Bei diesem Verbrauch reicht das Kraftfutter für ein halbes Jahr.

K Der Maßstab gibt an, wie viel km in Wirklichkeit ein cm auf einer Karte entspricht.

L Vier Tage vor übermorgen ist gestern.

M 1 h hat 1000 s.

N 1 m ist 1000-mal so lang wie 1 mm.

O 1 kg ist 100-mal so schwer wie 1 g.

Ich kann …	„Am Ziel!"-Aufgaben	Hilfe
… Strecken einer bestimmten Länge zeichnen.	1	S. 120
… Längeneinheiten umwandeln.	2, 3, 4, 6, B, C, F, N	S. 120
… Längenangaben sinnvoll anordnen und berechnen.	5, 13, 14, A, D	S. 120, 130
… Massenangaben in kleinere und größere Einheiten umwandeln.	7, 8, 9, I,O	S. 124
… Massenangaben der Größe nach ordnen und berechnen.	13, 14, G, J	S. 124, 130
… Zeitspannen berechnen.	10, 14, E, L	S. 126, 130
… Zeitspannen in anderen Einheiten angeben.	11, M	S. 126
… Zeitspannen sinnvoll anordnen.	12, 13	S. 126
… Währungen ineinander umrechnen und mit Währungen rechnen.	16	S. 128, 130
… tatsächliche Entfernungen mithilfe von Maßstäben bestimmen.	15, 17, H	S. 132
… Streckenlängen mithilfe des Maßstabs bestimmen.	15, 18, K	S. 132

Startklar!

Aufgabe	Ich kann schon …	Grundwissen
1	… geometrische Figuren und Körper unterscheiden.	S. 217
2	… sinnvolle Längeneinheiten verwenden.	S. 216
3, 4	… Längen messen und Längeneinheiten ineinander umwandeln.	S. 216

1 **a)** Benenne die folgenden geometrischen Objekte. Ordne sie nach Figuren und Körpern.
b) Nenne jeweils Eigenschaften der Figuren und Körper, die du kennst.

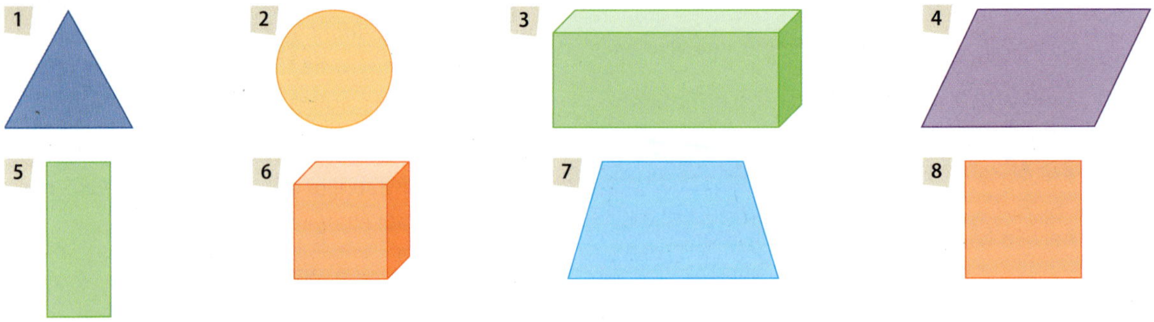

2 Nenne die passenden Einheiten bei den folgenden Abbildungen: km; cm; dm; m; mm.

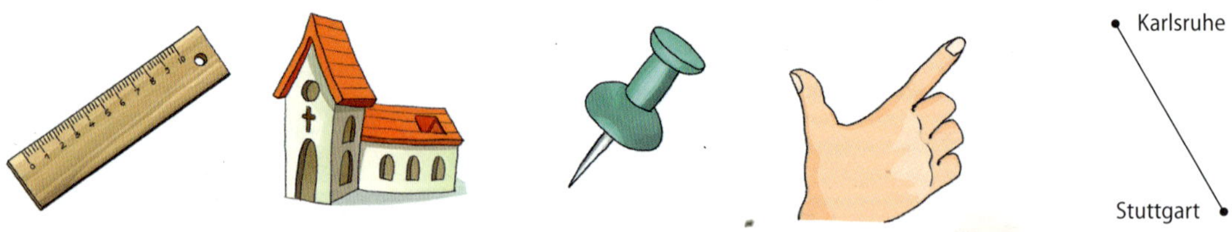

12 ▫ 37 ▫ 28 ▫ 1 ▫ 82 ▫

3 Miss die Längen folgender Strecken.

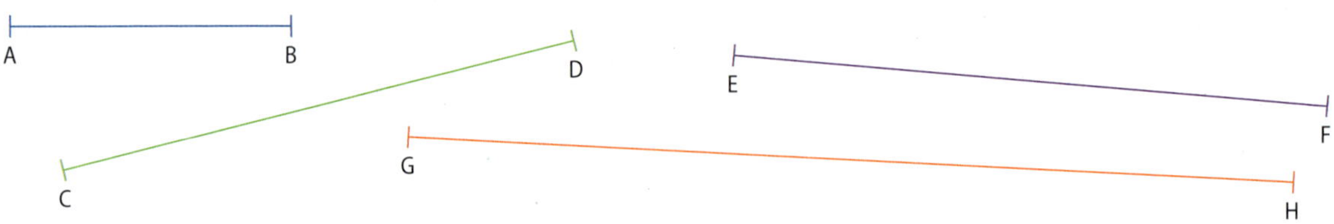

4 Wandle in die in Klammern angegebene Maßeinheit um.

a) 8 cm (mm)
20 000 m (km)

b) 4 km (m)
1 m 5 dm (dm)

c) 32 dm (cm)
1 km 20 m (m)

d) 7 m 2 cm (mm)
2 km 18 m (dm)

e) 14 m 8 dm 1 cm (mm)
3 km 18 cm (mm)

5 Umfang und Flächeninhalt ebener Figuren

Einstieg

- Beschreibe, wie du die Anzahl der Fenster an dem Hochhaus geschickt bestimmen kannst.
- Vergleiche die Fläche eines Fensters (aller Fenster) des Hochhauses mit Flächen in deiner Umwelt (z. B. Tisch, Klassenraum, Sportplatz). Beschreibe dein Vorgehen.

Ausblick

Am Ende dieses Kapitels hast du gelernt, …

- … wie man den Umfang und den Flächeninhalt von Figuren bestimmt.
- … welche Flächenmaße es gibt und wie man diese ineinander umrechnet.
- … wie man Netze von Würfeln und Quadern erstellt.
- … wie man die Oberflächeninhalte von einfachen und von zusammengesetzten Körpern aus Würfeln und Quadern berechnet.

Kap. 5.1, 5.2

Die zwölf Sterne der Europaflagge

Die Europaflagge enthält zwölf goldene, fünfzackige Sterne. An diesen Sternen kann man interessante Dinge entdecken. Verbindet man z. B. die Ecken eines Sterns, so erhält man ein regelmäßiges Fünfeck.

- Übertrage den abgebildeten Stern sowie das darum liegende Fünfeck auf ein Blatt.
- Bestimme den Umfang des Sterns (des Fünfecks). Beschreibe deine Vorgehensweise.
- Zerlege in deinem Heft den Stern in verschiedene Figuren. Finde unterschiedliche Möglichkeiten.
- Vergleiche den Flächeninhalt des Sterns mit Flächen in deiner Umwelt. Finde Flächen die größer, kleiner oder ungefähr gleich groß sind.

Kap. 5.3

Viele Länder – eine Währung

In weiten Teilen Europas zahlt man bekanntlich mit dem Euro. Dafür stehen neben Münzen verschiedene Scheinarten zur Verfügung, die sich allesamt anhand eindeutiger Merkmale jeweils paarweise unterscheiden. Dazu zählen die Form und die Größe.

- Wie viele 5-Euro-Scheine benötigst du mindestens, um ein DIN-A4-Blatt (den Boden deines Klassenzimmers) vollständig zu bedecken? Erkläre deinen Lösungsweg.

Kap. 5.5

Wer ist der Größte in Europa?

- Welches europäische Land hat die größte Fläche? Welches Land hat die längste Grenze zu seinen Nachbarländern?

Beschreibe dein Vorgehen und erstelle jeweils eine Liste der drei erstplatzierten Länder. Vergleiche deine Ergebnisse mit tatsächlichen Werten aus dem Internet.

Kap. 5.6

Alles wählen

Alle fünf Jahre wird das Europäische Parlament neu gewählt. Dazu werden viele Wahlurnen benötigt, in die die Wahlzettel geworfen werden. Die Abbildung zeigt ein Beispiel für eine Wahlurne.

- Erstelle einen verkleinerten Bauplan für eine solche Urne, auf dem alle Flächen der Urne erkennbar sind. Markiere gleiche Flächen in gleicher Farbe. Zeichne den Wahlschlitz ein.
- Bestimme den Materialbedarf für die abgebildete Wahlurne.

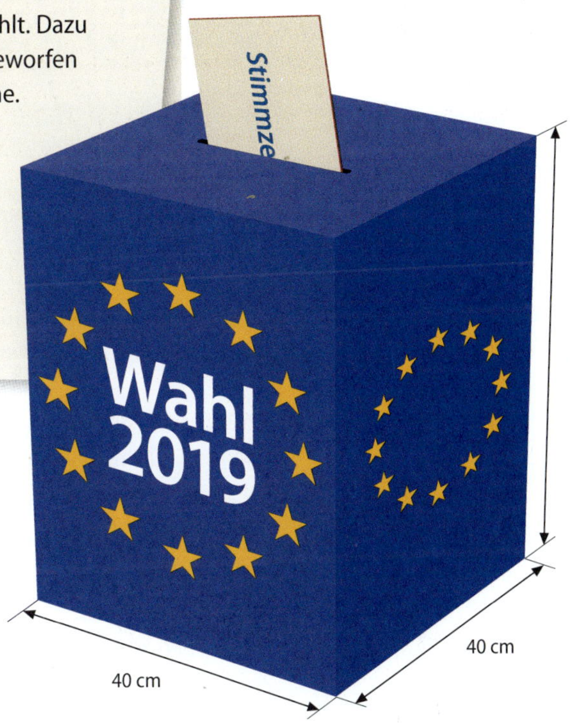

5.1 Umfang ebener Figuren

Entdecken

Anne, Petra und Tom sollen die Sprunggrube auf dem Sportplatz für eine Sportübung mit Absperrband abstecken. Sie kennen die Vorgaben für Länge (6 m) und Breite (4 m) und rechnen die Länge des Bandes aus:

Anne:
$6\,m + 4\,m + 6\,m + 4\,m$
$= 20\,m$

Tom:
$2 \cdot (4\,m + 6\,m)$
$= 20\,m$

Petra:
$2 \cdot 6\,m + 2 \cdot 4\,m$
$= 20\,m$

- Alle drei bekommen dasselbe Ergebnis. Ist das Zufall?
- Welcher Rechenweg erscheint dir am einfachsten? Begründe.
- Wie kann man allgemein den Umfang eines Rechtecks bestimmen?

Verstehen

Wenn man einen Bereich absperren soll, dann muss man die Maße aller Seitenlängen kennen. Die Gesamtlänge ergibt sich als Summe aller Seitenlängen. In der Mathematik bezeichnet man die Summe aller Seitenlängen einer Figur als dessen Umfang.

*Der **Umfang** ist **um** eine Figur herum.*

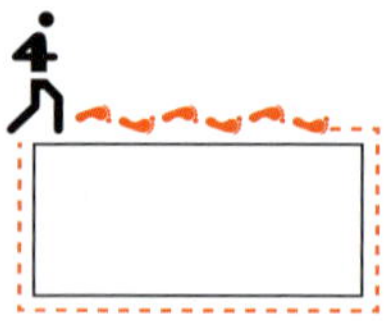

Der **Umfang U** einer geometrischen Figur ist die **Länge** ihrer **Randlinie**. Es gilt:

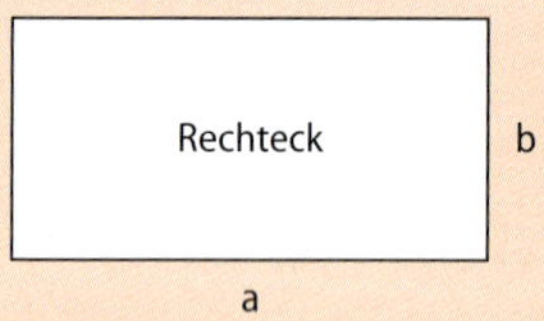

$U_R = 2 \cdot a + 2 \cdot b = 2 \cdot (a + b)$

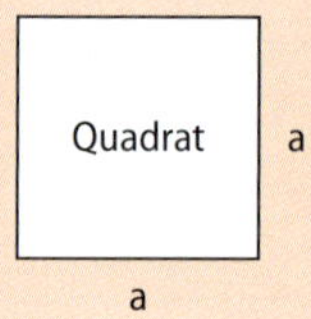

$U_Q = 4 \cdot a$

Beispiele

I. Ein Rechteck ist 7 cm lang und 3 cm breit. Berechne den Umfang.

Lösung: $U_R = 2 \cdot 7\text{ cm} + 2 \cdot 3\text{ cm} = 14\text{ cm} + 6\text{ cm} = 20\text{ cm}$

II. Ein Quadrat hat eine Seitenlänge $a = 4$ dm 3 cm. Berechne seinen Umfang.

Lösung: 4 dm 3 cm = 43 cm $U_Q = 4 \cdot 43\text{ cm} = 172\text{ cm}$

III. a) Ein Rechteck mit $a = 20$ cm hat den Umfang 140 cm. Bestimme b.

b) Der Umfang eines Quadrats beträgt 2 m 6 dm 4 cm. Bestimme a.

Lösung:

a) Vom Umfang müssen wir zweimal die Seitenlänge a abziehen:
$2 \cdot 20\text{ cm} = 40\text{ cm}$
Die doppelte Seitenlänge von b ist 100 cm:
$2 \cdot b = 100\text{ cm}$; also ist $b = 50$ cm.

b) Der Umfang der 4 Seitenlängen beträgt 264 cm.
$4 \cdot a = 264\text{ cm}$
Also ist $a = 66$ cm.

Nachgefragt

- Begründe, dass man den Quadratumfang auch mit der Rechteck-Formel bestimmen kann.
- Finde Möglichkeiten, wie man den Umfang einer 1-Euro-Münze bestimmen kann.

Aufgaben

1 Schätze die Umfänge folgender Gegenstände ab und ordne richtig zu:

Schulheft | 45-Cent-Briefmarke | Postkarte | Zimmertür | Tafel

1 m | 4 dm | 10 m | 60 dm | 4 cm | 50 cm

2 Übertrage die Tabelle in dein Heft und fülle sie aus.

Figur	Rechteck					Quadrat		
	a)	b)	c)	d)	e)	f)	g)	h)
Länge a	3 cm	12 cm		20 dm	7 cm 8 mm			5 dm 5 cm
Breite b	6 cm	3 dm	10^3 mm		145 mm	10 cm		
Umfang U			48 dm	8 m			2 m 8 dm	

3 Gegeben ist ein Rechteck mit einem Umfang von 30 cm.

a) Zeichne verschiedene Rechtecke mit diesem Umfang in dein Heft.

b) Wie viele Rechtecke mit einem Umfang von 30 cm gibt es?

4 Welchen Umfang haben die abgebildeten Sportfelder?

a) Volleyballfeld

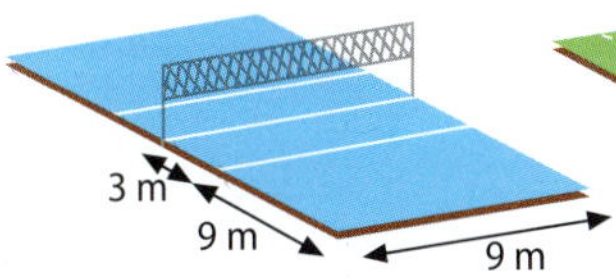

b) Hockeyfeld

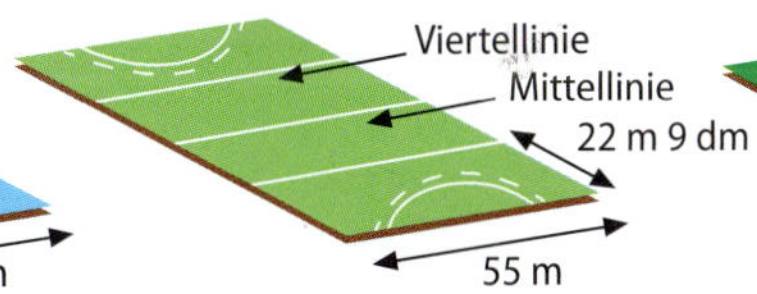

c) Sportplatz deiner Schule

5 **a)** Formeln erleichtern bei bestimmten Figuren die Umfangsberechnung. Suche für die nebenstehende Figur die richtigen Formeln und begründe deine Wahl. Berechne den Umfang für $a = 6$ cm und $b = 1$ cm.

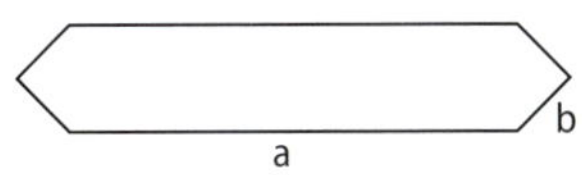

1 $U = a + b + b + a + b + b$ **2** $U = 2 \cdot (a + b)$

3 $U = 2 \cdot a + 4 \cdot b$ **4** $U = 4 \cdot (a + b)$

b) Stelle eine Formel für den Umfang auf.

1

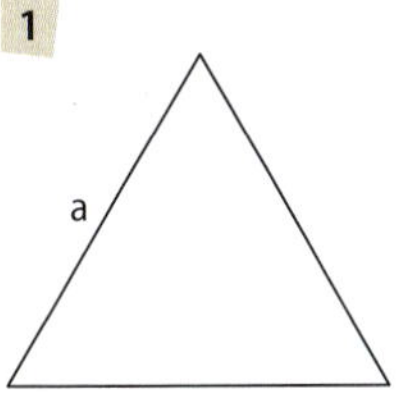

2

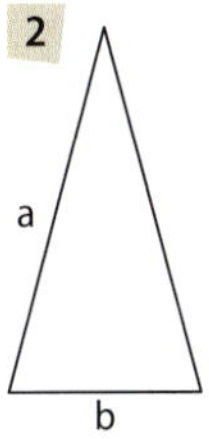

3

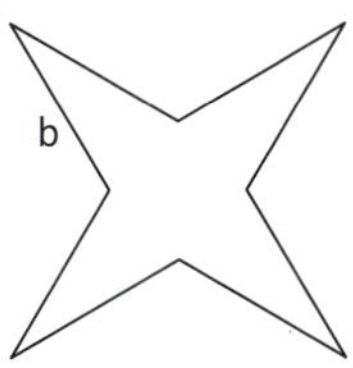

4

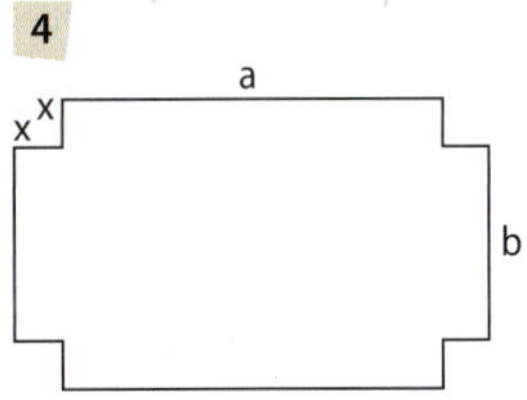

c) Berechne die Umfänge aus Teilaufgabe b) für folgende Längen:

1 $a = 4$ cm; $b = 2$ cm; $x = 5$ mm **2** $a = 3$ cm 5 mm; $b = 2$ cm; $x = 10$ mm

Entdecken

Ein Herz für Tetris …

Tetris ist ein Klassiker digitaler Spiele, bei dem man mit den abgebildeten geometrischen Figuren Flächen ohne Leerstellen auslegen muss.

- Vergleiche die abgebildeten Tetris-Figuren miteinander. Betrachte dabei Form, Umfang und Größe der Figuren.
- Beschreibe, wie man die Größe einer Figur bestimmen kann.

Verstehen

Geometrische Figuren lassen sich unter anderem nach ihrer Größe unterscheiden. Als Maß für die Größe einer Figur nimmt man üblicherweise den Inhalt der Fläche, den diese Figur einnimmt.

Flächen kann man miteinander vergleichen, indem man sie mit denselben Flächenstücken auslegt. Zum Vergleichen kann man beliebige Figuren verwenden. Oftmals nimmt man Quadrate (wie die Rechenkästchen im Heft).

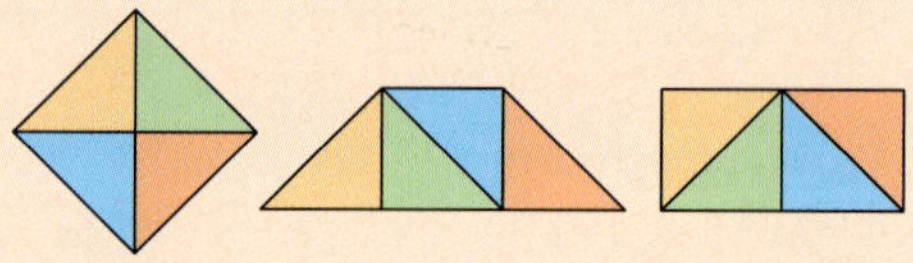

Beispiele

I. Aus wie vielen Kästchen besteht der Flächeninhalt der abgebildeten Flächen?

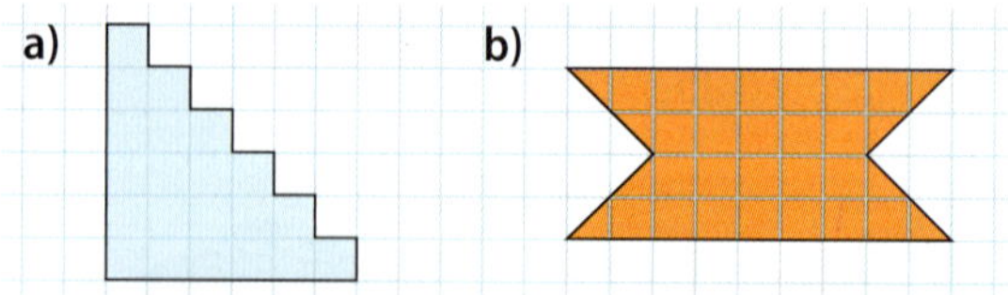

Lösung:

a) Der Flächeninhalt beträgt 21 Kästchen.

b) Die Figur besteht aus 24 ganzen und 8 halben Kästchen, also insgesamt 28 Kästchen.

II. Die Figuren wurden jeweils aus den vier farbigen Dreiecken zusammengesetzt. Vergleiche den Flächeninhalt der Figuren miteinander.

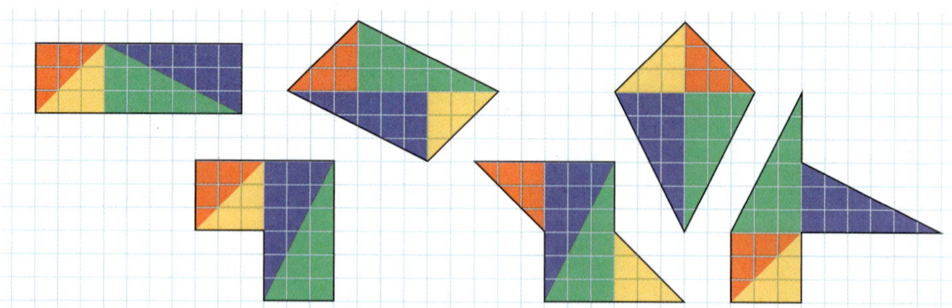

Lösung:

Alle Figuren bestehen aus denselben Dreiecken, somit haben sie alle denselben Flächeninhalt. Dieser Inhalt beträgt 27 Kästchen, wie man z. B. an der ersten Figur gut ablesen kann.

Nachgefragt

- Peter meint: „Der Flächeninhalt eines Rechtecks (eines Quadrats) besteht immer aus einer geraden Anzahl an Karokästchen." Stimmt das? Begründe.
- Begründe oder widerlege: Figuren, die den gleichen Flächeninhalt haben, haben auch dieselbe Form.

Aufgaben

Versuche Teile stets zu ganzen Kästchen zusammenzufügen.

1 Gib den Flächeninhalt der Figuren in Kästchen an.

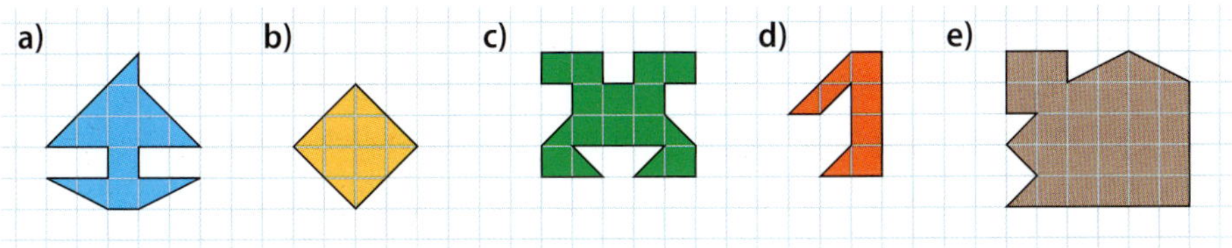

2 Zeichne in dein Heft vier verschiedene Figuren, deren Flächeninhalt 17 (24, 34) Kästchen beträgt.

3 a) Ordne die Flächen **1** bis **6** in der Abbildung der Größe nach. Schätze zuerst und prüfe dann nach.
b) Zeichne zu jeder der Figuren zwei weitere mit gleichem Flächeninhalt.

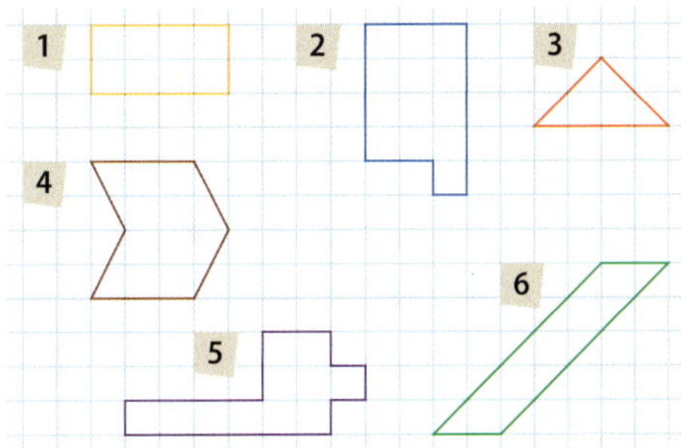

4 a) Zeichne die Figur auf kariertes Papier und zerlege sie wenn möglich in zwei (drei, vier, sechs) Teilfiguren mit jeweils gleicher Form und gleichem Flächeninhalt. Findest du mehrere Möglichkeiten?
b) Erfinde selbst Figuren (z. B. Buchstaben), die man ähnlich wie in Teil a) zerlegen kann.

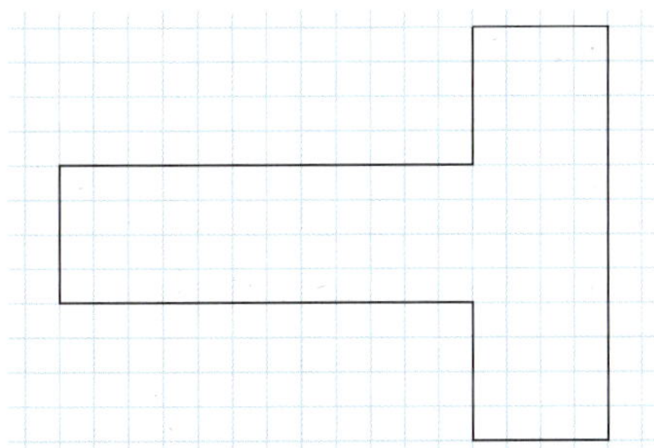

5 Gib an, wie oft das grüne Dreieck in die abgebildeten Figuren passt.

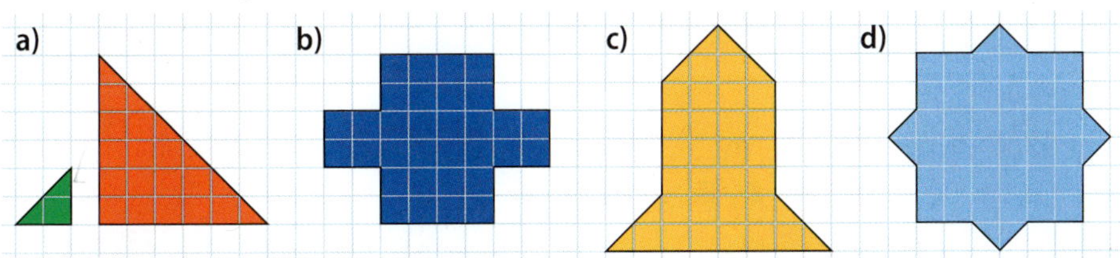

6 Entscheide, ob das rote Rechteck und das blaue Quadrat den gleichen Flächeninhalt besitzen. Überprüfe deine Antwort, indem du beide Figuren auf kariertes Papier überträgst.

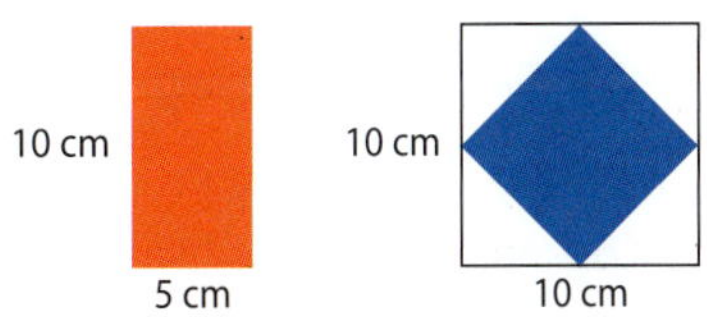

Entdecken

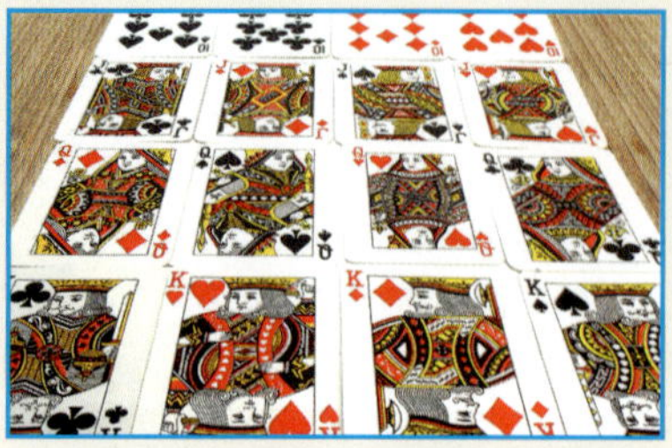

- Lege mit Spielkarten ein Poster aus. Wie viele Karten passen auf das Poster?
- Lege andere Flächen aus (z. B. deinen Tisch). Verwende dazu Spielkarten, DIN-A4-Papier, …
- Sind Spielkarten oder DIN-A4-Papier geeignet, um Flächen zu messen? Begründe deine Ansicht.

Verstehen

Um Flächen miteinander vergleichen zu können, benötigt man Maßeinheiten, die überall in der Welt verwendet werden. Zum Messen von Flächeninhalten legt man die Fläche mit Quadraten aus, deren Seitenlängen jeweils 1 mm, 1 cm, 1 dm, 1 m, 10 m, 100 m oder 1000 m betragen. Solche Quadrate nennt man **Einheitsquadrate**.

Seitenlänge des Einheitsquadrats	Flächeninhalt des Einheitsquadrats	Sprechweisen
1 km	1 km²	„1 Quadratkilometer" *oder* „1 Kilometer hoch 2"
100 m	1 ha	„1 Hektar"
10 m	1 a	„1 Ar"
1 m	1 m²	„1 Quadratmeter" *oder* „1 Meter hoch 2"
1 dm	1 dm²	„1 Quadratdezimeter" *oder* „1 Dezimeter hoch 2"
1 cm	1 cm²	„1 Quadratzentimeter" *oder* „1 Zentimeter hoch 2"
1 mm	1 mm²	„1 Quadratmillimeter" *oder* „1 Millimeter hoch 2"

Schreibe: $A = 15\ m^2$ Sprich: „Der Flächeninhalt beträgt 15 Quadratmeter."

Zusammenhang zwischen den Flächeneinheiten

$1\ km^2 \underset{\cdot 100}{\overset{:100}{\rightleftarrows}} 1\ ha \underset{\cdot 100}{\overset{:100}{\rightleftarrows}} 1\ a \underset{\cdot 100}{\overset{:100}{\rightleftarrows}} 1\ m^2 \underset{\cdot 100}{\overset{:100}{\rightleftarrows}} 1\ dm^2 \underset{\cdot 100}{\overset{:100}{\rightleftarrows}} 1\ cm^2 \underset{\cdot 100}{\overset{:100}{\rightleftarrows}} 1\ mm^2$

„A" kommt von area (engl.): Fläche, Flächeninhalt, Gebiet.

Der Exponent bei z. B. dm² bedeutet: Die Umwandlungszahl ist 100.

Beispiele

I. Schreibe in die in Klammern angegebene Einheit. Nutze eine Einheitentafel.

a) 23 dm² 65 cm² (cm²) **b)** 55 a (dm²)

Lösung:

*Beim Umrechnen von Flächeneinheiten hilft eine **Einheitentafel**.*

	km²		ha		a		m²		dm²		cm²		mm²		
	Z	E	Z	E	Z	E	Z	E	Z	E	Z	E	Z	E	
a)									2	3	6	5			23 dm² 65 cm² = 2365 cm²
b)					5	5	0	0	0	0					55 a = 550 000 dm²

II. Wandle direkt in die angegebenen Einheiten um.

a) 5100 a (ha) **b)** 3 m² 70 dm² (cm²)

Lösung:

a) 5100 a = 51 ha **b)** 3 m² 70 dm² = 370 dm² = 37 000 cm²

Nachgefragt

- Richtig oder falsch? „Da man bei der Umrechnung von km^2 in m^2 dreimal mit 100 multipliziert, kann man auch sofort mit 300 multiplizieren." Begründe deine Antwort.
- In welchen Fällen wird das Komma um zwei Stellen nach rechts (links) verschoben? Gib Beispiele für solche Umrechnungen an.
- Stimmt das? „Eine Fläche mit dem Flächeninhalt 4 cm^2 ist quadratisch." Begründe anhand einer Zeichnung.

Aufgaben

1 Gib sinnvolle Flächeneinheiten an, um den Inhalt folgender Flächen anzugeben.

a) 

b) 

c) 

2 Ordne die Flächeninhalte sinnvoll zu.

Baugrundstück	CD-Hülle
Bank-Karte	Baden-Württemberg
Kinderzimmer	Tischtennisplatte
Laptop-Display	Matheheft

640 cm^2	12 cm^2
35 751 km^2	170 cm^2
650 m^2	15 m^2
4 m^2	6 dm^2

3 Wandle in die nächstgrößere Einheit um.

Verwende eine Einheitentafel, wenn du Hilfe brauchst.

Beispiel: 12 500 a = 125 ha

a)	b)	c)	d)	e)
6300 ha	2000 m^2	9900 ha	3100 cm^2	250 000 m^2
17 500 ha	7500 dm^2	1400 mm^2	7700 a	55 000 a
500 a	8300 cm^2	82 000 a	9400 ha	53 350 000 dm^2

4 Wandle in die nächstkleinere Einheit um.

Beispiel: 15 cm^2 = 1500 mm^2

a)	b)	c)	d)	e)	f)
5 cm^2	92 dm^2	70 a	1 m^2 52 dm^2	10 m^2 5 dm^2	7 ha 23 dm^2
19 cm^2	455 m^2	206 ha	3 a 17 m^2	35 a 19 dm^2	52 km^2 7 m^2
80 dm^2	39 a	275 km^2	7 km^2 50 ha	8 ha 2 a	9 m^2 17 ha

5 Wandle in die in Klammern angegebene Einheit um.

a)		b)		c)		d)	
5 m^2	(dm^2)	5 ha	(m^2)	5 ha	(m^2)	1 m^2 5 dm^2	(cm^2)
25 ha	(a)	25 cm^2	(mm^2)	75 dm^2	(mm^2)	4 a 25 m^2	(cm^2)
75 dm^2	(cm^2)	75 km^2	(m^2)	25 km^2	(a)	15 km^2 75 ha	(cm^2)

6 Gib in der kleineren Einheit an. Wandle anschließend in die nächstkleinere Einheit um.

Beispiel: 17 dm^2 52 cm^2 = 1752 cm^2 = 175 200 mm^2

a)	b)	c)	d)	e)
99 dm^2 54 cm^2	8 m^2 9 dm^2	455 km^2 30 ha	8 m^2 5 cm^2	45 km^2 8 a
22 dm^2 8 cm^2	33 ha 45 a	700 ha 7 a	16 a 7 dm^2	7 a 3 m^2
1 dm^2 12 cm^2	7 a 12 m^2	4 ha 2 m^2	70 km^2 5 a	26 ha 70 m^2

7 Schreibe mithilfe der nächstgrößeren Einheit.

Beispiel: $488 \text{ cm}^2 = 4 \text{ dm}^2\ 88 \text{ cm}^2$

a) 356 m^2	**b)** 1850 cm^2	**c)** 305 cm^2	**d)** 12 345 a
788 dm^2	7015 ha	550 ha	$25\,625 \text{ dm}^2$
399 ha	975 mm^2	333 a	33 mm^2
219 dm^2	3354 dm^2	1119 m^2	460 a

8 <, > oder =? Eine Einheitentafel kann dir dabei helfen.

a) 450 mm^2 □ 45 cm^2	**b)** 53 m^2 □ $53\,000 \text{ cm}^2$	**c)** $3 \text{ m}^2\ 57 \text{ dm}^2$ □ $35\,700 \text{ cm}^2$
3300 cm^2 □ 33 dm^2	357 km^2 □ 357 000 ha	17 ha 39 a □ 1739 km^2
10 000 ha □ 10 km^2	7 ha 35 a □ $73\,500 \text{ m}^2$	4 cm^2 □ 4 dm^2
1700 a □ 17 ha	1507 ha □ 15 km^2 7 ha	13 500 ha □ 13 km^2 500 ha

9 Gehe auf Fehlersuche. Verbessere anschließend die Fehler.

a) $780 \text{ m}^2 = 7 \text{ a } 8 \text{ m}^2$	**b)** $15 \text{ cm}^2\ 5 \text{ mm}^2 = 155 \text{ mm}^2$	**c)** $16 \text{ m}^2\ 15 \text{ cm}^2 = 16 \text{ dm}^2$
$635 \text{ dm}^2 = 63 \text{ m}^2\ 5 \text{ dm}^2$	3 km^2 5 ha = 305 ha	3 ha 5 a = 35 a
$1\,205 \text{ ha} = 12 \text{ km}^2$ 50 ha	$16 \text{ m}^2\ 5 \text{ dm}^2 = 1650 \text{ dm}^2$	$75\,635 \text{ m}^2 = 7 \text{ km}^2\ 56 \text{ a } 35 \text{ m}^2$

Erinnere dich an das Rechnen mit Größen: Erst in eine gemeinsame Einheit umwandeln, dann berechnen.

10 Berechne.

a) $256 \text{ dm}^2 + 25\,648 \text{ dm}^2 + 2009 \text{ dm}^2 + 8 \text{ dm}^2$

b) 584 a + 63 ha 50 a

c) $23 \text{ cm}^2 - 256 \text{ mm}^2 - 59 \text{ mm}^2 - 805 \text{ mm}^2$

d) $1 \text{ m}^2 - 60 \text{ dm}^2$

e) $23 \text{ dm}^2\ 60 \text{ cm}^2 + 55 \text{ dm}^2 + 125 \text{ cm}^2$

f) $12 \text{ m}^2\ 40 \text{ dm}^2 - 125 \text{ cm}^2$

11 Welcher Flächeninhalt fehlt noch zur angegebenen Größe?

a) zu 1 ha	90 a	990 m^2	$900\,000 \text{ dm}^2$	35 a
b) zu 1 km²	$100\,000 \text{ m}^2$	9999 a	$100\,000 \text{ dm}^2$	5 ha 50 a
c) zu 25 a	2390 m^2	2499 m^2	$2\,400\,000 \text{ cm}^2$	$1 \text{ m}^2\ 50 \text{ dm}^2$

12 Ein Gymnasium in Ludwigsburg erhält im Rahmen von Umbaumaßnahmen 16 neue Klassenräume. Jeder Raum ist ca. 64 m^2 groß.

a) Wie groß ist das gesamte neue Raumangebot?

b) Die drei Flure sind jeweils 3 m breit und 28 m lang. Berechne die Gesamtfläche der Umbaumaßnahmen.

c) 1 m^2 Fußbodenbelag kostet 65,00 €. Berechne die Materialkosten für den Belag.

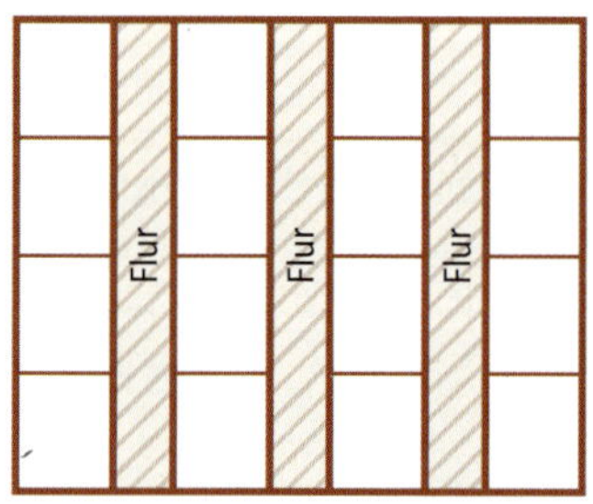

13 Übertrage die Mauern in dein Heft und ergänze sie dort. Der Wert eines Steins ergibt sich aus der Summe der beiden darunter liegenden Steine.

a)

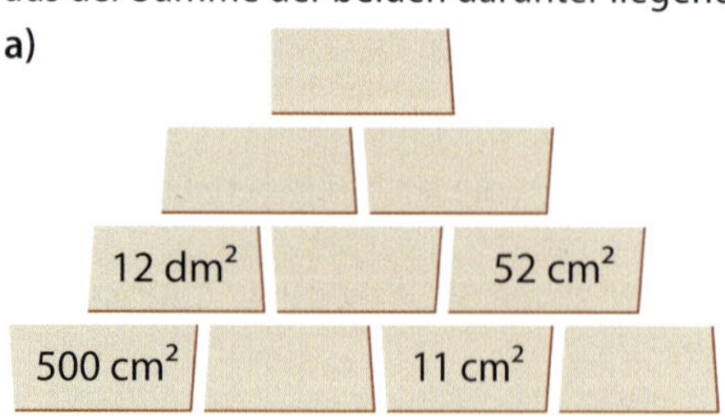

b)

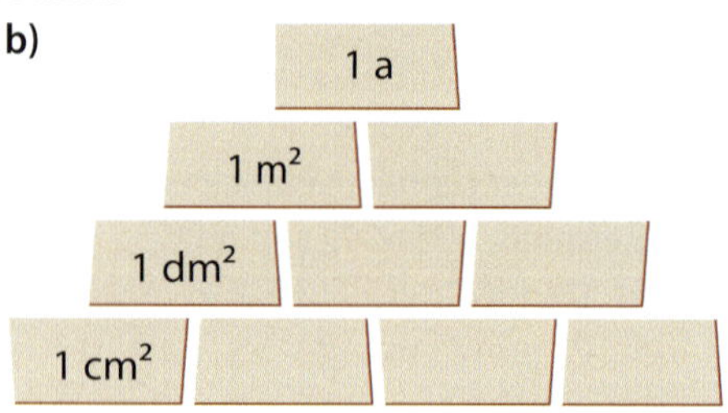

14 Ein Landwirt hat auf zwei Äckern Kartoffeln gepflanzt. Der eine Acker hat eine Fläche von 36 a und bringt einen Kartoffelertrag von 9 t, der andere Acker ist 30 a groß und bringt 8100 kg Kartoffeln. Welcher Acker ist ertragreicher?

15 Eine Eiche besitzt etwa 200 000 Blätter. Finde heraus, ob man mit den Blättern dieses Baumes einen Fußballplatz, der 80 a groß ist, bedecken kann. Gehe wie auf den Seiten 142 und 143 gezeigt vor.

16 In Mannheim wird ein Neubaugebiet geplant. Die Stadt hat 3 ha Land zur Verfügung gestellt. Für Wege und Straßen sind 84 a geplant.

a) Wie viele Grundstücke können im Neubaugebiet entstehen, wenn jedes Grundstück etwa 600 m^2 groß sein soll?

b) Ein Quadratmeter Grundstücksfläche kostet 260 €. Wie viel Geld nimmt die Stadt durch die Grundstücksverkäufe ein?

c) Die Kosten von 450 000 € für Straßen und Wege werden gleichmäßig auf die Anzahl der Grundstücke verteilt. Wie viel muss man zusätzlich für jedes Grundstück bezahlen?

17 In der folgenden Abbildung sind Figuren einmal auf Karo- und einmal auf Millimeterpapier dargestellt.

a) Erkläre, bei welchen Figuren du für jedes Papier den Flächeninhalt exakt bestimmen kannst. Gib diese Flächeninhalte an und wandle sie in zwei weitere Einheiten um.

b) Bei einigen Flächen kannst du den Flächeninhalt nicht genau bestimmen. Schätze so genau wie möglich. Beschreibe deine Vorgehensweise.

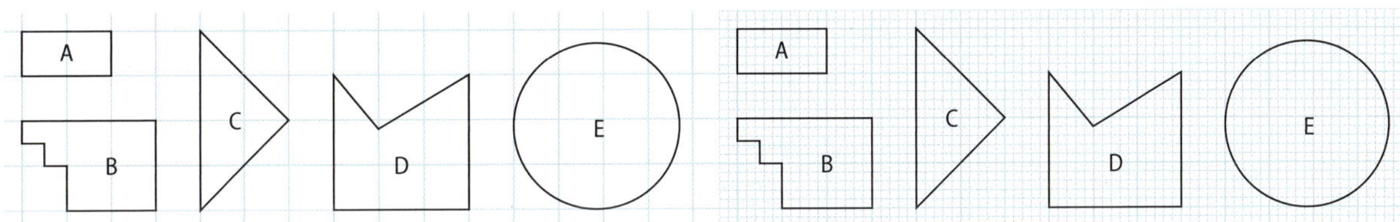

Alltag

Flächeninhalte vergleichen

In der Tabelle findest du die Größe einiger Bundesländer.

- Zeichne dazu ein passendes Säulendiagramm. Runde sinnvoll.
- Suche die Flächenangaben der restlichen Bundesländer heraus und ergänze das Diagramm.
- Im Internet oder im Lexikon findest du Angaben zu den Kontinenten. Fertige ein passendes Diagramm deiner Wahl an, um die Größen darzustellen.

Du kannst die Aufgaben auch mit einem Tabellenprogramm bearbeiten (zur Tabellenkalkulation: Seiten 32 und 33).

Bundesland	Hessen	Bayern	Berlin	Saarland	Baden-Württemberg
Fläche	21 115 km^2	70 553 km^2	892 km^2	2570 km^2	35 751 km^2

Entdecken

Baumarkt

Fliesen
m^2 **8,50 €**

Teppich
m^2 **4,50 €**

PVC
m^2 **6,00 €**

In Werbeblättern von Baumärkten gibt es oft Angebote für Bodenbeläge. Die Preise dafür sind meist in Euro pro Quadratmeter angegeben.

- Beschreibe, welche Form der Boden deines Zimmers (des Klassenzimmers) hat.
- Erkläre, wie man den Flächeninhalt deines Zimmers (des Klassenzimmers) berechnen kann.
- Berechne, wie viel eine Renovierung des Fußbodens deines Klassenzimmers bei den abgebildeten Angeboten jeweils kosten würde. Welcher Bodenbelag erscheint dir am besten geeignet?

Verstehen

Die Flächen eines Rechtecks kann man mit Einheitsquadraten einer bestimmten Kantenlänge (z. B. 1 cm) auslegen. Den Flächeninhalt kann man dann durch Abzählen der Einheitsquadrate bestimmen. Dieses Abzählen kann man rechnerisch durch geschickte Multiplikation abkürzen.

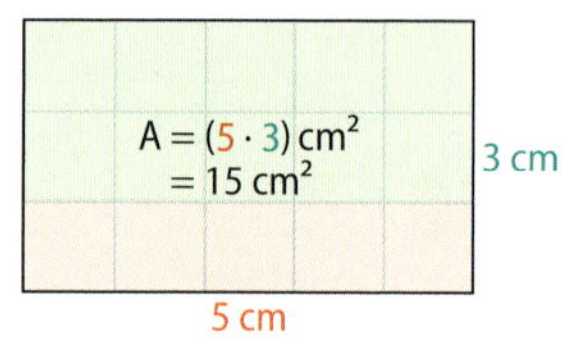

Den Flächeninhalt von Rechtecken und Quadraten kann man durch das Auslegen mit Einheitsquadraten bestimmen. Für den **Flächeninhalt** A von einem …

Rechteck mit den Seitenlängen a (Länge) und b (Breite) gilt:
$A_R = a \cdot b$

Quadrat mit der Seitenlänge a gilt:
$A_Q = a \cdot a = a^2$

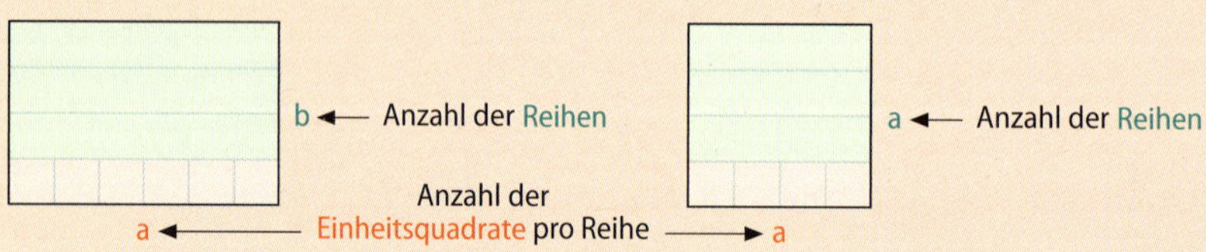

Beispiele

Die Maßeinheit des Flächeninhalts ist die zur Längeneinheit gehörende Flächeneinheit.

I. Bestimme den Flächeninhalt eines …
a) Rechtecks mit a = 7 cm und b = 5 cm. **b)** Quadrats mit 6 cm Seitenlänge.

Lösung:
a) $A_R = a \cdot b = (7 \cdot 5)\ cm^2 = 35\ cm^2$ **b)** $A_Q = a \cdot a = (6 \cdot 6)\ cm^2 = 36\ cm^2$

II. Bestimme den Flächeninhalt eines Zimmers, das 4 m lang und 25 dm breit ist.

Vor dem Rechnen in gleiche Einheiten umwandeln.

Lösung:
Länge a = 4 m = 40 dm Breite b = 25 dm
$A_R = a \cdot b = (40 \cdot 25)\ dm^2 = 1000\ dm^2 = 10\ m^2$
Das Zimmer hat einen Flächeninhalt von $10\ m^2$.

- Begründe, dass die Formel für den Flächeninhalt eines Quadrats ein Sonderfall der Formel für den Flächeninhalt eines Rechtecks ist.
- Der Flächeninhalt und der Umfang eines Rechtecks besitzen die gleiche Maßzahl. Geht das? Finde ein Beispiel.
- Halbiert man beide Seitenlängen eines Quadrats (Rechtecks), so erhält man ein Viertel von dem ursprünglichen Flächeninhalt. Stimmt das? Begründe.

Nachgefragt

Aufgaben

1 Miss Länge und Breite folgender Gegenstände und berechne deren Flächeninhalt.

a) Mathematikbuch **b)** Mathematikheft **c)** Atlas
d) Tischplatte **e)** CD-Hülle **f)** Bilderrahmen

2 Bestimme den Flächeninhalt der abgebildeten Vierecke.

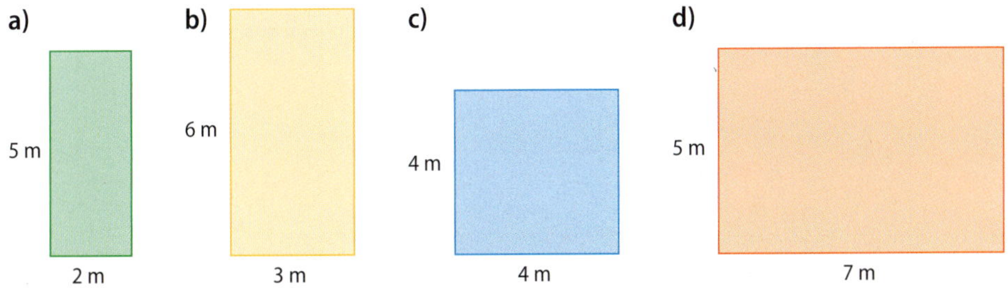

3 Berechne den Flächeninhalt der Rechtecke.

Wandle zunächst in die gleiche Einheit um.

	a)	b)	c)	d)	e)	f)	g)	h)
Länge	13 m	22 m	8 dm	4 dm	5 m	12 cm	1 m 5 dm	3 km
Breite	8 m	60 dm	80 cm	25 cm	50 cm	130 mm	15 dm	200 m

4 Berechne den Flächeninhalt eines Quadrats mit der Seitenlänge a.

a) a = 17 mm **b)** a = 5 cm 5 mm **c)** a = 2 km 350 m **d)** a = 5 m 5 cm

5 Bestimme die fehlenden Größen eines Rechtecks (Seitenlängen a und b, Flächeninhalt A_R, Umfang U_R).

	a)	b)	c)	d)	e)	f)	g)
a	4 m		13 cm		9 cm		
b		15 cm		4 cm		12 mm	
A_R	60 m^2		182 cm^2	2 dm^2 80 cm^2			17 cm^2 50 mm^2
U_R		78 cm			4 dm 42 cm	9 cm 14 mm	1 dm 7 cm

Beispiel:
$a = 5\,cm$
$U_R = 2\,dm\;3\,cm = 23\,cm$
$2 \cdot b = 23\,cm - 2 \cdot 5\,cm$
$= 13\,cm = 130\,mm$
$b = 65\,mm$
$A_R = 50\,mm \cdot 65\,mm$
$= 3250\,mm^2 = 32\,cm^2\;50\,mm^2$

6 Bestimme Seitenlänge und Umfang eines Quadrats mit dem Flächeninhalt A.

a) A_Q = 49 m^2 **b)** A_Q = 121 cm^2 **c)** A_Q = 144 a **d)** A_Q = 196 ha
e) A_Q = 1024 km^2 **f)** A_Q = 841 mm^2 **g)** A_Q = 6 ha 25 a **h)** A_Q = 12 m^2 25 dm^2

7 Wie verändert sich der Flächeninhalt eines Rechtecks, wenn man
a) nur die Länge verdoppelt, verdreifacht, ...?
b) nur die Breite halbiert, drittelt, ...?
c) die Länge und die Breite jeweils verdoppelt, verdreifacht, ...?
d) die Länge und die Breite jeweils halbiert, drittelt, ...?
e) die Länge halbiert und die Breite verdoppelt?
Veranschauliche und begründe deine Ausführungen.

8 **a)** Zeichne vier verschiedene Rechtecke mit dem Umfang 24 cm.
b) Bestimme den Flächeninhalt der vier Rechtecke. Was stellst du dabei fest?
c) Versuche das Rechteck zu finden, das den kleinsten Flächeninhalt hat.

9 Bestimme den Flächeninhalt A und den Umfang U der beiden Figuren.
Beschreibe dein Vorgehen.

a) **b)**

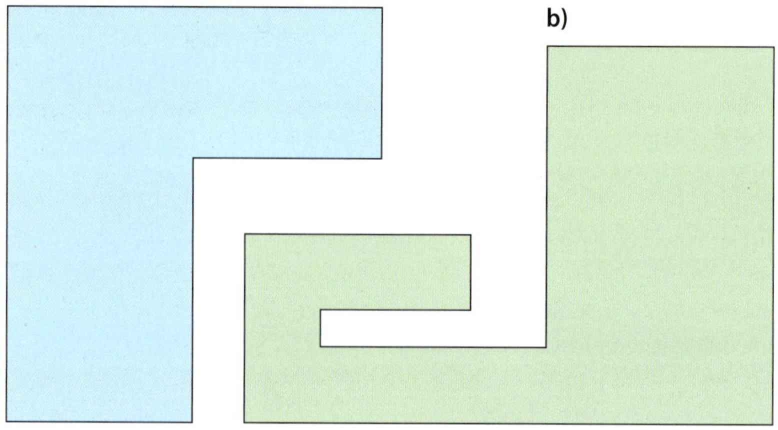

10 Zeichne alle Punkte in ein Koordinatensystem (1 Einheit ≙ 1 cm) und verbinde sie jeweils zu einem Viereck. Bestimme anschließend Flächeninhalt und Umfang des Vierecks so genau wie möglich.

Zerlege bei d) geeignet.

a) A (2 | 1); B (6 | 1); C (6 | 7); D (2 | 7)
b) Q (7 | 4); R (11 | 4); S (11 | 8); T (7 | 8)
c) L (4 | 0); M (8 | 4); N (4 | 8); O (0 | 4)
d) U (7 | 5); X (12 | 5); Y (10 | 10); Z (5 | 10)

11 Ein Quadrat mit der Seitenlänge 24 m wird entsprechend der nebenstehenden (nicht maßstäblichen) Abbildung durch drei zu seinen Seiten parallele Strecken in vier Rechtecke mit gleich großem Flächeninhalt zerlegt.
a) Berechne die Umfangslängen der vier Rechtecke.
b) Zeichne das Quadrat und die Zerlegung im Maßstab 1 : 200 in dein Heft.

12 Laura und Sophie basteln aus farbigem DIN-A4-Fotokarton einen rechteckigen Passepartout-Bilderrahmen für zwei Bilder. Die beiden rechteckigen Ausschnitte sollen jeweils postkartengroß und der äußere Randstreifen soll überall gleich breit sein. Berechne den Abstand d der beiden Bilder.

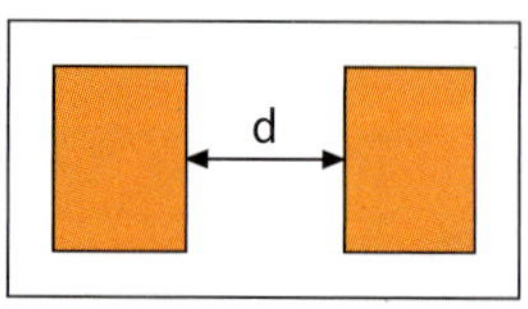

13 Zwei rechteckige Spielplätze haben gleiche Umfangslänge. Der eine ist quadratisch, der andere 95 m lang und 55 m breit. Welcher Spielplatz besitzt den größeren Flächeninhalt?

14

a) Die Flächen wurden im Maßstab 1 : 50 000 gezeichnet. Berechne die Größe der Flächen in Wirklichkeit.

b) Zeichne ähnliche Flächen in dein Heft und lege einen Maßstab fest. Dein Nachbar soll die einzelnen Seiten messen und anschließend den Flächeninhalt bestimmen.

15 Um den Garten der Familie Müller (siehe Abbildung) soll ein Gartenzaun entstehen. Ein Zaunelement ist 1 m 75 cm lang und kostet 42 €.

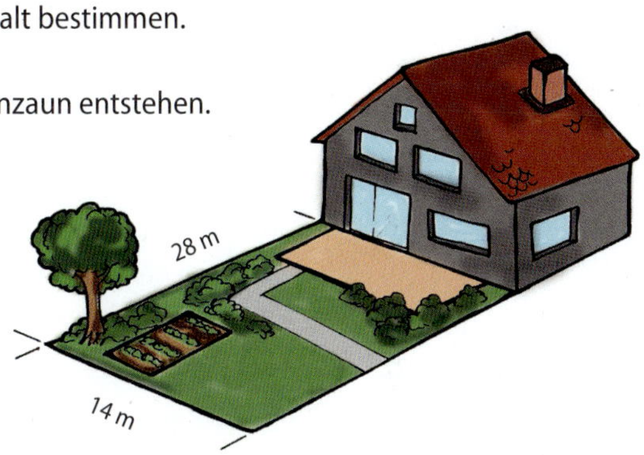

a) Wie viele Zaunelemente müssen bestellt werden?

b) Zwei Zaunelemente sollen durch ein Tor ersetzt werden, das 129,00 € kostet. Wie hoch sind die Gesamtkosten?

c) Die Hälfte der Gartenfläche sollen mit Rasen begrünt werden, die Restfläche wird in gleichen Teilen mit Gemüse bepflanzt bzw. als Sitzplatz verwendet.
1 kg Rasensamen reicht für 50 m² und kostet 12,50 €.
Stelle Fragen und beantworte sie.

16 Der Boden eines Schwimmbecken (50 m lang, 25 m breit) wird gefliest.

a) Wie viel m² Fliesen werden benötigt?

b) 1 m² Fliesen kostet 16,50 €. Wie hoch sind die Materialkosten?

c) Eine Arbeitsstunde eines Fliesenlegers kostet 35,00 €. Wie hoch sind die Gesamtkosten, wenn der Fliesenleger mit 250 Arbeitsstunden rechnet?

d) Wie viele Tage dauert das Fliesen? Gehe zur Beantwortung dieser Frage wie auf den Seiten 142 und 143 gezeigt vor.

17 Mithilfe einer Tabellenkalkulation kann bestimmt werden, wie breit ein Rechteck sein muss, damit es bei gegebener Länge einen Flächeninhalt von 144 cm² besitzt. Zusätzlich wird der Umfang berechnet.

Zur Tabellenkalkulation: Seiten 32 und 33

B2 fx =144/A2

	A	B	C	D
1	Länge (cm)	Breite (cm)	Flächeninhalt (cm²)	Umfang (cm)
2	1	144	144	290
3	2	72	144	148
4	3	48	144	102
5	4	36	144	80
6				

a) Erkläre die Formeln in den Zellen B2, C2 und D2:
B2 `=144/A2` C2 `=A2*B2` D2 `=2*(A2+B2)`

b) Finde heraus, wie viele verschiedene Rechtecke mit 144 cm² Flächeninhalt es gibt, deren Seitenlängen (in cm) natürliche Zahlen sind. Übertrage dazu die Tabelle in ein Tabellenprogramm und setze sie fort.

c) Beschreibe, wie die Form des Rechtecks mit seinem Umfang zusammenhängt.

d) Welches der Rechtecke aus b) hat den kleinsten Umfang? Wie groß ist er?

e) Löse b) und d) auch für Rechtecke mit 576 cm² (432 cm²) Flächeninhalt.

Entdecken

Für den Bau einer Straße soll Bauer Friedrich eine Ackerfläche abgeben. Der Staat bietet ihm als Ersatz für sein altes Ackerland (A) eine freie neue Fläche (N) an.

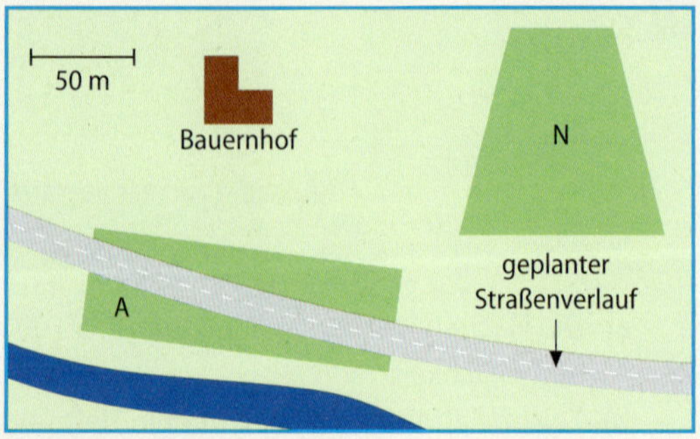

- Sollte Bauer Friedrich auf diesen Tausch eingehen? Welche Überlegungen können bei seiner Entscheidung eine Rolle spielen?
- Vergleiche die Größe der beiden Grundstücke miteinander. Wie kannst du hier vorgehen?
- Welche Eigenschaften kannst du den Vierecken zuordnen?

Verstehen

Oftmals lässt sich der Flächeninhalt einer Figur nicht direkt bestimmen, weil ihre Gestalt keiner einfachen geometrischen Figur entspricht. In diesen Fällen kann man jedoch schauen, ob sich die Figur in **Teilfiguren** zerlegen lässt, deren Flächeninhalt man bestimmen kann.

Lassen sich Figuren in bekannte **Teilfiguren zerlegen**, dann kann man den Flächeninhalt bestimmen, indem man den **Flächeninhalt der Teilfiguren** zusammenzählt.

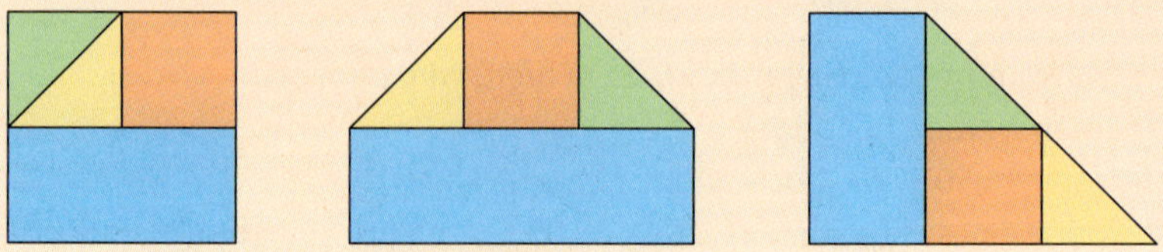

Beispiel

Bestimme den Flächeninhalt durch Zerlegen.

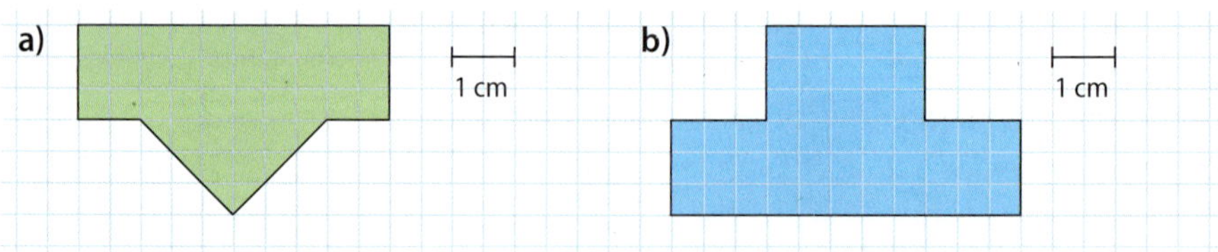

Lösungsmöglichkeit:

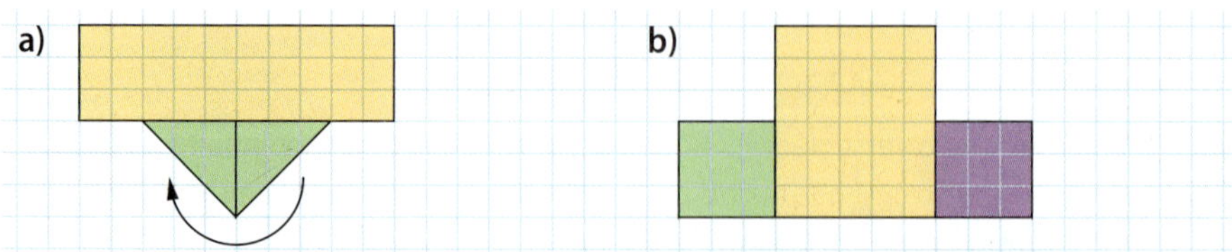

a) $A = (50 \cdot 15)\ \text{mm}^2 + (15 \cdot 15)\ \text{mm}^2$
$A = 750\ \text{mm}^2 + 225\ \text{mm}^2$
$A = 975\ \text{mm}^2 = 9\ \text{cm}^2\ 75\ \text{mm}^2$

b) $A = 2 \cdot (15 \cdot 15)\ \text{mm}^2 + (25 \cdot 30)\ \text{mm}^2$
$A = 450\ \text{mm}^2 + 750\ \text{mm}^2$
$A = 1200\ \text{mm}^2 = 12\ \text{cm}^2$

- Hakan ist der Meinung, dass man jede Figur eindeutig in Rechtecke und Quadrate zerlegen kann. Stimmt das? Erläutere deine Aussage.
- Moritz behauptet: „Zwei Figuren haben den gleichen Flächeninhalt, wenn sie sich jeweils in gleiche Teilfiguren zerlegen lassen.“ Hat er Recht? Begründe.

Aufgaben

1 Zeichne die Figuren jeweils mit doppelten Seitenlängen ab und schneide sie aus. Zerschneide sie dann mit möglichst wenigen Schnitten so, dass du sie zu Rechtecken und Quadraten zusammenlegen kannst. Bestimme die Flächeninhalte der Figuren. Vergleiche mit Zerlegungen deines Nachbarn bzw. deiner Nachbarin.

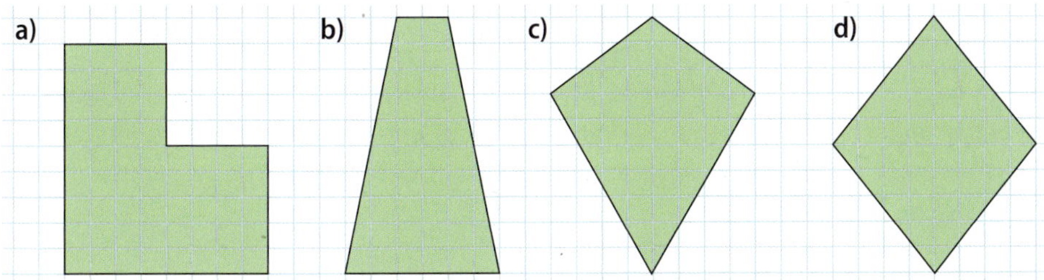

2 Übertrage die Vielecke ins Heft und bestimme durch Zerlegung ihren Flächeninhalt.

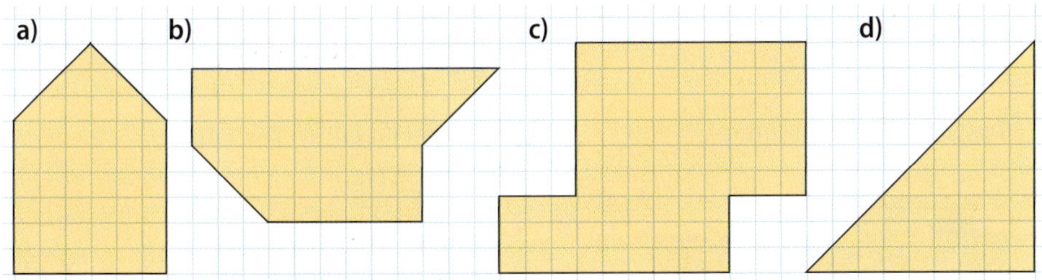

3 Ein Paket mit einem Gehege für Kaninchen besteht aus sechs jeweils 1 m langen Zaunelementen, die beliebig kombiniert werden können. Steffi hat zwei Pakete gekauft.

a) Gib unterschiedliche Möglichkeiten an, das Gehege aufzustellen. Wenn du zwölf gleiche Stifte benutzt, kannst du viele Möglichkeiten ausprobieren.

b) Wie muss Steffi das Gehege aufstellen, damit die Fläche möglichst groß ist?

c) Steffi möchte für ihre Kaninchen eine möglichst lange Laufstrecke. Welche Möglichkeiten hat sie? Wie wirkt sich die Länge der Laufstrecke auf den Flächeninhalt aus?

4 Ordne die Figuren der Größe nach. Schätze dazu den Flächeninhalt und bestimme ihn anschließend möglichst genau.

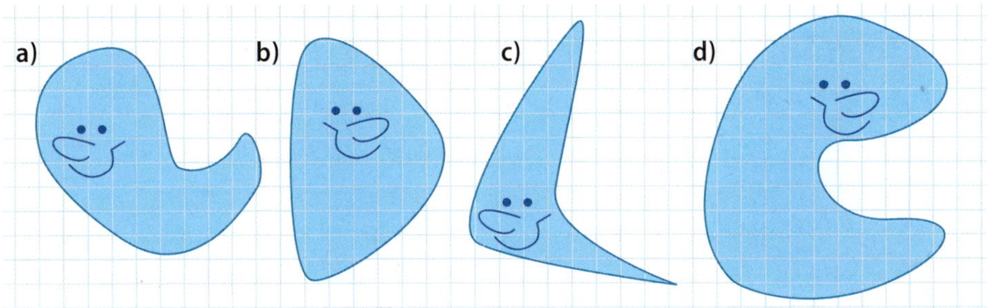

Entdecken

- Löse eine Schachtel vorsichtig entlang der Klebestellen auf und lege sie flach auf einen Tisch.
  Übertrage die ausgebreitete Schachtel (ohne Klebelaschen) auf Karopapier.

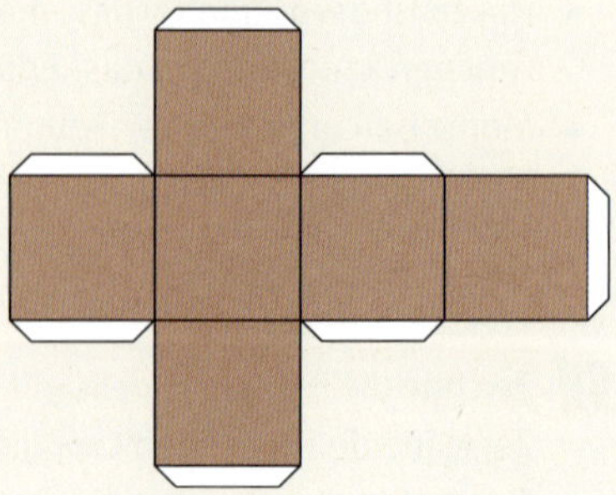

Karin möchte einen Spielwürfel aus Pappe basteln.
- Welche Tipps kannst du ihr geben?
- Bastle selbst einen Würfel aus Pappe.

Verstehen

Wenn du eine Verpackung entlang der Klebelinien aufschneidest, kannst du alle Flächen nebeneinander legen, aus denen die Verpackung besteht. Umgekehrt geht es genauso: Will man einen Körper bauen, so ist es oft hilfreich, zunächst alle Flächen zusammenhängend herzustellen.

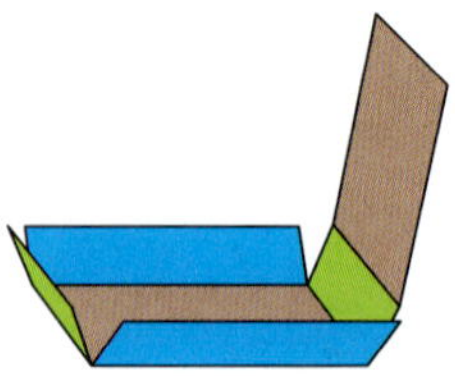

Ein **Netz** eines Quaders oder eines Würfels erhält man, wenn man eine quader- oder würfelförmige Schachtel entlang einiger Kanten aufschneidet und flach ausbreitet. Die einzelnen Flächen hängen dabei noch zusammen. Die Form der Netze hängt davon ab, welche Kanten aufgeschnitten werden.

Beispiel für ein Quadernetz:

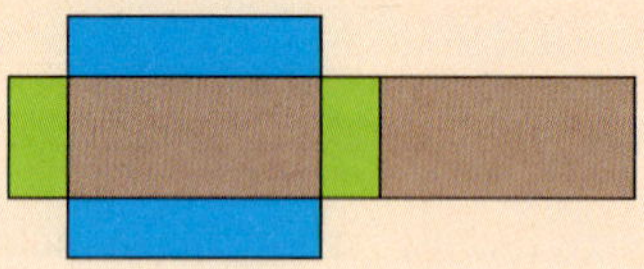

Beispiel für ein Würfelnetz:

Die im Quadernetz gleich gefärbten Flächen sind gleich groß und liegen einander gegenüber. Im Würfelnetz sind alle Seitenflächen gleich groß.

Beispiel

Zeichne zwei verschiedene Netze eines Würfels mit 15 mm Kantenlänge.

Lösung:

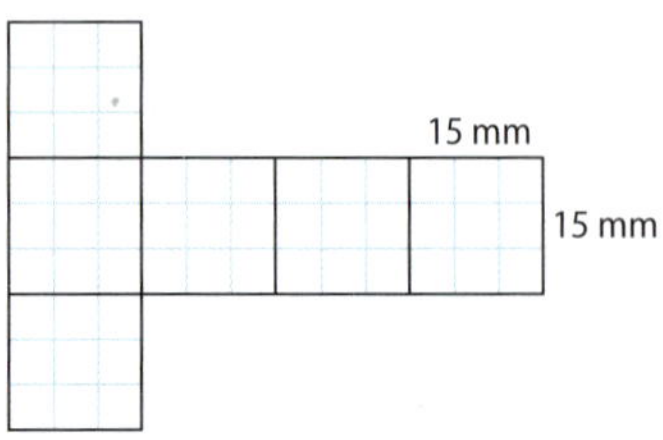

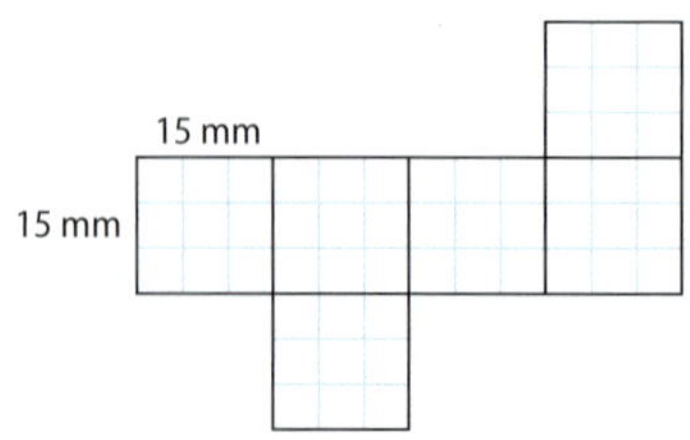

- Erkläre: Ein Würfelnetz ist ein Sonderfall eines Quadernetzes.
- Stimmt das: Ein Würfelnetz besitzt immer denselben Umfang. Begründe.
- Wie viele Kanten darf man bei einer Schachtel nicht durchschneiden, wenn man das Netz auslegen möchte? Veranschauliche durch eine Zeichnung.

Nachgefragt

Aufgaben

1 Welche der abgebildeten Netze sind Würfelnetze? Überprüfe einige Antworten, indem du die Netze auf kariertes Papier überträgst, ausschneidest und faltest.

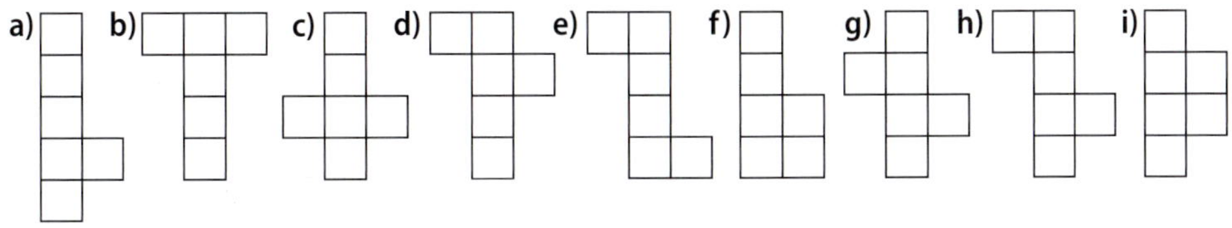

2 In welchen Fällen liegt das Netz eines Quaders bzw. Würfels vor? Begründe.

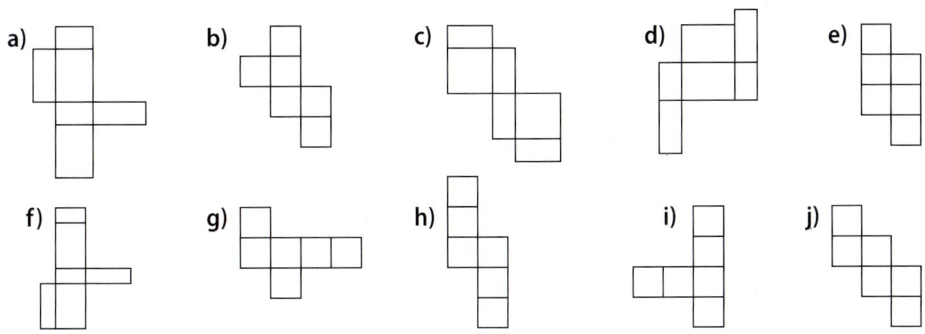

3 Übertrage auf Karopapier und ergänze zu einem Quadernetz. Findest du mehrere Möglichkeiten?

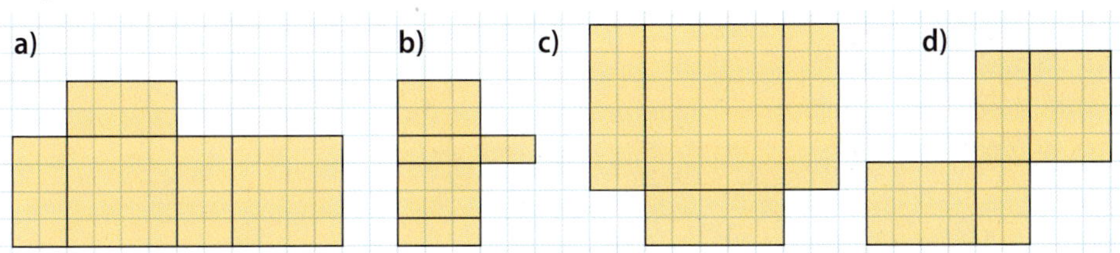

4 a) Übertrage die Quader- und Würfelnetze im Maßstab 2 : 1 auf kariertes Papier und kennzeichne gegenüberliegende Seiten mit gleicher Farbe.

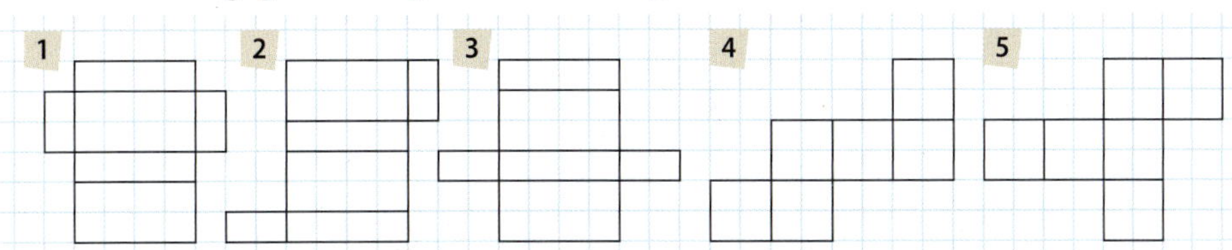

b) Zeichne zwei weitere Quader- und Würfelnetze ins Heft und verfahre ebenso.

5 Wie viele verschiedene Würfelnetze (Quadernetze) gibt es? Suche in Büchern, Internet, … Erstelle eine Mindmap zu Würfel- und Quadernetzen.

Mindmap:
Seiten 112 und 113

Die Fläche, auf der ein Würfel liegt, nennt man Grundfläche.

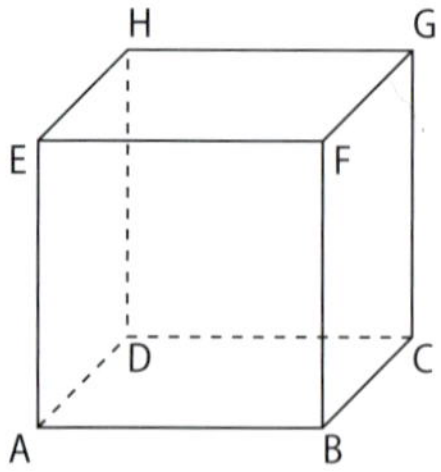

6 Die Grundfläche des Würfels ist mit u (unten) gekennzeichnet. Zeichne das Würfelnetz mit der Kantenlänge $a = 1$ cm in dein Heft und trage v (vorne), h (hinten), l (links), r (rechts) und o (oben) ein.

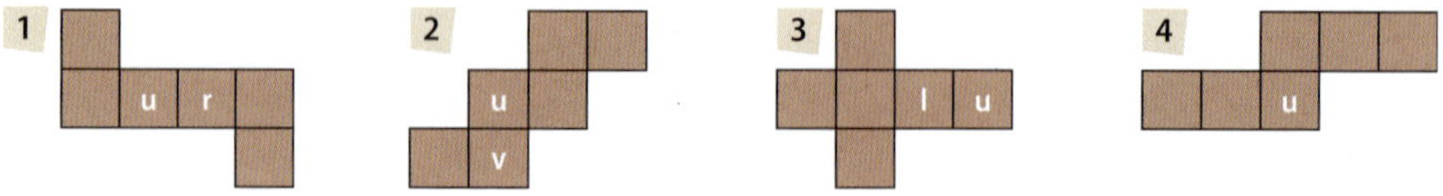

7 Zeichne zum Würfel in der Randspalte zwei verschiedene Würfelnetze mit selbst gewählten Maßen. Übertrage die Buchstaben der Würfelecken in das Netz.

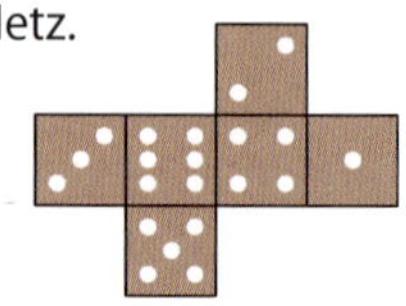

8 a) Welche Flächen grenzen an die Fläche  ?

b) Welche der folgenden Würfel können mit dem Netz nicht gebaut werden?

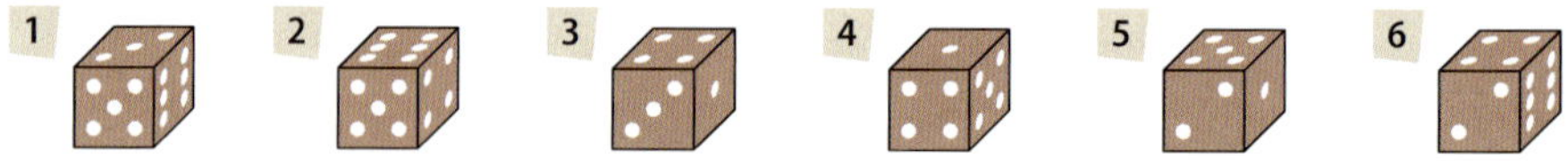

c) Vergleiche gegenüberliegende Flächen miteinander. Was stellst du fest?

9 Zeichne je zwei verschiedene Quadernetze mit folgenden Kantenlängen.

	a)	b)	c)	d)	e)	f)
Länge	3 cm	35 mm	45 mm	20 mm	1 cm	10 mm
Breite	4 cm	25 mm	30 mm	2 cm	3 cm	1 cm
Höhe	2 cm	15 mm	30 mm	2 cm	10 mm	3 cm

10 Lässt sich aus den abgebildeten Flächen ein Würfelnetz ausschneiden? Überlege zunächst und probiere dann selbst aus.

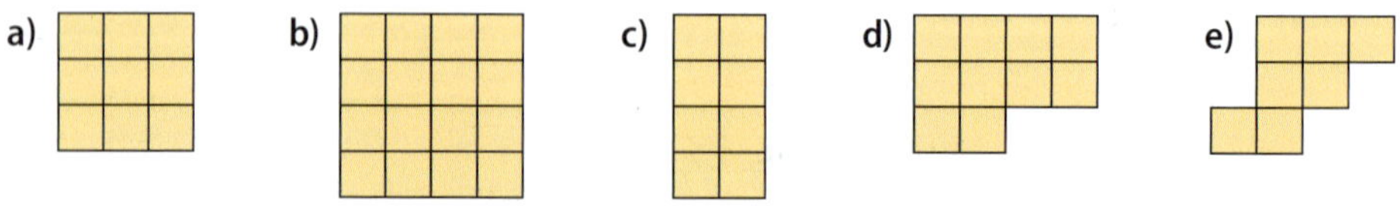

11

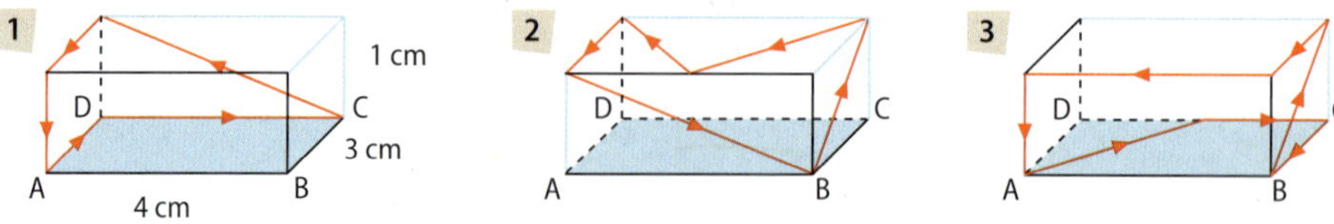

a) Im Schrägbild ist der Weg eingezeichnet, den eine Ameise zurückgelegt hat. Zeichne ein Netz und markiere auf ihm den Weg (mit Pfeilspitzen).

b) Die Ameise sitzt in in der Ecke A und sucht den kürzesten Weg über die Flächen des Quaders zu dem Eckpunkt, der am weitesten von ihr entfernt ist. Zeichne ein Netz des Quaders und markiere darin den Weg der Ameise.

12 Aus einem 36 cm langen Draht werden verschiedene Kantenmodelle von Quadern so gebogen, dass der ganze Draht verbraucht wird. Bestimme mögliche Kantenlängen und beschreibe dein Vorgehen. Kann man auch einen Würfel basteln?

13 Überprüfe, ob die eingezeichneten roten Dreiecke im jeweiligen Würfelnetz zur gefärbten Ecke des Würfels in der Randspalte gehören.

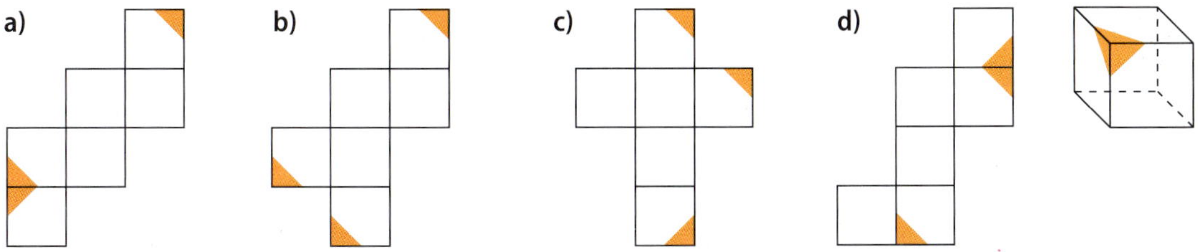

14 Stell dir vor, dass ein Glasquader bis zur Hälfte mit Tinte gefüllt wird. Zeichne zwei verschiedene Netze und färbe die Flächen ein, in denen die Tinte steht.

15 Es gibt auch andere Formen von Körpernetzen. Übertrage die unvollständigen Netze in dein Heft und ergänze sie. Um welche Körper handelt es sich?

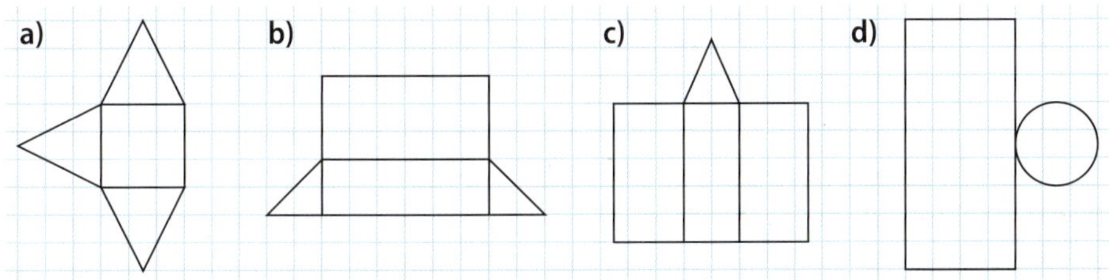

Basteln

Geschenkverpackungen

Ist es dir auch schon einmal passiert, dass du keine passende Geschenkbox hattest oder sie zu teuer war?
In Zukunft braucht dir das nicht mehr zu passieren. Um die Geschenkverpackungen zu basteln, brauchst du ein Lineal, einen Bleistift, Klebstoff, eine Schere und Karton.

- Miss zunächst Länge, Breite und Höhe des Geschenks aus.
- Zeichne anschließend ein Netz in ausreichender Größe auf Plakatkarton, zwei Möglichkeiten sind abgebildet. Schneide die Netze aus, knicke sie an den Kanten und den Klebelaschen und stelle die Verpackungen her.

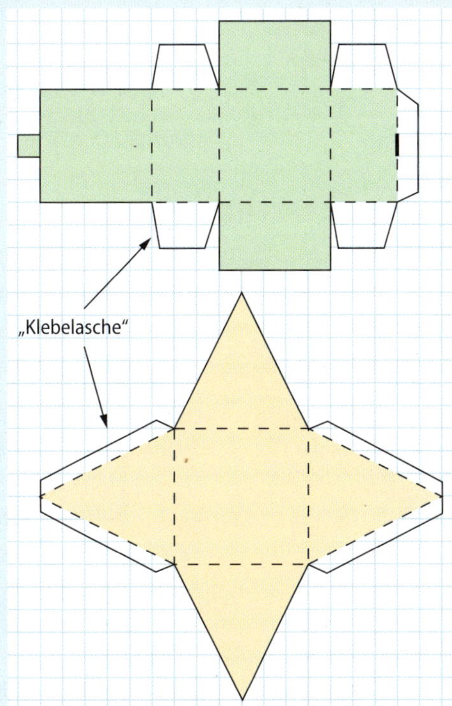

Entdecken

Milchtüten haben meist die Form eines Quaders.
Sammle Milchtüten und untersuche sie.

- Welche Milchtüte hat die größte Werbefläche?
- Welche Milchtüte hat die kleinste Grundfläche?
- Welche Figuren ergeben sich beim Zerschneiden einer Milchtüte entlang der Kanten?
- Wie viel Milch würde in jede Milchtüte passen, wenn du die Kanten jeweils alle verdoppelst (verdreifachst)?

Verstehen

Du kannst die Fläche bestimmen, die du benötigst um einen Körper zu bauen, indem du alle Flächen des Netzes zusammenzählst.

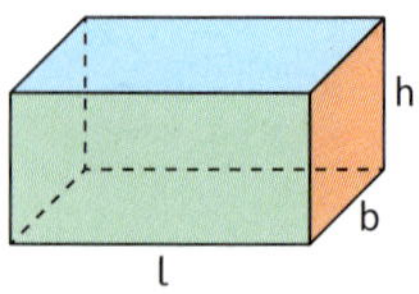

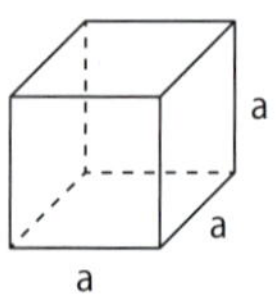

Alle Flächen, die einen Quader bzw. einen Würfel begrenzen, bilden zusammen seine **Oberfläche**. Der Flächeninhalt des Netzes ist somit der **Oberflächeninhalt O** des Quaders bzw. des Würfels.

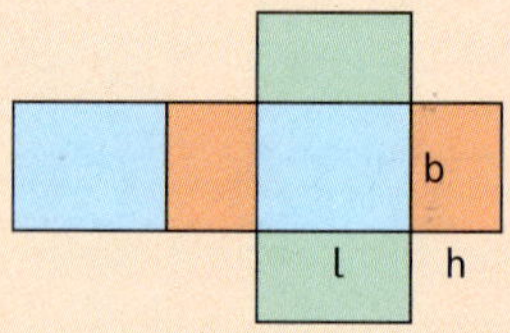

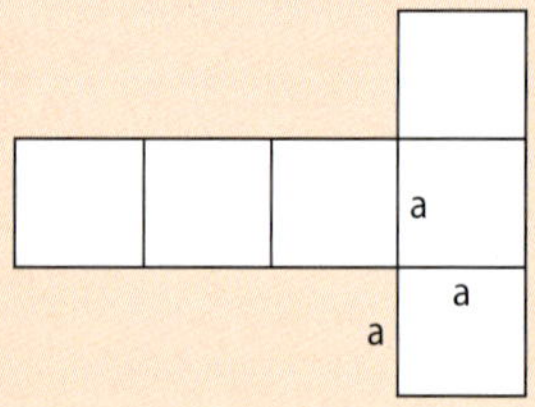

Die Oberfläche eines Quaders besteht aus sechs Rechtecken, von denen je zwei gleich groß sind. Für den **Oberflächeninhalt eines Quaders** gilt:

Quader: $O = 2 \cdot l \cdot b + 2 \cdot b \cdot h + 2 \cdot l \cdot h$
$= 2 \cdot \text{Länge} \cdot \text{Breite} + 2 \cdot \text{Breite} \cdot \text{Höhe} + 2 \cdot \text{Länge} \cdot \text{Höhe}$

Für den **Oberflächeninhalt eines Würfels** mit der Kantenlänge a gilt:

Würfel: $O = 6 \cdot a \cdot a = 6 \cdot a^2$

Beispiele

I. Ein Quader ist 6 cm 5 mm lang, 5 cm 5 mm breit und 25 mm hoch.
Berechne seinen Oberflächeninhalt.

Lösung:

Achte auf gleiche Einheiten und natürliche Zahlen bei den Größen.

Gleiche Einheiten: 6 cm 5 mm = 65 mm; 5 cm 5 mm = 55 mm

Quader: $O = 2 \cdot 65\,\text{mm} \cdot 55\,\text{mm} + 2 \cdot 55\,\text{mm} \cdot 25\,\text{mm} + 2 \cdot 65\,\text{mm} \cdot 25\,\text{mm}$
$= 2 \cdot (65 \cdot 55)\,\text{mm}^2 + 2 \cdot (55 \cdot 25)\,\text{mm}^2 + 2 \cdot (65 \cdot 25)\,\text{mm}^2$
$= 7150\,\text{mm}^2 + 2750\,\text{mm}^2 + 3250\,\text{mm}^2$
$= 13\,150\,\text{mm}^2 = 131\,\text{cm}^2\;50\,\text{mm}^2$

II. Ein Würfel hat einen Oberflächeninhalt von $294\,\text{cm}^2$. Ermittle seine Kantenlänge.

Lösung:

Ein Würfel besteht aus sechs Quadraten mit der Seitenfläche $294\,\text{cm}^2 : 6 = 49\,\text{cm}^2$.
Die Seitenlängen der Quadrate sind alle gleich groß: $49\,\text{cm}^2 = 7\,\text{cm} \cdot 7\,\text{cm}$.
Die Kantenlänge des Würfels beträgt also 7 cm.

Nachgefragt

- Finde die Oberflächenformel für einen „Quader ohne Deckel".
- Begründe: Die Formel für den Oberflächeninhalt eines Würfels ist ein Sonderfall der Formel für den Oberflächeninhalt eines Quaders.
- Erkläre, wie sich die Formel für den Oberflächeninhalt eines Quaders ändert, wenn der Quader genauso lang wie breit ist.

Aufgaben

1 Berechne jeweils den Oberflächeninhalt des Würfels.

	a)	b)	c)	d)	e)	f)
Kantenlänge	3 cm	6 cm	9 cm	5 m	4 cm 5 mm	1 m 5 dm 3 cm

2 Berechne jeweils den Oberflächeninhalt des Quaders.

	a)	b)	c)	d)	e)	f)	g)	h)
Länge	4 cm	14 cm	1 dm	5 cm	45 dm	56 cm	5 dm 8 cm	22 cm 5 mm
Breite	3 cm	14 cm	5 cm	5 dm	45 cm	233 mm	2 dm 3 mm	1 cm 7 mm
Höhe	5 cm	17 cm	33 mm	6 cm	12 cm	145 mm	5 mm	3 cm 3 mm

3 Finde jeweils die Kantenlänge des Würfels mit dem angegebenen Oberflächeninhalt heraus.

	a)	b)	c)	d)	e)	f)
Oberflächeninhalt	24 m^2	6 dm^2	216 m^2	294 mm^2	13 dm^2 50 cm^2	150 cm^2

Lösungen zu 3:
1 dm; 15 cm; 2 m; 5 cm; 6 m; 7 mm

4 Gegeben sind zwei Quadernetze. Berechne jeweils den Oberflächeninhalt.

1

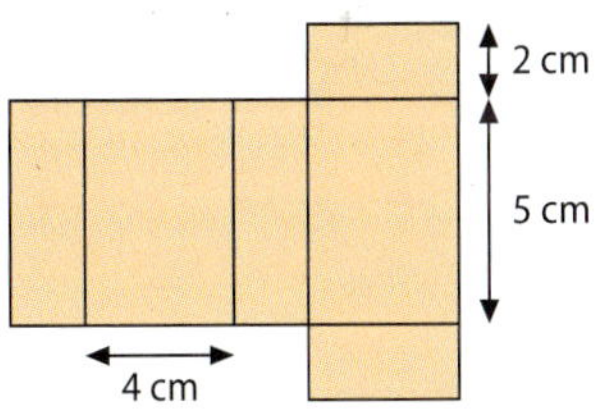

2

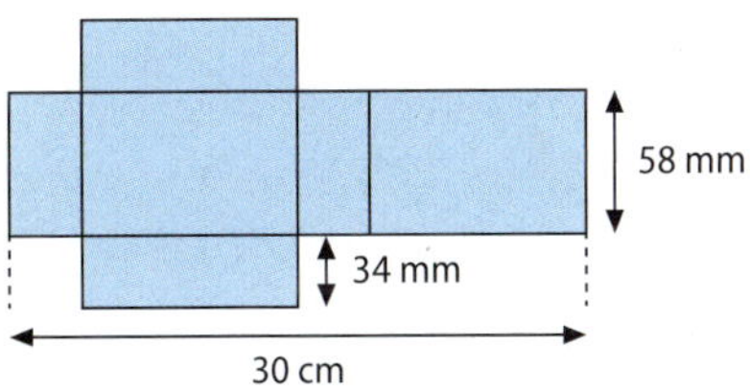

5 Zeichne drei verschiedene Quadernetze in dein Heft. Dein Tischnachbar oder deine Tischnachbarin soll anschließend den jeweiligen Oberflächeninhalt berechnen.

6 Welche Kantenlänge kann ein Quader besitzen, dessen Oberfläche 200 cm^2 (256 dm^2; 700 mm^2) beträgt? Gib mehrere Möglichkeiten an.

7 Übertrage die Tabelle ins Heft und ergänze die fehlenden Werte für einen Quader.

	a)	b)	c)	d)	e)
Länge l	4 cm	5 m		70 dm	
Breite b	5 cm		8 dm		2 dm
Höhe h		4 m	15 dm	300 cm	75 mm
Oberfläche O	94 cm^2	148 m^2	700 dm^2	172 m^2	575 cm^2

8 Matthias möchte aus Pappe die unten abgebildeten Quader und Würfel herstellen. Um die Konstruktion zu stabilisieren, baut er zuerst ein Modell aus Draht entlang der Kanten.

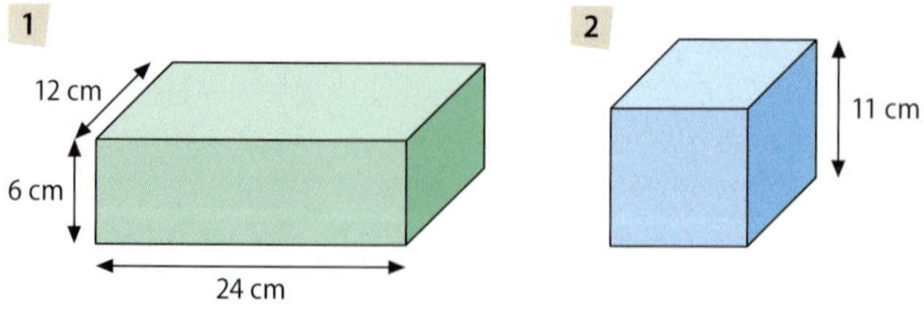

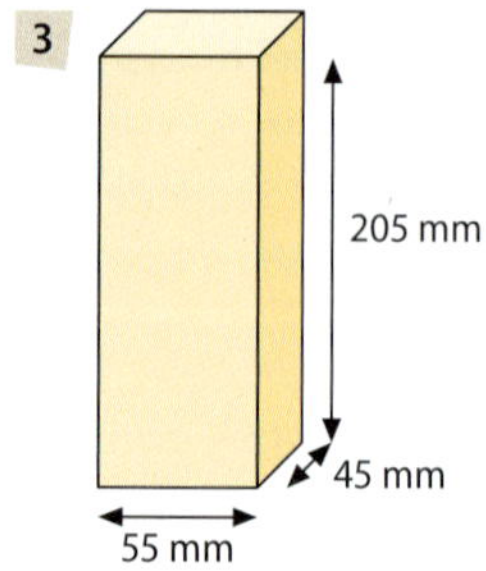

a) Bestimme, welche Länge der Draht insgesamt haben muss.
b) Ordne die Körper nach der Größe ihres Oberflächeninhalts.

9 Ermittle die Kantenlänge eines Würfels mit dem Oberflächeninhalt O.
a) $O = 486\ \text{cm}^2$ b) $O = 150\ \text{dm}^2$ c) $O = 1350\ \text{mm}^2$ d) $O = 37\ \text{cm}^2\ 50\ \text{mm}^2$

10 a) Ein Quader ist 15 cm lang, 5 cm hoch und 8 cm breit. Berechne die Oberfläche.
b) Wie verändert sich der Oberflächeninhalt des Quaders, wenn jede Kantenlänge verdoppelt (halbiert) wird? Begründe deine Antwort durch eine Rechnung.
c) Wie verändert sich die Größe der Oberfläche, wenn man die Länge des Quaders verdoppelt und die Breite halbiert? Begründe ohne Rechnung.

11 Berechne den Oberflächeninhalt des Quaders.
a) $l = 50\ \text{cm};\ b = 10\ \text{m};\ h = 20\ \text{cm}$ b) $l = 20\ \text{cm};\ b = 5\ \text{cm};\ h = 4\ \text{cm}$
c) $l = 30\ \text{cm};\ b = 30\ \text{mm};\ h = 30\ \text{dm}$ d) $l = 4\ \text{m};\ b = 2 \cdot l;\ h = 3 \cdot b$

Zerlege die Flächen gegebenenfalls in Rechtecke und Quadrate.

12 Berechne den Oberflächeninhalt des Körpers.

a)
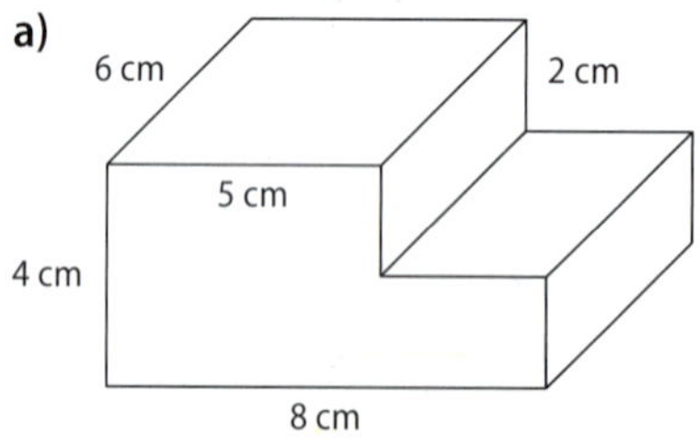

b)
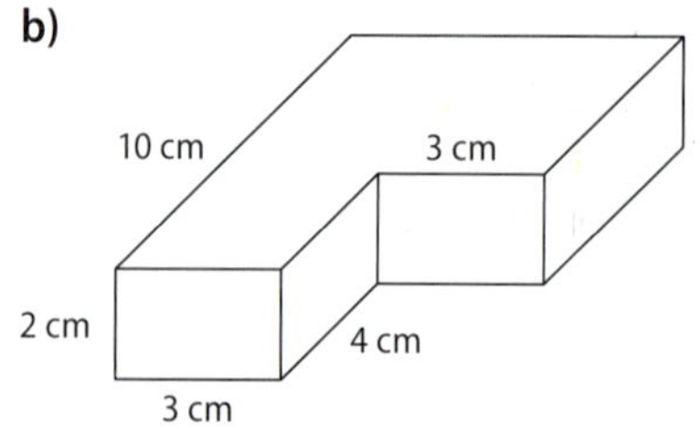

Zur Tabellenkalkulation: Seiten 32 und 33

13 Mithilfe einer Tabellenkalkulation kann die Größe der Oberfläche eines beliebigen Quaders berechnet werden.

B4 = 2*(B1*B2+B1*B3+B2*B3)

	A	B
1	Länge l (cm)	8
2	Breite b (cm)	8
3	Höhe h (cm)	10
4	Oberfläche O (cm²)	416

a) Erkläre den Aufbau des Tabellenblatts und insbesondere die Formel in Zelle B4.
=2*(B1*B2+B1*B3+B2*B3)
Welche Form hat der Quader?
b) Gib die Daten und die Formel in ein Tabellenprogramm ein. Überprüfe zunächst die Berechnung anhand einiger Quader, deren Oberfläche du bereits kennst.
c) Finde durch Probieren die Länge, Breite und Höhe mindestens eines anderen Quaders heraus, dessen Oberflächeninhalt ebenfalls 416 cm² beträgt.
d) Erfinde selbst Aufgaben mit fehlenden Angaben und lasse sie von einem Nachbarn oder einer Nachbarin lösen.

Umfang

Seite 150

Der **Umfang** U einer geometrischen Figur ist die **Länge** ihrer **Randlinie**.

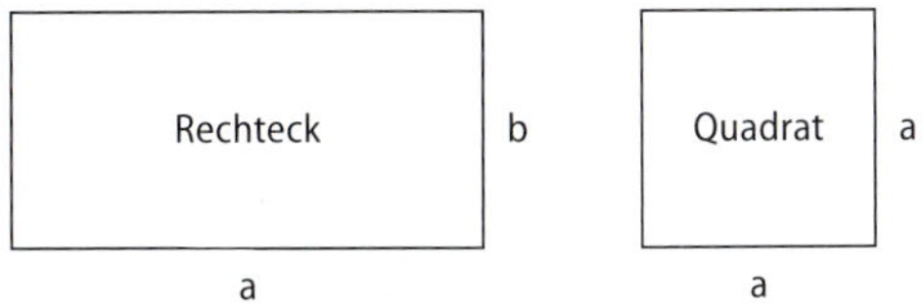

$U_R = 2 \cdot a + 2 \cdot b$

$U_R = 2 \cdot (a + b)$

$U_Q = 4 \cdot a$

Flächeninhalt

Seite 152

Flächen, die man mit denselben Flächenstücken auslegen kann, sind gleich groß. Sie besitzen den gleichen **Flächeninhalt**.

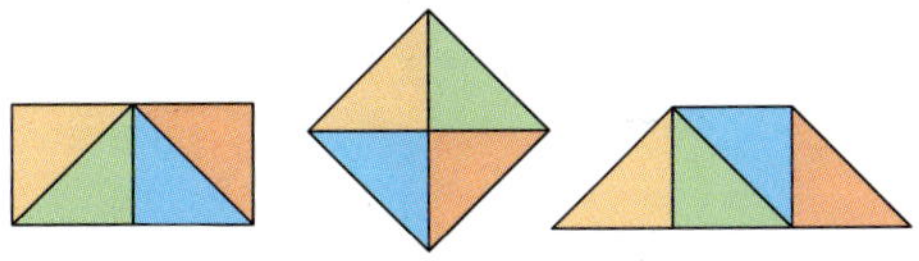

Flächeneinheiten

Seite 154

Zum Messen von **Flächeninhalten** legt man die Fläche mit Einheitsquadraten aus. Die **Umwandlungszahl** zwischen benachbarten Flächeneinheiten ist 100.

$\ldots \underset{\cdot 100}{\overset{:100}{\rightleftarrows}} 1\,\text{a} \underset{\cdot 100}{\overset{:100}{\rightleftarrows}} 1\,\text{m}^2 \underset{\cdot 100}{\overset{:100}{\rightleftarrows}} 1\,\text{dm}^2 \underset{\cdot 100}{\overset{:100}{\rightleftarrows}} \ldots$

Flächeninhalt von Rechteck und Quadrat

Seite 158

Der **Flächeninhalt** A_R eines **Rechtecks** berechnet sich als Produkt der beiden Seitenlängen.
Den Flächeninhalt A_Q eines **Quadrats** kann man als Sonderfall des Flächeninhalts eines Rechtecks bestimmen.

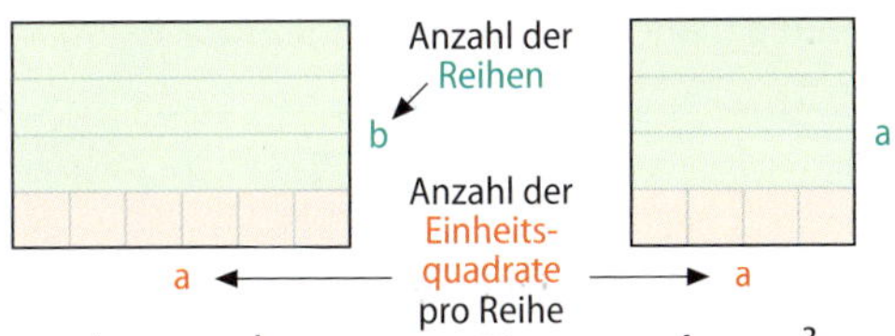

$A_R = a \cdot b$

$A_Q = a^2$

Zerlegung von Flächen

Seite 162

Lassen sich Figuren in bekannte Teilfiguren zerlegen, kann man den Flächeninhalt der Figur mithilfe der Teilfiguren bestimmen.

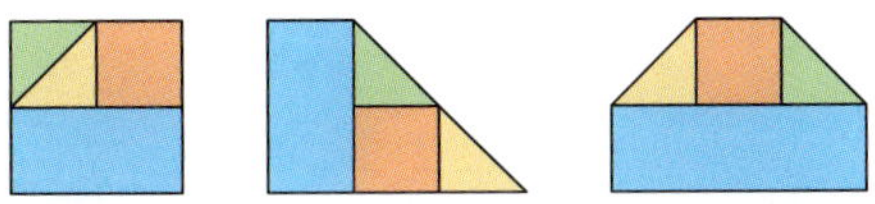

Netz

Seite 164

Ein **Netz** eines Quaders oder eines Würfels erhält man, wenn man eine quader- oder würfelförmige Schachtel entlang ihrer Kanten so aufschneidet, dass alle Teile zusammenhängen und man alle Flächen flach ausbreiten kann.

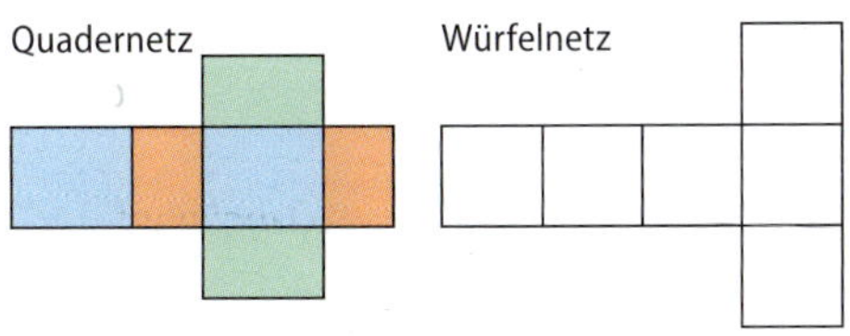

Oberflächeninhalt von Quader und Würfel

Seite 168

Alle Flächen, die einen Quader oder einen Würfel begrenzen, bilden zusammen die **Oberfläche** dieses Körpers. Der Flächeninhalt des Netzes ist somit der **Oberflächeninhalt O** des Quaders oder des Würfels.

Quader:

$O = 2 \cdot l \cdot b + 2 \cdot b \cdot h + 2 \cdot l \cdot h$

Würfel:

$O = 6 \cdot \boxed{a \cdot a} = 6 \cdot a^2$

1 Übertrage die Figur in dein Heft und bestimme den Umfang sowie den Flächeninhalt möglichst genau.

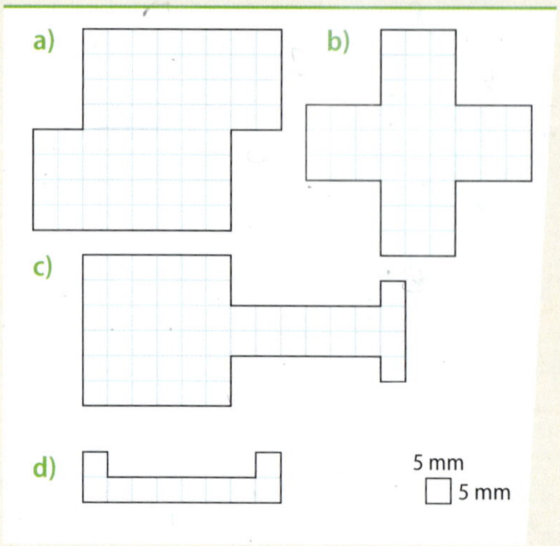

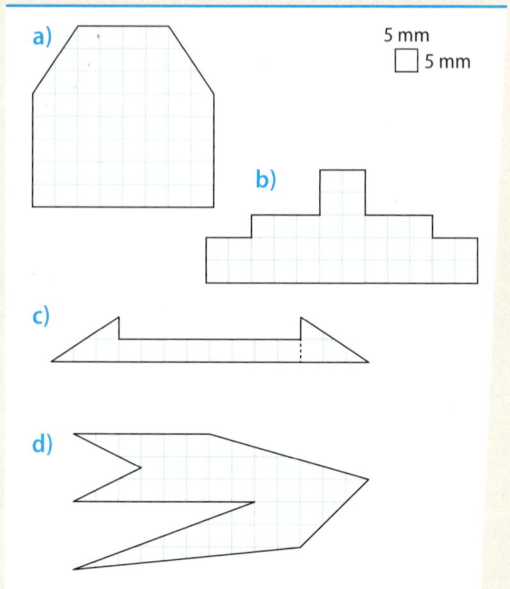

2 Gib an, wie oft die blaue Figur in die grüne Figur passt.

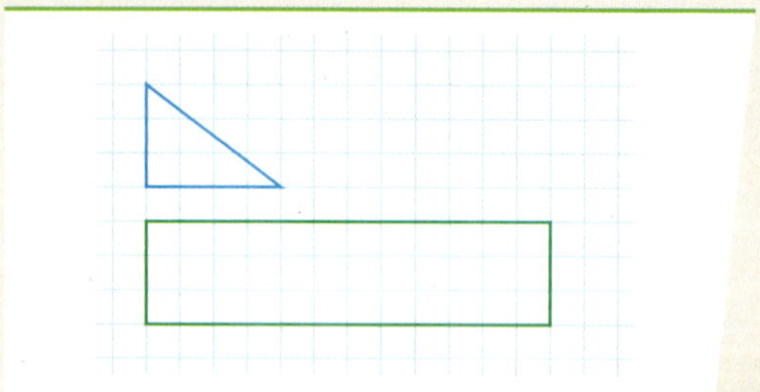

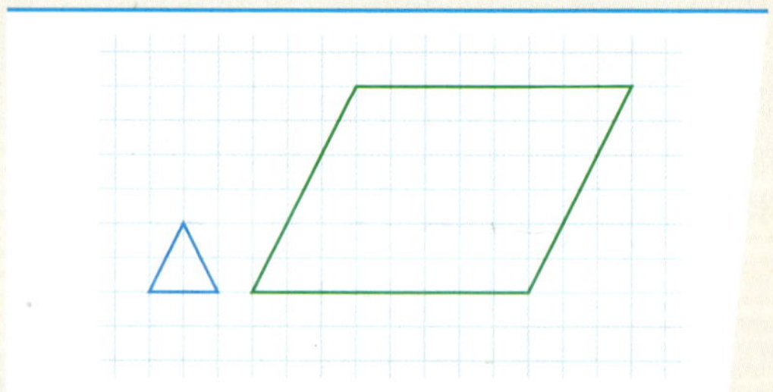

3 Ordne der Größe die zugehörige Angabe in mm^2 zu. Die Buchstaben ergeben in der angegebenen Reihenfolge den Namen einer Ortschaft in Baden-Württemberg.

1	$20\ dm^2$	2	$2\ m^2$
3	$220\ cm^2$	4	$200\ cm^2$
5	$20\,020\ cm^2$	6	$220\ dm^2$

1	$2\ dm^2\ 2\ cm^2$	2	$2\ m^2\ 20\ cm^2$
3	$20\ dm^2\ 20\ cm^2$	4	$2\ m^2\ 2\ dm^2\ 2\ cm^2$
5	$2\ m^2\ 20\ mm^2$	6	$20\ m^2\ 2\ mm^2$

P $20\,000\ mm^2$ | R $2\,020\,200\ mm^2$ | A $2\,000\,000\ mm^2$ | U $202\,000\ mm^2$

E $2\,000\,020\ mm^2$ | K $200\,000\ mm^2$ | N $20\,000\,002\ mm^2$

L $2\,200\,000\ mm^2$ | B $20\,200\ mm^2$ | E $2\,002\,000\ mm^2$ | P $22\,000\ mm^2$

4 Auf einem Spielwürfel ist die Summe der Augenzahlen auf gegenüberliegenden Flächen stets 7.

Finde heraus, welcher Würfel aus dem abgebildeten Netz gefaltet wurde.

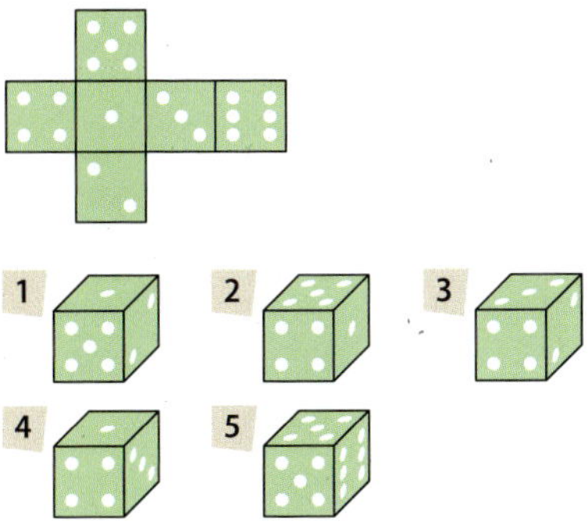

Zeichne das Würfelnetz (Kantenlänge des Würfels jeweils 2 cm) in dein Heft und ergänze dann dort die fehlenden „Augen".

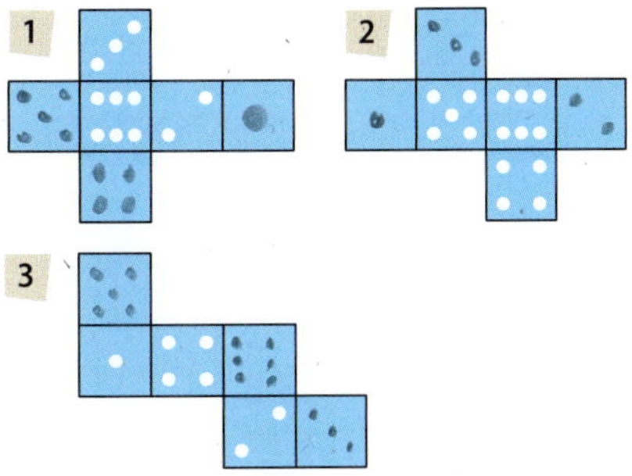

5 Finde heraus, welches der Würfelnetze zu dem abgebildeten Würfel passt. Gib an, welche Farbe bei diesem Würfel die Bodenfläche, die linke Seitenfläche und die Fläche hinten hat.

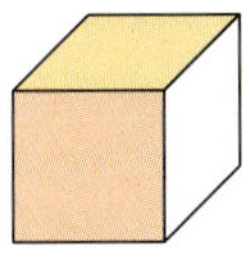

Der Würfel wird entlang der roten Linien aufgeschnitten. Finde das zugehörige Netz. Begründe deine Entscheidung.

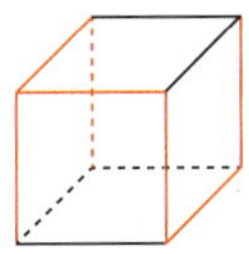

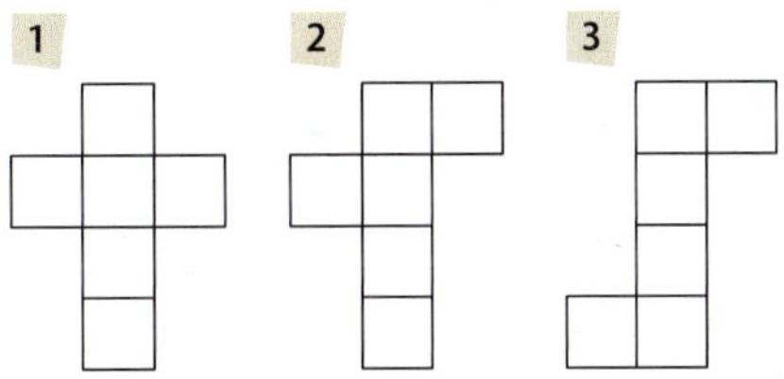

6 Zeichne jeweils drei verschiedene Netze zu dem gegebenen Körper.

1. Würfel mit der Kantenlänge 3 cm.
2. Quader mit den Kantenlängen 1 cm, 2 cm und 3 cm.
3. Würfel maximaler Größe, der aus einem DIN-A4-Blatt herstellbar ist.

1. Würfel mit dem Oberflächeninhalt von 7350 mm^2.
2. Quader, der maximal aus einem DIN-A4-Blatt herstellbar ist und dessen Kantenlängen sich wie 1 : 2 : 4 verhalten.

7 Berechne den Oberflächeninhalt des Quaders. Beschreibe dein Vorgehen.

	a)	b)	c)
Länge l	14 cm	1 dm	450 mm
Breite b	14 cm	5 cm	45 cm
Höhe h	17 cm	6 cm	12 cm

	a)	b)	c)
Länge l	56 cm	5 dm 8 cm	22 dm 5 mm
Breite b	233 mm	2 dm 3 mm	1 cm 7 mm
Höhe h	145 mm	5 mm	330 mm

1 Schätze zunächst, welches Rechteck den größten (kleinsten) Umfang hat. Überprüfe anschließend deine Schätzung durch Nachmessen.

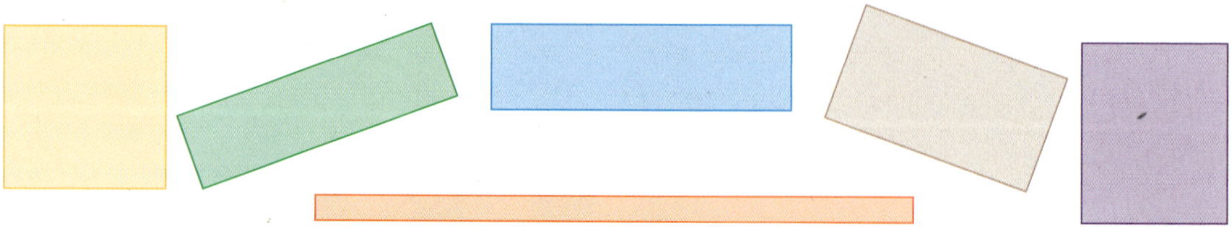

2 Die Schachtel wird längs der roten Kanten aufgeschnitten. Finde heraus, welches der abgebildeten Netze dabei entsteht.

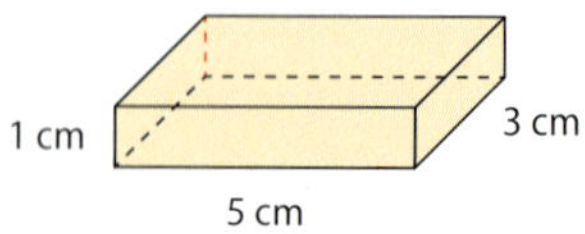

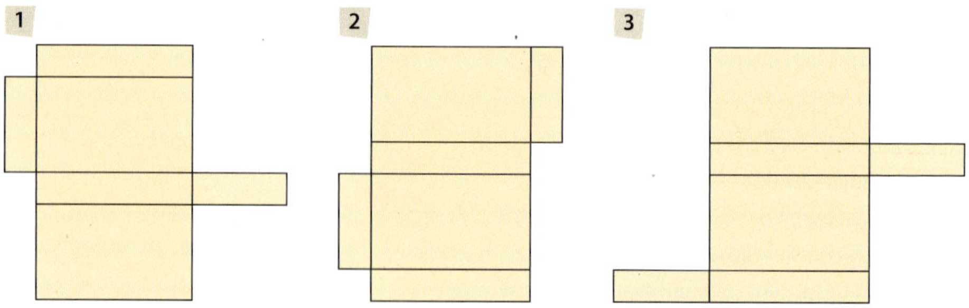

3 Finde heraus, welche dieser Figuren den gleichen Flächeninhalt besitzen.

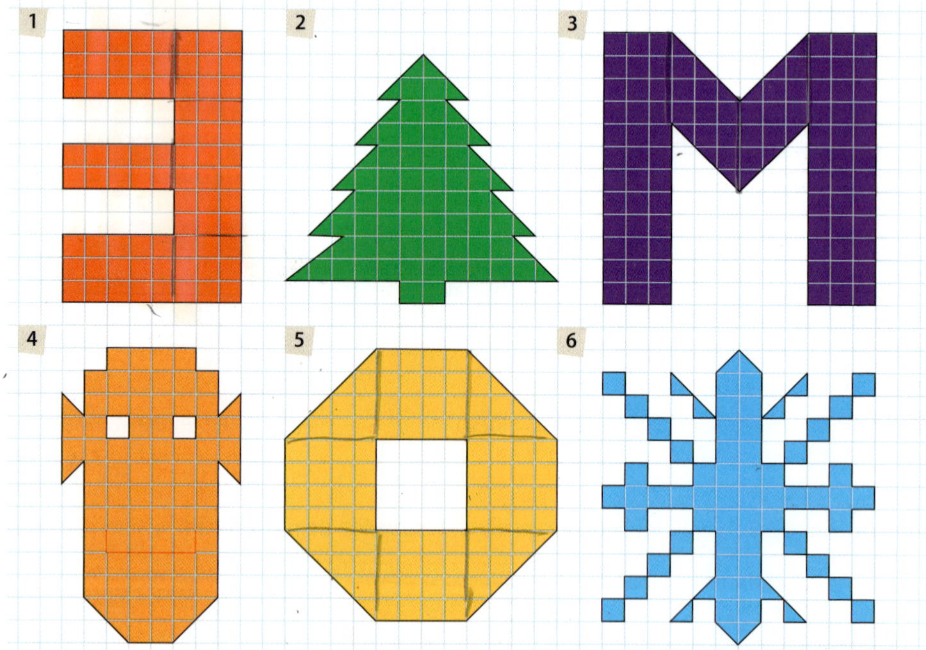

4 Zeichne das nebenstehende Quadrat mehrmals auf kariertes Papier und schneide es aus. Zerschneide es längs der Gitterlinien so in zwei Teile, dass die beiden Teilfiguren in Form und Größe übereinstimmen. Wie viele Möglichkeiten findest du?

5 Wandle in die in Klammern angegebene Einheit um.

a) $2\,cm^2\,34\,mm^2$ (mm^2)
$24\,346\,m^2$ (cm^2)
$23\,446\,dm^2$ (mm^2)

b) 45 ha (m^2)
$25\,dm^2\,7\,cm^2$ (mm^2)
$46\,km^2$ (a)

c) $8\,km^2$ 34 ha (m^2)
$5\,km^2$ 7 a (a)
$219\,300\,mm^2$ (cm^2)

6 Der Flächeninhalt des Ausgangsdreiecks rechts beträgt etwa $256\,mm^2$.
Bestimme den Flächeninhalt der eingefärbten Teile des Dreiecks.

a)

b)

c)

Ausgangsdreieck

7 Tintenkleckse! Vervollständige die Zeilen in deinem Heft.

a) $14\,m^2\,50\,dm^2$ = ___ dm^2 = 145000 ___ = ___ mm^2

b) 2500 a = 25 000 000 ___ = ___ ha = ___ mm^2

8 Ein rechteckiges Kinderzimmer (Länge: 5 m 25 cm, Breite: 3 m) erhält einen neuen Teppichboden.

a) Zeichne den Grundriss des Zimmers im Maßstab 1 : 100 in dein Heft.

b) Berechne die Kosten, wenn man für 1 m^2 19,20 € einplanen muss. Rechne in Cent.

c) Die Rechnung des Raumausstatters beträgt mit dem Teppichboden 487,40 €.
Wie viele Stunden hat ein Handwerker gearbeitet bei einem Stundenlohn von 37 €?

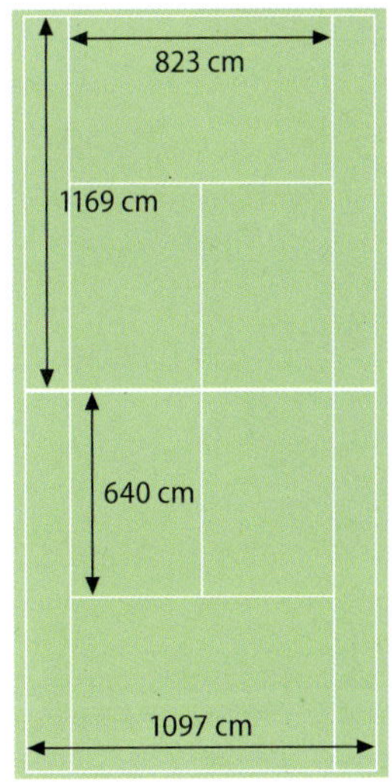

Tennisplatz

9 Ein Fußballfeld ist üblicherweise 105 m lang und 68 m breit.

a) Welche Fläche muss der Platzwart mindestens mähen?

b) Zum Aufwärmen muss eine Mannschaft dreimal um das Fußballfeld laufen. Wie viele Meter muss jeder Spieler mindestens laufen?

c) Ein Basketballfeld ist 28 m lang und 15 m breit. Wie oft passt ein Basketballfeld vollständig in ein Fußballfeld? Schätze zuerst und rechne dann nach.

d) Bestimme den Flächeninhalt des rechts abgebildeten Tennisplatzes.

10 **a)** Übertrage die Zahlenmauern zur Addition in dein Heft und berechne.

1

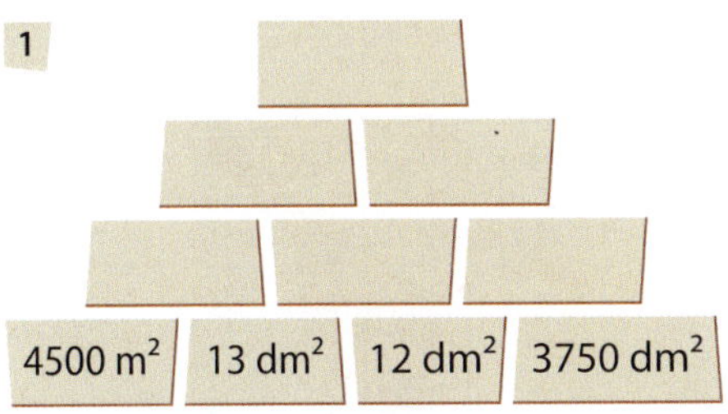

2

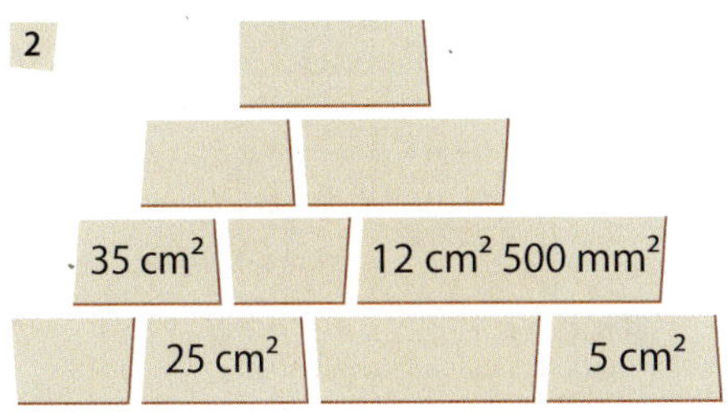

b) Gib die Größe auf dem obersten Stein in mm^2 an.

c) Verdopple (halbiere) die Größen auf allen untersten Steinen. Wie verändert sich der Wert auf dem obersten Stein?

11 Entwirf eine Mindmap, die alle wesentlichen Begriffe und Erkenntnisse dieses Kapitels strukturiert und ihre Beziehungen untereinander darstellt.

Mindmap:
Seiten 112 und 113

12 Peter hat ein Würfelnetz auf einen Pappkarton gezeichnet.

a) Berechne den Oberflächeninhalt des Würfels.

b) Wie groß ist der Verschnitt an Pappkarton? Als Verschnitt bezeichnet man die Fläche, die bei der Herstellung einer Figur nicht verwendet wird.

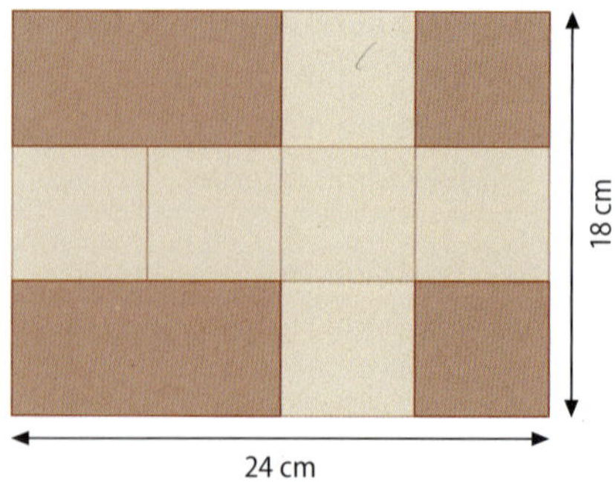

13 Trage die Punkte A (6|0), B (6|7), C (2|9), D (0|5), E (0|3) und F (2|1) in ein Koordinatensystem ein. Verwende als Einheit 1 Kästchen.

a) Verbinde die Punkte zu einem Sechseck. Bestimme den Flächeninhalt und die Länge des Umfangs durch Ausmessen so genau wie möglich.

b) Spiegle die Punkte A bis F an der Geraden g durch die Punkte S (8|0) und T (3|10) und erzeuge auf diese Weise eine achsensymmetrische Figur.

c) Bestimme die Koordinaten der Punkte X und Y, in denen die Symmetrieachse g die Figur schneidet.

d) Welche Figur bilden die Punkte B, B′, X und Y? Wie groß ist der Flächeninhalt dieser Figur?

B′ bezeichnet den Bildpunkt bzw. Spiegelpunkt von B (siehe Seite 84).

14 a) Ein Saftpäckchen hat die Form eines Quaders (l: 9 cm; b: 6 cm; h: 19 cm). Bestimme den Oberflächeninhalt (ohne Falz und Überstände).

b) Sechs Päckchen Saft werden mit Folie in verschiedenen Sechserpacks verschweißt. Vergleiche den Folienverbrauch.

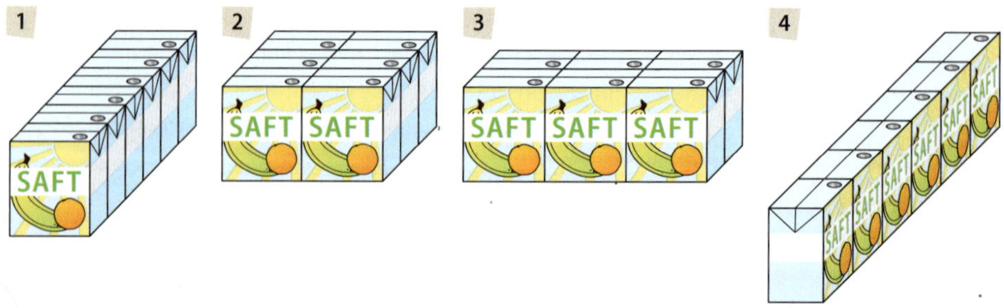

15 Berechne den Oberflächeninhalt der Körper.

a)

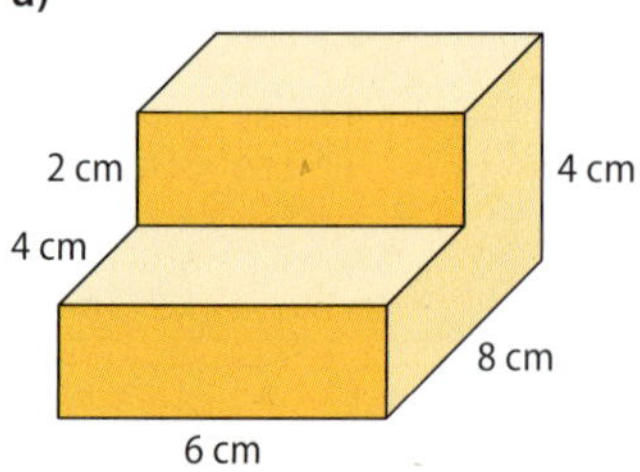

b)

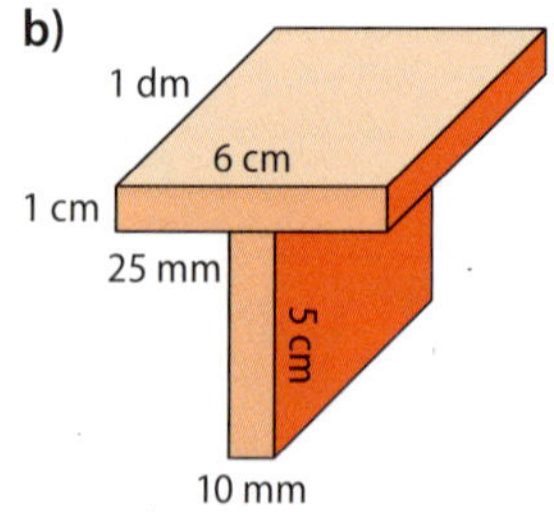

16 Das abgebildete Rechteck besteht aus lauter kleineren Rechtecken. Von einigen Rechtecken ist der Umfang angegeben. Bestimme den Gesamtumfang.

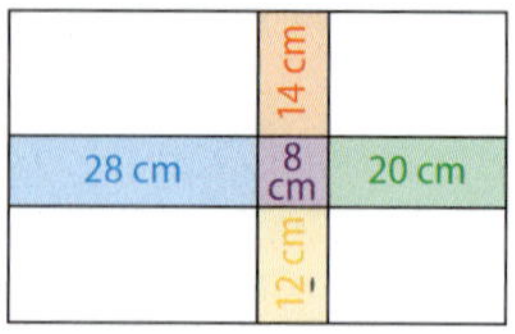

17 Die Pakete sind jeweils dreimal so lang wie breit und ebenso breit wie hoch.

a) Stelle jeweils einen Term auf, der die Mindestlänge des Paketbandes angibt.
b) Welches Paket benötigt die längste Schnur, wenn alle Pakete dieselben Abmessungen haben?
c) Eine Paketschnur ist insgesamt 2 m 40 cm lang. Wie groß dürfen die einzelnen Pakete höchstens mit der obigen Eigenschaft sein? Stelle jeweils eine Gleichung auf und löse sie auf verschiedene Arten.

18 Container von Transportschiffen besitzen weltweit die gleichen Abmessungen (l: 1219 cm, b: 244 cm, h: 259 cm).

a) Um die Container vor Rost zu schützen, werden sie mit einem Schutzanstrich versehen. Wie groß ist die Oberfläche eines Containers?
b) Im Mainhafen Hanau lagern in einem Werk 25 Container. Wie viel m^2 Schutzanstrich benötigt man für sie?
c) Eines der größten Containerschiffe der Welt ist zurzeit die „Maersk Mc-Kinney Møller“. Sie ist 399 m lang und 59 m breit. Wie viele Container kann dieses Schiff transportieren, wenn acht Container übereinander gestapelt werden können? Berechne und überprüfe die Rechnung durch eine Internetrecherche.

Alltag

Die neue Wohnung

- Wie groß sind die einzelnen Zimmer?
- Wie groß ist die gesamte Wohnung?
- Welchen Maßstab hat die Zeichnung?

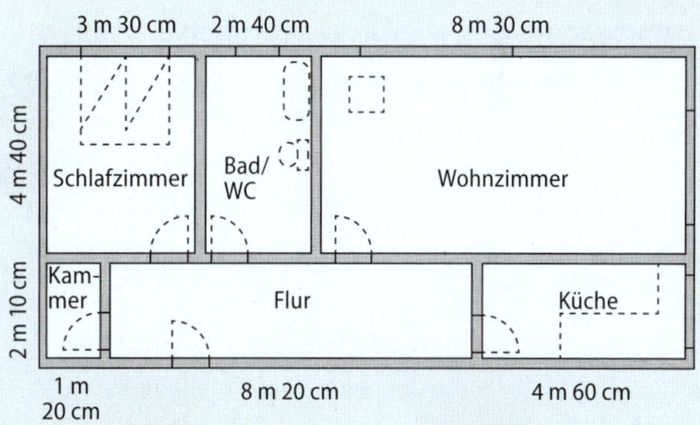

Die Kaltmiete soll 760 € betragen. Laut Mietspiegel, das ist eine Richtlinie für die Miethöhe in einer Gegend, sollte der Quadratmeterpreis zwischen 8 € und 9 € liegen.

- Ist die Höhe der Miete angemessen?

Im Wohn- und im Schlafzimmer soll ein neuer Fußboden verlegt werden. 1 m^2 kostet 19,90 €.

- Wie hoch sind die Kosten?

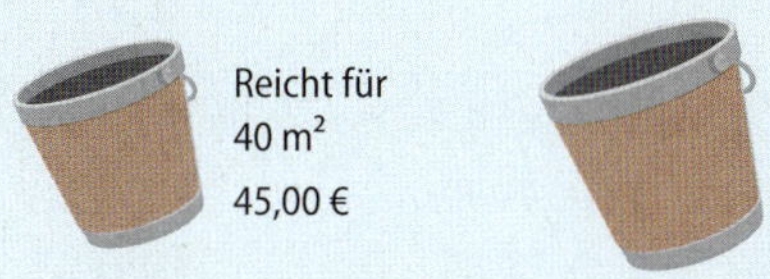

Für die beiden Zimmer müssen neue Fußleisten gesetzt werden. 1 m Fußleiste kostet 4,49 €.

- Wie viel m Fußleisten müssen gekauft werden?
- Wie hoch sind die Materialkosten?

Die 2 m 50 cm hohen Wände und die Decken der Küche und des Wohnzimmers müssen neu gestrichen werden.

- Für welche Farbeimer sollte sich deiner Meinung nach die Familie entscheiden? Begründe.

Unsere Umwelt – unser Lebensraum

Morgen ist schon vorbei

Ein Morgen war die Fläche, die mit einem Pferde- oder Ochsenpflug an einem Vormittag (Morgen) gepflügt werden konnte. Es gab verschiedene Größen:

1 Württemberger Morgen	32 a
1 Frankfurter Morgen	20 a
1 Bayerischer Morgen	34 a
1 Badischer Morgen	36 a

a) Vergleiche die Flächen miteinander.
b) Wie viel m² entspricht ein Morgen in den verschiedenen Gegenden?

Auf das Ei gekommen

Für Hühner gibt es verschiedene Haltesysteme:

Freilandhaltung: Die Tiere können aus dem Stall in einen Auslauf von mindestens vier Quadratmetern pro Legehenne gelangen.
Bodenhaltung: Neun Tiere teilen sich einen Quadratmeter Boden.
Käfighaltung: Die Hühner sind in Drahtkäfigen in vier bis acht Etagen untergebracht. Ein Käfig misst 50 cm × 50 cm bei einer Höhe von etwa 40 cm. In einem Käfig werden fünf Hennen gehalten.

a) Vergleiche den Platz, den ein Huhn in den verschiedenen Haltesystemen hat.
b) Ein Stall ist 75 m lang und 25 m breit. Wie viele Hühner müssen sich dort in Bodenhaltung die Fläche teilen?
c) Schätze, wie viele Hühner in einem Stall derselben Größe bei Käfighaltung untergebracht werden können.
d) Die Käfighaltung ist seit 2012 in Europa verboten. Finde Gründe dafür. Vergleiche dazu auch den Käfigplatz eines Huhns mit der Fläche eines DIN-A4-Blatts.

Ernteeinsatz

Ein Mähdrescher erntet eine Fläche ab, die von seiner Geschwindigkeit und der Breite des Schneidwerks abhängt.

Typ	Schneidwerkbreite	Geschwindigkeit
Lexion 600	ca. 90 dm	6 m/s
Tucano 430	ca. 75 dm	4 m/s

a) Wie groß ist die Fläche, die ein Mähdrescher in 1 s (1 min, 1 h, 10 h) abernten kann?
b) Wie lange dauert es etwa, mit einem Mähdrescher ein 150 a (10 ha) großes Getreidefeld abzuernten?
c) Recherchiere, wie viele junge Rehe pro Jahr etwa durch Mähmaschinen getötet werden. Versuche auch, in Erfahrung zu bringen, warum die Rehkitze nicht einfach weglaufen. Welche Lösungen findest du?

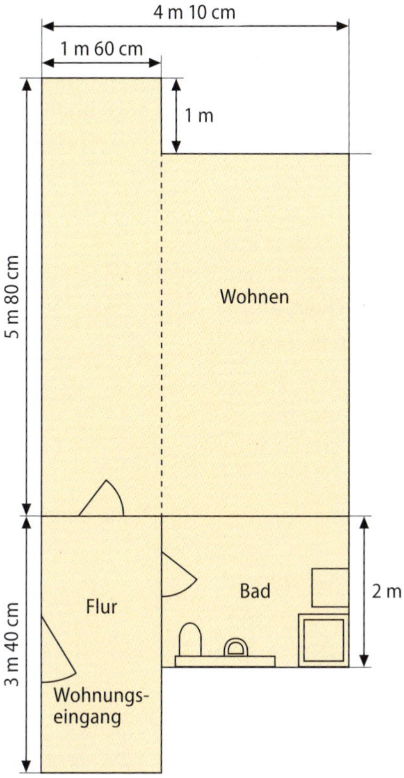

Ferien auf dem Bauernhof

Ferien auf dem Bauernhof erfreuen sich großer Beliebtheit. Deshalb soll der Dachboden eines Bauernhauses zur Ferienwohnung umgebaut werden.

a) Bestimme die Größe der einzelnen Zimmer der Ferienwohnung.
b) Das Bad soll mit Fliesen und der Rest mit Laminat ausgelegt werden. Wie teuer wird diese Maßnahme?
c) Bestimme den Maßstab der Zeichnung.
d) Zum Laminat sollen Fußleisten verlegt werden. Wie viele Meter Fußleisten müssen insgesamt gekauft werden, wenn man für jeden Meter 10 cm als Verschnitt hinzurechnet? Beachte, dass an den Türen (Breite 1 m 10 cm) keine Leisten benötigt werden.

Laminat	Fliesen
Preis pro m^2 **9,50 €**	Preis pro m^2 **19,44 €**

Alles Käse

Auf einigen Bauernhöfen wird Käse noch selbst hergestellt. Dazu wird jeden Tag die Milch der Kühe erhitzt und durch Zusatz von Bakterien zum Gerinnen gebracht. Anschließend wird diese Masse in runde Formen gepresst. Jeder Käselaib wiegt etwa 50 kg.

a) Täglich werden in einer kleinen Bergkäserei zwei Käselaibe hergestellt. Wie viele Käselaibe erhält man in einer Saison (von Anfang März bis Ende Oktober)?
b) Zum Reifen wird der Käse in einen Kellerraum in Regale gelegt. Wie groß muss die Regalfläche der Bergkäserei für eine Saison mindestens sein, wenn ein Laib einen Durchmesser von 40 cm hat und zwischen zwei Käselaiben etwa 10 cm Abstand sein sollen?
c) Die Laibe müssen täglich mit einer Salzlösung eingerieben werden, damit sie haltbar werden und Geschmack bekommen.
   1 Wie viele kg (t) müssen am Ende der Saison täglich für das Wenden der Käselaibe getragen werden?
   2 Die Käsepflege dauert im Durchschnitt 30 s pro Laib. Wie lange dauert die Pflege einer Saisonproduktion?
d) Käse wird im Supermarkt oft durch Kunststoffverpackungen geschützt. Allein in Deutschland werden dafür jährlich über 4 Millionen Tonnen Kunststoffverpackungen produziert. Welche Probleme ergeben sich?

Aufgaben zur Einzelarbeit

Überprüfe deine Fähigkeiten und Kompetenzen. Bearbeite dazu die folgenden Aufgaben und bewerte anschließend deine Lösungen mit einem Smiley.

☺	😐	☹
Das kann ich **wirklich gut!**	Das kann ich **fast!**	Das muss ich **noch üben!**

1 Übertrage die Tabelle ins Heft und ergänze sie.

	Länge	Breite	Umfang
Rechteck	7 cm	3 cm	
		11 m	56 m
Quadrat	7 cm		
			24 dm

2 Berechne den Umfang der folgenden Figuren.

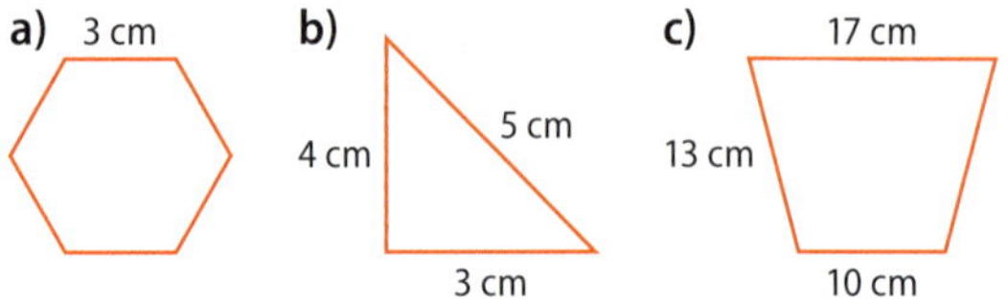

3 Gib geeignete Flächeneinheiten an, um die Größe folgender Flächen anzugeben: Fußballfeld, Stadtgebiet von Biberach, Münze, Wohnzimmer, DIN-A4-Blatt.

4 Übertrage ins Heft und bestimme den Flächeninhalt.

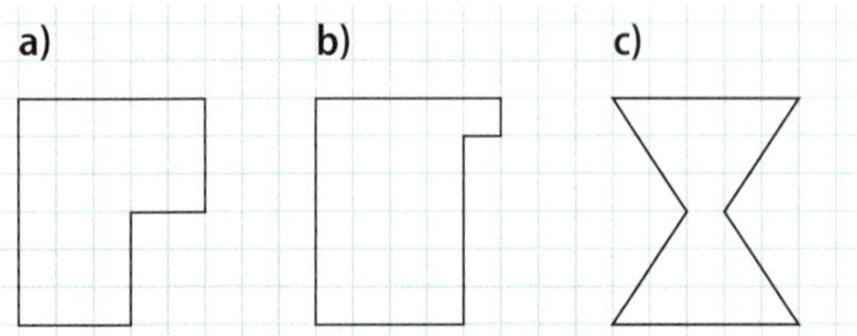

5 Wandle in die nächstkleinere Einheit um.
a) $92\ dm^2$ **b)** $275\ km^2$ **c)** $10\ m^2\ 5\ dm^2$

6 Wandle in die nächstgrößere Einheit um.
a) $7400\ cm^2$ **b)** 5700 a **c)** 91 000 ha

7 Vergleiche. Setze , <, > oder = ein.
a) 5 ha 46 a ☐ $54\,600\ m^2$ **b)** $14\ dm^2$ ☐ $1400\ cm^2$
c) 1570 ha ☐ $15\ km^2$ 7 ha **d)** $23\ m^2$ ☐ $23\,000\ cm^2$

8 Verwandle in die in Klammern angegebene Einheit.
a) $25\ cm^2$ (mm^2) **b)** $250\ dm^2$ (cm^2)
c) $75\ km^2$ (a) **d)** 725 ha (a)

9 Berechne Flächeninhalt und Umfang folgender Rechtecke bzw. Quadrate.
a) a = 12 cm; b = 7 cm
b) a = 15 mm; b = a
c) a = 4 cm 7 mm; b = 55 mm
d) a = 5 dm 14 cm; b = a

10 Bestimme die Länge der fehlenden Seite eines Rechtecks.
a) a = 9 cm; $A_R = 108\ cm^2$
b) a = 3 cm; $U_R = 21$ cm
c) $A_R = 5$ a $40\ m^2$; b = 36 m
d) $U_R = 28$ dm 6 cm; b = 116 cm

11 Bestimme die Länge einer Quadratseite, wenn der Flächeninhalt A eines Quadrats gegeben ist.
a) $169\ cm^2$ **b)** $2\ dm^2\ 25\ cm^2$
c) $64\ m^2$ **d)** $1\ km^2$ 44 ha

12 Zeichne die Punkte A (4 | 1), B (10 | 1), C (10 | 5) und D (4 | 5) in ein Koordinatensystem (1 Einheit ≙ 1 cm) und verbinde sie der Reihe nach zu einem Viereck. Bestimme den Flächeninhalt und den Umfang des Vierecks.

13 Berechne den Oberflächeninhalt eines …
a) Würfels: a = 7 cm.
b) Quaders: l = 6 m, b = 5 m, h = 4 m.

14 Der Oberflächeninhalt eines Würfels beträgt $486\ cm^2$. Ermittle die Kantenlänge des Würfels.

15 Ergänze im Heft zu einem Quader- bzw. Würfelnetz.

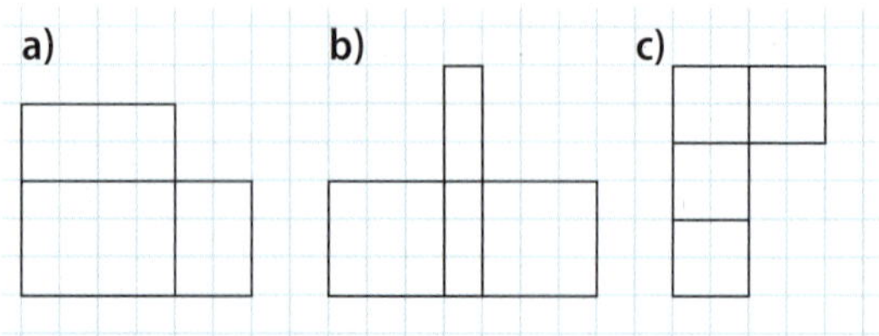

Aufgaben für Lernpartner

Arbeitsschritte

1. Bearbeite die folgenden Aufgaben zuerst allein.
2. Suche dir einen Partner oder eine Partnerin und arbeitet zusammen weiter: Erklärt euch gegenseitig eure Lösungen. Korrigiert fehlerhafte Antworten.

Sind folgende Behauptungen richtig oder falsch? Begründe.

A Der Umfang eines Quadrats lässt sich auch über den Umfang des Rechtecks berechnen und umgekehrt.

B Verschieden große Flächen können denselben Umfang haben.

C Der Flächeninhalt jeder Figur lässt sich immer eindeutig berechnen.

D Wenn man von a in cm^2 umwandeln möchte, muss man sechs Nullen hinzufügen.

E Der Flächeninhalt eines Quadrats lässt sich auch mit der Formel für den Flächeninhalt eines Rechtecks berechnen.

F Der Oberflächeninhalt eines Quaders lässt sich auch folgendermaßen berechnen:
$O = 2 \cdot l \cdot l + 2 \cdot b \cdot b + 2 \cdot h \cdot h$

G Der Oberflächeninhalt eines Quaders lässt sich als Sonderfall des Oberflächeninhalts eines Würfels berechnen.

H Man kann den Flächeninhalt einer Figur bestimmen, indem man die Fläche in bekannte Figuren zerlegt und deren Flächeninhalte addiert.

I Ein Quadrat mit der Kantenlänge 30 cm besitzt den gleichen Flächeninhalt wie acht Rechtecke mit den Kantenlängen a = 7 cm 5 mm und b = 15 cm.

J Es gibt genauso viele unterschiedliche Würfelnetze wie Quadernetze.

K Wenn man die Kantenlänge eines Würfels verdoppelt, dann verdoppelt sich auch sein Oberflächeninhalt.

L Jeder Quader ist ein Würfel und jeder Würfel ist ein Quader.

M Zerschneidet man einen Quader in zwei Teilquader, so ist der Oberflächeninhalt beider Quader genauso groß wie der des Ausgangsquaders.

Ich kann …	„Am Ziel!"-Aufgaben	Hilfe
… den Umfang von ebenen Figuren bestimmen.	1, 2, A, B	S. 150
… Flächeninhalte miteinander vergleichen.	3, H	S. 152
… Flächeninhalte in verschiedenen Maßeinheiten angeben und miteinandere vergleichen.	5, 6, 7, 8, D	S. 154
… Flächeninhalte bei Rechteck und Quadrat berechnen.	9, 10, 11, 12, E; I	S. 158
… Flächeninhalt aus zusammengesetzten Figuren berechnen.	4, C, H	S. 162
… Netze von Quadern und Würfeln zeichnen.	15, J, L	S. 164
… fehlende Größen beim Oberflächeninhalt von Quadern und Würfeln berechnen.	13, 14, F, G, K, M	S. 168

6 Startklar!

Aufgabe	Ich kann schon …	Grundwissen
1, 2	… natürliche Zahlen vergleichen und der Größe nach ordnen.	S. 214
3, 4	… mit natürlichen Zahlen rechnen.	S. 214, 215
5, 6	… Textaufgaben mit natürlichen Zahlen bearbeiten.	S. 215

1 a) Zeichne einen Zahlenstrahl und markiere 12; 3; 8; 0; 14; 10.

b) Lies die markierten Zahlen ab. Nenne Gemeinsamkeiten und Unterschiede der beiden Zahlenstrahlen.

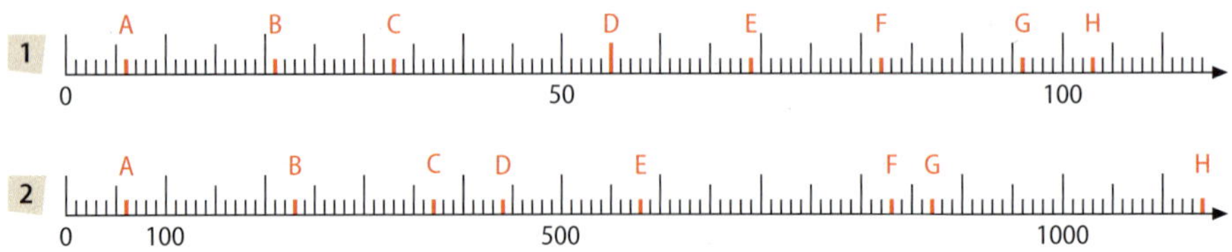

2 Setze für □ das passende Zeichen ein (< oder >).

a) 114 □ 116 b) 525 □ 575 c) 1200 □ 1260 d) 1010 □ 1001 e) 2^5 □ 5^2

3 Berechne möglichst im Kopf.

a) $13 + 2645 + 17$ b) $1265 - 89 - 456$ c) $25 \cdot 4 \cdot 6$ d) $120 : 15$ e) $17 \cdot 3 - 21$

4 Wo stecken Fehler? Finde, beschreibe und korrigiere sie.

a) $125 \cdot 7 = 125 \cdot 10 - 3 = 1250 - 3 = 1247$

b) $(399 - 72) : 3 = 399 : 3 - 72 = 133 - 72 = 61$

c) $(2^4 + 25) \cdot 5 = 2^4 + (25 \cdot 5) = 8 + 125 = 133$

d) $(69 - 56) \cdot 7 + 6 = 13 \cdot 13 = 26$

5 Stelle den Term auf und berechne seinen Wert.

a) Multipliziere 16 mit 61.

b) Der Dividend ist 203, der Divisor 7.

c) Addiere zur Summe von 16 und 5 den Wert des Produkts der beiden Zahlen.

d) Der Term ist eine Differenz. Ihr Minuend ist 428; der Subtrahend ist die Summe aus 268 und 32.

6 Bei einem Sponsorenlauf läuft Paul fünf Runden auf dem Sportplatz zu je 400 m.

a) Welche Strecke hat er zurückgelegt?

b) Außer Paul sind für die Klasse 5b noch fünf weitere Läufer angetreten. Mike läuft 3 Runden, Ingo 4 Runden, Sonja 5 Runden, Silke 6 Runden und Elias 9 Runden. Welche Strecke hat die Klasse insgesamt zurückgelegt?

c) Wie viel Euro erlief die Klasse, wenn die Sponsoren pro gelaufenem Meter 10 ct bezahlen?

d) Wie viele Runden müssen gelaufen werden, wenn die Schule vom Erlös dieses Laufs eine Anschaffung von 3520 € plant?

6 Ganze Zahlen

Einstieg

Eisbären leben in freier Wildbahn im nördlichen Polargebiet.

- Schätze die Temperaturen im Lebensraum der Eisbären. Begründe deine Schätzung.
- Johannes behauptet: Die Bewohner des hohen Nordens haben es gut. Dort ändern sich die Temperaturen nie, da braucht man nur eine andere Kleidungsart." Was meinst du dazu? Begründe deine Überlegungen.
- Was ist die kälteste Temperatur, die du erlebt hast?
- Finde weitere Fragen zur Temperatur und stelle sie deiner Banknachbarin oder deinem Banknachbarn.

Ausblick

Am Ende dieses Kapitels hast du gelernt, …

- … was negative und ganze Zahlen sind und was sie bedeuten.
- … wie du ganze Zahlen ordnest.
- … wie du mit ganzen Zahlen rechnest.
- … wie du mit ganzen Zahlen im Alltag umgehen kannst.

Kap. 6.1

Andere Zeiten, andere Höhen!

Das Schaubild stellt ein Modell dar, wie die Höhe des Meeresspiegels im Laufe der letzten 3000 Jahre auf der Erde geschwankt hat. Die Meereshöhe wird dabei in „Normalnull" (NN) angegeben und stellt die mittlere Höhe in diesem Zeitraum dar. Das Jahr „0" markiert in unserer Zeitrechnung die Geburt Christi.

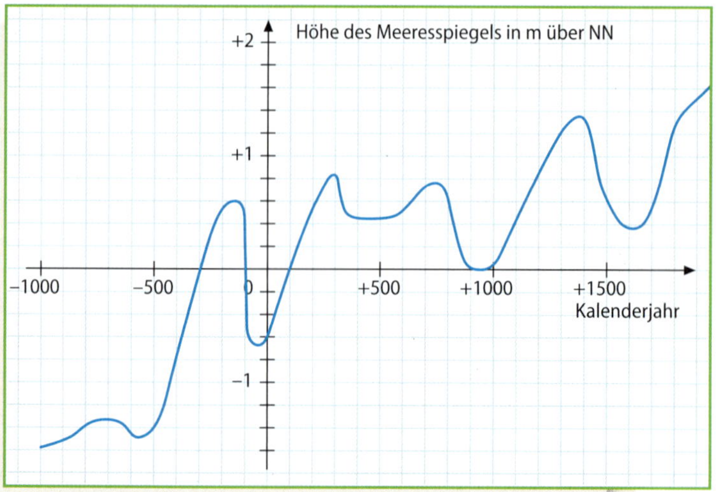

- Bestimme so genau wie möglich, zu welchen Zeitpunkten die Meereshöhe bei 0 m NN (−0,5 m NN) lag.
- Welche Bedeutung haben die negativen Zahlen bei Angabe der Meereshöhe?
- Wie stark schwankte die Meereshöhe in den letzten 3000 Jahren?
- Stelle weitere Fragen zu dem Sachverhalt.

Kap. 6.2

Andere Länder, andere Zeiten!

Die Weltkarte zeigt dir eine vereinfachte Darstellung der Zeitzonen der Erde. Innerhalb einer Zeitzone haben alle Orte dieselbe Uhrzeit.

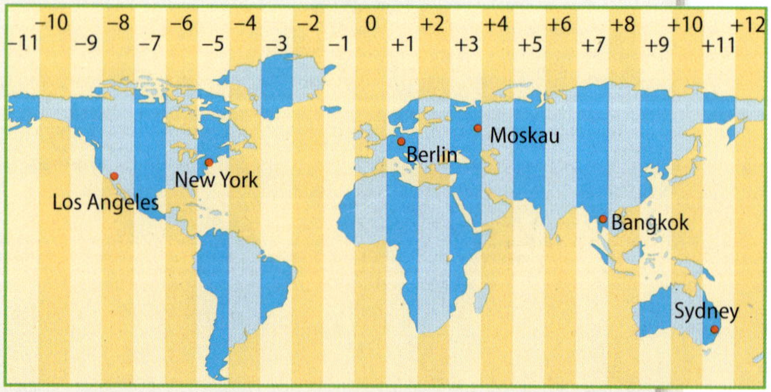

- Ganz oben auf der Karte siehst du eine Skala von −11 bis +12. Informiere dich, was sie bedeutet.
- Ist es in New York früher oder später als in Berlin? Bestimme den Zeitunterschied.
- In Berlin ist es 6.20 Uhr (23.15 Uhr). Wie spät ist es in New York?
- Luise besuchte in den Osterferien ihre Cousine Laura in New York. Sie fliegt um 10.40 Uhr in Berlin los. Der Flug dauert 8 Stunden und 40 Minuten. Wann landet das Flugzeug in New York nach deutscher Zeit (nach Ortszeit)?
- Der Rückflug von New York dauert 7 Stunden und 50 Minuten. Wann ist Luise in New York gestartet, wenn sie um 6 Uhr in Berlin (Ortszeit) landet? Wie spät ist es dann in New York?
- Überlege: Wie lauten deine Lösungen, wenn Laura nicht in New York, sondern in Sydney lebt?

Kap. 6.3

Andere Berge, andere Höhen!

Der Ötztaler Radmarathon findet immer Ende August im österreichischen Bundesland Tirol statt. Er startet im 1377 m hoch gelegenen Sölden. Von dort aus geht es nach Oetz (820 m), danach nach Kühtai (2050 m) und weiter nach Kematen (630 m). Anschließend muss man den Brenner auf 1374 m hinauf, schließlich zum „Dach der Tour", dem Timmelsjoch (2506 m). Von dort aus geht es zurück nach Sölden.

- Bestimme jeweils die Höhenunterschiede zwischen den einzelnen Orten auf der Tour. Berücksichtige jeweils, ob es sich um Anstiege oder Abfahrten handelt.
- Stelle die Höhenunterschiede in einem geeigneten Diagramm dar.

Kap. 6.4

Andere Höhen, andere Temperaturen!

Antonia fährt zum Skilaufen nach Bad Gastein in 1000 m Höhe. Jeden Morgen fährt sie mit dem Lift auf den Gipfel in 2700 m Höhe. Im Reiseführer liest Antonia, dass die Temperatur mit zunehmender Höhe pro 100 Höhenmeter um etwa ein halbes Grad sinkt. Am Morgen zeigt das Thermometer vor Antonias Hotel −2 °C an.

- Welche Temperatur herrscht ungefähr am Gipfel?
- Finde eine Berechnungsvorschrift, mit der Antonia die Gipfeltemperatur einfach bestimmen kann, wenn sie die Temperatur in Bad Gastein kennt.

Entdecken

Sina informiert sich über die Wettervorhersage.

	Fr	Sa	So	Mo	Di	Mi
Tiefstwert (4 Uhr)	−3 °C	−2 °C	−1 °C	−1 °C	−2 °C	1 °C
Höchstwert (14 Uhr)	2 °C	0 °C	0 °C	3 °C	4 °C	9 °C
Wetter						

- Was bedeuten die verschiedenen Zahlen und Zeichen in der Vorhersage?
- Schreibe einen Radiobeitrag der Wettervorhersage.

Verstehen

Temperaturen und andere Größen können Werte unterhalb der Null annehmen. Diese Werte werden mit einem negativen Vorzeichen („Minuszeichen") geschrieben: −1 °C, −2 °C, …, um sie von den Werten oberhalb der Null zu unterscheiden. Man nennt sie **negative Zahlen**.

*Die Zahl **Null** ist weder positiv noch negativ, hat also auch **kein Vorzeichen**.*

Jede Zahl außer der Null hat eine Gegenzahl, die ein anderes Vorzeichen hat. Zahl und Gegenzahl haben denselben **Abstand zur Null**. Man bezeichnet diesen Abstand als **Betrag** und schreibt $|-3| = +3$ und $|+3| = +3$. Die Gegenzahl zur Null ist die Null selber.

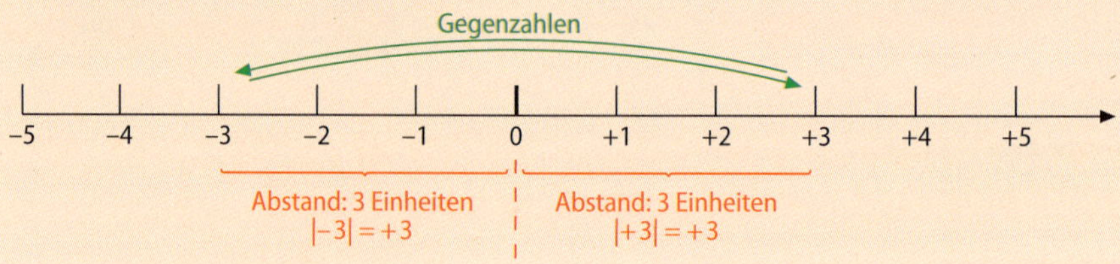

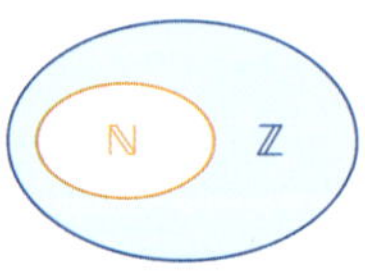

Die natürlichen Zahlen sind in den ganzen Zahlen enthalten.

Die Menge der natürlichen Zahlen zusammen mit ihren Gegenzahlen bezeichnet man als ganze Zahlen: $\mathbb{Z} = \{\dots; -3; -2; -1; 0; +1; +2; +3; \dots\}$.
Unser bisheriger Zahlenstrahl lässt sich mit den negativen Zahlen zur **Zahlengerade** erweitern, auf ihr sind die Zahlen der Größe nach geordnet: Von zwei Zahlen ist immer diejenige **kleiner**, die **auf der Zahlengerade weiter links** liegt.

Beispiele

a) Setze die Zahlenfolge um fünf Schritte fort: +9; +3; −3; −9; …
b) Zeichne eine Zahlengerade und markiere folgenden Zahlen: −16; 2; −5; 0; −11.
c) Welche Zahlen sind hier markiert?

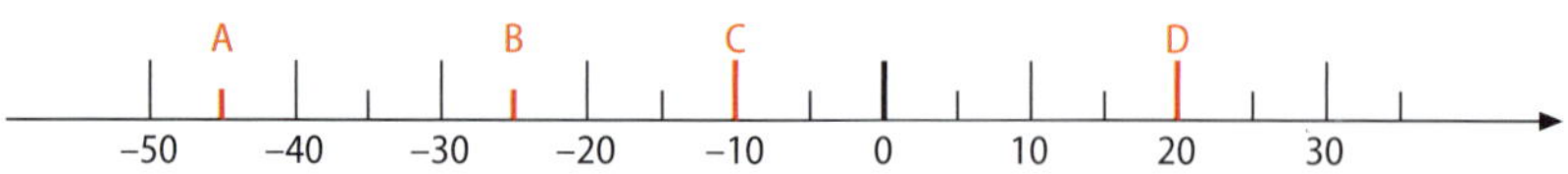

Lösung:
a) +9; +3; −3; −9; −15; −21; −27; −33; −39
b)

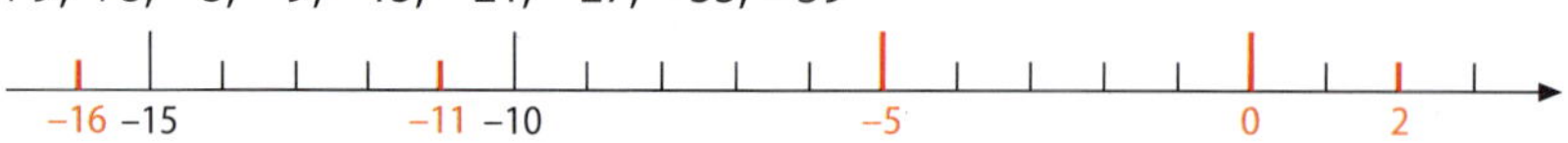

c) A: −45 B: −25 C: −10 D: +20 = 20

Nachgefragt

- Gibt es natürliche Zahlen, die keine ganzen Zahlen sind? Gibt es ganze Zahlen, die keine natürlichen Zahlen sind? Begründe.
- Wie viele negative Zahlen gibt es? Begründe.
- Erkläre, ob es eine kleinste (größte) negative Zahl bzw. ganze Zahl gibt.

Aufgaben

1 Finde zu jeder Situation eine passende ganze Zahl. Achte auf das Vorzeichen.

a) Die niedrigste mögliche Temperatur liegt bei etwa 274 Grad unter null.
b) Gestern hatten wir noch 7 °C über dem Gefrierpunkt.
c) Das Haus meiner Großeltern in Rottweil steht 609 m über dem Meeresspiegel.
d) Das Tote Meer liegt 412 m unter dem Meeresspiegel.
e) Meine Freundin wohnt im 5. Obergeschoss.
f) Die Tiefgarage befindet sich im 2. Untergeschoss.
g) Im Erdgeschoss ist eine Arztpraxis.
h) Ich schulde Moritz noch 11 €.
i) Auf meinem Konto habe ich ein Guthaben von 67 €.

2 Lies die Temperaturen an den verschiedenen Orten an einem Februartag ab.

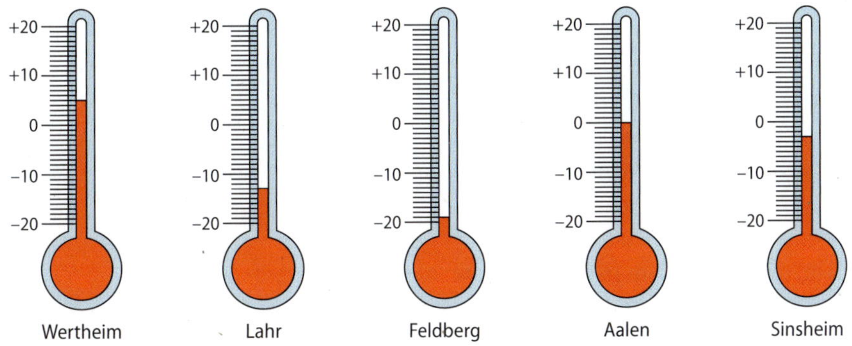

3 Zeichne jeweils eine Zahlengerade und markiere die Zahlen.

a) −3; 5; 2; −1; 8; −4; −9; −7
b) −12; −5; −24; 6; 11; −20; 0; 9
c) −400; 800; −150; −350; 200; 650; −50; 400
d) −2500; 1500; 0; 800; −1200; −500; 2200
e) −10 000; 15 000; −5000; 70 000; −20 000; 45 000

4 Welche Zahlen wurden markiert?

a)

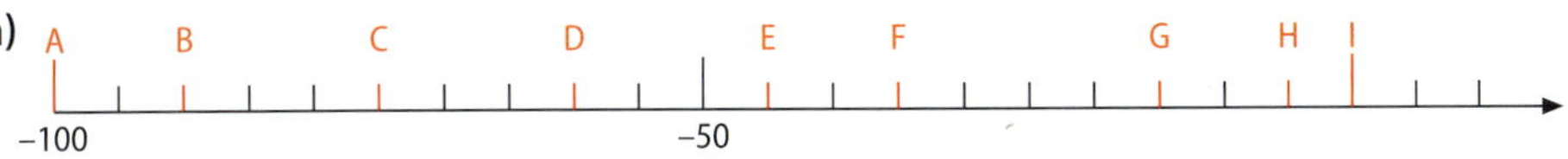

b)

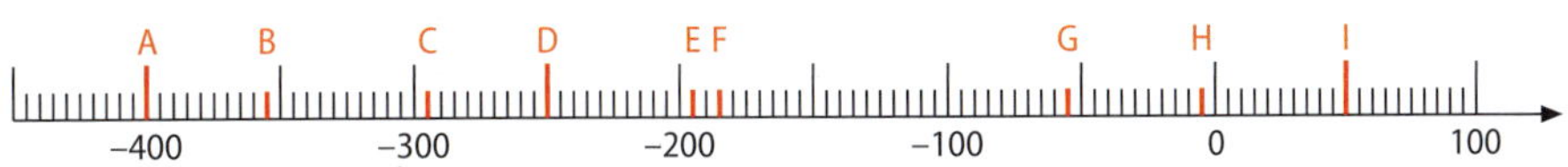

5 Welche Zahl liegt genau in der Mitte der angegebenen Zahlen? Überprüfe deine Lösungen, indem du die Zahlen auf eine Zahlengerade einträgst.

a) 7 und 19 **b)** 9 und −9 **c)** −3 und 5 **d)** −11 und −21 **e)** −100 und −48

6 Ordne die Zahlen ihrer Größe nach, indem du jeweils eine Zahlengerade zeichnest und die Zahlen darauf markierst.

a) −3; 5; 2; −1; 8; −4; −9; −7 **b)** −12; −5; −24; 6; 11; −20; 0; 9

7 Um wie viele Grad Celsius (°C) unterscheiden sich die Temperaturen?

a) 5 °C und 12 °C **b)** 20 °C und 1 °C **c)** −13 °C und −15 °C
d) −7 °C und −17 °C **e)** −10 °C und 5 °C **f)** 80 °C und −22 °C

NN heißt Normalnull und bedeutet: Höhe des Meeresspiegels

8 Finde zu den Zahlen passende Situationen. Es gibt viele Möglichkeiten.
Beispiel: −15 °C … −8 °C. Bei −15 °C ist es kälter als bei −8 °C.

a) −2000 € … −1500 € **b)** 3461 m unter NN … 142 m über NN
c) 19 m … 12 m **d)** 14 n. Chr. … 43 v. Chr.

9 Die Achsen im Koordinatensystem können wir wie den Zahlenstrahl erweitern.

Zur Bezeichnung von Punkten in einem Koordinatensystem gibt die **erste Koordinate (x-Koordinate)** an, wie weit du dich vom Ursprung entlang der x-Achse bewegen musst: positive Zahlen nach rechts, negative Zahlen nach links. Die **zweite Koordinate (y-Koordinate)** bestimmt die Bewegung entlang der y-Achse: positive Zahlen nach oben, negative nach unten. Das Koordinatensystem wird durch die Achsen in vier Bereiche (**Quadranten**) unterteilt, die **entgegen dem Uhrzeigersinn nummeriert** werden.

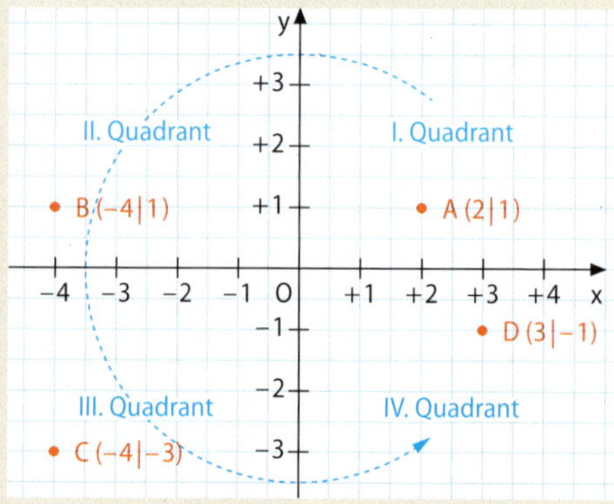

Die Punkte auf den Koordinatenachsen ordnet man keinem Quadranten zu.

a) Trage die Punkte A (−3|−2), B (−3|5), C (−5|3), D (−6|6) und E (−3|9) in deinem Heft in ein Koordinatensystem ein, spiegele sie an der y-Achse und verbinde sie zu einer Figur. Lies die Koordinaten der Bildpunkte ab.

b) In welchen Quadranten liegen folgende Punkte?

A (−3|+4) B (1|−5) C (−2|1) D (1|2) E (−6|−16)
F (7|3) G (12|9) H (−17|−7) I (+15|−8) J (8|15)

c)

	I. Quadrant	II. Quadrant	III. Quadrant	IV. Quadrant
x-Koordinate				
y-Koordinate				

Übertrage die Tabelle ins Heft und ergänze die Vorzeichen der Koordinaten.

10 **a)** Übertrage die Punkte in ein Koordinatensystem und verbinde sie. Welche Figur entsteht?

1 A (−5|−4); B (0|−1); C (1|5); D (−4|2) **2** A (1|−1); B (4|1); C (1|3); D (−2|−1)

b) Erfinde selbst Figuren im Koordinatensystem, gib deinem Partner oder deiner Partnerin die Eckpunkte der Figuren an und lasse die Figuren nachzeichnen.

11 a) Lies möglichst viele Koordinaten der Eckpunkte des abgebildeten fünfeckigen Sterns ab.
b) Einen solchen Stern nennt man auch „Pentagramm". Informiere dich über Pentagramme.

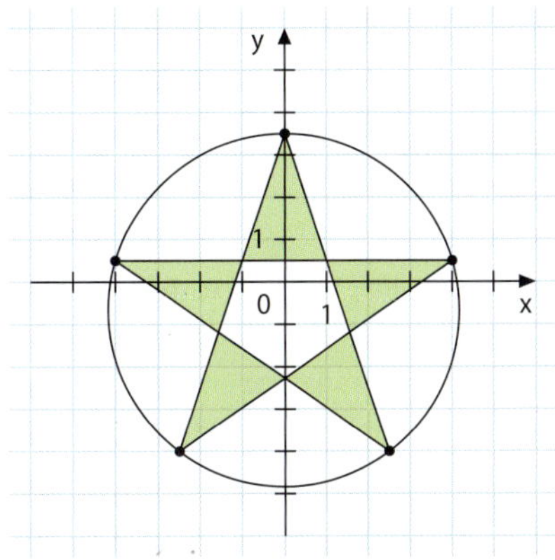

12 Zeichne die Figur mit den angegebenen Eckpunkten in ein Koordinatensystem. Ergänze die Figur zu einer punktsymmetrischen Figur (Zentrum Z = B). Bestimme die Koordinaten der entstandenen Bildpunkte.
a) A (−5 | 1); B (0 | 1); C (−3 | 6)   b) A (−2 | −1); B (−1 | −3); C (−4 | 2)

13 Hier siehst du eine Wettervorhersage. Die obere Temperaturangabe ist die erwartete Höchsttemperatur am Tag, unten steht die erwartete tiefste Nachttemperatur.

Di	Mi	Do	Fr	Sa	So
−4 °C	−1 °C	−4 °C	2 °C	3 °C	3 °C
−12 °C	−8 °C	−5 °C	1 °C	−3 °C	−4 °C

a) Welches ist die kälteste Nacht der Woche?
b) An welchem Tag ist es durchschnittlich am wärmsten?
c) In welchen Nächten ist es kälter als in der Nacht von Donnerstag auf Freitag?
d) Stelle den Temperaturverlauf in einem Diagramm dar.

14 Welche ganzen Zahlen kann man jeweils für □ einsetzen, so dass die Aussage stimmt?
a) □ > −3   b) □ < −45   c) −30 < □   d) □ + 5 > 4
e) −4 < □ < 2   f) −5 < □ < 2   g) −6 < □ < −2   h) □ − 6 < 1

15 Zeichne den Abschnitt einer Zahlengeraden zwischen den Zahlen −10 und 10 und markiere dann die Stellen jener ganzen Zahlen,
a) die kleiner als 2 sind.   b) die größer oder gleich −5 sind.
c) die 3 Einheiten von der Zahl −1 entfernt sind.
d) deren Betrag 5 ist.   e) deren Betrag kleiner als 3 ist.
f) deren Betrag 1 ist.   g) deren Betrag größer als 5 ist.

16 Bestimme zwei Zahlen so, dass die erste Zahl kleiner als die zweite Zahl ist, ihr Betrag aber größer. Findest du mehrere Möglichkeiten?

17 Der römische Kalender beginnt mit der Gründung Roms im Jahr 753 v. Chr.
a) Welchem Jahr im römischen Kalender entspricht das Jahr eins unserer Zeit?
b) In welchem Jahr des römischen Kalenders leben wir heute?
c) Der Mathematiker Euklid hat von 365 v. Chr. bis 300 v. Chr. gelebt, Archimedes von 287 v. Chr. bis 212 v. Chr. Rechne die Daten in den römischen Kalender um.

Entdecken

Die Tabelle zeigt einen Ausschnitt der Handball-Bundesliga nach dem 2. Spieltag. Darunter findest du Ergebnisse vom 3. Spieltag.

- Erkläre den Aufbau der Tabelle.
- Aktualisiere den Ausschnitt der Tabelle nach dem 3. Spieltag.
- Welche Vereine haben sich nach dem Spieltag verbessert (verschlechtert)? Gib die Änderungen an.

Tabelle 2. Spieltag

	Team	Sp.	S	U	N	Tore	+/–	P
5	SG Flensburg-Handewitt	2	2	0	0	61:50	11	4:0
6	TuS N-Lübbecke	2	1	0	1	56:52	4	2:2
7	Füchse Berlin	2	1	0	1	52:50	2	2:2
8	TV Großwallstadt	2	1	0	1	53:52	1	2:2
9	Rhein-Neckar Löwen	2	1	0	1	58:59	–1	2:2
10	HSG Wetzlar	2	1	0	1	55:56	–1	2:2
11	TSV Hannover-Burgdorf	2	1	0	1	57:60	–3	2:2
12	Frisch Auf! Göppingen	2	1	0	1	55:61	–6	2:2

3. Spieltag

Rhein-Neckar Löwen	–	HSV Hamburg	30:34
SG Flensburg-Handewitt	–	Füchse Berlin	27:24
TV Großwallstadt	–	TuS N-Lübbecke	32:32
TSV Hannover-Burgdorf	–	TV Großwallstadt	26:28
Frisch Auf! Göppingen	–	SC Magdeburg	29:26
GWD Minden	–	HSG Wetzlar	22:24

Verstehen

Man unterscheidet zwischen dem Zustand, der durch das Vorzeichen einer Zahl angegeben wird, und der Änderung, die durch das Rechenzeichen markiert wird.

Beachte: Treffen Vorzeichen und Rechenzeichen aufeinander, so wird eine Klammer gesetzt.

Unter einer Änderung versteht man entweder eine Zunahme, die durch eine positive Zahl beschrieben wird, oder eine Abnahme, die durch eine negative Zahl beschrieben wird.

1 Ich habe 30 € Schulden (–30 €), es kommen 20 € Schulden (–20 €) hinzu, dann habe ich 50 € Schulden (–50 €).

(–30 €) + (–20 €) = –50 €

Zustand — Änderung — Zustand

oder kurz: –30 € – 20 € = –50 €

2 Ich habe 30 € Schulden (–30 €), ich habe 20 € Schulden (–20 €) reduziert, dann habe ich noch 10 € Schulden (–10 €).

(–30 €) – (–20 €) = –10 €

Zustand — Änderung — Zustand

oder kurz: –30 € + 20 € = –10 €

Eine Änderung aus Vorzeichen und Rechenzeichen schreibt man häufig auch kurz als Änderung durch ein einziges Zeichen.

Beispiele

I. Finde eine Sachsituation, die zu dem Term –3 °C + (–5 °C) passt und berechne ihn.

Lösungsbeispiel:
Es herrschen –3 °C. Heute sollen noch einmal 5 °C Kälte hinzukommen.
Insgesamt wird es also 5 °C kälter. –3 °C + (–5 °C) = –3 °C – 5 °C = –8 °C

II. Letzte Nacht hatten wir –12 °C. Tagsüber stieg die Temperatur auf –7 °C. Veranschauliche die Änderung an einer Zahlengeraden.

Lösung:

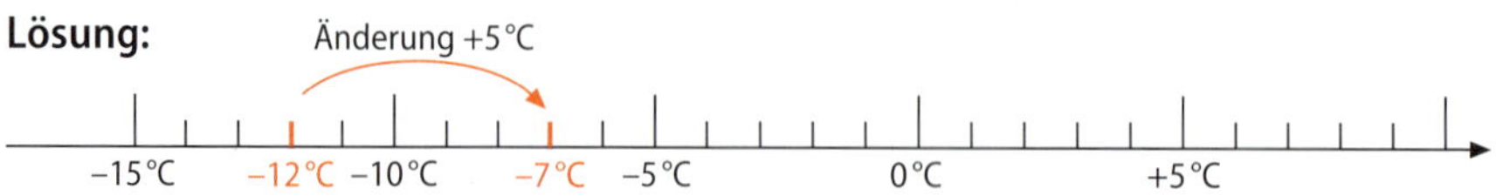

Nachgefragt

- Beschreibe den Unterschied zwischen den beiden Aussagen: „Die Temperatur ist unter 4 °C unter null gefallen." „Die Temperatur ist um 4 °C gefallen."
- Welchen Wert hat die Summe, die man erhält, wenn man zu einer natürlichen Zahl ihre Gegenzahl addiert?

Aufgaben

1 Beschreibe die Änderung mithilfe von ganzen Zahlen.

a) Das U-Boot sinkt um 80 m. **b)** Der Kontostand nimmt um 175 € ab.
c) Der Ballon steigt um 65 m. **d)** Das Hochwasser steigt um 39 cm.

2 Wie groß ist jeweils der Temperaturunterschied? Veranschauliche den Sachverhalt an einer Temperaturskala. Beschreibe die Änderung umgangssprachlich.

a) von −6 °C auf +7 °C **b)** von +3 °C auf −8 °C **c)** von −5 °C auf −12 °C
d) von −19 °C auf −11 °C **e)** von −15 °C auf −21 °C **f)** von −5 °C auf +18 °C

3 Bestimme bei den folgenden Kontobewegungen jeweils den alten Kontostand.

	Kontoauszug			
	Datum	**Art der Transaktion**	**Betrag**	**neuer Kontostand**
a)	18.05.	Auszahlung am Geldautomat	− 150,00 €	256 ,00 €
b)	02.06.	Arbeitslohn Mai	+ 1860,00 €	2093 ,00 €
c)	16.06.	Bezahlung: City Bike	− 999,00 €	−506 ,00 €
d)	30.07	Geburtstags-Überweisung	+ 200,00 €	−836 ,00 €

4 Zu jeder Zahlengeraden gehören zwei Gleichungen. Ordne sie zu.

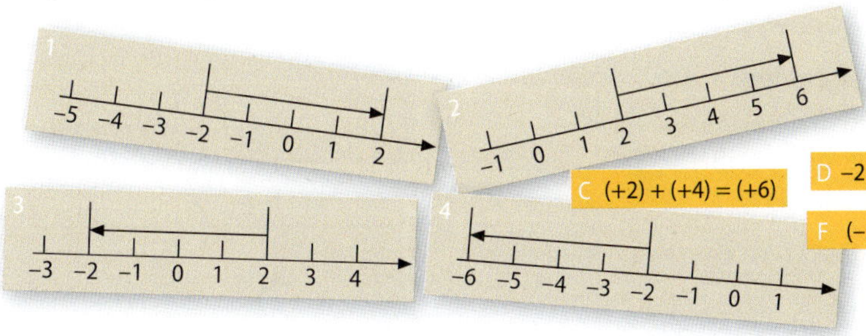

A 2 + 4 = 6
B (+2) − (+4) = (−2)
C (+2) + (+4) = (+6)
D −2 + 4 = 2
E 2 − 4 = −2
F (−2) − (+4) = (−6)
G (−2) − (−4) = (+2)
H −2 − 4 = −6

5 Stelle an einer Zahlengeraden dar. Bestimme das Ergebnis.

a) 6 − 8; 12 − 20 **b)** −4 − 7; −19 − 1 **c)** −14 + 11; −9 + 15
d) −3 + 8; −9 + 16 **e)** −3 · 4; −6 · 5 **f)** −1 · 17; −5 · 2

Lösungen zu 5: −30; −20, −17; −12; −11; −10; −8; −3; −2; 5; 6; 7

6 Ein U-Boot befindet sich 250 m unter dem Meeresspiegel. Es ändert seine Tiefe zunächst um 80 m und dann um 30 m. Gib alle Möglichkeiten an, in welchen Tiefen sich das U-Boot danach befinden kann.

7 Marco hat die Lösungen der folgenden Gleichungen gefunden. Bei den Vorzeichen ist er sich nicht ganz sicher. Hilf ihm und setze die richtigen Vorzeichen ein.

a) a + 3 = 12 a = □ 9 **b)** b − 28 = −50 b = □ 22
c) c − 100 = −76 c = □ 24 **d)** d + 2011 = −1000 d = □ 3011

Entdecken

Aufgaben ablaufen: Lege auf dem Boden je ein Blatt Papier mit den Zahlen zwischen −7 bis +7 der Reihe nach hin. Laufe eine Rechnung wie folgt ab:

1 Die erste Zahl ist der Startwert.

2 Das Rechenzeichen gibt an, in welche Richtung du schauen musst:
+ Blick in positive Richtung − Blick in negative Richtung

3 Bei der zweiten Zahl gibt das Vorzeichen an, wie du dich bewegst: positives Vorzeichen vorwärts, negatives Vorzeichen rückwärts. Die Ziffer legt die Anzahl der Schritte fest, die du gehen musst. Am Endpunkt erhältst du das Ergebnis.

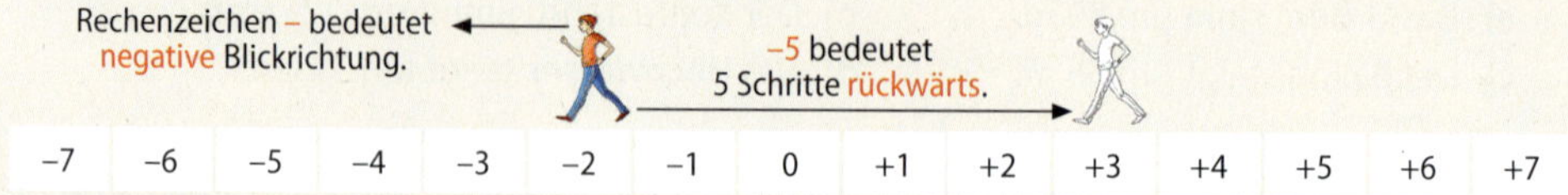

- Gehe die folgenden Aufgaben an einer solchen Zahlengeraden ab und löse sie.
(−3) + (−4)   (−2) − (+5)   (−6) + (+4)   (−4) − (−5)

Verstehen

Aufgaben mit ganzen Zahlen kann man auf der Zahlengeraden veranschaulichen.

Addition ganzer Zahlen

1 Addiert man eine positive Zahl, ist die Gesamtänderung positiv.

(−1) + (+3) = +2

Kurzform: −1 + 3 = 2

2 Addiert man eine negative Zahl, ist die Gesamtänderung negativ.

(−1) + (−3) = −4

Kurzform: −1 − 3 = −4

Subtraktion ganzer Zahlen

1 Subtrahiert man eine negative Zahl, ist die Gesamtänderung positiv.

(−1) − (−3) = +2

Kurzform: −1 + 3 = 2

2 Subtrahiert man eine positive Zahl, ist die Gesamtänderung negativ.

(−1) − (+3) = −4

Kurzform: −1 − 3 = −4

Vor- und Rechenzeichen können stets durch ein Zeichen ersetzt werden.
Zwei unterschiedliche Zeichen ergeben „−", zwei gleiche Zeichen „+".

kurz:
+ (+… ➝ +
− (−… ➝ +
+ (−… ➝ −
− (+… ➝ −

Beispiele

Schreibe in Kurzform und berechne

a) (−19) + (+3)   **b)** (+14) − (+5)   **c)** (−25) − (−10)   **d)** (−99) + (−88)

Lösung:

a) (−19) + (+3) = −19 + 3 = −16; gleiches Rechen- und Vorzeichen, also „+"
b) (+14) − (+5) = 14 − 5 = 9; verschiedene Rechen- und Vorzeichen, also „−"
c) (−25) − (−10) = −25 + 10 = −15; gleiches Rechen- und Vorzeichen, also „+"
d) (−99) + (−88) = −99 − 88 = −187; verschiedene Rechen- und Vorzeichen, also „−"

- Wie lautet das Ergebnis, wenn du zu einer Zahl ihre Gegenzahl addierst? Und wenn du von einer Zahl ihre Gegenzahl subtrahierst?
- Kann der Wert einer Differenz größer als ihr Minuend sein?
- Johannes sagt: „Addiert man zwei ganze Zahlen, so ist das Ergebnis stets positiv." Nimm zu seiner Aussage begründet Stellung.

Nachgefragt

Aufgaben

Lösungen zu 1:
–20; –11; –10; 3; 4; 20; 28; 30; 40; 60; 80; 92

1 Schreibe die Aufgaben jeweils in Kurzform auf und berechne den Wert des Terms.

a) (+20) – (+30)   (–14) – (–18)   (+35) + (–7)   (+50) – (–42)
b) (–12) + (+15)   (–6) + (–5)   (+10) + (+30)   (+20) – 0
c) (–8) – (+12)   (+9) – (–21)   (+26) – (–34)   (+95) – (+15)

2 Berechne im Kopf.

a) (–14) + (–27)
(+15) – (–34)
(–18) + (+21)
(–27) – (–12)

b) (+86) – (–44)
(–112) – (+36)
(–250) + (–185)
(+15) + (–17)

c) (+24) – (+36)
(–48) + (–19)
(+3) + (+12)
(–13) + (+10)

3 **a)** Übertrage in dein Heft und berechne die Summe.

1

2

3

b) Übertrage in dein Heft und bilde die Differenz.

1

2

3

4 Übertrage jeweils die Angabe in dein Heft und ergänze dann dort die fehlenden Vorzeichen so, dass eine wahre Aussage entsteht.

a) (□12) – (□4) = +8   **b)** (□12) – (□4) = +16   **c)** (□9) – (5) = –4
d) (–17) – (□12) = –5   **e)** (□16) – (–8) = –8   **f)** (□18) – (□10) = –8

5

Addition bei gleichen Vorzeichen:
$(-1) + (-3) =$
1 Beträge addieren: $1 + 3 = 4$
2 gemeinsames Vorzeichen im Ergebnis: $(-1) + (-3) = -4$

Addition bei verschiedenen Vorzeichen:
$(-1) + (+3) =$
1 großer minus kleiner Betrag: $3 - 1 = 2$
2 Vorzeichen der Zahl mit größerem Betrag im Ergebnis: $(-1) + (+3) = +2$

a) Begründe das Vorgehen bei der Addition.
b) Beschreibe ebenso ein Vorgehen bei der Subtraktion.

6 Übertrage die Tabelle in dein Heft und vervollständige sie.

x	y	x + y	−x + y	x − y	−x − y	|x| − |y|
−2	−2					
4	−13					
− (2)	− (+5)					

7 Übertrage in dein Heft und setze das richtige Zeichen <, > oder = ein.
a) $3 \; \square \; -13 - (-14)$ **b)** $-(+43) + (-54) \; \square \; -88$ **c)** $3 \cdot 37 - (-89) \; \square \; 34 + 43$

8 Stelle einen Term auf und berechne.
a) Welche Zahl muss man von (+80) subtrahieren, um (−345) zu erhalten?
b) Von welcher Zahl muss man (+80) subtrahieren, um (−345) zu erhalten?
c) Welche Zahl ist um 128 kleiner als (+75)?
d) Verkleinere (−200) um 187.
e) Berechne die beiden möglichen Differenzen der Zahlen (+129) und (−390).

9 Zur Erforschung des Erdinneren wurde bei Windischeschenbach ein 9101 m tiefes Loch gebohrt. Die Tabelle zeigt, bis zu welcher Tiefe (bezogen auf die Erdoberfläche) in den ersten fünf Bohrabschnitten jeweils gebohrt wurde:

Abschnitt	1.	2.	3.	4.	5.
Bohrtiefe	305 m	3003 m	5596 m	6018 m	6761 m

a) Gib an, wie viel Meter in den einzelnen Abschnitten jeweils gebohrt wurden. Fertige eine Zeichnung an.
b) Windischeschenbach liegt 428 m über dem Meeresspiegel. Berechne, wie viel Meter die Bohrspitze am Ende jedes Bohrabschnitts über bzw. unter dem Meeresspiegel lag.
c) Gib an, wie „tief“ (bezogen auf den Meeresspiegel) das Bohrloch am Ende der Bohrarbeiten war.

Beispiel:
$-4 + (-6) = -10$

10 Stelle die Zahlen auf den Karten jeweils als Ergebnis eines Terms mit den angegebenen Bedingungen dar.
Das Ergebnis ist die …
a) Summe zweier Zahlen mit gleichem Vorzeichen.
b) Summe zweier Zahlen mit verschiedenen Vorzeichen.
c) Differenz zweier Zahlen mit gleichem Vorzeichen.
d) Differenz zweier Zahlen mit verschiedenen Vorzeichen.

11 Formuliere jeweils eine passende Frage und löse dann die Aufgabe.

a) Das Thermometer vor Lucas' Fenster zeigte am 24. 12. um 10 Uhr eine Temperatur von −8 °C und um 18 Uhr eine Temperatur von −12 °C an.

b) Lauras Onkel Ralf hat zwar sein Konto bereits um 350 € überzogen; er hebt aber trotzdem noch 250 € von seinem Konto ab.

c) Der Baikalsee liegt 455 m über NN (über dem Meeresspiegel) und ist mit einer Wassertiefe von bis zu 1637 m der tiefste See der Erde.

12 Gib jeweils mindestens drei passende Terme an.

a) Eine Differenz aus zwei ganzen Zahlen hat den Wert −1.

b) Eine Summe aus zwei ganzen Zahlen hat den Wert −7.

13 Dennis stellt seinem Freund Murat folgendes Zahlenrätsel:

„Denk dir eine Zahl. Addiere sie selbst nochmals hinzu und zusätzlich ihre Gegenzahl. Welche Zahl erhältst du?"

Was ist das Besondere an dieser Aufgabe? Begründe.

14 Erkenne das Muster und setze die Zahlenfolge fort:

a) −1 | 2 | −3 | 4 | −5 | 6 | −7 | …

b) 1 | −2 | 4 | −8 | 16 | −32 | …

c) 1 | 4 | 9 | 16 | 25 | …

d) −1 | −8 | −27 | −64 | …

15 a) Setze die abgebildete Reihe fort und berechne jeweils das Ergebnis.

b) Welches Ergebnis erhält man in der 7., in der 10. bzw. in der 15. Zeile?

c) Welches Ergebnis erhält man in der 100. Zeile?

d) In welcher Zeile erhält man das Ergebnis 200?

$1 - 2$
$1 - 2 + 3$
$1 - 2 + 3 - 4$
$1 - 2 + 3 - 4 + 5$
$1 - 2 + 3 - 4 + 5 - 6$
…

Knobelei

Rätselspaß

- In einem Hafen liegt ein Schiff, an dem eine Strickleiter bis zur Meeresoberfläche herabhängt. Die Sprossen der Strickleiter haben einen Abstand von 30 cm. Gegen Abend kommt die Flut und der Meeresspiegel steigt pro Stunde um einen halben Meter. Wie lange dauert es, bis die untersten vier Sprossen der Strickleiter vom Wasser verschluckt wurden?
- Jona erzählt: „Mein Onkel hat drei Kinder, die alle im Abstand von drei Jahren zur Welt gekommen sind. Letztes Jahr war das älteste doppelt so alt wie das jüngste." Wie alt sind die Kinder?
- Susans Tante sagt: „Wenn du die Ziffern meines Alters vertauschst, machst du mich 27 Jahre jünger." „Wenn du dasselbe bei mir machst, werde ich 45 Jahre älter.", antwortet Susan.

Entdecken

Leandra war längere Zeit krank und hat in Mathe die Multiplikation zweier negativer Zahlen verpasst. Deshalb fragt sie ihre beiden älteren Schwestern Mila und Lennja, ob sie es ihr erklären können

Mila beginnt so:
„Schau dir folgende Reihe an …"

2	·	5	=		10	
1	·	5	=		5	−5
0	·	5	=		0	−5
(−1)	·	5	=	−	5	−5
(−2)	·	5	=	−	10	−5

Lennja fährt fort:
„Schau dir danach folgende Reihe an …"

2	·	(−3)	=	−	6	
1	·	(−3)	=	−	3	+3
0	·	(−3)	=		0	+3
(−1)	·	(−3)	=	+	3	+3
(−2)	·	(−3)	=	+	6	+3

- Beschreibe das Gemeinsame an beiden Erklärungen.
- Stelle Regeln auf, die Leandra aus den beiden Erklärungen ableiten kann.

Verstehen

Wenn man zwei positive Zahlen miteinander multipliziert, ist das Vorzeichen des Ergebnisses stets positiv. Bei der Multiplikation negativer Zahlen muss man auf die Vorzeichen achten.

Zwei **ganze Zahlen** werden miteinander **multipliziert**, indem man
1 zunächst ihre **Beträge** ohne Rücksicht auf das Vorzeichen **multipliziert**.

2 Das **Ergebnis** hat dann ein
- **positives Vorzeichen**, wenn die **beiden Faktoren das gleiche Vorzeichen** besitzen. Beispiele: $(+4) \cdot (+2) = +(4 \cdot 2) = 8$ $\quad (-4) \cdot (-2) = +(4 \cdot 2) = 8$
- **negatives Vorzeichen**, wenn die **beiden Faktoren verschiedene Vorzeichen** besitzen. Beispiele: $(+4) \cdot (-2) = -(4 \cdot 2) = -8$ $\quad (-4) \cdot (+2) = -(4 \cdot 2) = -8$

kurz:
+ mal + ⟶ +
− mal − ⟶ +
+ mal − ⟶ −
− mal + ⟶ −

Beispiele

I. Schreibe in Kurzform und berechne jeweils den Wert des Terms.

a) $(-4) \cdot (+3)$ **b)** $(+8) \cdot (-7)$ **c)** $(-5) \cdot (-2)$ **d)** $(-2) \cdot (+3) \cdot (-5)$

Lösung
a) $(-4) \cdot (+3) = (-4) \cdot 3 = -12$; unterschiedliche Vorzeichen, also „−"
b) $(+8) \cdot (-7) = 8 \cdot (-7) = -56$; unterschiedliche Vorzeichen, also „−"
c) $(-5) \cdot (-2) = 5 \cdot 2 = 10$: gleiche Vorzeichen, also „+"
d) $(-2) \cdot (+3) \cdot (-5) = (-2) \cdot 3 \cdot (-5) = (-6) \cdot (-5) = 30$; schrittweise berechnen

Beachte: Treffen Rechenzeichen und Vorzeichen aufeinander, muss eine Klammer gesetzt werden.

II. Welches Vorzeichen hat das Ergebnis? Bestimme jeweils ohne zu rechnen.

a) $125 \cdot (-6)$ **b)** $-4 \cdot 67$ **c)** $2 \cdot (-9) \cdot (-35)$

Lösung
Die Ergebnisse von a) und b) sind negativ, weil die beiden Faktoren jeweils unterschiedliche Vorzeichen haben.
Bei c) ist das Produkt der ersten beiden Faktoren negativ. Somit ist das Produkt aus diesem Ergebnis und dem dritten Faktor positiv.

Nachgefragt

- „Sechs ganze Zahlen werden multipliziert, von denen drei negativ sind. Dann ist auch das gesamte Produkt negativ." Stimmt das? Begründe.
- Welches Vorzeichen hat ein Produkt, wenn mindestens einer der Faktoren 0 ist?

Aufgaben

1 Schreibe in Kurzform und berechne jeweils den Wert des Terms.

a) (+2) · (−6)	(−7) · (+9)	(+27) · (−1)	(−30) · (−8)
b) (+25) · 0	(−600) · (−40)	(+38) · (−5)	(−17) · (+4)
c) −125 · 8	(−1) · (−25)	60 · (−33)	75 + (−40)
d) (−802) · 310	(−123) · 548	5 · (−8030)	1111 · (−8)

2 Übertrage jeweils die Angabe in dein Heft und ergänze dann dort die Multiplikation so, dass eine wahre Aussage entsteht.

a) (−6) · (☐) = −48 **b)** (+8) · (☐) = 240 **c)** (☐) · (−17) = 68
d) (−23) · ☐ = 0 **e)** 0 · (☐) = 0 **f)** (☐) · (−30) = −1200

3 Sophie hat ausgerechnet, dass 5 · 7 · 3 = 105 ist.

a) Gib ohne weitere Rechnung die Werte folgender Produkte an:
(−7) · 3 · 5 (−3) · 5 · (−7) (−5) · (−3) · (−7)

b) Formuliere eine Regel für das Vorzeichen des Werts eines Produkts aus drei von 0 verschiedenen ganzzahligen Faktoren. Passe diese Regel für Produkte aus vier von 0 verschiedenen ganzzahligen Faktoren geeignet an.

c) Erkläre, was die Multiplikation einer Zahl mit dem Faktor (−1) bewirkt.

4 Bestimme jeweils vor der Rechnung das Vorzeichen des Ergebnisses. Kontrolliere deine Überlegung anschließend, indem du den Wert des Terms berechnest.

a) (−3) · (−2) · (+5) · (−1) **b)** (−1) · (−1) · (−1) · (−2) · (+3) · (+4)
b) (−7) · (+4) · (+3) · (−2) **d)** (−2) · (−2) · (−2) · (−2) · (−2) · (−2) · (−2)

5 **a)** Wie ändert sich das Ergebnis eines Produkts, wenn du als Faktor −1 hinzufügst?

b) Acht ganze Zahlen (alle ungleich null) werden miteinander multipliziert. Welches Vorzeichen hat das Ergebnis, wenn von ihnen 8 (7, 6, 5, …, 1, 0) Zahlen negativ sind?

6 Setze Karten mit den Ziffern und Vorzeichen jeweils so ein, dass das Produkt …

a) möglichst groß wird. **b)** möglichst klein wird. **c)** nahe null liegt.

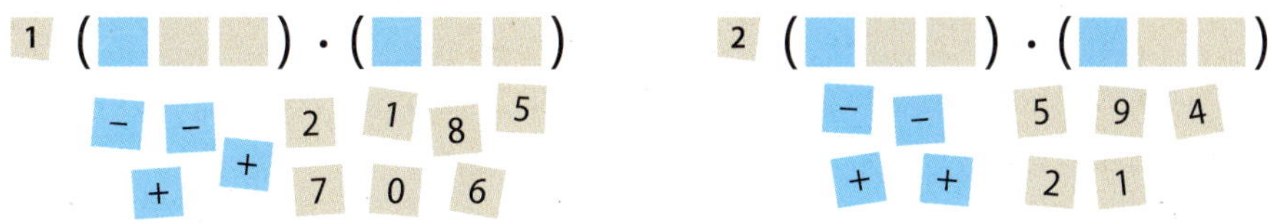

7 In einem alten Schulbuch findet man noch eine weitere Erklärung dafür, wie man negative Zahlen multipliziert: „Multiplizieren mit (−1) bedeutet „ins Gegenteil umkehren": Zum Beispiel werden aus Schulden Guthaben, denn das Gegenteil von −1 € ist 1 € Guthaben."

a) Vergleiche mit den Erklärungen der Einleitung. Welche gefällt dir am besten?

b) Fallen dir noch weitere Beispiele ein, an denen man die Regel erläutern kann?

Entdecken

Die Division ist die Umkehrung der Multiplikation.

- Übertrage die Darstellungen in dein Heft und ergänze die fehlenden Angaben.
- Betrachte die Vorzeichen bei den Rechnungen zur Division.
  Welche Zusammenhänge erkennst du? Stelle eine Regel auf und erkläre sie.

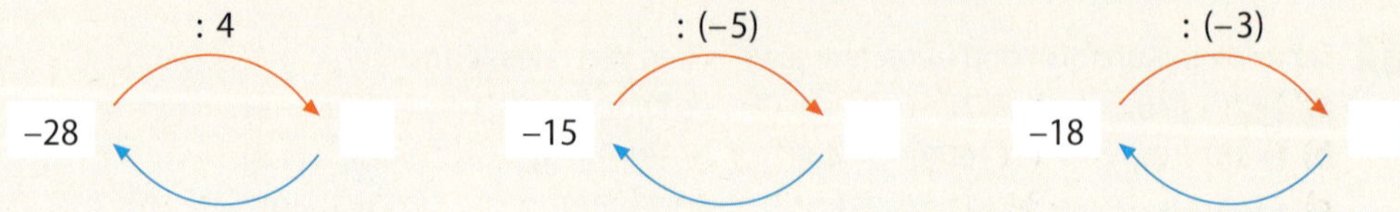

Verstehen

Wenn man zwei positive Zahlen dividiert, ist das Vorzeichen des Ergebnisses stets positiv. Bei der Division negativer Zahlen muss man auf die Vorzeichen achten.

Zwei **ganze Zahlen**, die **ungleich null** sind, werden **dividiert**, indem man

1. zunächst ihre **Beträge** ohne Rücksicht auf das Vorzeichen **dividiert**.
2. Das **Ergebnis** hat dann ein
   - **positives Vorzeichen**, wenn **Dividend und Divisor das gleiche Vorzeichen** haben.
     Beispiele: $(+12) : (+2) = +(12 : 2) = 6$ $\quad (-12) : (-2) = +(12 : 2) = 6$
   - **negatives Vorzeichen**, wenn **Dividend und Divisor verschiedene Vorzeichen** haben.
     Beispiele: $(+12) : (-2) = -(12 : 2) = -6$ $\quad (-12) : (+2) = -(12 : 2) = -6$

kurz:
+ geteilt durch + ⟶ +
− geteilt durch − ⟶ +
+ geteilt durch − ⟶ −
− geteilt durch + ⟶ −

Beispiele

I. Berechne, soweit möglich.

a) $(-45) : (-5)$ **b)** $(+36) : (-9)$ **c)** $(-18) : (+3)$
d) $64 : 16$ **e)** $0 : (-7)$ **f)** $(-20) : 0$

Lösung:

a) $(-45) : (-5) = 9$; Dividend und Divisor mit gleichem Vorzeichen, also „+"
b) $(+36) : (-9) = -4$; Dividend und Divisor mit verschiedenen Vorzeichen, also „−"
c) $(-18) : (+3) = -6$; Dividend und Divisor mit verschiedenen Vorzeichen, also „−"
d) $64 : 16 = 4$; Dividend und Divisor mit gleichem Vorzeichen, also „+"
e) $0 : (-7) = 0$
f) $(-20) : 0$ ist nicht erklärt. Es gibt keine Zahl, die bei der Umkehrung mit 0 multipliziert 20 ergibt.

Beachte (siehe S. 50):
*Man kann **nicht durch null dividieren**.*

II. Stelle einen Term auf und berechne.

a) Gesucht ist die Zahl, bei deren Division durch −2 sich 4 ergibt.
b) Der Dividend ist −15, der Divisor −3. Die gesuchte Zahl ist der Wert des Quotienten.

Lösung:

a) $\square : (-2) = 4$ $\quad \square = -8$ Die gesuchte Zahl ist −8.
b) $-15 : (-3) = \square$ $\quad \square = 5$ Die gesuchte Zahl ist 5.

- Wie groß ist der Quotient, wenn der Divisor 1 bzw. −1 ist?
- Wie groß ist der Quotient, wenn der Divisor und der Dividend gleich sind (Gegenzahlen zueinander sind)?

Nachgefragt

Aufgaben

1 Berechne jeweils den Wert des Terms im Kopf.

a) (+36) : (−12) (−45) : (−15) 0 : (−16) (−121) : (+11)
b) (−48) : (−16) (−225) : (+25) (−224) : (−4) (+72) : (+6)
c) (−600) : 20 34 : (−1) 112 : (−4) 0 : 2

Lösungen zu 1:
−34; −30; −28; −11; −9; −3; 0; 0; 3; 3; 12; 56

2 Übertrage jeweils die Angabe in dein Heft und ergänze dann dort die Division so, dass eine wahre Aussage entsteht.

a) ( ) : 7 = −21 b) ( ) : (−13) = −7 c) 280 : ( ) = 56
d) (−40 000) : ( ) = 80 e) ( ) : (−1 250) = 80 f) 0 : ( ) = 0

3 Stelle den Term auf und berechne dann.

a) Der Divisor lautet (−5), der Quotient (−16).
b) Welche Zahl muss man mit (+8) multiplizieren, um (−32) zu erhalten?
c) Multipliziere den Quotienten aus (−24) und (−6) mit dem Produkt der beiden Zahlen.

4 Übertrage die Divisionstabelle in dein Heft und vervollständige sie.

a)

:	+2	−5	−7	8
−560				
840				
−700			100	
1064				

b)

:	−3	−1	+4	−11
−132				
660				−60
−528				
924				

5 Beginne mit dem Startstein und berechne den in seinem Feld stehenden Term. Die Lösung der Aufgabe führt dich zum neuen Stein.

Das Lösungswort ergibt eine bekannte Stadt.

−9	Start	8 : (−2)
−3	O	−(−2) · (−5) · (−1)
+10	N	$(-2)^2 - 5$
−1	N	(−2) · (−5) · (−1)
−10	D	−(−(−3))
−4	L	−3 · (−3)
9	O	−(−1) · (−1)

6 Vervollständige die Merkregeln.

a) Den Betrag des Wertes eines Produkts zweier Zahlen erhält man, …
b) Der Wert eines Quotienten ist genau dann negativ, wenn …
c) Ein Produkt hat genau dann den Wert 0, wenn …
d) Ist in einem Produkt eine gerade Anzahl von Faktoren negativ, dann ist …

Entdecken

Sven versucht, die Rechengesetze, die er kennt, bei den ganzen Zahlen zu überprüfen. Kannst du ihm helfen?

- Welche Rechengesetze kennst du?
- Überprüfe an Zahlenbeispielen, ob du bei den einzelnen Grundrechenarten die Reihenfolge vertauschen und Klammern beliebig versetzen kannst.

Verstehen

Wie beim Rechnen mit natürlichen Zahlen muss man auch beim Rechnen mit ganzen Zahlen Rechengesetze beachten. Diese ermöglichen oftmals geschicktes Rechnen durch das Ausnutzen von Rechenvorteilen.

Für das Rechen mit ganzen Zahlen gilt wie beim Rechnen mit natürlichen Zahlen

- das **Kommutativgesetz der Addition und Multiplikation**, kurz **KG**
  Beispiele: $6 + (-5) + 6 = 6 + 6 + (-5)$ $4 \cdot (-3) \cdot 3 = 4 \cdot 3 \cdot (-3)$
- das **Assoziativgesetz der Addition und Multiplikation**, kurz **AG**, also das Setzen von Klammern
  Beispiele: $2 + [(-6) + 5] = [(2 + (-6)] + 5$ $(-4) \cdot [5 \cdot (-6)] = [(-4) \cdot 5] \cdot (-6)]$
- das **Distributivgesetz**, kurz **DG**
  Beispiel: $4 \cdot [(-2) + (-3)] = 4 \cdot (-2) + 4 \cdot (-3)$

Beispiele

I. Berechne, indem du Rechenvorteile nutzt. Gib das verwendete Rechengesetz an.

a) $-150 - 370 + 550 - 130 + 200$ **b)** $(-6) \cdot 57$

Lösungen:

Das Distributivgesetz kann dir Rechenvorteile verschaffen.

a) $-150 - 370 + 550 - 130 + 200 \overset{KG}{=} -150 + 550 - 370 - 130 + 200$
$= 400 - 500 + 200 = 100$

b) $(-6) \cdot 57 = (-6) \cdot (50 + 7) \overset{DG}{=} (-6) \cdot 50 + (-6) \cdot 7 = -300 + (-42) = -342$

II. Gib verschiedene Möglichkeiten an, um −56 · 24 zu berechnen.

Lösungsmöglichkeiten:

1 $-56 \cdot 24$
$= (-60 + 4) \cdot 24$
$= -60 \cdot 24 + 4 \cdot 24$
$= -1440 + 96$
$= -1344$

2 $-56 \cdot 24$
$= [-50 + (-6)] \cdot 24$
$= -50 \cdot 24 + (-6) \cdot 24$
$= -1200 - 144$
$= -1344$

3 $-56 \cdot 24$
$= -56 \cdot (20 + 4)$
$= -56 \cdot 20 + (-56) \cdot 4$
$= -1120 - 224$
$= -1344$

- Mit welchem Rechengesetz hast du hier einen Vorteil: $(-2) + (-16) + (-28)$?
- Das Distributivgesetz lässt sich auch auf Differenzen anwenden. Begründe.
- Beschreibe verschiedene Situationen, bei denen man sich durch das Distributivgesetz Rechenvorteile verschaffen kann.

Nachgefragt

Aufgaben

1 Beschreibe, wie man mithilfe des Distributivgesetzes die Anzahl der Flaschen jeder Sorte auf verschiedene Arten bestimmen kann.

a)
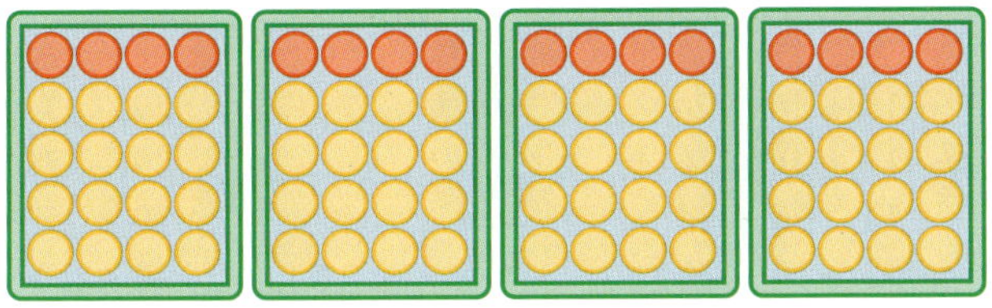

b)
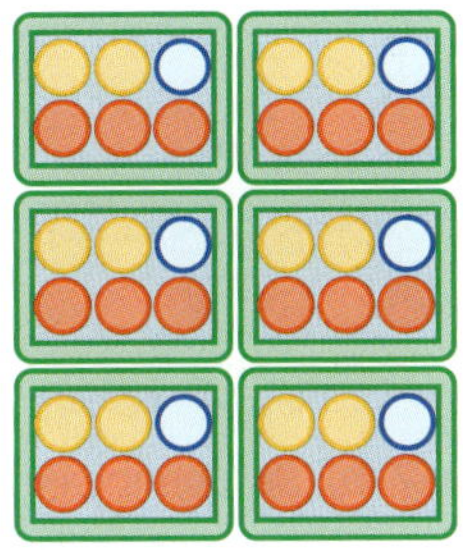

2 Kann man die Klammern auch weglassen? Untersuche jeweils durch Nachrechnen.

a) $(-7 + 8) - (-3 - 4)$ **b)** $33 - (22 - 11) - (44 - 55)$
c) $53 + (17 - 43) - (-23 - 8)$ **d)** $-91 + 78 - 4 + (8 - 54)$

3 Nutze das Distributivgesetz geschickt, um die Terme zu berechnen.

a) $-45 \cdot 17$ $(-32) \cdot 98$ $16 \cdot (-102)$ $127 \cdot (-55)$
b) $-27 \cdot (-99)$ $55 \cdot (-67)$ $-129 \cdot (-105)$ $-95 \cdot 342$

4 Die Rechenregeln aus den natürlichen Zahlen gelten auch im Bereich der ganzen Zahlen.

Für die Berechnung von Termen gelten folgende Regeln:
1. Was in **Klammern** steht, wird immer **zuerst** ausgerechnet.
2. **Potenzen** werden **vor** den vier **Grundrechenarten** berechnet.
3. **Punktrechnung** (·/:) geht **vor Strichrechnung** (+/−).

Beispiele: Berechne und gib die Regeln an, die du beachtet hast:
1 $60 + (-60) : (-4)$ **2** $(-5) \cdot [0- (-18)] : 3$

Lösung: Zu **1**: $60 + (-60) : (-4) = 60 + 15 = 75$; Punkt vor Strich
Zu **2**: $(-5) \cdot [0 - (-18)] : 3 = (-5) \cdot [0 + 18] : 3 = (-5) \cdot 18 : 3 = (-5) \cdot 6 = -30$; Klammer vor Punkt und Strich

Bei mehreren Klammern beginnt man mit der innersten.

Rechne vorteilhaft. Nenne das Rechengesetz, das du anwendest.

a) $(-2) \cdot (-3) - 7$ **b)** $(-2) \cdot [(-3) - 7]$ **c)** $(-3) - (3 - 7)$
d) $-20 + 12 : (-4)$ **e)** $(-20 + 12) : (-4)$ **f)** $0 - [(20 + 12) : (-4)]$
g) $3 \cdot (-8) - (-12) : 4$ **h)** $3 \cdot [-8 - (-12)] : (-4)$ **i)** $3 \cdot [-8 - (-12 : 4)]$
j) $24 + (-27) + 16 + (-13)$ **k)** $-15 \cdot 17 + 3$ **l)** $21 \cdot (-31) - 11$
m) $2 \cdot (-6) \cdot 5 \cdot 17$ **n)** $22 - 4 \cdot (-1)$ **o)** $[(-7) \cdot 4] \cdot (-5)$

Lösungen zu 4:
−1020; −662; −252; −23; −21; −15; −3; −2; −1; 0; 1; 8; 20; 26; 140

5 Stelle die Karten zu möglichst vielen unterschiedlichen Aufgaben zusammen und berechne sie. Welcher Term liefert das größte (kleinste) Ergebnis?

a) +) +10 (+ + −4 +25 −8

b) + −12) +25 (− + −5 −26 + +8

c) + −3 +18 · +16 +9 · −12 −

Wird ein Klammerausdruck subtrahiert, dann spricht man oftmals von einer ***Minusklammer****.*

6 a) Vergleiche die Rechnungen miteinander, bei denen ein Klammerausdruck subtrahiert wird, und bestimme jeweils das Ergebnis. Welche Ergebnisse sind gleich?

1 $-13 - (-16 + 24) \overset{?}{=}$ $-13 + 16 + 24$; $-13 + 16 - 24$; $-13 - 16 + 24$; $-13 - 16 - 24$

2 $29 - (17 - 34) \overset{?}{=}$ $29 - 17 + 34$; $29 - 17 - 34$; $29 + 17 + 34$; $29 + 17 - 34$

b) Beschreibe eine Regel, wie man eine Minusklammer auflösen kann. Überlege dir eigene Aufgaben wie in a) und überprüfe die Regeln daran.

7 Bilde jeweils zunächst den Term zur Angabe und berechne dann seinen Wert.

a) Subtrahiere −26 vom Produkt der Zahlen −25 und 30.

b) Bilde die Summe aus dem Produkt der Zahlen −1 und 361 und dem Quotienten mit dem Dividenden −360 und dem Divisor −24.

c) Dividiere die Differenz mit dem Minuenden 83 und dem Subtrahenden −189 durch die Summe der Zahlen −345 128 und 345 132.

d) Dividiere die doppelte Summe der Zahlen 34 000 und −23 000 durch −125.

8 Lässt sich das Distributivgesetz auch immer auf Divisionen anwenden?

1	$121 : (-11) + 66 : (-11)$	$\overset{?}{=}$	$(121 + 66) : (-11)$
2	$-144 : 12 + (-144) : 8$	$\overset{?}{=}$	$-144 : (12 + 8)$
3	$756 : (-7) - 756 : 9$	$\overset{?}{=}$	$756 : [(-7) - 9]$
4	$-117 : 26 + (-117) : (-9)$	$\overset{?}{=}$	$-117 : [26 + (-9)]$

a) Überprüfe die Gültigkeit der Gleichungen.

b) Stelle eine Regel für das Distributivgesetz für die Division auf und überprüfe an weiteren selbst gewählten Beispielen.

Multiplikation Klasse 3:

126 · 12 =	
100 · 12 =	1200
20 · 12 =	240
6 · 12 =	42
126 · 12 =	1512

9 a) Gib verschiedene Möglichkeiten an, um vorteilhaft zu rechnen.

1 $-76 \cdot 21$ 2 $-126 \cdot (-25)$ 3 $-22 \cdot (-18)$

b) Jasmin erinnert sich: „In der Grundschule haben wir beim Multiplizieren die Faktoren immer zerlegt." Begründe das damalige Vorgehen mit dem Distributivgesetz.

10 Welcher Term ergibt das größte (kleinste) Ergebnis? Begründe, ohne zu rechnen.

a) $-54 + (-6)$ $-54 - (-6)$ $-54 \cdot (-6)$ $-54 : (-6)$

b) $-28 + (-5)$ $-28 - (-5)$ $-28 \cdot (-5)$ $-28 : (-5)$

Negative Zahlen

Seite 186

Zahlen kleiner als 0 nennt man **negative Zahlen**.
Zahlen größer als 0 sind **positive Zahlen**.
Die Zahl **Null** ist weder positiv noch negativ, sie hat **kein Vorzeichen**.

Zahlengerade:

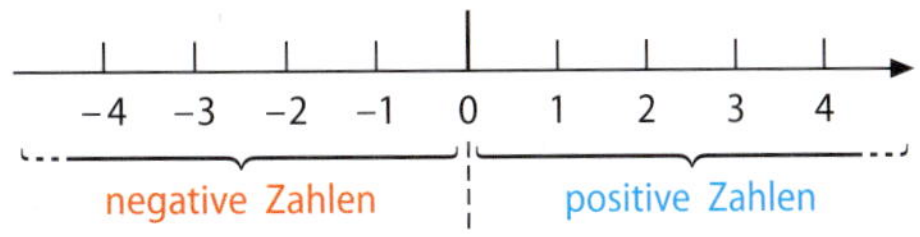

Das positive Vorzeichen wird oft weggelassen, das negative Vorzeichen aber nicht.

Gegenzahl und Betrag

Seite 186

1. Von zwei Zahlen ist immer diejenige **kleiner**, die auf der **Zahlengeraden weiter links** liegt.
2. Zahl und **Gegenzahl** haben denselben Abstand zur Null. Dieser heißt **Betrag**:
   $|-3| = +3$ und $|+3| = +3$

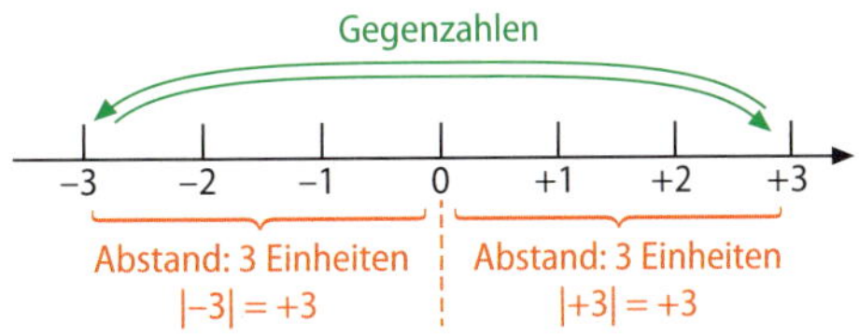

Koordinatensystem

Seite 188

Das Koordinatensystem wird durch die Achsen in vier **Quadranten** unterteilt.
Zur Bezeichnung von Punkten gibt die **erste Koordinate (x-Koordinate)** an, wie weit du dich vom Ursprung entlang der x-Achse bewegst, die **zweite Koordinate (y-Koordinate)** bestimmt die Position auf der y-Achse.

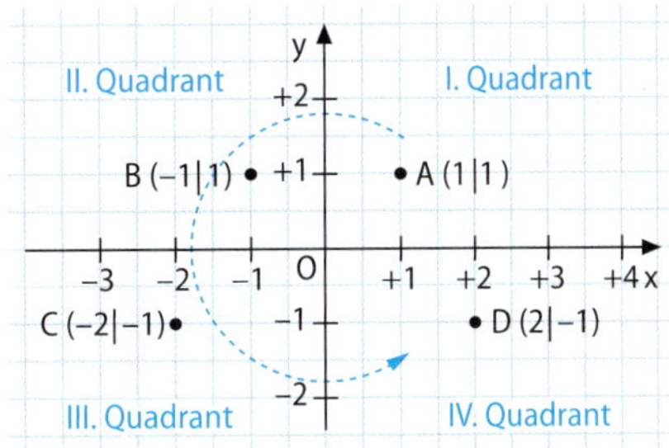

Addition und Subtraktion

Seite 190, 192

Addition zweier ganzer Zahlen: Bei **gleichem Vorzeichen** die Beträge addieren. Das Ergebnis hat das gemeinsame Vorzeichen.
Bei **verschiedenen Vorzeichen** kleineren Betrag vom größeren subtrahieren. Das Ergebnis hat das Vorzeichen des Summanden mit größerem Betrag.
Subtraktion einer ganzer Zahl: Ersetzen durch die Addition der Gegenzahl.

Addition bei gleichen Vorzeichen

1 Beträge addieren
2 gemeinsames Vorzeichen im Ergebnis

Addition bei verschiedenen Vorzeichen

1 großer minus kleiner Betrag
2 Vorzeichen der Zahl mit größerem Betrag im Ergebnis

Multiplikation und Division

Seite 196, 198

Zwei **ganze Zahlen** werden **multipliziert (dividiert)**, indem man zunächst ihre **Beträge** verrechnet. Das Ergebnis ist positiv, wenn beide Zahlen das gleiche Vorzeichen haben, es ist negativ bei verschiedenen Vorzeichen.

+ mal + → +
– mal – → –
+ mal – → –
– mal + → +

+ geteilt durch + → +
+ geteilt durch – → –
– geteilt durch + → –
– geteilt durch – → +

Rechengesetze

Seite 200

Beim Rechnen mit ganzen Zahlen gelten **dieselben Rechengesetze** wie sie schon von den natürlichen Zahlen bekannt sind.

Distributivgesetz:
$(-5) \cdot (3 + 8) = (-5) \cdot 3 + (-5) \cdot 8$

6 Auf unterschiedlichen Wegen

1 Zeichne eine Zahlengerade und markiere die Zahlen.

−2; 7; −5; 0; 4; 1; 8

4; |−2|; −5; −2; 0; |1|; −6

2 Ordne die Zahlen der Größe nach. Das Ergebnis ist ein Lösungswort.

Beginne mit der größten Zahl.

−3	I	−20	N	0	Z	7	V	−14	H
5	O	−9	C	−18	E	4	R	−2	E

Beginne mit der kleinsten Zahl.

50	T	−1	G	−15	U	5	M	0	E
−30	G	30	H	8	A	−6	T	15	C

3 In Flugzeugen werden die Außentemperatur am Flugzeug und die Bodentemperatur der Orte, die gerade überflogen werden, angezeigt.
Auf einem Flug von Reykjavik in Island nach Stuttgart ergeben sich nebenstehende Werte.

Ort	Außen	Boden
Reykjavik	−16 °C	−16 °C
Hamburg	−43 °C	−1 °C
Stuttgart	+3 °C	+3 °C

Bestimme die Temperaturunterschiede am Boden zwischen Reykjavik und den anderen Orten.

Die Temperatur sinkt mit zunehmender Höhe um etwa ein halbes Grad Celsius je 100 m. In welchem Bereich liegt die Flughöhe an den einzelnen Orten?

4 Übertrage jeweils die Zahlenmauer in dein Heft. Ergänze dann dort die fehlenden Zahlen so, dass auf jedem Mauerstein der Summenwert der Zahlen steht, die auf den beiden Steinen direkt darunter stehen.

a)

		−205	
+125	−295		−35

b)

0			
	+343		
		−243	
			+143

5 Eine Summe aus zwei ganzen Zahlen hat den Wert −99.
Gib für diese Summe – sofern möglich – jeweils drei verschiedene Möglichkeiten an, wenn

a) ein Summand −10 lautet.
b) ein Summand 100 lautet.
c) ein Summand 0 ist.

a) ein Summand gleich null ist.
b) beide Summanden negativ sind.
c) beide Summanden positiv sind.

6 Überlege.

Die Zahl (−2) wird mit zwei weiteren Zahlen multipliziert. Welche Vorzeichen können die beiden anderen Zahlen haben, wenn das Ergebnis negativ ist?

Drei verschiedene Zahlen werden miteinander multipliziert. Welche Vorzeichen können die Zahlen haben, wenn das Ergebnis positiv ist?

7

Gib alle Produkte an, die man aus je zwei der folgenden Zahlen bilden kann und deren Wert nicht negativ ist.

−2	−3	0	−4	1	5

Richtig oder falsch? Begründe.

a) $(-1)^3 < -1$
b) $-(-2) \cdot (-3) > -7$
c) $4 : (-1) = -4 : 1$
d) $12 : (-2) : (-3) < -12 : 2 : 3$

8

Berechne.

a)	−42 : (−6)	−81 : 9
b)	76 : (−4)	−85 : (−5)
c)	−144 : (−12)	143 : (+13)
d)	15 : (−3)	(+56) : (−8)

Übertrage in dein Heft und vervollständige.

a) □182 : (−13) = −□
b) −□ : 17 = □12
c) −32 : (+□) = □26
d) (−□) : (□6) = −14
e) −777 : (−□) = 11

9 Auf dem Konto der Familie Eberle geht es ständig auf und ab – zumindest bildlich gesprochen.

Delta-Bank		**Kontoauszug** Nr. 17/2016 vom 26.03.16	
		Belastung	**Gutschrift**
01.03.16	Gehalt		2000,00
04.03.16	Miete	850,00	
06.03.16	Versicherung (Kfz-, Kranken- u. a.)	430,00	
12.03.16	Autohaus Mutschler, Reparatur	675,00	
14.03.16	Gartencenter Blattgrün	111,00	
18.03.16	Geburtstagsgeschenk		250,00
20.03.16	Telefon (Handy)	39,00	
24.03.16	Lottogewinn		125,00
25.03.16	Arztrechnung	381,00	

a) Stelle die Gutschriften und Belastungen als positive bzw. negative Zahlen dar.
b) Wie hoch war der Kontostand am 4. (12., 20.) März 2016, wenn das Konto am 29. Februar einen Betrag von −240 € aufwies?

a) Das Konto wies am 29. Februar 2016 einen Betrag von −240 € auf. Wann war das Konto im März überzogen (d. h. negativer Kontostand), wann nicht?
b) Am 31. März 2016 war auf dem Konto ein Betrag von 400 €. Welche Kontobewegungen könnte es seit dem 25. März gegeben haben?

10 Stelle einen Term auf und berechne.

Addiere das Produkt der Zahlen −174 und −12 zur größten zweistelligen negativen ganzen Zahl.

Aus den Zahlen −63 und −315 kannst du zwei verschiedene Differenzen bilden. Dividiere die Differenz mit dem größeren Wert durch die Zahl −12.

6 Kreuz und quer

1 Finde diejenigen ganzen Zahlen heraus, deren Bildpunkte durch Pfeile markiert sind.

a)
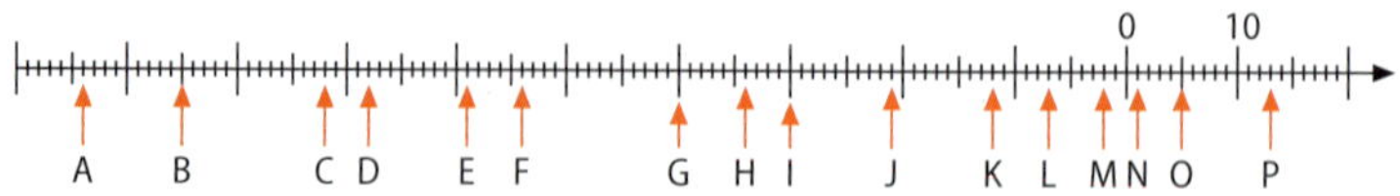

b)
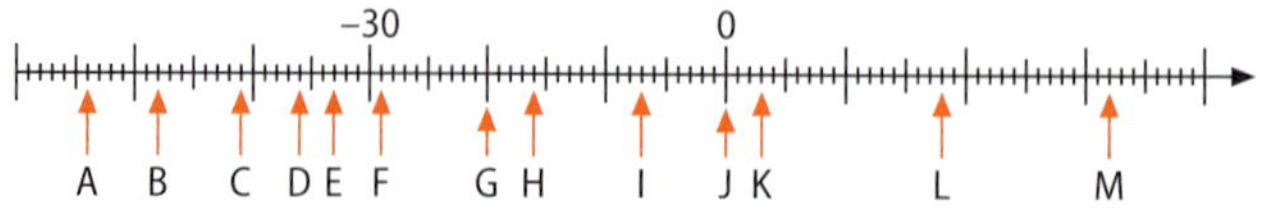

2 Setze die Zahlenreihe um fünf weitere Zahlen fort und beschreibe die Regel, nach der du vorgehst.

a) −4; −1; +2; +5; … **b)** +15; +3; −9; −21; … **c)** +4; −4; +8; −8; …
d) −2; −6; 18; −54; … **e)** 1; 4; 9; 16; … **f)** +1; −2; +3; −5; …

3 In welche Richtung musst du auf der Zahlengeraden gehen, wenn du von

a) −4 nach −2 gehen willst? **b)** 0 nach −7 gehen willst?
c) −1 nach 5 gehen willst? **d)** −5 nach −3 gehen willst?

4 Zeichne für jede Teilaufgabe eine Zahlengerade. Kennzeichne jeweils den gesuchten Bereich aller Zahlen,

a) die größer als −2 und kleiner als 7 sind.
b) die kleiner als −1 und größer als −3 sind.
c) die größer oder gleich −4 sind.
d) die 5 Einheiten von der Zahl +2 entfernt sind.
e) deren Betrag kleiner als 2 ist.

5 Übertrage die Zahlenmauern in dein Heft und fülle sie dann dort aus. Wenn du damit fertig bist, soll auf jedem Stein der Wert des Terms stehen, den du auf den beiden Steinen und der Fuge direkt darunter findest.

a)
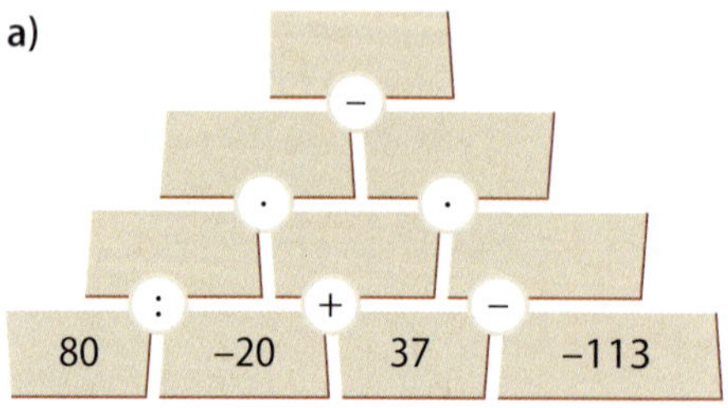

b)
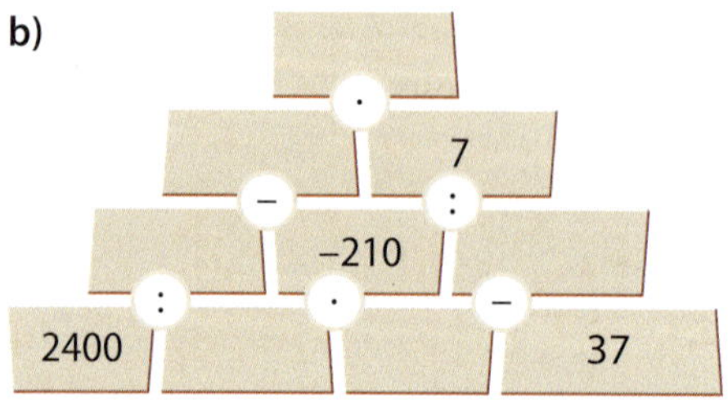

6 Auch in großen Meerestiefen leben viele Fischarten.

- Dornrückenaale 120 m bis 3000 m
- Geleenasenfische 100 m bis 1200 m
- Tiefsee-Plattköpfe 150 m bis 650 m
- Fangzahnfische 200 m bis 5000 m
- Schwarzköpfe 300 m bis 2000 m
- Säbelzahnfische 200 m bis 1000 m

a) Stelle die Meerestiefen der Fischarten in einem geeigneten Diagramm dar.
b) Ordne die Fischarten anhand ihrer Meerestiefen. Beschreibe dein Vorgehen.

7 Erfinde eine Rechengeschichte. Löse anschließend die Gleichung.

a) $a + 4 = -0$ **b)** $b \cdot 5 = -25$ **c)** $c \cdot 7 = -140$
d) $d - 18 = -11$ **e)** $e : 6 = -100$ **f)** $f : 2 = 1$

8 Auf einem Pegel kann der Wasserstand eines Flusses abgelesen werden. Der Wasserstand ändert sich an einem Tag mehrmals. Gib die Änderungen an.

a)
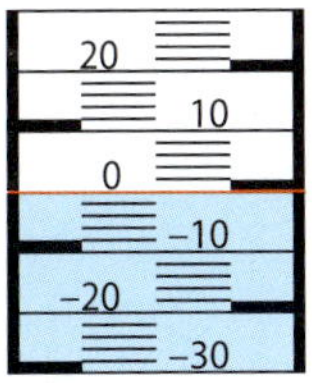

6.00 Uhr

b)
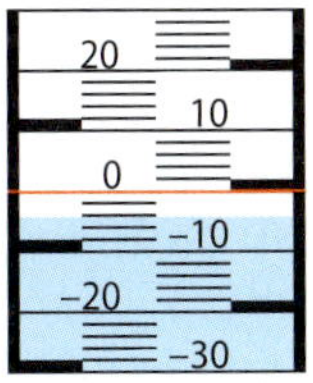

11.00 Uhr

c)
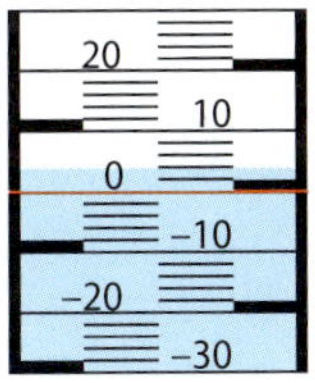

13.00 Uhr

d)
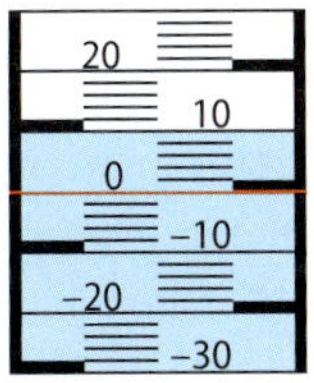

17.00 Uhr

e)
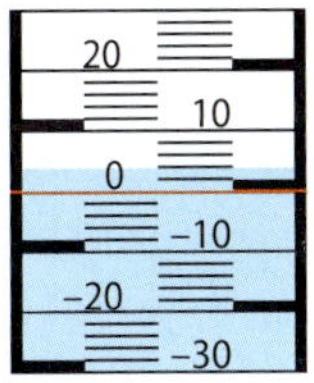

21.00 Uhr

9 Berechne.

a) (−2) · 12 + 16   12 − 16 · (−2)   (−16) +12 : (−2)
b) (−10) + 20 · (−4)   (−20) : 4 + 10   (−20) + (−4) · 10
c) −17 − 8 · (−1) + 10   8 + (−10) − 17 : (−1)   (−10) · 8 + (17 − 1)
d) 30 − 17 · 0 + (−15)   (−17) + 0 : 30 − (+15)   30 : (−15) + (0 − 17)
e) 3 400 : (−10) − 600   1 + 2 · (−3) − 6 : (−2)   99 · (−3) + 408 : (−4)
f) 2 + (−13) · (−13)   [2 + (−5)] · [−3 − (−2)]   (−52 + 3) · (−1) + (43 − 5)

Lösungen zu 9:
−940; −399; −90; −64; −60; −32; −22; −19; −8; −2; 1; 3; 5; 15; 15; 44; 87; 171

10 Übertrage in dein Heft und setze Rechenzeichen so ein, dass eine wahre Aussage entsteht.

a) (−3) □ (−4) = 1   b) 10 □ (−9) = 1   c) (−12) □ (−3) = 2 □ 2
d) (−1) □ 3 □ 2 = 5   e) 4 □ (−2) □ 3 = 9   f) (−5) □ (−2) □ 3 = 7
g) (+2) □ (−2) □ (+2) □ (−2) □ (+8) = 0   h) 3 · (−73) □ 1 = −220

11 Wahr oder falsch? Überprüfe deine Antwort mit selbst gewählten Beispielen.

a) Jede vierstellige Zahl ist größer als jede dreistellige Zahl.
b) Jede vierstellige negative Zahl ist kleiner als jede dreistellige Zahl.
c) Der Betrag jeder vierstelligen Zahl ist größer als jede dreistellige Zahl.
d) Der Wert des Quotienten zweier ganzer Zahlen mit verschiedenen Vorzeichen liegt immer zwischen diesen beiden Zahlen.
e) Der Quotient zweier Gegenzahlen, die nicht null sind, hat stets den Wert −1.

12 Ordne dem Text den richtigen Rechenausdruck zu. Berechne anschließend.

a) Multipliziere das Produkt der Zahlen −13 und −11 mit der Differenz von −4 und −6, mit −6 als Subtrahenden.
b) Subtrahiere −13 von −15. Multipliziere das Ergebnis mit der Differenz von 5 und −3, wobei 5 der Minuend ist.
c) Addiere zum Quotienten aus (−6) und (−3) die Summe aus 2 und −3.

1   −6 · [(−3) + 2 + (−3)]
2   −13 − 15 · (5 − 3)
3   [(−13) + (−11)] · [(−4) : (−6)]
4   (−15 − 13) · [5 − (−3)]
5   [(−6) : (−3)] + [2 + (−3)]
6   [(−13) · (−11)] · [(−4) − (−6)]

13 Übertrage zuerst die Punkte in ein Koordinatensystem. Ergänze die Punkte zu einer punktsymmetrischen Figur mit dem Zentrum Z = B und bestimme die fehlenden Koordinaten.

a) A (−5 | 1); B (0 | 1); C (−3 | 6)   b) A (−2 | −1); B (−1 | −3); C (−4 | 2)

14 13 km südlich der ägyptischen Stadt Assuan wird der Nil vom Assuan-Staudamm zu einem gewaltigen Stausee gestaut. Der Wasserspiegel des Sees liegt 183 m über dem Meeresspiegel und damit um ca. 60 m höher als der Wasserspiegel des Nils vor dem Bau des Staudamms. Stelle den Sachverhalt zeichnerisch dar.

15 Die Lufttemperatur nimmt mit zunehmender Höhe über dem Meeresspiegel ab:
- zwischen 0 m und 2000 m Höhe um etwa 4 Grad pro 1000 m
- zwischen 2000 m und 5000 m Höhe um etwa 6 Grad pro 1000 m
- zwischen 5000 m und 10 000 m Höhe um etwa 8 Grad pro 1000 m.

Berechne die Temperatur in 10 000 m Höhe (das ist eine häufig benutzte Flughöhe), wenn die Bodentemperatur in Friedrichshafen 15 °C beträgt.

16 Die Firma Schön-und-Gut hat ihre Gewinne und Verluste im letzten Jahr in einem Diagramm dargestellt.

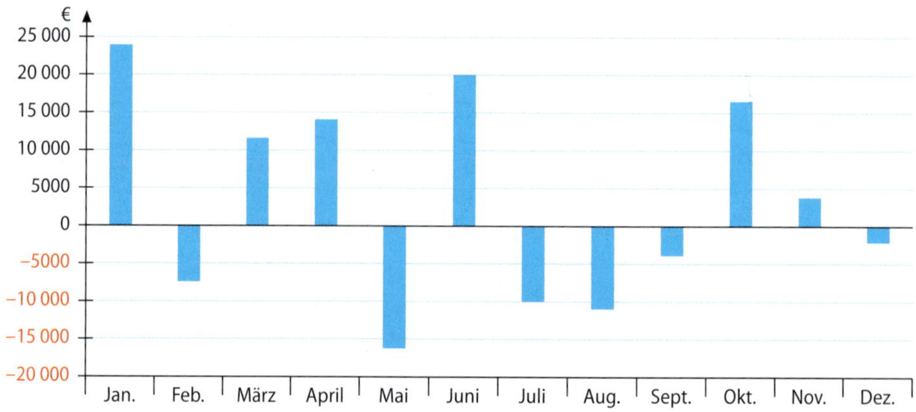

a) In welchen Monaten machte die Firma Gewinn, in welchen Monaten Verlust?
b) Stelle die einzelnen Gewinne und Verluste als positive bzw. negative Zahlen dar. Bestimme dazu die Werte durch Ablesen so genau wie möglich.
c) Welchen Gewinn bzw. welchen Verlust machte die Firma im gesamten Jahr?

17 Die Erde ist in 24 Zeitzonen eingeteilt. Wenn es in Stuttgart 15.00 Uhr ist, ist es in Chicago erst 8.00 Uhr, in Hongkong dagegen bereits 22.00 Uhr.

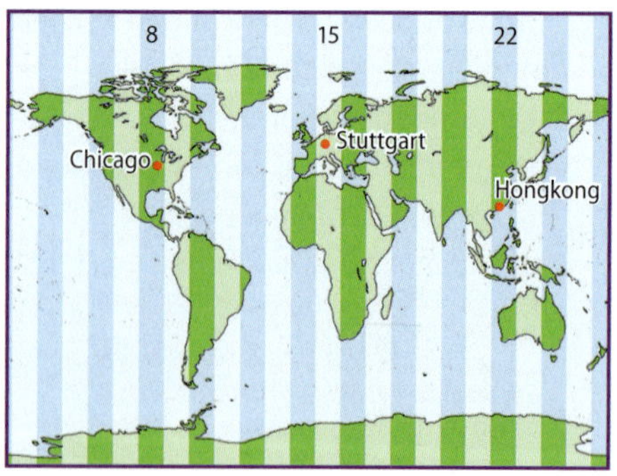

a) Lauras Vater fliegt in Stuttgart am Dienstag um 19.55 Uhr ab und landet nach einem Flug von 6 h 37 min in Chicago. Gib an, welche Zeit die Uhren in Chicago bei seiner Landung anzeigen. Zeichne die mit römischen Zahlzeichen beschriftete Flughafenuhr von Chicago.
b) Das Flugzeug von Gregors Mutter startet in Stuttgart 50 min später als das von Lauras Vater und fliegt in 11 h 15 min nach Hongkong. Gib an, welche Zeit die Flughafenuhren bei der Landung in Hongkong am Mittwoch anzeigen.
c) Ist es möglich, am 1. April 2016 abzufliegen und am 31. März 2016 anzukommen?

18 Hier stimmt doch etwas nicht. Finde die Fehler, beschreibe sie und korrigiere.

a) $71 - 9 \cdot 7$
$= 62 \cdot 7$
$= 434$ *f*

b) $-18 \cdot 12 + (-18)$
$= -18 \cdot (12 + 0)$
$= -18 \cdot 12$
$= -216$ *f*

c) $(-24) : (2 + 4)$
$= -24 : 2 + (-24) : 4$
$= -12 + (-6)$
$= -6$ *f*

19 Herr Schwarz hat eine Diät gemacht. Zu Beginn seiner Diät hatte seine Waage 88 kg 200 g angezeigt. Die Tabelle zeigt seine wöchentlichen „Erfolge“:

1. Woche	2. Woche	3. Woche	4. Woche	5. Woche	6. Woche
– 2 kg	– 1 kg 400 g	0	– 800 g	+ 600 g	– 1 kg 800 g

a) Berechne, wie viel Herr Schwarz insgesamt abgenommen hat.
b) Gib in einer Tabelle an, was die Waage jeweils am Ende von jeder Diätwoche angezeigt hat.

20 Trage die acht Punkte W (3 | 0), E (4 | 2), L (6 | 3), T (4 | 4), R (3 | 6), A (2 | 4), U (0 | 3) und M (2 | 2) in ein Koordinatensystem (Einheit 1 cm) ein und zeichne dann den Stern WELTRAUM.
a) Zeichne die Punkte W_1, E_1, L_1, T_1, R_1, A_1, U_1 und M_1 so, dass die beiden Koordinaten dieser Punkte jeweils Gegenzahlen der Koordinaten der Punkte W, E, L, … bzw. M sind, und trage dann den Stern $W_1 E_1 L_1 T_1 R_1 A_1 U_1 M_1$ in dein Koordinatensystem rot ein.
b) Zeichne die Punkte W_2, E_2, L_2, T_2, R_2, A_2, U_2 und M_2 so, dass die beiden Koordinaten dieser Punkte jeweils das (–2)-Fache der Koordinaten der Punkte W, E, L, … bzw. M sind, trage dann den Stern $W_2 E_2 L_2 T_2 R_2 A_2 U_2 M_2$ in dein Koordinatensystem blau ein.
c) Ermittle die Flächeninhalte von WELTRAUM, $W_1E_1L_1T_1R_1A_1U_1M_1$ und $W_2E_2L_2T_2R_2A_2U_2M_2$.

21 Entscheide, welche der folgenden Aussagen wahr und welche falsch sind, und begründe jeweils deine Entscheidung.
a) Der Wert jeder Summe aus zwei negativen ganzen Zahlen ist negativ.
b) Jede Summe aus einer negativen ganzen Zahl und einer natürlichen Zahl hat eine positive ganze Zahl als Wert.
c) Zwischen den Markierungen der Zahlen –5 und +3 auf einer Zahlengeraden liegen die Markierungen von vier natürlichen Zahlen.
d) Zwischen den Markierungen der Zahlen –5 und +3 auf einer Zahlengeraden liegen die Markierungen von neun ganzen Zahlen.

22 Entwirf eine Mindmap, die alle wesentlichen Begriffe und Erkenntnisse dieses Kapitels strukturiert und ihre Beziehungen untereinander darstellt.

Mindmap: Seiten 112 und 113

23 Finde jeweils zwei ganze Zahlen,
a) deren Summe den Wert – 30 hat und deren Produktwert möglichst nahe bei –1000 liegt.
b) deren Summe den Wert 5 hat und deren Produktwert möglichst nahe bei –1000 liegt.
c) deren Differenz den Wert 100 hat und deren Produktwert möglichst nahe bei –1000 liegt.
d) deren Produkt den Wert –360 hat und deren Summenwert möglichst nahe bei 30 liegt.

Arbeitsaufträge für alle Gruppen

1. Bearbeitet und löst jeweils gemeinsam die Aufgaben.
2. Bereitet anschließend eure Lösungen so auf, dass ihr sie ansprechend, anschaulich und verständlich auf einem Plakat vorstellen könnt.
3. Stellt eure Ergebnisse gemeinsam den anderen Gruppen vor.

Unsere Umwelt – unser Lebensraum

Versinken wir im Meer?

Der Anstieg des Meeresspiegels gilt als Gradmesser für die Erwärmung unseres Erdklimas. Seine Ursache liegt darin, dass die Eismassen am Nord- und am Südpol schmelzen. Außerdem braucht warmes Wasser mehr Platz als die ursprünglich gleiche Menge kaltes Wasser, weil es sich ausdehnt.

Die Erhöhung des Meeresspiegels wird per Satellit gemessen. Dabei wird sein Pegelstand im Jahr 1993 als Ausgangspunkt gewählt. Die Tabelle zeigt den Anstieg des Meerespiegels (in mm) im Vergleich zu 1993.

Jahr	1993	1995	1997	1999	2001	2003
Anstieg in mm	0	8	18	19	34	40

Jahr	2005	2007	2009	2011	2013	2015
Anstieg in mm	39	45	50	50	51	53

Arbeitsaufträge

a) Beschreibt mit eigenen Worten die Auswirkungen des Klimawandels auf den Pegel des Meeresspiegels.

b) Stellt den Anstieg des Meeresspiegels anschaulich dar.

c) Bestimmt:
- Wann war die Veränderung des Meeresspiegels zwischen zwei Messpunkten am größten, wann am kleinsten?
- Wie groß könnte aufgrund der vorangegangen Berechnungen der Anstieg des Meeresspiegels im Jahr 2025 (2050) gegenüber 1993 sein? Wovon sind solche Schätzungen abhängig?

d) Aufgrund des Meeresanstiegs sind viele Küstenregionen von Überflutung bedroht. Die Tabelle zeigt eine Vermutung, welche Staatsflächen und wie viele Menschen jeweils bei einem Anstieg der Nordsee um 1 m gefährdet sind.

Land	Gefährderte Staatsfläche	Gefährdete Bevölkerung
Niederlande	20 000 km^2	5 100 000
Deutschland	14 000 km^2	1 600 000
Dänemark	3 200 km^2	150 000
Großbritannien	2 500 km^2	370 000

Schätze aufgrund des Anstiegs des Meeresspiegels um 50 mm die jeweilige Staatsfläche und die Bevölkerung, die aktuell gefährdet sind. Runde geeignet.

e) Recherchiere im Internet weitere Folgen des Anstiegs des Meeresspiegels.

Geht uns das Wasser aus?

Das Tote Meer ist ein etwa 600 km^2 großer Salzsee zwischen Israel und Jordanien. Es liegt etwa 420 m unterhalb des normalen Meeresspiegels. In dieses Meer fließt ständig Wasser aus Jordanien ein, es gibt aber keinen Abfluss. Das einfließende Wasser verdunstet in der Sonne, und daher sinkt der Wasserspiegel des Meeres. Bei höheren Temperaturen trocknet das Meer immer schneller aus. Das Diagramm zeigt die Pegelstände im Verlauf der letzten Jahrzehnte.

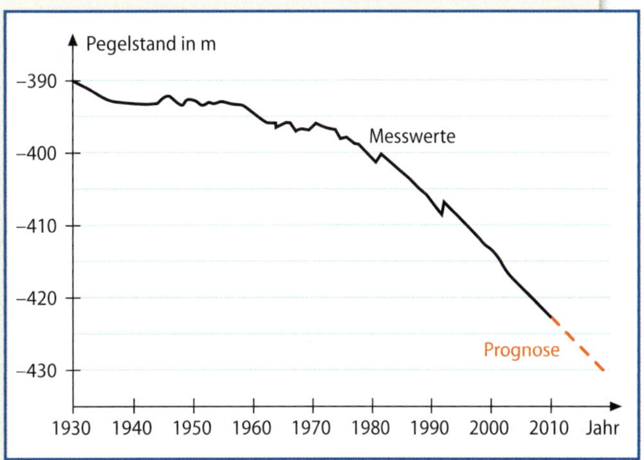

Arbeitsaufträge

a) Beschreibt mit eigenen Worten, welche Auswirkungen der Klimawandel auf den Pegel des Wasserspiegels des Toten Meeres hat.

b) Legt eine Tabelle an, indem ihr den Pegelstand alle 10 Jahre möglichst genau bestimmt.

c) Ermittelt, wann die Veränderung des Pegelstandes zwischen zwei Zeiträumen am größten, wann am kleinsten war.

d) In dem Diagramm wird eine Erwartung für die mögliche Entwicklung („Prognose") nach dem Jahr 2010 gegeben. Beschreibt die Prognose und überprüft sie, indem ihr z. B. aktuelle Daten aus dem Internet mit den Werten der Prognose vergleicht.

e) Recherchiert im Internet: Gibt es noch andere Salzseen auf der Welt? Sind bei diesen ähnliche Entwicklungen wie am Toten Meer zu erwarten?

Gibt es bald keinen Schnee mehr?

Die Gletscher in den Alpen verändern sich ständig. Als Hinweis auf den Klimawandel wird der Rückgang der Gletscherfront angesehen, also die Tatsache, dass die „Spitze" des Gletschers immer weiter zurückweicht. Das Diagramm zeigt die Veränderung der Gletscherfront an drei Alpengletschern in der Schweiz.

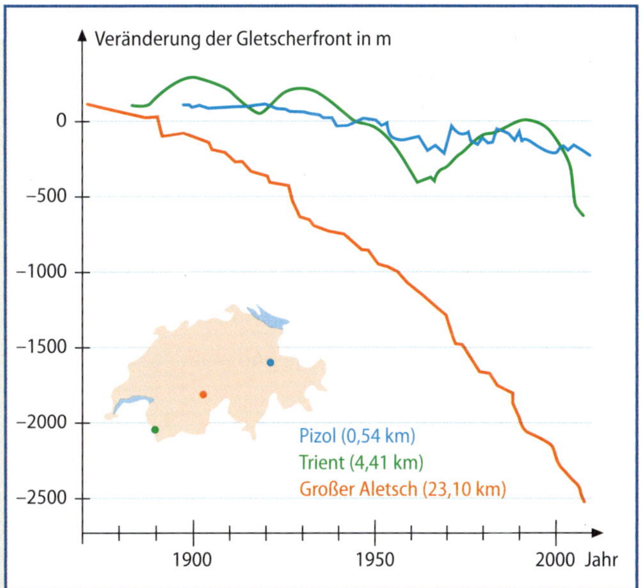

Arbeitsaufträge

a) Beschreibt mit eigenen Worten, welche Auswirkungen der Klimawandel auf die Veränderung der Gletscherfront hat.

b) Ermittelt die ungefähren Gletscherlängen im Jahr 2000 (1950, 1900).

c) Recherchiert im Internet:
- Welche Folgen hat der Rückgang der Gletscher für die Menschen? Überlegt, ob die zu erwartenden Auswirkungen positiv oder negativ zu bewerten sind.
- Bald könnte in den Alpen ein afrikanischer Elefant gefunden werden, der dort über 2000 Jahre im Eis lag und erst durch die Gletscherschmelze ans Tageslicht kommen könnte. Findet heraus, welche Geschichte hinter diesem Elefanten steckt, wie und warum er in die Alpen kam.

6 Am Ziel!

Aufgaben zur Einzelarbeit

Überprüfe deine Fähigkeiten und Kompetenzen. Bearbeite dazu die folgenden Aufgaben und bewerte anschließend deine Lösungen mit einem Smiley.

☺	😐	☹
Das kann ich **wirklich gut!**	Das kann ich **fast!**	Das muss ich **noch üben!**

1 Beschreibe die folgenden Situationen mit einer passenden Zahl. Achte auf das Vorzeichen.
- **a)** Heute liegt die Temperatur 9 °C über null.
- **b)** Die Tiefgarage liegt im dritten Untergeschoss.
- **c)** Der tiefste Punkt des pazifischen Ozeans befindet sich im Mariannengraben. Er liegt 11 034 m unter dem Meeresspiegel.
- **d)** Ich habe meinem Bruder 10 € geliehen.
- **e)** Mein Onkel wohnt in New York. Bei ihm ist es sechs Stunden früher als bei uns.
- **f)** Meine Brieffreundin lebt in Hongkong, bei ihr ist es sieben Stunden später.

2 Übertrage die Tabellen in dein Heft und vervollständige sie.

a)

13 Uhr	Temperaturänderung	22 Uhr
−6 °C	Erwärmung um 1 °C	
	Abkühlung um 3 °C	−2 °C
−5 °C		−11 °C

b)

Start	Etagenänderung mit dem Aufzug	Ziel
3. OG		2. UG
1. UG	5 Stockwerke nach oben	
	13 Stockwerke nach unten	4. UG
8. OG	6 Stockwerke nach unten	

3 Zeichne eine Zahlengerade und markiere die angegebenen Zahlen.
- **a)** −1; −3; −9; 2; −4; 0
- **b)** −2500; 1000; −4000; −500; 2000; −3000

4 Setze <, > oder = richtig ein.
- **a)** −3 ☐ −4
- **b)** −8 ☐ −2
- **c)** −3819 ☐ −3820
- **d)** 12 ☐ −4

5 Gib die ganzzahligen Vorgänger (Nachfolger) der angegebenen Zahlen an.
- **a)** −27; −3; −1099; 14; −12; 83; −1 Million; 0
- **b)** −100; 39; −6; −20 782; −1; 960 122; −826

6
- **a)** Gib die Gegenzahl und den Betrag der Zahl an.
  −18; +15,65; 2; 0; −1; −4; 6
- **b)** Ordne folgende Zahlen der Größe nach.
  0; |−3|; −1; |+4|; −7

7 Finde einen Sachverhalt, der zu der angegebenen Gleichung passt. Löse anschließend.
- **a)** $a + 3 = 18$
- **b)** $b - 5 = -11$
- **c)** $c \cdot 10 = -10$
- **d)** $d : 4 = -3$

8 Zeichne ein Koordinatensystem (1 Kästchen pro Einheit) und trage das Viereck A (−8 | 3), B (−4 | 0), C (5 | 7) und D (0 | 10) an. Spiegle das Viereck an der x-Achse und bestimme die Koordinaten des Spiegelbildes.

9 Bestimme den neuen Kontostand.
- **a)** Bei einem Guthaben von 27 € wird eine Lastschrift von 39 € abgezogen.
- **b)** Auf dem Konto sind 231 € Schulden. Die Bank zieht eine Kontoführungsgebühr von 15 € ein.

10 Markus denkt sich eine Zahl. Er addiert zunächst die Zahl −56 hinzu und subtrahiert vom Ergebnis anschließend die Zahl −44. Sein Ergebnis ist 100. Welche Zahl hat sich Markus ausgedacht?

11 Berechne. Nutze – wenn möglich – Rechenvorteile.
- **a)** $25 \cdot (-13) \cdot (-4)$
- **b)** $36 + (-12) + (-6) - 5$
- **c)** $38 \cdot (-17) + 62 \cdot (-17)$
- **d)** $(-2) \cdot (3 - 7)$
- **e)** $(-15 + 135) : (-4)$
- **f)** $231 \cdot (-50) \cdot 0 \cdot (-8)$

12 Welches Vorzeichen hat das Ergebnis? Überlege ohne Rechnung.
- **a)** $(-23) \cdot 12 \cdot (-4) \cdot (-2) \cdot (+3) \cdot (-9)$
- **b)** $(-8) \cdot (-1) \cdot (-5) \cdot 2 \cdot (-11) \cdot (-4)$

Aufgaben für Lernpartner

Arbeitsschritte

1. Bearbeite die folgenden Aufgaben zuerst allein.
2. Suche dir einen Partner oder eine Partnerin und arbeitet zusammen weiter: Erklärt euch gegenseitig eure Lösungen. Korrigiert fehlerhafte Antworten.

Sind folgende Behauptungen richtig oder falsch? Begründe.

A Jede ganze Zahl ist eine negative Zahl.

B Jede negative Zahl ist eine ganze Zahl.

C Zu jeder negativen Zahl gibt es eine positive Zahl, die genauso weit von der Null entfernt ist.

D Von zwei Zahlen ist immer diejenige größer, die weiter von der Null entfernt ist.

E $-100 > -40$, da $100 > 40$.

F Eine Zahl und ihre Gegenzahl haben stets denselben Betrag.

G Man kann die Subtraktion einer ganzen Zahl in eine Addition mit ihrer Gegenzahl umwandeln.

H Treffen bei der Subtraktion einer ganzen Zahl zwei Minuszeichen aufeinander, dann kann man einfach eines dieser Zeichen weglassen.

I Zehn ganze Zahlen werden multipliziert, von denen sieben negativ sind. Dann ist auch das gesamte Produkt negativ, wenn keine der Zahlen null ist.

J Das Kommutativgesetz besagt, dass man rechnen darf, wie man will.

K Negative Zahlen kann man nicht in Diagrammen darstellen.

L Der Betrag einer Zahl ist ihr Abstand zur Null.

M Die Division durch eine ganze Zahl kann man durch die Division durch eine natürliche Zahl ersetzen.

N Die Multiplikation einer Zahl mit -1 liefert zu jeder Zahl ihre Gegenzahl.

O Der Punkt $A(-4|-5)$ liegt im IV. Quadranten.

P Alle natürlichen Zahlen sind positive Zahlen.

Ich kann …	„Am Ziel!"-Aufgaben	Hilfe
… ganze Zahlen in Sachsituationen interpretieren.	1, 2, 7, 9, A, B, P	S. 186
… ganze Zahlen der Größe nach ordnen.	4, 5, D, E	S. 186
… ganze Zahlen in Diagrammen und auf der Zahlengeraden darstellen.	3, K	S. 186
… Gegenzahl und Betrag einer ganzen Zahl bestimmen.	6, C, F, L, N	S. 186
… Punkte in ein erweitertes Koordinatensystem eintragen und ablesen.	8, O	S. 188
… ganze Zahlen addieren, subtrahieren, multiplizieren und dividieren.	7, 9, 10, 11, 12, G, H, I, M	S. 190, 192, 196, 198
… beim Rechnen mit ganzen Zahlen die Rechengesetze und Vorfahrtsregeln anwenden.	11, J	S. 200, 201

Zahl – Variable – Operation

Mit **natürlichen Zahlen** kann man zählen. Dabei kann die natürliche Zahl die Anzahl von Gegenständen angeben. Ebenso kann man mit den natürlichen Zahlen eine Platzierung bezeichnen.

Die natürlichen Zahlen lassen sich an einem **Zahlenstrahl** darstellen. Der Zahlenstrahl beginnt bei 0 und kann unendlich weit fortgesetzt werden.
Der Zahlenstrahl kann unterschiedlich eingeteilt werden, die Einheiten zwischen benachbarten Unterteilungen sind jedoch stets gleich.

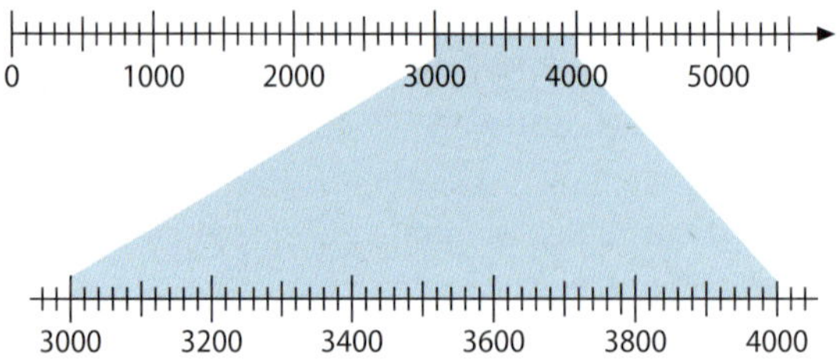

Natürliche Zahlen kann man **ordnen**. Je weiter rechts eine Zahl auf dem Zahlenstrahl liegt, desto größer ist sie.

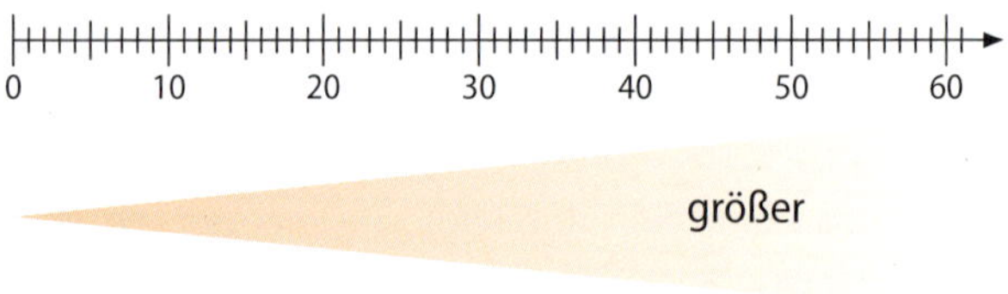

Jede natürliche Zahl hat einen **Nachfolger**, der um 1 größer ist als die Zahl.
Jede natürliche Zahl außer der Null hat einen **Vorgänger**, der um 1 kleiner ist als die Zahl. Die Null hat keinen Vorgänger.

Vorgänger	Zahl	Nachfolger
89	90	91
12673	12674	12675

Die natürlichen Zahlen werden mit den Ziffern 0, 1, 2, 3, 4, 5, 6, 7, 8, 9 angegeben. Die Ziffern werden entsprechend der **Stellenwerttafel** eingeordnet und ergeben die Zahl.

Stellenwerttafel

…	Tausender T	Hunderter H	Zehner Z	Einer E
	3	7	0	9

dreitausendsiebenhundertneun

Beim **Addieren** zweier Zahlen werden die Zahlen stellenweise von rechts nach links zusammengezählt.
Schreibe einen Übertrag in die benachbarte linke Spalte, wenn nötig.

	2	4	3	2	9
+		7	1	4	3
	1			1	
	3	1	4	7	2

E: 9 + 3 = 12 Übertrag: 1 Schreibe: 2
Z: 2 + 4 + 1 = 7 Schreibe: 7
…

Das **Subtrahieren** ist die Umkehrung des Addierens. Hierbei wird ebenfalls die zweite Zahl stellenweise von der ersten Zahl von rechts nach links subtrahiert.
Ist die Ziffer des Minuenden zu klein, so ergänze eine Stelle und schreibe diese als Übertrag in die benachbarte linke Spalte.

3 7 1 6 5	E: 3 + 2 = 5		Schreibe: 2
− 2 0 3 9 3	Z: 9 + 7 = 16	Übertrag: 1	Schreibe: 6
1 1 1	…		
1 6 7 7 2			

Wird immer wieder dieselbe Zahl addiert, kann man dies als **Multiplikation** schreiben.
Beispiel: 12 + 12 + 12 + 12 + 12 = 5 · 12
Beim halbschriftlichen Multiplizieren kann man entsprechend der Stellenwerte multiplizieren. Die Teilergebnisse werden am Ende addiert.
Beim schriftlichen Multiplizieren multipliziert man die Ziffern des 2. Faktors von links an mit den Ziffern des 1. Faktors.

halbschriftliches Multiplizieren

5628 · 9 = 50652

5000 · 9 = 45000
600 · 9 = 5400
20 · 9 = 180
8 · 9 = 72
50652

Die **Division** ist die Umkehrung der Multiplikation.

Beim halbschriftlichen Dividieren löst man die Aufgabe schrittweise durch Teildivisionen. Die einzelnen Ergebnisse werden am Ende addiert. Reste werden unverändert angehängt.
Beim schriftlichen Dividieren bildet man rechts beginnend einen möglichst großen Teildividenden und rechnet dann stellenweise weiter.

halbschriftliches Dividieren

990 : 8 = 123 R6
800 : 8 = 100
190
160 : 8 = 20
30
30 : 8 = 3
6 | 123

Beim Rechnen mit Zahlen können **Platzhalter** für unbekannte Zahlen verwendet werden.

a) 17 + □ = 74
□ = 57

b) △ · 15 = 210
△ = 14

Zahlen können **gerundet** werden. Beim Runden auf Tausender beispielsweise wird die Zahl abgerundet, wenn die Hunderterstelle eine 0, 1, 2, 3 oder 4 ist; es wird aufgerundet, wenn die Hunderterstelle 5, 6, 7, 8 oder 9 ist.

Im Regierungsbezirk Tübingen gibt es 24746 Schülerinnen und Schüler in der 5. Klasse, also ungefähr 25000 Fünftklässler.

Die **Null** ist bei den natürlichen Zahlen eine besondere Zahl. Bei der Addition oder Subtraktion mit der Null ändert sich eine natürliche Zahl nicht.
Multipliziert man eine Zahl mit null, dann ist das Ergebnis null.
Durch null kann man nicht dividieren.

a) 134 + 0 = 134 0 + 134 = 134
b) 238 − 0 = 238 0 − 238 kann man in den natürlichen Zahlen nicht berechnen.
c) 14 · 0 = 0 0 · 14 = 0
d) 0 : 23 = 0 23 : 0 kann man nicht berechnen.

Messen

Längen, Massen, Zeitspannen usw. sind **Größen**, die stets aus Maßzahl und Maßeinheit bestehen.

Maßzahl → 3 m ← Maßeinheit

An der Uhr kann man ablesen, wie spät es ist, also einen Zeitpunkt. Die Zeitdauer ist der Zeitraum zwischen zwei Zeitpunkten.

Es gilt: 1 Tag (d) = 24 Stunden (h)
1 h = 60 Minuten (min)
1 min = 60 Sekunden (s)

5.00 Uhr oder 17.00 Uhr

Der Wert von Gegenständen wird oftmals in **Geldbeträgen** angegeben. Bei uns werden die Geldbeträge Euro (€) und Cent (ct) verwendet.

Es gilt: 1 € = 100 ct.

Die **Masse** eines Körpers wird meistens in Gramm (g), Kilogramm (kg) oder Tonnen (t) angegeben.

Es gilt: 1 t = 1000 kg
1 kg = 1000 g

1 t

1 kg

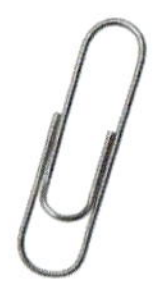

1 g

Die **Länge** von Körpern wird meistens in Millimeter (mm), Zentimeter (cm), Dezimeter (dm), Meter (m) oder Kilometer (km) angegeben.

Es gilt: 1 km = 1000 m
1 m = 10 dm
1 dm = 10 cm
1 cm = 10 mm

1 km

1 m

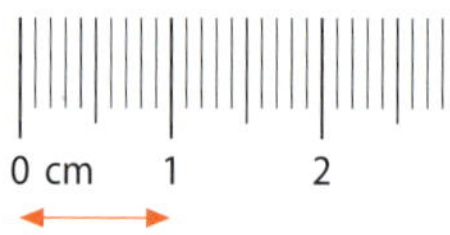

1 cm

Der **Flächeninhalt** einer Figur wird meistens in Quadratmillimeter (mm^2), Quadratzentimeter (cm^2), Quadratdezimeter (dm^2) oder Quadratmeter (m^2) angegeben.

Es gilt: $1 m^2 = 100 dm^2$
$1 dm^2 = 100 cm^2$
$1 cm^2 = 100 mm^2$

$1 m^2$

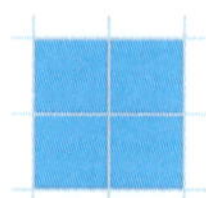

$1 cm^2$

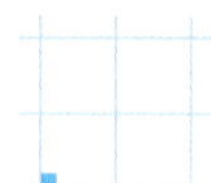

$1 mm^2$

Der **Rauminhalt** (das Volumen) eines Körpers wird meistens in Kubikmillimeter (mm^3), Kubikzentimeter (cm^3), Kubikdezimeter (dm^3) oder Kubikmeter (m^3) angegeben. Bei Hohlkörpern wird oftmals das Hohlmaß Liter (ℓ) verwendet.

Es gilt:

$1\ m^3 = 1000\ dm^3$

$1\ dm^3 = 1000\ cm^3$ $\quad$ $1\ dm^3 = 1\ \ell$

$1\ cm^3 = 1000\ mm^2$ $\quad$ $1\ cm^3 = 1\ m\ell$

$1\ m^3$

$1\ \ell = 1\ dm^3$

$1\ m\ell = 1\ cm^3$

Raum und Form

Das **Geodreieck** ist ein Hilfsmittel zum Zeichnen von geraden Linien und rechten Winkeln. Es ist ein halbes Quadrat, das noch viele nützliche Hilfslinien hat.

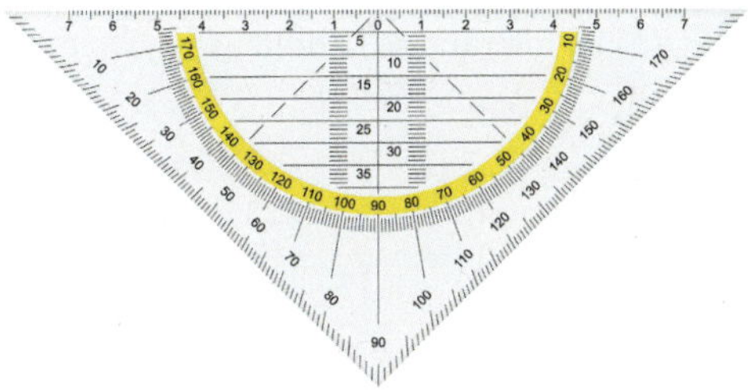

Der **Zirkel** ist ein Hilfsmittel, um einen Kreis bzw. Teile eines Kreises zu zeichnen. Die Spitze steckt man dazu in den Mittelpunkt des Kreises, die Bleistiftspitze markiert die Kreislinie.

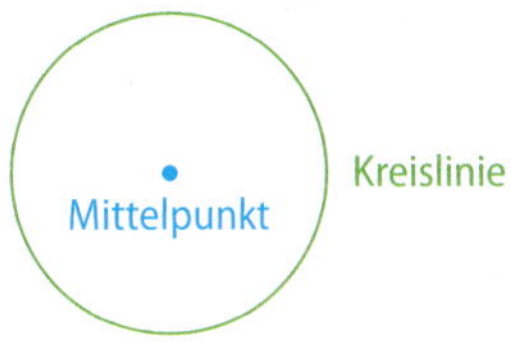

Figuren:

- Das **Dreieck** wird durch drei Eckpunkte festgelegt. Es gibt Sonderformen wie das gleichseitige Dreieck oder das rechtwinklige Dreieck.

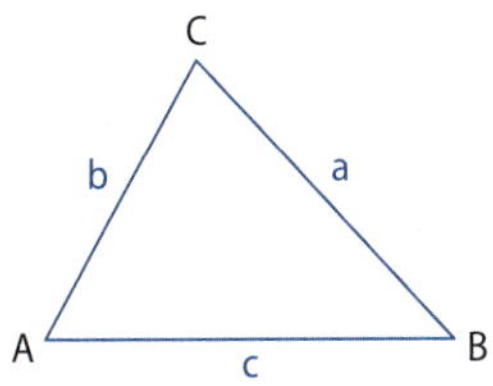

beliebiges Dreieck

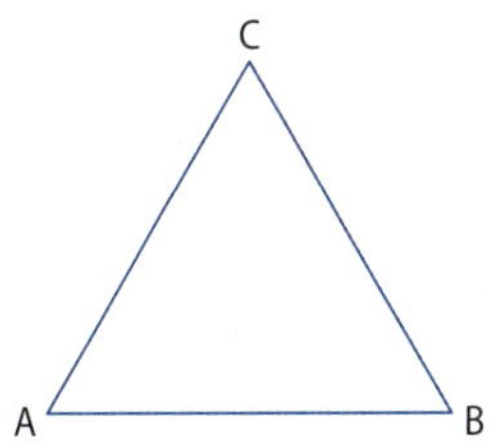

gleichseitiges Dreieck

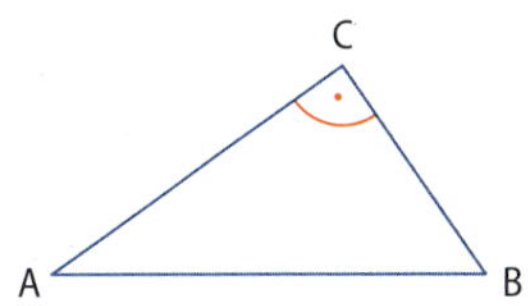

rechtwinkliges Dreieck

- Das **Viereck** wird durch vier Eckpunkte festgelegt. Es gibt Sonderformen wie das Rechteck oder das Quadrat.

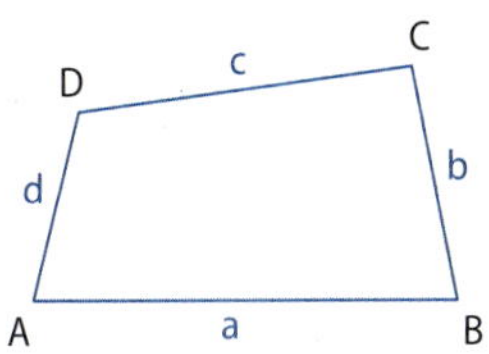

beliebiges Viereck

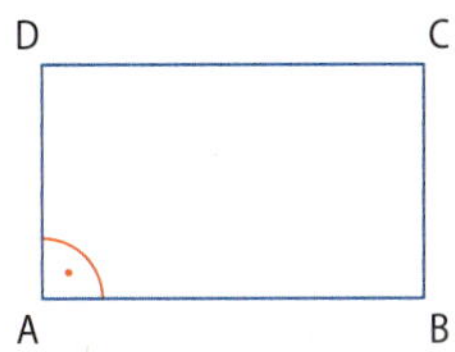

Rechteck

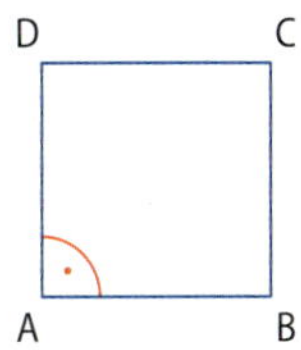

Quadrat

- Bei einem **regelmäßigen Vieleck** sind alle Seitenlängen gleich lang.
  Beispiele: gleichseitiges Dreieck, Quadrat, regelmäßiges Fünfeck, regelmäßiges Sechseck.

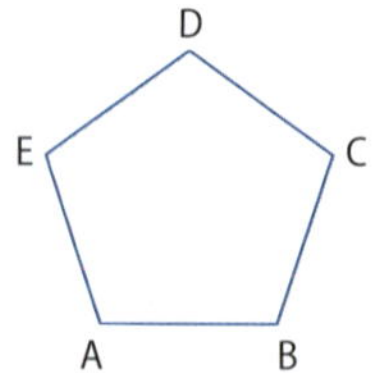

regelmäßiges Fünfeck

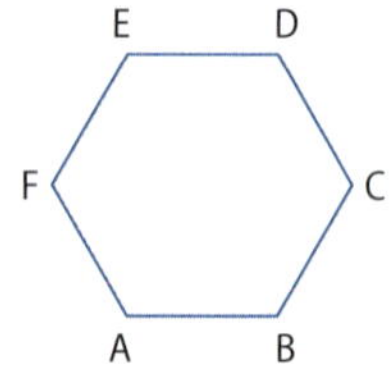

regelmäßiges Sechseck

Körper:

Ein Körper besteht aus Kanten, Ecken und Flächen.

Es gibt Körper, die nur geradlinige Kanten haben, wie Quader, Würfel und Pyramide.

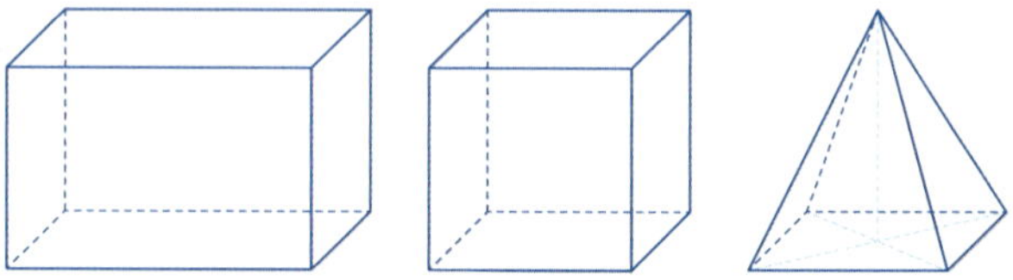
Quader Würfel Pyramide

Ebenso gibt es Körper mit runden Kanten wie Zylinder, Kegel oder Kugel.

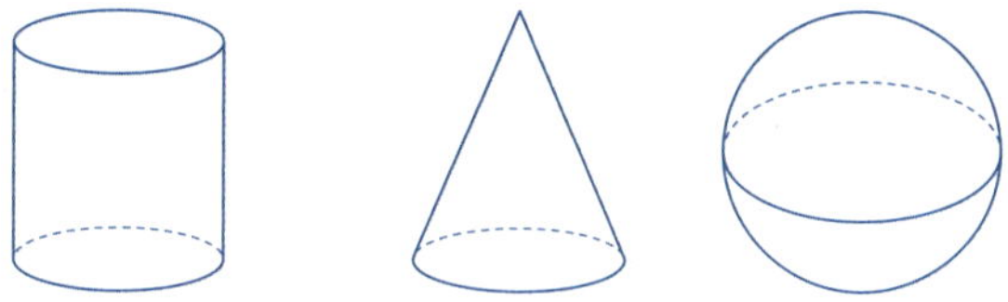
Zylinder Kegel Kugel

Eine Figur kann **spiegelsymmetrisch, drehsymmetrisch** oder **verschiebungssymmetrisch** sein. Damit ist gemeint, dass durch eine Spiegelung an einer Spiegelachse, eine Drehung um einen Drehpunkt oder die Verschiebung in eine bestimmte Richtung die Figur wieder mit sich selbst zur Deckung kommt. Die Symmetrien kann man nutzen, um Muster und Ornamente zu erstellen.

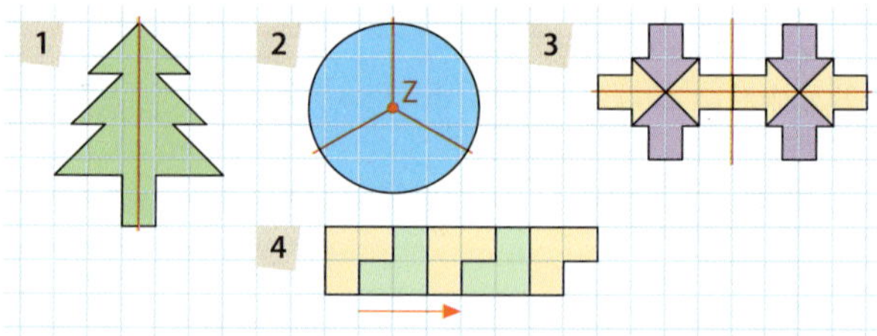

Funktionaler Zusammenhang

Aufgaben, in denen man mathematische Fragen aus dem Alltag beantwortet, nennt man Sachaufgaben.

- Worum geht es? Was ist wichtig?
- Welcher Lösungsweg passt? Skizzen, Tabellen, Teilrechnungen usw. können Hilfen sein.
- Hilft ein Überschlag? Was rechne ich aus?
- Kontrolliere das Ergebnis.
  Passt die Antwort zur Frage?

Ein Aquarium kostet jeden Monat Geld. An Stromkosten fallen am Tag etwa 0,25 € an, für Futter und Putzmittel etwa nochmals 0,50 €.
Wie hoch sind die Kosten jeden Monat?

Lösung:
Ein Monat hat etwa 30 Tage.
Kosten pro Tag: 25 ct + 50 ct = 75 ct
Kosten pro Monat: 75 ct · 30 = 2250 ct = 22,50 €
Antwort: Die Kosten betragen im Monat 22,50 €.

Auch in **Zahlenreihen** können Muster stecken, die man aufgrund einer Gesetzmäßigkeit fortsetzen kann.

1, 4, 3, 12, 11, 44, 43, 172, …
$\cdot 4$ -1 $\cdot 4$ -1 $\cdot 4$ -1 $\cdot 4$

Viele Aufgaben kann man mit Tabellen lösen. Dabei nutzt man eine **Regelmäßigkeit** aus, die der Situation zugrunde liegt.

Amelie fährt mit dem Roller zur Schule. Sie schafft in einer Minute etwa 350 m. Wie lange benötigt sie für die 2,1 km lange Strecke?

Zeit	1 min	2 min	3 min	…
Strecke	350 m	700 m		

Daten und Zufall

Sachsituationen kann man in **Diagrammen** und Schaubildern darstellen. Du kennst bereits das Bilddiagramm, das Säulendiagramm und das Balkendiagramm.

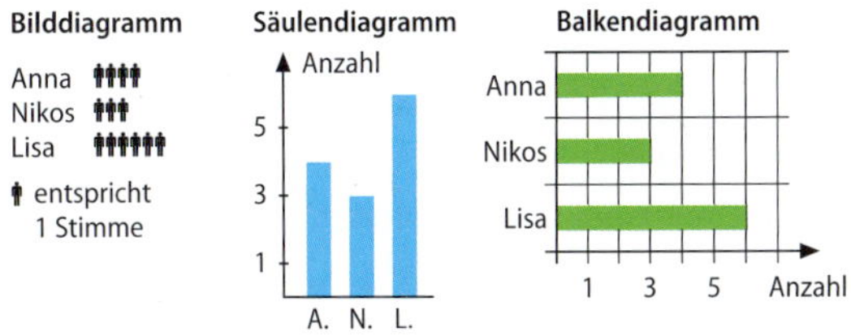

Ist ein Würfel gezinkt? Sind in diesem Jahr mehr Babys geboren worden als im Vorjahr?
Um Informationen zu erhalten und zu beurteilen, erheben wir **Daten**.
Bei Daten können verschiedene Werte interessant sein, zum Beispiel ein größter Wert oder ein kleinster Wert oder auch ein durchschnittlicher Wert.

Einsätze der Feuerwehr Pfullendorf im letzten Jahr

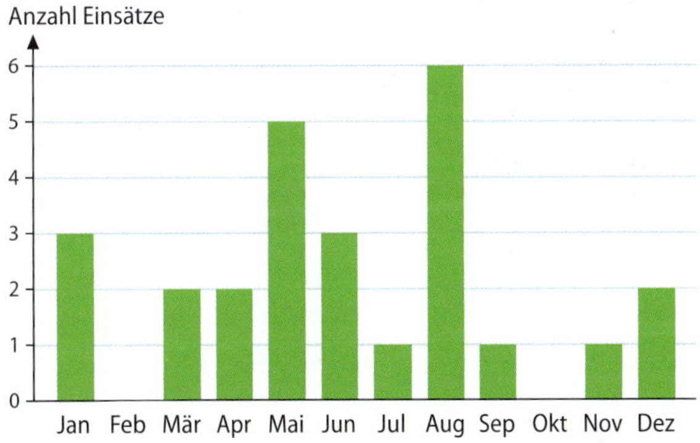

Man erkennt: Die meisten Einsätze (6) gab es im August, die wenigsten (0) im Februar.

Oftmals kann man bei einer Sachsituation die Anzahl nicht genau bestimmen, weil es beispielsweise sehr aufwändig ist oder nicht alle Daten vorliegen. Dann versucht man aufgrund des Wissens einer kleineren Gruppe die tatsächliche Anzahl so gut wie möglich zu **schätzen**.

Schätze die Anzahl der Autos bzw. Fische auf den Fotos. Beschreibe dein Vorgehen.

1

2

L

Lösungen

Startklar! – Seite 6

1 a) 5; 9; 27; 38; 141; 434; 1001
b) Die Zahlen von 100 bis 999 sind dreistellig, also 900 Zahlen.
c) Es gibt 450 ungerade dreistellige Zahlen, also die Hälfte von 900, weil sich gerade und ungerade Zahlen immer abwechseln.
d) Die größte fünfstellige Zahl ist 99 999, die kleinste 10 000.

2 a) Berlin ist die Hauptstadt der Bundesrepublik Deutschland, Frankfurt liegt in Hessen, Leipzig in Sachsen, Erfurt in Thüringen, Bielefeld in Nordrhein-Westfalen und Stuttgart in Baden-Württemberg.
b) nach Einwohnerzahlen geordnet (von groß nach klein): Berlin, Frankfurt, Stuttgart, Leipzig, Bielefeld, Erfurt; nach Flächengröße geordnet (von groß nach klein): Berlin, Leipzig, Erfurt, Bielefeld, Frankfurt, Stuttgart.

3 a) A: 4; B: 12; C: 28; D: 40; E: 54; F: 67; G: 96; H: 105
b) Genau in der Mitte zwischen C und D liegt 34.

4 a)

Note	1	2	3	4	5	6
Anzahl	3	6	8	4	2	0

b) Am häufigsten wurde die Note 3 geschrieben.
c) Insgesamt haben 23 Kinder die Klassenarbeit mitgeschrieben.
d) Eine Note, die entweder 3 oder besser war, schrieben 17 Kinder.

5 a) Insgesamt gab es 26 Nennungen.
b) Die Gesamtzahl der Striche muss nicht der Klassengröße entsprechen, denn es könnte erlaubt gewesen sein, mehrere Lieblingssportarten anzugeben. Es könnte auch sein, dass nicht alle Schüler ihre Stimme abgegeben haben, dass es also weniger Striche als Kinder in der Klasse sind.
c) Die beliebteste Sportart ist Fußball. Dann kommt Skifahren, dann Reiten, dann Schwimmen, dann Tischtennis, zum Schluss Volleyball.

Man könnte die Reihenfolge der Beliebtheit veranschaulichen, indem man wie bei den Olympischen Spielen ein Siegertreppchen malt. Auf den ersten Platz käme dann ein Fußball, auf den zweiten Platz ein Paar Ski usw.

Am Ziel! – Seiten 34 und 35

Aufgaben zur Einzelarbeit

1 Orangen (12): 𝍸 𝍸 II; rote Äpfel (8): 𝍸 III; grüne Zitronen (15): 𝍸 𝍸 𝍸; Kirschen (16): 𝍸 𝍸 𝍸 I; Erdbeeren (12): 𝍸 𝍸 II

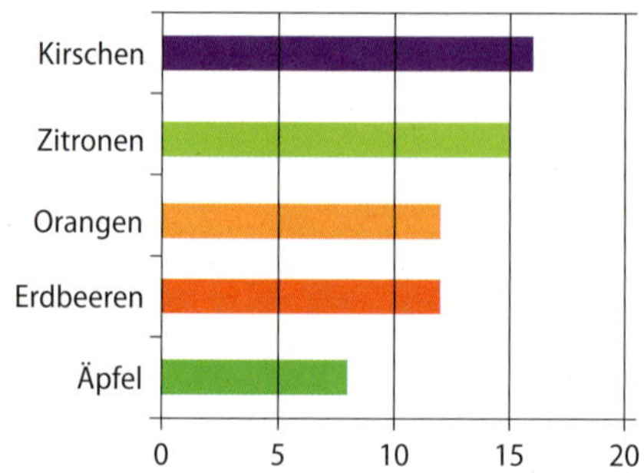

2 In einem Text, der aus 100 Buchstaben besteht, kommt „e" als häufigster Vokal zwischen 17- und 18-mal vor, „i" als zweithäufigster Vokal zwischen 7- und 8-mal. Anmerkung: Du kannst bei der Auswertung der von dir gewählten Buchseite zu einem anderen Ergebnis kommen, weil „e" und „i" nicht unbedingt auf jeder beliebigen Buchseite die häufigsten Vokale in dieser Reihenfolge sein müssen.

3 a)

Monat	Anzahl der Sonnentage	Monat	Anzahl der Sonnentage
Januar	12	Juli	26
Februar	10	August	28
März	15	September	29
April	8	Oktober	28
Mai	16	November	10
Juni	20	Dezember	12

b) Die meisten Tage hat die Sonne im September geschienen, am wenigsten im April.
c) In dem Jahr gab es insgesamt 214 Sonnentage.

4 a) 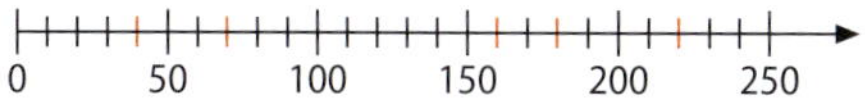

b) 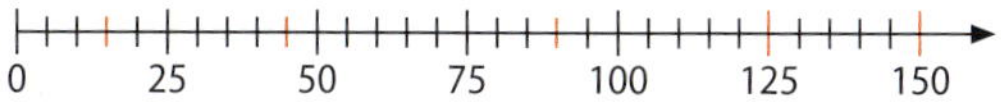

5 a) $35 > 27$ b) $1100 > 1010$ c) $1000 > 999$
$18 < 81$ $123 < 132$ $173 = 173$
$4 < 40$ $987 > 789$ $10\,010 < 10\,011$

6 a) Die größte Zahl ist 55 441, die kleinste Zahl 14 455.
b) Man kann insgesamt 12 Zahlen aus den Ziffern legen:
$1455 < 1545 < 1554 < 4155 < 4515 < 4551 < 5145 < 5154 < 5415 < 5451 < 5514 < 5541$

7 

Das Bild wird in gleich große Felder zerlegt (siehe Abbildung). In einem Feld sind etwa 6 Bienen. In den insgesamt 28 Feldern sind also etwa $28 \cdot 6 = 168$ Bienen zu sehen.

8 Die kleinste dreistellige Zahl im Dezimalsystem ist 100, die größte 999.
Im römischen Zahlensystem wird 100 durch C ausgedrückt, 999 durch CMXCIX (manchmal findet man aber auch IM).
Im Zweiersystem schreibt man 100 als 1100100_2, weil $100_{10} = 1 \cdot 64 + 1 \cdot 32 + 1 \cdot 4 = 1100100_2$.
999 ist im Zweiersystem die Zahl 1111100101_2, weil $999_{10} = 1 \cdot 512 + 1 \cdot 256 + 1 \cdot 128 + 1 \cdot 64 + 1 \cdot 32 + 1 \cdot 4 + 1 \cdot 1 = 1111100101_2$.

9 a)

	Auf Tausender gerundet:	Auf Zehner gerundet:
135 726	≈ 136 000	≈ 135 730
7814	≈ 8000	≈ 7810
379 511	≈ 380 000	≈ 379 510
835	≈ 1000	≈ 840
19	≈ 0	≈ 20

b)

	Auf Millionen gerundet:	Auf Zehntausender gerundet:
12 657 912	≈ 13 000 000	≈ 12 660 000
4 390 000	≈ 4 000 000	≈ 4 390 000
176 981 517 123	≈ 176 982 000 000	≈ 176 981 520 000

10 a) 12 450 ≈ 12 000 (auf Tausender)
b) 374 900 ≈ 370 000 (auf Zehntausender)
c) 9098 ≈ 9100 (auf Zehner)
d) 1499 ≈ 1500 (auf Hunderter)

Aufgaben für Lernpartner

A Falsch. In einem Bilddiagramm muss eine Figur nicht immer für genau einen Gegenstand stehen, es können auch mehrere (zum Beispiel 10 oder 100) Gegenstände zu einer Figur zusammengefasst werden.

B Richtig. Ein Balkendiagramm kann man als „auf die Seite gelegtes" Säulendiagramm ansehen, weil sowohl Säulenhöhe als auch Balkenlänge nach demselben Prinzip gebildet werden.

C Falsch. Eine Strichliste ist zur Veranschaulichung von Sachverhalten weniger gut geeignet, da sie die Datenmengen nicht übersichtlich wiedergibt.

D Falsch. Beim Größenvergleich zweier Zahlen werden die Stellenwerte von links nach rechts verglichen. Es ist dann diejenige Zahl größer, die an der ersten Stelle, an der sich die beiden Zahlen unterscheiden, die größere Ziffer hat.

E Richtig.

F Richtig. Im Dezimalsystem werden nicht besetzte Stellen mit Nullen aufgefüllt, wobei man die nicht besetzten Stellen links der letzten Ziffer, die ungleich null ist, weglässt.

G Falsch. Im Dezimalsystem hat jede Ziffer nicht immer den gleichen Wert, weil der Wert einer Ziffer von der Stelle abhängt, an der sie steht.

H Richtig.

I Richtig.

J Falsch. Beim Runden wird stets der benachbarte rechte Stellenwert betrachtet.

K Richtig.

L Richtig.

M Falsch. Beim Schätzen mit einem Zählgitter zählt man nicht das Kästchen aus, in dem die wenigsten Gegenstände sind, sondern eines, von dem man denkt, dass es repräsentativ ist. Das heißt, das Kästchen sollte durchschnittlich ungefähr so viele Elemente haben wie alle anderen Kästchen.

N Falsch. Auch Schätzen will gelernt sein: Man kann mit einem Zählgitter abschätzen, man kann seine Erfahrung zur Grundlage des Schätzens machen, man kann Daten recherchieren, die einen bei der Abschätzung helfen.

Startklar! – Seite 36

1

a) 94	b) 124	c) 131	d) 193
e) 32	f) 50	g) 54	h) 59
i) 39	j) 42	k) 0	l) 119
m) 9	n) 1	o) 6	p) nicht lösbar

2 a) 1; 4; 7; 10; 13; 16; 19; 22; 25; 28; …
Addition von 3

b) 10; 5; 11; 6; 12; 7; 13; 8; 14; 9; 15; …

1) Die 1., 3., 5., … Zahl sind aufsteigend die Zahlen von 10, 11, 12; …;
die 2., 4., 6., … Zahl sind aufsteigend die Zahlen von 6, 7, 8, 9, …

2) Immer abwechselnd 5 subtrahieren und dann 6 addieren.

c) 7; 14; 28; 56; 102; 204; 408; 816; 1632; 3264; …
Multiplikation mit 2, d. h. immer verdoppeln

d) 2; 5; 10; 17; 26; 37; 50; 65; 82; 101; …
Addition aufsteigend der ungeraden Zahlen ab 3, also erst + 3, dann + 5; + 7; + 9; …

e) 2; 4; 3; 6; 5; 10; 9; 18; 17; 34; 33; 66; …
Abwechselnd verdoppeln und 1 subtrahieren.

f) 1; 10; 2; 20; 4; 40; 8; 80; 16; 160; 32; 320; …
Die 1., 3., 5., … Zahl ist die 2er-Reihe, die jeweils nachfolgende Zahl wird mir 10 multipliziert.

3

a) $\begin{array}{r} 132 \\ +\ 267 \\ \hline 399 \end{array}$ b) $\begin{array}{r} 218 \\ +\ 466 \\ {\scriptstyle 1} \\ \hline 684 \end{array}$ c) $\begin{array}{r} 329 \\ +\ 45 \\ +\ 26 \\ {\scriptstyle 12} \\ \hline 400 \end{array}$ d) $\begin{array}{r} 423 \\ +\ 19 \\ +\ 177 \\ {\scriptstyle 11} \\ \hline 619 \end{array}$

Probe: $\begin{array}{r} 399 \\ -\ 267 \\ \hline 132 \end{array}$ Probe: $\begin{array}{r} 684 \\ -\ 466 \\ {\scriptstyle 1} \\ \hline 218 \end{array}$ Probe: $\begin{array}{r} 400 \\ -\ 26 \\ -\ 45 \\ {\scriptstyle 12} \\ \hline 329 \end{array}$ Probe: $\begin{array}{r} 619 \\ -\ 177 \\ -\ 19 \\ {\scriptstyle 11} \\ \hline 423 \end{array}$

e) $\begin{array}{r} 555 \\ -\ 222 \\ \hline 333 \end{array}$ f) $\begin{array}{r} 555 \\ -\ 226 \\ {\scriptstyle 1} \\ \hline 329 \end{array}$ g) $\begin{array}{r} 555 \\ -\ 299 \\ {\scriptstyle 12} \\ \hline 256 \end{array}$ h) $\begin{array}{r} 555 \\ -\ 117 \\ -\ 243 \\ {\scriptstyle 11} \\ \hline 195 \end{array}$

Probe: $\begin{array}{r} 333 \\ +\ 222 \\ \hline 555 \end{array}$ Probe: $\begin{array}{r} 329 \\ +\ 226 \\ {\scriptstyle 1} \\ \hline 555 \end{array}$ Probe: $\begin{array}{r} 256 \\ +\ 299 \\ {\scriptstyle 12} \\ \hline 555 \end{array}$ Probe: $\begin{array}{r} 195 \\ +\ 243 \\ +\ 117 \\ {\scriptstyle 11} \\ \hline 555 \end{array}$

4 a)

+	87	152	417
203	290	355	620
169	256	321	586
524	611	676	941

b)

+	112	356	297
443	555	799	740
240	352	596	537
825	937	1181	1122

c)

·	7	0	10
13	91	0	130
21	147	0	210
28	196	0	280

5 a) Angebot 1:
3 · 180 ct = 540 ct
540 ct + 90 ct = 630 ct

Angebot 2:
2 · 260 ct = 520 ct
2 · 80 ct = 160 ct
520 ct + 160 ct = 680 ct

Antwort: Das Angebot 1 ist 50 ct günstiger.

b) Bei Angebot 1 kostet in dem 3er-Pack 1 Heft 60 ct.
In Angebot 2 kostet in dem 4er-Pack 1 Heft 65 ct.
Das Einzelheft ist bei Angebot 2 günstiger.
Wenn Lena Geld sparen möchte, dann nimmt sie so viele 3er-Packs wie möglich aus Angebot 1 und füllt die fehlenden Hefte aus Angebot 2 hinzu.
Sie kann dabei 10 ct gegenüber a) sparen.

Am Ziel! – Seiten 70 und 71

1 **a)** 88 **b)** 144 **c)** 126 **d)** 134 **e)** 73
f) 32 **g)** 51 **h)** 35 **i)** 0

2 **a)** 1270 **b)** 11 608 **c)** 14 150
f) 20 883 **g)** 28 902 **h)** 263 608

3 **a)** $452 + 838 + 14 = 1304$ **b)** $2311 + 384 + 4315 = 7010$ **c)** $9039 + 9983 + 3899 = 22\,921$

4 **a)** 101 **b)** 7810 **c)** 1346 **d)** 87
e) 1273 **f)** 3087 **g)** 52 879

5 **a)** 506 **b)** 47 552 **c)** 391 034
d) 223 672 **e)** 709 956 **f)** 115 128
g) 1 183 888 **h)** 1 271 790 **i)** 409 356

6 **a)** 12^4 **b)** 3^8 **c)** $4^3 \cdot 2^3$

7 **a)** 8; 243; 16 **b)** 1728; 289; 361 **c)** 1024; 14; 1

8 **a)** 735 **b)** 216 **c)** 216 **d)** 1345 R 5
e) 3654 **f)** 8547 **g)** 64 Rest 35 **h)** 268

9 Verschiedene Ansichten desselben Rechtecks werden nicht mitgezählt. Bei der Aufzählung wird jeweils die Anzahl der Kästchen in der Länge und Breite eines Rechtecks angegeben.
a) 2 Möglichkeiten: $1 \cdot 4$; $2 \cdot 2$
b) 3 Möglichkeiten: $1 \cdot 12$; $2 \cdot 6$; $3 \cdot 4$
c) 1 Möglichkeit: $1 \cdot 13$
d) 2 Möglichkeiten: $1 \cdot 15$; $3 \cdot 5$
e) 3 Möglichkeiten: $1 \cdot 16$; $2 \cdot 8$; $4 \cdot 4$
f) 3 Möglichkeiten: $1 \cdot 18$; $2 \cdot 9$; $3 \cdot 6$
g) 3 Möglichkeiten: $1 \cdot 20$; $2 \cdot 10$; $4 \cdot 5$
h) 2 Möglichkeiten: $1 \cdot 21$; $3 \cdot 7$
i) 3 Möglichkeiten: $1 \cdot 28$; $2 \cdot 14$; $4 \cdot 7$
j) 4 Möglichkeiten: $1 \cdot 42$; $2 \cdot 21$; $3 \cdot 14$; $6 \cdot 7$

10 **a)** 23 450; 23 455
83 500; 83 505; 83 510; …; 83 590; 83 595
b) 23 450 14 400; 14 410; 14 420; …; 14 490
c) 70 452 883 053
d) 70 452; 70 455; 70 458
883 050; 883 053; 883 056; 883 059

11 **a)** $17 + 48 + 23$ (KG)
$= 17 + 23 + 48$ (AG)
$= (17 + 23) + 48$ (Klammer zuerst)
$= 40 + 48 = 88$
b) $46 + (177 + 54) + 23$ (KG)
$= 46 + (54 + 177) + 23$ (AG)
$= (46 + 54) + (177 + 23)$ (Klammer zuerst)
$= 100 + 200 = 300$
c) $(25 \cdot 7) \cdot 4$ (KG)
$= (7 \cdot 25) \cdot 4$ (AG)
$= 7 \cdot (25 \cdot 4)$ (Klammer zuerst)
$= 7 \cdot 100 = 700$
d) $4 \cdot 9 \cdot 17 \cdot 125$ (KG)
$= 4 \cdot 125 \cdot 9 \cdot 17 = 500 \cdot 9 \cdot 17 = 76\,500$
e) $12 + 88 \cdot 113 - 13$ (Punkt vor Strich)
$= 12 + 9944 - 13 = 9943$
f) $17 \cdot (2 \cdot 10 - 10) : 5$ (Punkt vor Strich, Klammer zuerst)
$= 17 \cdot 10 : 5$ (AG)
$= 17 \cdot (10 : 5)$ (Klammern zuerst)
$= 17 \cdot 2 = 34$
g) $(5 \cdot (123 - 48) + 2) \cdot 3$ (Klammer zuerst)
$= (5 \cdot 75 + 2) \cdot 3$ (Punkt vor Strich)
$= (375 + 2) \cdot 3$ (Klammer zuerst)
$= 377 \cdot 3 = 1131$
h) $125 \cdot (5^2 - 4^2)^2$ (Potenz vor Punkt)
$= 125 \cdot (25 - 16)^2$ (Klammer zuerst)
$= 125 \cdot 9^2$ (Potenz vor Punkt)
$= 125 \cdot 81 = 10\,125$

12 $12\,€ \cdot 28 \cdot 3 = 1008\,€$

13 **a)** $15 \cdot 23 + 15 \cdot 17 = 15 \cdot (23 + 17) = 15 \cdot 40 = 600$
b) $(9 + 8) \cdot 6 = 9 \cdot 6 + 8 \cdot 6 = 54 + 48 = 102$
c) $8 \cdot (8 + 40) = 8 \cdot 8 + 8 \cdot 40 = 64 + 320 = 384$

d) $45 \cdot 3 - 15 \cdot 3 = (45 - 15) \cdot 3 = 30 \cdot 3 = 90$
e) $17 \cdot 120 + 83 \cdot 120 = (17 + 83) \cdot 120 = 100 \cdot 120$
$= 12\,000$
f) $6 \cdot 9 + 6 \cdot 10 + 6 \cdot 11 = 6 \cdot (9 + 10 + 11) = 6 \cdot 30$
$= 180$

14 75 ct · 45 + 60 ct · 26 = 4935 ct = 49 € 35 ct

15 a) Punkt vor Strich nicht beachtet.
richtig: $3468 - 7 = 3461$
b) Punkt vor Strich nicht beachtet.
richtig: $15 + 32 = 47$
c) DG nicht beachtet bzw. Klammer nicht berücksichtigt.
richtig: $39 \cdot 16 + 42 \cdot 16 = 624 + 672 = 1296$

Aufgaben für Lernpartner

A Richtig. Letztlich ist die Multiplikation nichts anderes als eine verkürzte Schreibweise der Addition für den Fall, dass lauter gleiche Summanden auftreten.

B Falsch. Man ordnet beim schriftlichen Addieren alle Summanden unter den kleinsten Stellenwert an („von rechts").

C Nein, prinzipiell ist die Reihenfolge der Faktoren bei der Multiplikation egal. Es hat sich jedoch als hilfreich erwiesen, wenn man die kleinere Zahl als 2. Faktor festlegt.

D Nein, denn: $9^3 = 729$, aber $3^9 = 19\,683$.

E Ja, das ist richtig. In den meisten Fällen hat man gar keine andere Wahl, als die innerste Klammer zuerst zu berechnen.

F Ja, das ist richtig, wenn der 2. Summand größer als null ist. Bei null hingegen hat die Summe denselben Wert wie der 1. Summand.

G Ja, das ist richtig.

H Nein, das ist falsch. Beim Faktor 0 ist das Produkt 0, beim Faktor 1 hat das Produkt den gleichen Wert wie der andere Faktor. Bei Faktoren größer als 1 ist die Aussage dann richtig.

I Nein, das ist falsch. $3^7 = 3 \cdot 3 \cdot 3 \cdot 3 \cdot 3 \cdot 3 \cdot 3$

J Ja, das ist richtig.

K Ja, das ist richtig, da auch 10 durch 2 (durch 5) teilbar ist.

L Nein, das gilt so nicht: Jede Zahl, die durch 9 teilbar ist, ist auch durch 3 teilbar. Die Umkehrung gilt im Allgemeinen nicht, wie man sich an einfachen Beispielen verdeutlichen kann (z. B. 12; 21).

M Nein, das ist falsch.

N Nein, sowohl das Vertauschungs- als auch das Verbindungsgesetz gelten nur für die Addition und die Multiplikation, nicht für die Subtraktion und die Division. Anhand von Gegenbeispielen lässt sich das zeigen (hier Subtraktion und Verbindungsgesetz):
$(10 - 5) - 3 = 2$ aber: $10 - (5 - 3) = 8$

O Ja, das ist richtig. Ausmultiplizieren ist das Gegenteil von Ausklammern.

P Ja, das ist richtig.

Startklar! – Seite 72

1

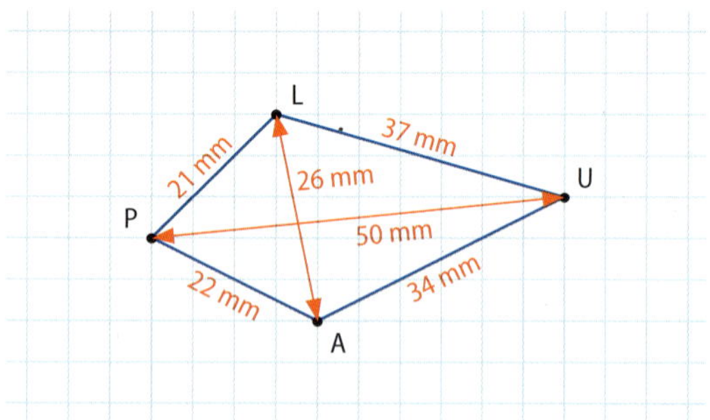

2

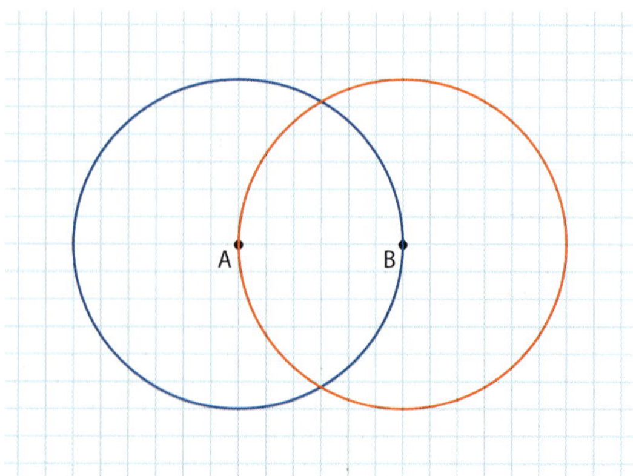

Die Kreise haben zwei Schnittpunkte.

3

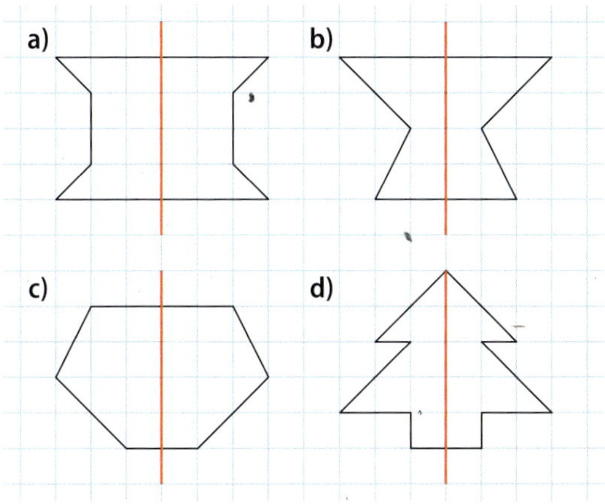

4

Das Dach besteht aus einem (gleichschenkligen) Dreieck und einem Parallelogramm.
Die beiden Wände sind Rechtecke, in denen Tür und 2 Fenster ebenfalls als Rechtecke eingezeichnet sind.

5

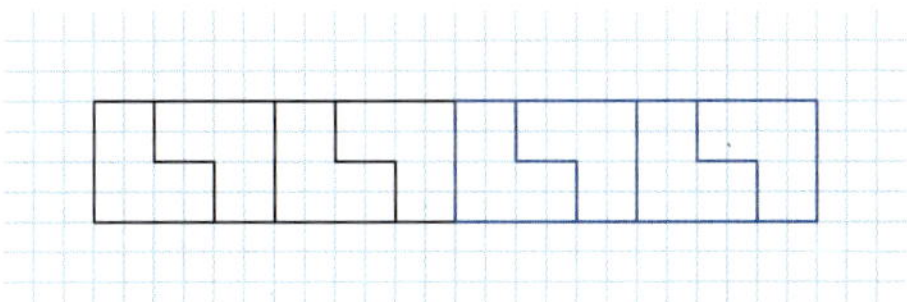

Am Ziel! – Seiten 114 und 115

1 **Lösungsmöglichkeiten**

Strecke	Halbgerade	Gerade
$\overline{AB}$; $\overline{AD}$; $\overline{AE}$; $\overline{BC}$; $\overline{BE}$; $\overline{CD}$; $\overline{CE}$; $\overline{DE}$	Anfangspunkt B durch A; Anfangspunkt A durch D; Anfangspunkt D durch A; Anfangspunkt A durch E; Anfangspunkt E durch A; …	AD; AE; BC; BE; DE

2 k ∥ h a ∥ c b ⊥ k b ⊥ h

3 A: 7 mm B: 2 cm 1 mm C: 3 cm 2 mm
D: 1 cm 4 mm E: 2 cm 8 mm F: 0 cm

4 a)

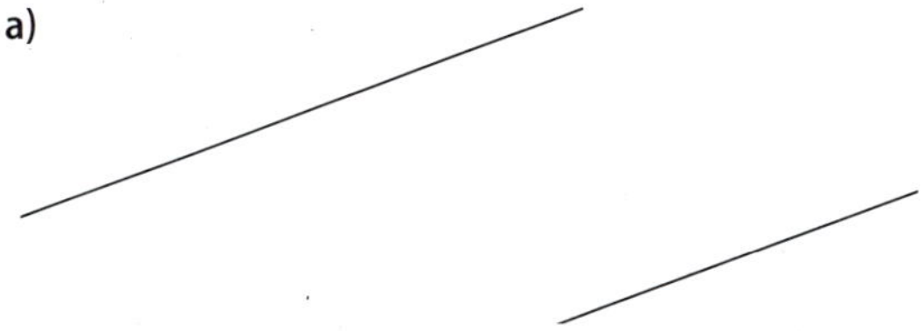

Aus Platzgründen entfallen die Lösungen zu b) und c).

5

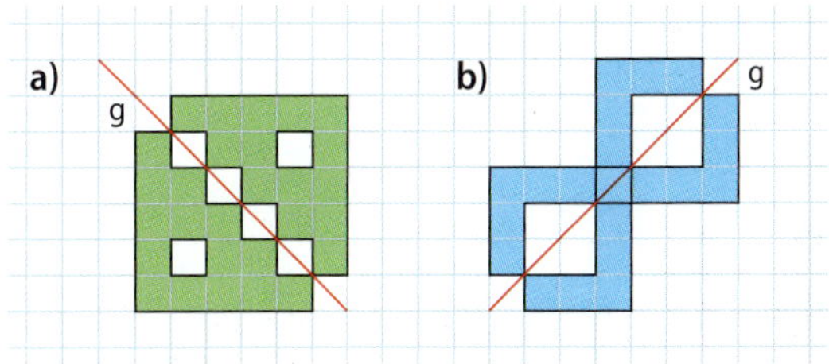

6

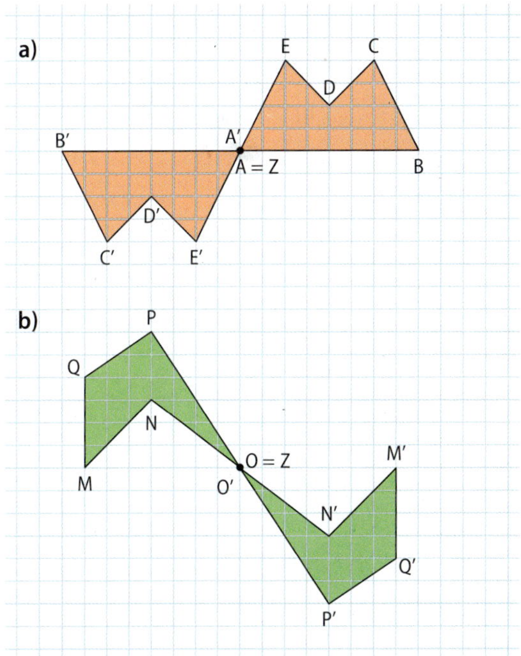

7 A (1 | 3) B (4 | 2) C (6 | 3) D (5 | 1) E (0 | 2)
F (3 | 1) G (1 | 2) H (3 | 0) I (1 | 1)

8 Die Figuren sollen ins Heft übertragen werden. Auf eine Lösung kann hier verzichtet werden.

9 a)

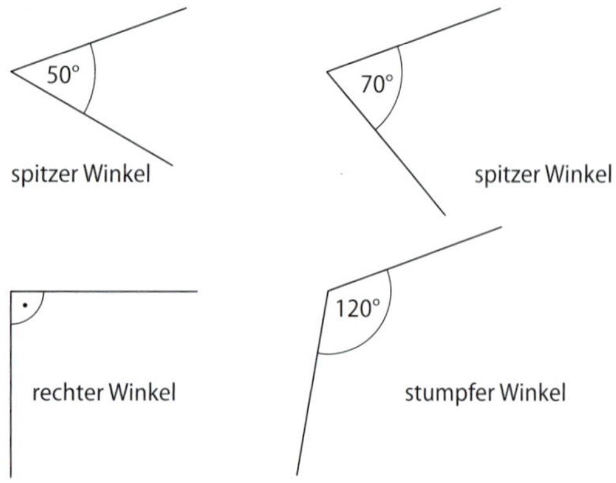

b)

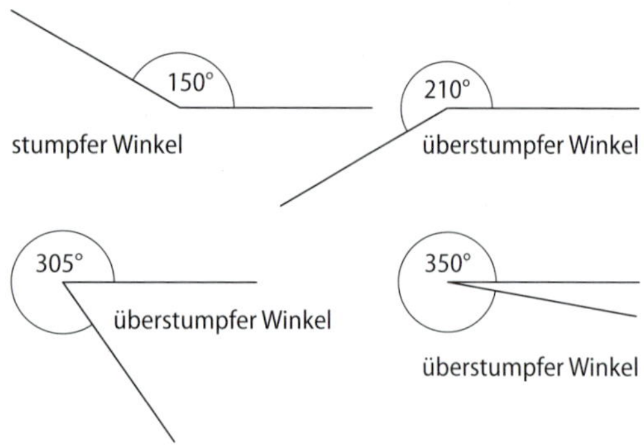

10

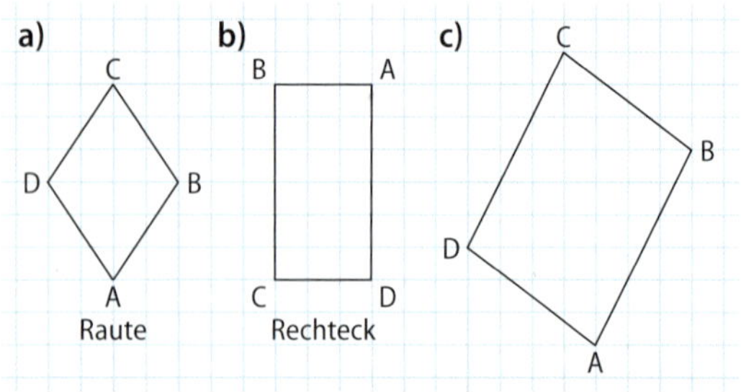

Aufgaben für Lernpartner

A Ja, das ist richtig, denn sie besitzt keinen Anfangs- und keinen Endpunkt.

B Nein, man könnte beispielsweise auch so falten, dass zwei Parallelen entstehen.

C Ja, das ist richtig. Es sind diejenigen Punkte, die auf der Geraden liegen. „Kein Abstand" bedeutet auch: Der Abstand ist 0.

D Nein. Da die zweite Koordinate den y-Wert angibt, gilt: keine Längeneinheit nach oben, aber vier Längeneinheiten nach rechts. Also liegt der Punkt auf der x-Achse.

E Nein, die Reihenfolge der Koordinaten spielt eine Rolle: Der Punkt P (3 | 4) ist nicht derselbe wie Q (4 | 3).

F Das ist falsch. Vier rechte Winkel ergeben zusammen 360°, also einen Vollwinkel. Spitze Winkel sind jedoch alle kleiner als ein rechter Winkel, können also keinen Vollwinkel ergeben.

G Ja, das ist richtig.

H **a)** Ja, denn gegenüberliegende Seiten einer Raute sind jeweils parallel.
b) Ja, denn die gegenüberliegenden Seiten sind parallel und gleich lang.
c) Nein, denn es gibt Parallelogramme ohne rechten Winkel. Die Umkehrung ist richtig: Jedes Rechteck ist zugleich ein Parallelogramm.

I Ja, das ist richtig.

J Ja, das ist richtig.

K Nein, denn ein Rechteck, das nicht zugleich ein Quadrat ist, besitzt nur zwei Symmetrieachsen. Quadrate hingegen besitzen vier Symmetrieachsen.

L Nein, das ist falsch. Es gilt vielmehr: $d = 2 \cdot r$ bzw. $r = d : 2$.

L Ja, das ist richtig.

Startklar! – Seite 116

1 **a)** Meter, Kilometer, …, aber auch Fuß, Ellenbogen, Handbreit, …
b) Gramm, Kilogramm, Tonne, Zentner, …
c) Sekunde, Minute, Stunde, Tag, …
d) Euro, Cent, andere Währungen, Goldunze

2

a) 1 kg = 1000 g	**b)** 7 t = 7000 kg
c) 3 m = 300 cm	**d)** 70 € = 7000 ct
e) 11 cm = 110 mm	**f)** 1000 cm = 10 m
g) 2 km = 2000 m	**h)** 33 m = 33 000 mm
i) 1 Stunde = 60 Minuten	**i)** 1 Tag = 24 h
k) 1 Jahr = 365 Tage	**j)** 3 t = 3 000 000 g

3 **a)** 2 cm; 4 dm; 2 m; 250 cm; 1 km.
b) 57 000 mg; 3 kg; 4500 g; 11 t.
c) 2 Minuten; 300 Sekunden; 1 Tag; 28 Stunden; 1 Jahr.
d) 5 €; 45 €; 5000 ct; 10 000 ct.

4 300 g: Eichhörnchen | 150 t: Blauwal
600 kg: Braunbär | 3 t: Nashorn
100 g: Amsel

5 a) 77 Cent b) 1550 Meter
c) 50 Sekunden d) 1270 Gramm

6 a)

	Die abgebildeten Uhrzeiten sind	In 15 min ist es jeweils
(1)	7:55 oder 19:55 Uhr	8:10 oder 20:10 Uhr
(2)	4:10 oder 16:10 Uhr	4:25 oder 16:25 Uhr
(3)	12:30 oder 0:30 Uhr	12:45 oder 0:45 Uhr
(4)	7:45 oder 19:45 Uhr	8:00 oder 20:00 Uhr
(5)	12:15 oder 0:15 Uhr	12:30 oder 0:30 Uhr
	In 2 h 23 min ist es jeweils	Vor 45 min war es jeweils
(1)	10:18 oder 22:18 Uhr	7:10 oder 19:10 Uhr
(2)	6:33 oder 18:33 Uhr	3:25 oder 15:25 Uhr
(3)	14:53 oder 2:53 Uhr	11:45 oder 23:45 Uhr
(4)	10:08 oder 22:08 Uhr	7:00 oder 19:00 Uhr
(5)	14:38 oder 2:38 Uhr	11:30 oder 23:30 Uhr
	Vor 3 h 48 min war es jeweils	
(1)	4:07 oder 16:07 Uhr	
(2)	0:22 oder 12:22 Uhr	
(3)	8:42 oder 20:42 Uhr	
(4)	3:57 oder 15:57 Uhr	
(5)	8:27 oder 20:27 Uhr	

Am Ziel! – Seiten 144 und 145

1 a) b) c)

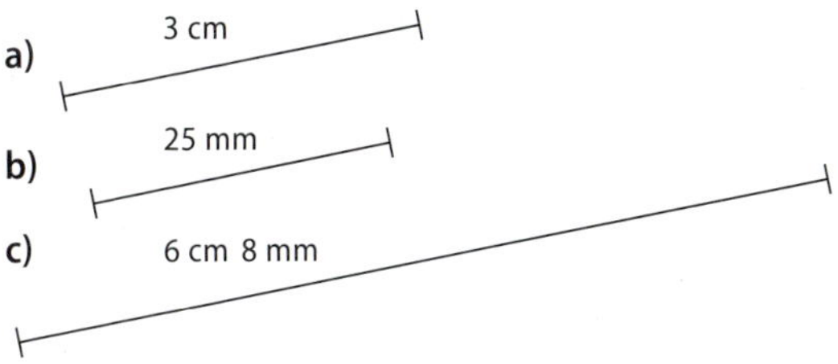

2 a) 4 m = 40 dm = 400 cm = 4000 mm
b) 8 km = 8000 m = 80 000 dm = 800 000 cm = 8 000 000 mm
c) 7 m 3 cm = 7030 mm;
aufgrund der gemischten Einheiten können aber auch andere Umwandlungen in nächstkleinere Einheiten in Betracht kommen, z. B.
7 m 3 cm = 70 dm 3 cm = 700 cm 3 cm
= 703 cm = 7030 mm

3 a) 2000 m = 2 km
b) 40 000 dm = 4000 m = 4 km
c) 3 500 000 cm = 350 000 dm = 35 000 m = 35 km
d) 25 000 mm = 2500 cm = 250 dm = 25 m
e) 837 000 cm = 83 700 dm = 8370 m = 8 km 370 m
f) 8200 m = 8 km 200 m

4 a) 5 m 7 dm = 57 dm
b) 3 dm 2 cm = 320 mm
c) 4 km 250 m 5 dm = 425 050 cm
d) 20 dm 4 cm 1 mm = 2041 mm

5 a) 21 dm; 205 cm; 1 m; 350 mm
b) 35 dm; 2900 mm; 240 cm; 195 cm

6 3 km = 3000 m = 30 000 dm = 300 000 cm
= 3 000 000 mm

7 a) 8 kg = 8000 g = 8 000 000 mg
b) 2 t = 2000 kg = 2 000 000 g = 2 000 000 000 mg
c) 835 g = 835 000 mg

8 a) 1000 g; 2 kg; 2250 g; 4 kg.
b) 100 000 mg; 10 000 g; 100 kg; 10 t.
c) 200 g; 220 g; 230 000 mg; 2 200 000 mg.

9 a) 35 kg = 35 000 g
b) 15 g = 15 000 mg
c) 7 t = 7000 kg

10 a) Zwischen 9.15 Uhr und 10.40 Uhr liegen 1 h 25 min oder 85 min.
b) Zwischen 13.35 Uhr und 20.15 Uhr liegen 6 h 40 min oder 400 min.

11 a) $2\ \text{min} = 2 \cdot 60\ \text{s} = 120\ \text{s}$
b) $3\ \text{h} = 3 \cdot 60\ \text{min} = 180\ \text{min}$
c) $5\ \text{d} = 5 \cdot 24\ \text{h} = 120\ \text{h}$
d) $1\ \text{d}\ 3\ \text{h}\ 27\ \text{min} = 24\ \text{h} + 3\ \text{h} + 27\ \text{min}$
$= 24 \cdot 60\ \text{min} + 3 \cdot 60\ \text{min} + 27\ \text{min}$
$= 24 \cdot 60 \cdot 60\ \text{s} + 3 \cdot 60 \cdot 60\ \text{s} + 27 \cdot 60\ \text{s}$
$= 98\,820\ \text{s}$

12 3000 s < 3600 s < 75 min < 100 min < 2 h

13 a) 2 kg 100 g < 2200 g
b) 2 t 5 kg < 25 000 kg
c) 3 km 500 m > 3499 m
d) 8 € 99 ct < 999 ct
e) 2 d < 49 h
f) 2 d 17 min = 2897 min

14 a) Zu 1 min fehlen 12 s.
b) Zu 1 m fehlen 2 dm.
c) Zu 1 kg fehlen 150 g.
d) Zu 1 km fehlen 121 m.

15

	Länge in Wirklichkeit	Länge auf der Karte	Maßstab
a)	5 km	5 cm	1 : 100 000
b)	800 m	4 cm	1 : 20 000
c)	100 mm	2 m 50 cm	25 : 1

16 6,50 € + 2,20 € + 1,70 € = 10,40 €.
Von den 15,– € bleiben noch 4,60 € übrig.

17 a) 150 000 cm = 1 km 500 m
b) 50 000 cm = 500 m
c) 1 200 000 cm = 12 km
d) 1 800 000 cm = 18 km
e) 1 095 000 cm = 10 km 950 m
f) 1 650 000 cm = 16 km 500 m

Aufgaben für Lernpartner

A Falsch. 20 · 5 dm = 100 dm = 10 m.

B Falsch. 3 m 7 cm = 3070 mm

C Falsch. Man kann nicht jede Einheit in eine größere umwandeln, weil nicht zu jeder Einheit eine größere definiert ist. So ist z. B. für Längenangaben km die größte Einheit. Der zweite Teilsatz jedoch ist richtig: Man kann auch nicht jede Einheit in eine kleinere umwandeln, weil nicht zu jeder Einheit eine kleinere definiert ist (bei der Zeit z. B. die Sekunde).

D Richtig. Der Postbote legt in 225 Tagen eine Strecke von 5 · 225 km = 1125 km zurück.

E Falsch. Es fehlen 120 s – 88 s = 32 s.

F Falsch. Die Maßeinheit gibt die Art der Einheit und die Maßzahl die Menge wieder.

G Richtig.

H Richtig.

I Falsch. Eine halbe Tonne sind 500 kg.

J Falsch. 20 kg : 125 g = 20 000 g : 125 g = 160.
Das Kraftfutter reicht nicht ganz für ein halbes Jahr, da die Hälfte von 365 Tagen mehr als 160 Tage sind.

K Falsch. Der Maßstab gibt die Zusammenhänge in Wirklichkeit und auf einer Karte immer in derselben Einheit wieder (z. B. cm).

L Falsch. Drei Tage vor übermorgen ist gestern.

M Falsch. 1 h hat 3600 s.

N Richtig.

O Falsch. 1 kg ist 1000-mal so schwer wie 1 g.

Startklar! – Seite 146

1

	1	2
a)	Dreieck Figur	Kreis Figur
b)	drei (gleich lange) Seiten, drei (gleich große) Winkel hier: 3 Symmetrieachsen, Punktsymmetrie	alle Punkte der Kreislinie haben denselben Abstand zu M, unendlich viele Symmetrieachsen, Punktsymmetrie

	3	4
a)	Quader Körper	Parallelogramm Figur
b)	Seitenflächen aus Rechtecken, gegenüberliegende Seitenflächen liegen parallel und sind gleich groß	gegenüberliegende Seiten sind jeweils parallel zueinander und gleich lang, Punktsymmetrie

	5	6
a)	Rechteck Figur	Würfel Körper
b)	4 rechte Winkel, gegenüberliegende Seiten sind gleich lang und parallel zueinander, 2 Symmetrieachsen, Punktsymmetrie	besonderer Quader, alle Seitenflächen sind gleich große Quadrate

	7	8
a)	Trapez Figur	Quadrat Figur
b)	ein paar gegenüberliegender Seiten sind parallel zueinander, hier: Schenkel sind gleich lang, 1 Symmetrieachse	besonderes Rechteck, vier gleich lange Seiten, 4 Symmetrieachsen, Punktsymmetrie

2 (1) 12 cm (2) 37 m (3) 28 mm (4) 1 dm (5) 82 km

3 $\overline{AB} = 32$ mm $\overline{CD} = 6$ cm $\overline{EF} = 67$ mm
$\overline{GH} = 1$ dm $= 10$ cm

4 a) 8 cm = 80 mm
20 000 km = 20 km
b) 4 km = 4000 m
1 m 5 dm = 15 dm
c) 32 dm = 320 cm
1 km 20 m = 1020 m
d) 7 m 2 cm = 7020 mm
2 km 18 m = 20 180 dm
e) 14 m 8 dm 1 cm = 14 810 mm
3 km 18 cm = 3 000 180 mm

Am Ziel! – Seiten 180 und 181

1

	Länge	Breite	Umfang
Rechteck	7 cm	3 cm	20 cm
	17 m	11 m	56 m
Quadrat	7 cm	7 cm	28 cm
	6 dm	6 dm	24 dm

2 a) $6 \cdot 3$ cm $= 18$ cm
b) 4 cm + 5 cm + 3 cm = 12 cm
c) 17 cm + 10 cm + $2 \cdot 13$ cm = 53 cm

3 Fußballfeld: a Stadtgebiet: km^2 Münze: mm^2
Wohnzimmer: m^2 DIN-A4-Blatt: cm^2

4 a) 24 Kästchen ($6\ cm^2$) b) 25 Kästchen ($6\ cm^2\ 25\ mm^2$) c) 18 Kästchen ($4\ cm^2\ 50\ mm^2$)

5 a) $9200\ cm^2$ b) 27 500 ha c) $1005\ dm^2$

6 a) $74\ dm^2$ b) 57 ha c) $910\ km^2$

7 a) 5 ha 46 a $= 54\,600\ m^2$ b) $14\ dm^2 = 1400\ cm^2$
c) 1570 ha $>$ $15\ km^2$ 7 ha d) $23\ m^2 > 23\,000\ cm^2$

8 a) $25\ cm^2 = 2500\ mm^2$ b) $250\ dm^2 = 25\,000\ cm^2$
c) $75\ km^2 = 750\,000$ a d) 725 ha = 7 ha 25 a

9 a) $A_R = 84\ cm^2$ $U_R = 38$ cm
b) $A_Q = 225\ mm^2$ $U_Q = 60$ mm
c) $A_R = 2585\ mm^2$ $U_R = 204$ mm
d) $A_Q = 4096\ cm^2$ $U_Q = 256$ cm

10 a) b = 12 cm b) b = 75 mm
c) a = 15 m d) a = 27 cm

11 a) a = 13 cm b) a = 15 cm
c) a = 8 m d) a = 1200 m

12 Es ergibt sich ein Rechteck ABCD mit Flächeninhalt $A_R = 24\ cm^2$ und Umfang $U_R = 20$ cm.

13 a) Würfel: $O = 6 \cdot (7\ cm)^2 = 6 \cdot 49\ cm^2 = 294\ cm^2$
b) Quader: $O = 2 \cdot (6\ m \cdot 5\ m + 6\ m \cdot 4\ m + 4\ m \cdot 5\ m)$
$= 2 \cdot (30\ m^2 + 24\ m^2 + 20\ m^2) = 148\ m^2$

14 Flächeninhalt einer Seite: $486\ cm^2 : 6 = 81\ cm^2$
Eine Seite ist damit 9 cm lang.

15 Es sind auch andere Lösungen möglich.

a)

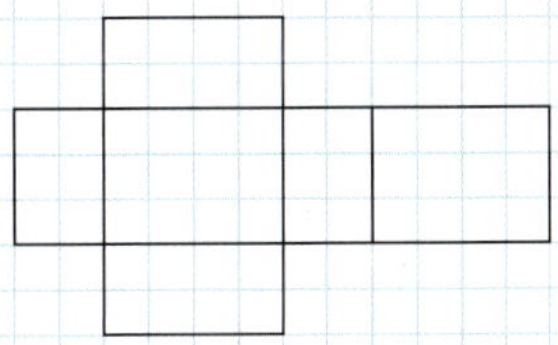

b)

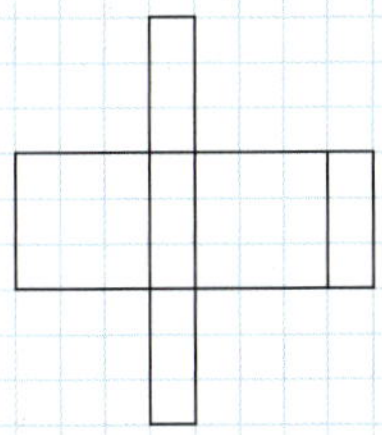

c)

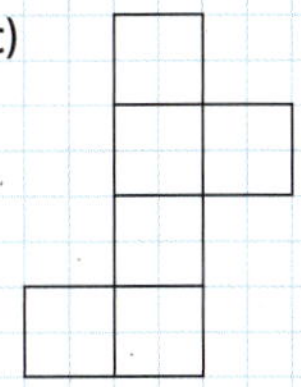

Aufgaben für Lernpartner

A Nein. Richtig ist: Der Umfang eines Quadrats lässt sich mithilfe der Umfangsformel für das Rechteck berechnen, denn das Quadrat ist ein spezielles Rechteck (mit gleich langen Seiten). Die Umkehrung gilt aber nicht.

B Ja, man kann beispielsweise ein Quadrat der Seitenlänge 2 cm mit einem Rechteck der Seitenlängen 3 cm und 1 cm vergleichen. Die Figuren haben unterschiedlichen Flächeninhalt (4 cm^2 bzw. 3 cm^2), aber gleichen Umfang: 8 cm.

C Nein, vor allem bei Figuren, die nicht von Strecken begrenzt werden, ist dies schwierig.

D Richtig.

E Richtig, denn ein Quadrat ist ein spezielles Rechteck, bei dem Länge und Breite identisch sind.

F Falsch.

G Falsch. Die Umkehrung wäre richtig: Der Würfel ist ein Sonderfall des Quaders.
Es gilt: $O = 2 \cdot l \cdot b + 2 \cdot b \cdot h + 2 \cdot l \cdot h$

H Richtig.

I Richtig.

J Falsch. Es gibt 11 Würfelnetze und je nach Aussehen des Quaders bis zu 54 Quadernetze.

K Falsch, der Oberflächeninhalt vervierfacht sich. Man kann das leicht ausrechnen, indem man zwei Würfel miteinander vergleicht: 1 cm Kantenlänge bzw. 2 cm. Die Oberflächen sind dann 6 cm^2 bzw. 24 cm^2 groß.

L Falsch. Es gilt nur: Jeder Würfel ist ein Quader, die Umkehrung gilt nicht.

M Falsch. Die Schnittflächen bei der Zerlegung kommen bei den Teilquadern hinzu.

Startklar! – Seite 182

1 a) 

b) **1** A: 6; B: 21; C: 33; D: 55; E: 69; F: 82; G: 96; H: 103
2 A: 60; B: 230; C: 370; D: 440; E: 580; F: 830; G: 870; H: 1140

Die beiden Zahlenreihen unterscheiden sich durch ihre Skalierung: Die erste zählt in Einerschritten, die zweite in Zehnerschritten. Gemeinsam ist beiden, dass nur natürliche Zahlen dargestellt sind.

2 a) $114 < 116$ b) $525 < 575$ c) $1200 < 1260$
d) $1010 > 1001$ e) $2^5 > 5^2$

3 a) $13 + 17 + 2645 = 30 + 2645 = 2675$
b) $1265 - (456 + 89) = 1265 - 545 = 720$
c) $(25 \cdot 4) \cdot 6 = 100 \cdot 6 = 600$
d) $120 : 15 = 8$
e) $17 \cdot 3 - 21 = 51 - 21 = 30$

4 a) $125 \cdot 7 = 125 \cdot (10 - 3) = 125 \cdot 10 - 125 \cdot 3$
$= 1250 - 375 = 875$
Klammer vergessen; der Faktor vor der Klammer muss mit beiden Klammerinhalten multipliziert werden.
b) $(399 - 72) : 3 = 399 : 3 - 72 : 3 = 133 - 24 = 109$
Durch den Divisor, der nach der Klammer steht, müssen beide Klammerinhalte dividiert werden.
c) $(2^4 + 25) \cdot 5 = 2^4 \cdot 5 + 25 \cdot 5 = 16 \cdot 5 + 125$
$= 80 + 125 = 205$
Klammern müssen zuerst ausgerechnet werden.
d) $(69 - 56) \cdot 7 + 6 = 13 \cdot 7 + 6 = 91 + 6 = 97$
Punkt vor Strich beachten.

5 a) $16 \cdot 61 = 976$
b) $203 : 7 = 29$
c) $(16 + 5) + 16 \cdot 5 = 21 + 80 = 101$
d) $428 - (268 + 32) = 428 - 300 = 128$

6 a) 2000 m
b) 2000 m + 1200 m + 1600 m + 2000 m + 2400 m + 3600 m = 12 800 m (32 Runden)
c) 12 800 · 10 ct = 1280 €
d) 3520 € gibt es für 35 200 m. 35 200 m entsprechen 88 Runden.

Am Ziel! – Seiten 212 und 213

1 a) 9 °C b) −3
c) −11 034 m d) −10 €
e) −6 h f) +7 h

2 a)

13 Uhr	Temperaturänderung	22 Uhr
−6 °C	Erwärmung um 1 °C	−5 °C
1 °C	Abkühlung um 3 °C	−2 °C
−5 °C	Abkühlung um 6 °C	−11 °C

b)

Start	Etagenänderung mit dem Aufzug	Ziel
3. OG	5 Stockwerke nach unten	2. UG
1. UG	5 Stockwerke nach oben	4. OG
9. OG	13 Stockwerke nach unten	4. UG
8. OG	6 Stockwerke nach unten	2. OG

3 a)

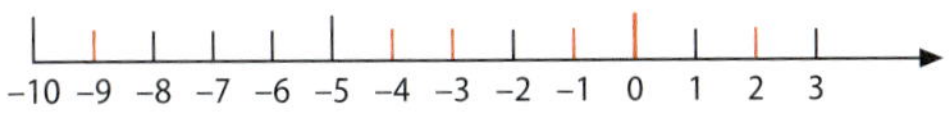

b)

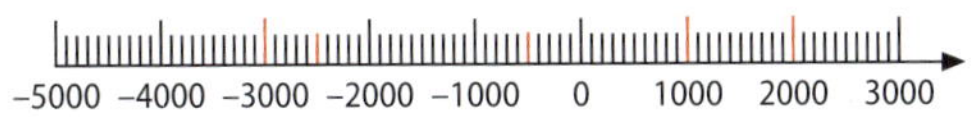

4 a) $-3 > -4$ b) $-8 < -2$
c) $-3819 > -3820$ d) $12 > -4$

5 a)

Vorgänger	Zahl	Nachfolger
−26	−27	−28
−2	−3	−4
−1098	−1099	−1100
13	14	15
−11	−12	−13
82	83	84
−999 999	−1 000 000	−1 000 001
−1	0	1

b)

Vorgänger	Zahl	Nachfolger
−99	−100	−101
38	39	40
−5	−6	−7
−19	−20	−21
781	782	783
0	−1	−2
959	960	961
121	122	123
−825	−826	−827

6 a)

Zahl	Gegenzahl	Betrag
−18	18	18
+15	−15	15
65	−65	65
2	−2	2
0	0	0
−1	1	1
−4	4	4
6	−6	6

b) $-7 < -1 < 0 < |-3| < |+4|$

7 a) In welchem Stockwerk ist Paul in den Fahrstuhl gestiegen, wenn er im 18. Stockwerk ankommt, nachdem er 3 Etagen nach oben gefahren ist? Antwort: Er ist im 15. Stockwerk eingestiegen.

b) Wie war die Ausgangstemperatur, wenn das Thermometer nach einer Abkühlung um 5 °C eine Temperatur von −11 °C anzeigt? Antwort: Die Ausgangstemperatur war −6 °C.

c) Welchen Schuldenstand hattest du, wenn er sich verzehnfacht und du danach 10 € Schulden hast? Antwort: Dein ursprünglicher Schuldenstand betrug −1 €.

d) Durch ein Geldgeschenk deiner Oma beträgt dein Schuldenstand nur noch 3 €, das ist ein Viertel der Ausgangssumme. Wie viele Schulden hattest du vorher? Antwort: 12 € Schulden (−12 €).

8

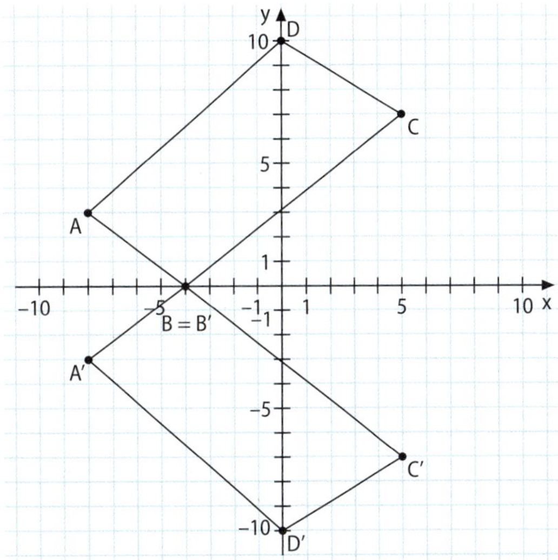

Koordinaten der Eckpunkte des Spiegelbildes:
A′(−8 | −3), B′(−4 | 0), C′(5 | −7), D′(0 | −10)

9 a) 27 € − 39 € = −12 €
b) −231 € − 15 € = −246 €

10 Die Zahl, die Markus sich denkt, wird mit x bezeichnet. Dann gilt:
$x + (-56) - (-44) = 100$ oder vereinfacht
$x - 56 + 44 = 100$
$x - 12 = 100$
Markus hat sich die Zahl 112 gedacht, denn
$112 - 12 = 100$.

11 a) $25 \cdot (-13) \cdot (-4) = 25 \cdot (-4) \cdot (-13)$
$= -100 \cdot (-13) = 1300$
b) $36 + (-12) + (-6) - 5 = 36 - (12 + 6 + 5)$
$= 36 - 23 = 13$
c) $38 \cdot (-17) + 62 \cdot (-17) = (38 + 62) \cdot (-17)$
$= 100 \cdot (-17) = -1700$
d) $(-2) \cdot (3 - 7) = (-2) \cdot (-4) = 8$
e) $(-15 + 135) : (-4) = 120 : (-4) = -30$
f) $231 \cdot (-50) \cdot 0 \cdot (-8) = 0$

12 a) $(-23) \cdot 12 \cdot (-4) \cdot (-2) \cdot (+3) \cdot (-9)$ hat ein positives Vorzeichen, weil das Minus viermal, also eine gerade Anzahl, mit sich selbst multipliziert wird und dies plus ergibt.
b) $(-8) \cdot (-1) \cdot (-5) \cdot 2 \cdot (-11) \cdot (-4)$ hat ein negatives Vorzeichen, weil das Minus fünfmal, also eine ungerade Anzahl, mit sich selbst multipliziert wird und dies Minus ergibt.

Aufgaben für Lernpartner

A Falsch. Nicht jede ganze Zahl ist eine negative Zahl, weil auch die natürlichen Zahlen zu den ganzen Zahlen gehören.

B Richtig.

C Richtig, dieses ist die Gegenzahl .

D Falsch. Z. B. −6 ist weiter von der Null entfernt als 3, aber 3 ist größer als −6.

E Falsch. $-100 < -40$, da −100 auf dem Zahlenstrahl weiter links als −40 steht.

F Richtig.

G Richtig. Z. B. $5 - 3 = 5 + (-3) = 2$.

H Falsch. Treffen bei der Subtraktion einer ganzen Zahl zwei Minuszeichen aufeinander, dann kann man diese beiden durch ein Plus ersetzen, z. B. $8 - (-4) = 8 + 4 = 12$.

I Richtig.

J Falsch. Das Kommutativgesetz besagt, dass man bei der Addition und bei der Multiplikation Zahlen vertauschen kann.

K Falsch. Negative Zahlen kann man ebenso in Diagrammen darstellen wie alle anderen Zahlen auch.

L Richtig.

M Falsch. Die Division durch eine ganze Zahl kann man nicht immer durch die Division durch eine natürliche Zahl ersetzen, weil auch negative Zahlen zu den ganzen Zahlen gehören und deren negatives Vorzeichen beachtet werden muss.

N Richtig.
$0 \cdot (-1) = 0$
Null ist ihre eigene Gegenzahl.

O Falsch. Der Punkt $A\,(-4\,|\,-5)$ liegt im III. Quadranten.

P Falsch. Die Zahl Null ist eine natürliche Zahl, sie hat aber kein Vorzeichen.

Mathematische Zeichen und Abkürzungen

$\mathbb{N}$	Menge der natürlichen Zahlen
$\mathbb{Z}$	Menge der ganzen Zahlen
$=$	gleich
$\approx$	ungefähr gleich
$>$	größer als
$\geq$	größer oder gleich
$<$	kleiner als
$\leq$	kleiner oder gleich
$\triangleq$	entspricht
$+$	plus
$-$	minus
$\cdot$	mal, multipliziert mit
$:$	geteilt durch, dividiert durch
a^n	Potenz: „a hoch n“

$\|a\|$	Betrag der Zahl a
$P, A, \ldots$	Punkte
$P(x\|y)$	Punkt P mit den Koordinaten x und y
$g, h, \ldots$	Geraden, Halbgeraden (Strahlen)
$\overline{PQ}$	Strecke mit den Endpunkten P und Q, auch Länge der Strecke
d	Durchmesser des Kreises
r	Radius des Kreises
U	Umfangslänge
A	Flächeninhalt
O	Oberflächeninhalt
$\perp$	orthongonal (senkrecht) auf
$\|\|$	parallel zu